CITROËN

Seiner Zeit voraus

IMPRESSUM

HEEL Verlag GmbH
Gut Pottscheidt
53639 Königswinter
Tel.: (0 22 23) 92 30-0
Fax: (0 22 23) 92 30 26
E-Mail: info@heel-verlag.de
Internet: www.heel-verlag.de


Titel der Originalausgabe:
Citroën – un génie d'avance

Deutsche Übersetzung:
Walther Wuttke

Mit freundlicher Unterstützung der Citroën Deutschland AG,
Herrn Thomas Albrecht und Herrn Immo Mikloweit

Erstellung der Produktionsstatistiken:
Immo Mikloweit, Kölner Historisches Flugzeug-, Motorrad- und Kraftfahrzeug-Bildarchiv

Lektorat: Joachim Hack
Satz: Stefan Witterhold, Heel Verlag GmbH
Druck: GRASPO, Zlin, Tschechische Republik



Printed in Czech Republic

ISBN 3-89880-204-3

# CITROËN

## Seiner Zeit voraus

Dominique **PAGNEUX**

**HEEL**

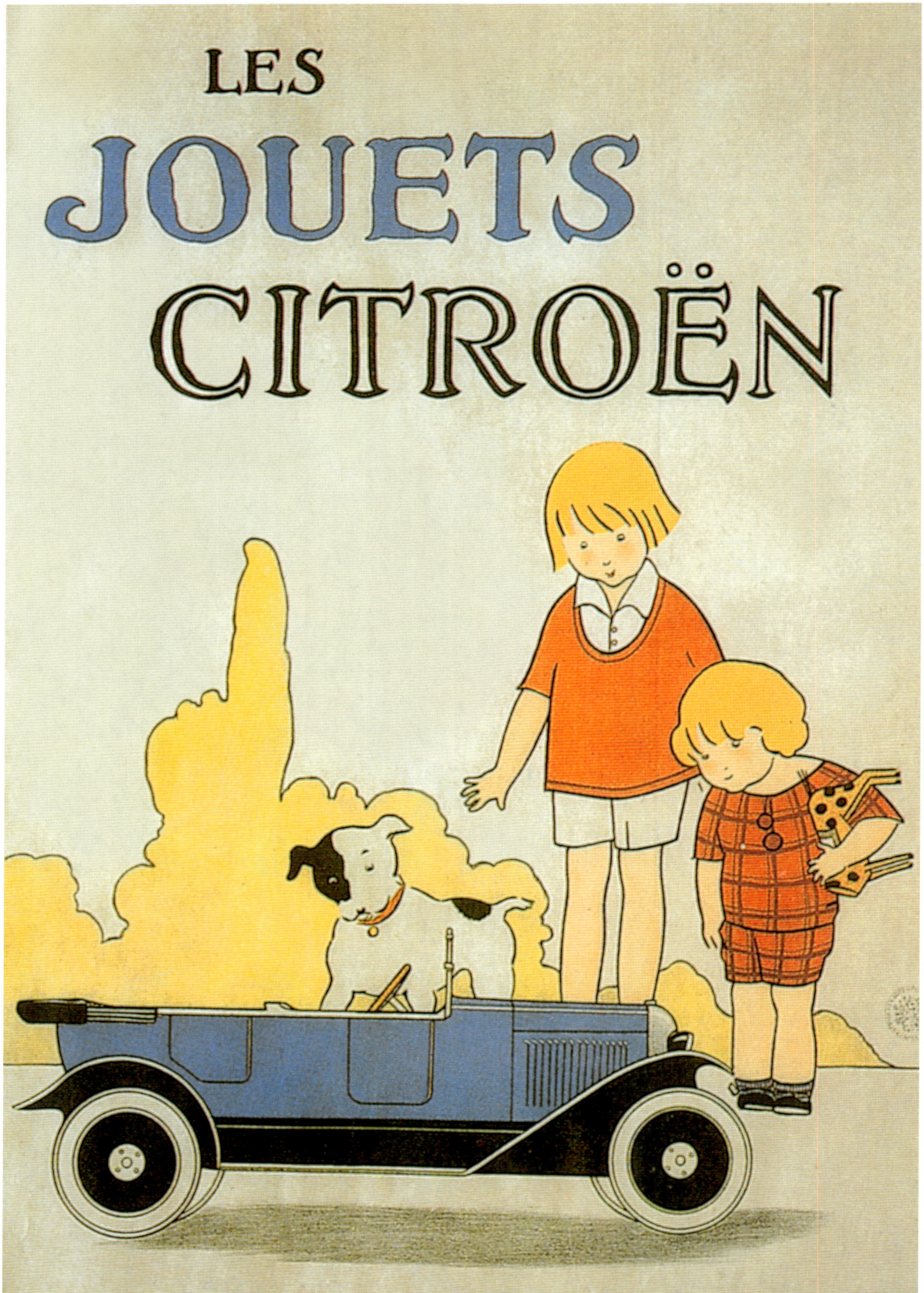
LES
JOUETS
CITROËN

# Vorwort

Die Geschichte der Marke Citroën, jenes Abenteuer, in das sich ihr Gründer André Citroën wagte, und das von den ihm folgenden Direktoren weiter geführt wurde, ist bereits allgemein bekannt. Warum sollte man sich ihm also ein weiteres Mal widmen? Zum einen kann man gar nicht genug in diese Geschichte eintauchen, sie wieder einmal Revue passieren lassen, um ihren Reichtum in seiner ganzen Fülle zu verstehen. Zum anderen haben sich die Studien über die Industriegeschichte weiter entwickelt. Die Forschungen der Wissenschaftler und der Historiker haben zahlreiche neue Aspekte dieses Abenteuers zutage gefördert, die es möglich machen, die Faszination dieser Marke in ihrer Gesamtheit von der Vergangenheit bis heute und darüber hinaus zu begreifen.

Die beiden Winkel von Citroën symbolisieren gleichzeitig den Genius wie auch den Innovationsgeist und den damit verbundenen Wagemut, mit dem man sich in der damaligen Zeit einen technischen Vorsprung verschaffte. Es ist immer wieder notwendig und hilfreich, in jedem Buch über die Marke mittels einer detaillierten Dokumentation der verschiedenen Citroën-Fahrzeuge daran zu erinnern, wieviel dieses Unternehmen – mehr als jede andere französische Automobilmarke im 20. Jahrhundert – für den industriellen und technischen Aufschwung des Landes geleistet hat. Autor und Lektor haben sich allerdings dazu entschlossen, um das Werk nicht ausufern zu lassen, Nutzfahrzeuge und Personenwagen voneinander zu trennen. Daher enthält dieses Werk ausschließlich Personenwagen. Lastwagen, Transporter, Taxis und andere Nutzfahrzeugvarianten müssen an anderer Stelle behandelt werden.

Bei der Konzeption wurde ein Weg gewählt, der es allen Lesern ermöglicht, sich in dieser komplexen Geschichte zurecht zu finden. Nach langen Überlegungen haben wir beschlossen, bei der Auflistung die Modell- und nicht die Kalenderjahre als Strukturelement heranzuziehen. Im Gegensatz zu den anderen französischen Marken, die ihre Neuheiten im Laufe des Jahres vorstellten, haben André Citroën und seine Nachfolger stets den Pariser Automobilsalon im Oktober gewählt, um die neuen Modelle der Öffentlichkeit zu präsentieren.

Das Datum der Aufnahme in die Modellpalette ist stets das der Homologation durch die zuständige Behörde (Service de Mines). (Was die von uns studierten Homologationsunterlagen im Service des Mines angeht, fielen uns glücklicherweise die Daten über die wichtigsten Typen in die Hände: Traction 7, 11 und 15-Six, DS 19, 2 CV, aber auch die bewegende Geschichte des Typ 22. Zu unserem großen Bedauern mussten wir aber auch feststellen, dass zahlreiche Unterlagen verschwunden sind, darunter auch einige des 22, was kaum überraschen dürfte. Das Gästebuch des Besucherverzeichnisses spricht eine deutliche Sprache über „gedankenlose Historiker", die das Archiv mit schweren Taschen verlassen haben müssen....)

Das Datum der Produktionseinstellung verschiedener Typen entspricht dem Ende der Fertigung. Mitunter haben wir dieses Datum nicht in Erfahrung bringen können und daher die Zulassungskarteien zur Hilfe genommen.

Die Geschichte von Citroën ist ohne Zweifel ein industrielles Abenteuer, doch vor allem auch eine Geschichte von Männern. André Citroën träumte davon am Ende des Ersten Weltkriegs. Die Ingenieure und Arbeiter, Direktoren und einfache Gehilfen verwirklichten es am Anfang der zwanziger Jahre des vergangenen Jahrhunderts. Und auch in den dunklen Stunden gab es Männer, die trotz aller Schwierigkeiten weiter daran glaubten. Charaktere wie Pierre Boulanger oder André Lefebvre machten sich an den Wiederaufbau. Und kreative Köpfe wie Flaminio Bertoni, Paul Magès und Robert Opron gaben einen unschätzbaren seelischen Beistand. Und dann gibt es noch jene Zeitgenossen, die während der dunklen Stunden der Übernahme durch den Löwen aus Sochaux, der dem wahren Geist von Citroën entgegen stand, durchhielten, und auch während der mediokren Uniformität der Calvet-Jahre an Bord blieben. Und schließlich jene Zeitgenossen, die daran glauben, dass die Marke ihre alte Philosophie und damit auch die Öffentlichkeit wieder zurück erobern kann.

*Dieses Buch ist all jenen gewidmet – Arbeitern und Designern ebenso wie Direktoren und Testfahrern, aber auch den Kunden, deren Herz schneller schlägt, wenn der Name Citroën fällt. Es ist eine Fahrt in die Vergangenheit, in eine über 80-jährige Geschichte des Genius und der Avantgarde.*

Dominique PAGNEUX

André Citroën während seiner Militärzeit

## *Hinweise zur Lesbarkeit der Tabellen*

*Die Typenbezeichnungen entsprechen den der französischen Zulassungsbehörde gemeldeten Bezeichnungen (Designation du Service des Mines).*

*Die Produktionszahlen wurden entnommen aus: „Daten de 1919 a nos jours", Jahrgang 2001*
**Produktionszahlen insgesamt verstehen sich als Personenwagen und Nutzfahrzeuge. Die Fahrgestellnummer fanden ihre Einordnung aus:*
*„Memento Technique No. 425 Edition 1959", bei konträren Angaben wurde die Werksangabe präferiert; diese Angaben haben folgende Besonderheit: Die Bau- bzw. Modelljahre laufen von Automobilsalon bis Automobilsalon in Paris. Somit von Oktober bis September des daraffolgenden Jahres; ab 1990 von Januar bis Dezember. Die nach Jahren gegliederten Fahrgestellnummern in „Memento Technique" sind nach Kalenderjahren erfasst und in der Regel gerundete Angaben. Zur exakten Errechnung der Stückzahlen sind diese Tabellen nicht geeignet. Allerdings geben sie relativen Aufschluss über die Laufzeiten der Modelle. Die deutschen Angaben nach dem Jahrgang 1976 sind den technischen Handbüchern, beginnend mit No. 876, entlehnt. Widersprüche in den Fahrgestellnummern und den Produktionszahlen wurden bewusst offen gelassen, um eigene Interpretationen zu ermöglichen.*

# Die Epoche und der Übergang

## Vor 1919

Im Ersten Weltkrieg produzierten Citroën Fabriken Munition für die französische Armee

André Citroën Uniform eines Polytechnikers

Die Winkelverzahnung wurde zum Markenzeichen des Unternehmens

## Vor 1919

# Die Epoche und der Übergang

*Im Jahre 1919 ist André Citroën in der Welt des Automobils keine unbekannte Größe. Zwischen 1908 und 1914 hatte er sein Genie in der Leitung der angeschlagenen Marke Mors wirken lassen und die Finanzen sowie die Produktion des Unternehmens neu ausgerichtet.*

*Während des Ersten Weltkriegs (1914-1918) lief André Citroëns Waffenfabrik zwar gut, doch war er sich darüber im Klaren, dass er die Produktion nach dem Ende des Waffengangs auf andere Produkte umstellen musste. Obwohl er kein Hellseher war, brachte seine Erfahrung ihn zur Überzeugung, dass der Krieg, wie er 1914 einmal der Presse gegenüber erwähnte, ungefähr vier Jahre lang dauern würde.*

*Einige Monate lang schwankte er zwischen verschiedenen Produkten, bis er sich wieder auf das Automobil konzentriert. Er umgibt sich mit talentierten Ingenieuren, die er in verschiedenen Richtungen – Luxus- oder Massenautomobil – untersuchen lässt. Die Ingenieure Dufresne und Artaud betraut er mit Überlegungen über ein Luxusmodell. Gleichzeitig beauftragt er Jules Salomon mit der Entwicklung eines „Volksmodells", das in großen Stückzahlen produziert werden soll.*

*Dufresne und Artaud hatten bereits ein Projekt für ein Luxusauto in Planung, suchten aber seit mehreren Monaten nach Geldgebern. Ihr Freund und Kollege, der Pilot Léon Morane, war ein Kandidat, doch dessen Bruder Robert hält nicht viel davon, die Welt der Flugzeuge zu verlassen. Sollten Léon Moranes Gelder verfügbar sein, würde André Citroën das Team schon während des Krieges in seiner Fabrik aufnehmen. Das ist der offizielle Beginn der Entwicklung des Automobiltyps M1 (Morane Numéro 1).*

*Doch im Jahr 1918 kommt Léon Morane bei einem Flugzeugunglück ums Leben. Und weil sein Bruder Robert sich nach wie vor weigert, die Entwicklung eines Automobils zu finanzieren, gerät die Entwicklungsmannschaft des Luxusmodells in Schwierigkeiten. Zu jener Zeit hatte sich André Citroën bereits entschlossen, in Zukunft ein Fahrzeug für den Massenmarkt zu bauen. Das von Dufresne und Artaud erdachte Modell hat also weder einen Finanzier noch eine Zukunft. Doch André Citroën ist kein Mann, der Talente im Stich lässt. Dank seiner Intervention hat das Projekt M1 doch noch eine Zukunft, und zwar bei Gabriel Voisin, der die Truppe unter seine Fittiche nimmt. Im März 1919 bringt das Flugzeugunternehmen Voisin den M1 als Typ C1N1 auf den Markt.*

Bevor er Autos unter seinem Namen auf den Markt brachte, war André Citroën Direktor der Automobilfirma Mors

# Die neue Marke

## 1919

Typ A Torpédo 10 HP

Noch während seine Waffenfabrik im Jahre 1916 beständig wächst, untersucht André Citroën zunächst die Möglichkeit der Produktion eines Luxusmodells, um sich nur wenige Monate später zu entscheiden, ein Automobil für das Volk zu bauen – so wie sein großes Vorbild Henry Ford auf der anderen Seite des Atlantiks.

André Citroën betraut den Ingenieur Jules Salomon mit der Entwicklung seines ersten Autos. Salomon hatte bereits den Zèbre entwickelt, der in den Jahren vor dem Krieg einen beachtlichen Erfolg verzeichnen konnte. Anfang 1919 ist die Entwicklung des Typ A 10 HP abgeschlossen. Den Kunden wurde, und das war das Neuartige, ein vollständiges Automobil zum sofortigen Gebrauch geliefert. Zur damaligen Zeit war es noch üblich, ganz dem Geist des Kutschenbaus entsprechend, das Chassis zunächst einem Karosseriebauunternehmen anzuvertrauen.

André Citroën stellte seine Modellpalette auf dem ersten Pariser Automobilsalon nach dem Krieg vor

Der Typ A 10 HP besaß eine elegante Karosserie mit deutlich ausgeformten Kotflügeln und einer vertikal zweigeteilten Motorhaube, mit der er schnittig durch den Wind fuhr. Das Stahlfahrgestell wurde in zwei Radständen – 2,83 oder 2,55 Meter – ausgeführt. Als Antrieb diente ein Reihenvierzylinder mit einem Hubraum von 1327 cm³. Zur Kraftübertragung an die Hinterräder diente ein Dreiganggetriebe (plus Rückwärtsgang). Die Höchstgeschwindigkeit lag bei 65 km/h, die mühelos erreicht wurde.

Vorne wie hinten sorgten Blattfedern für Komfort. Die Trommelbremse war außen am Getriebe montiert. Die Handbremse verzögerte die Hinterräder. Die Bleche der Karosserie waren nach traditioneller Art auf einer Holzkonstruktion befestigt.

Der Typ A wurde im November 1918 dem Bureaux des Mines vorgeführt und im Mai 1919 in verschiedenen Karosserieversionen auf den Markt gebracht. Auf dem serienmäßigen Fahrgestell ließen sich ein Torpedo mit vier Plätzen, ein elegantes Coupé de Ville oder eine Limousine für drei beziehungsweise vier Plätze aufbauen. Das Fahrgestell mit dem verkürzten Radstand konnte als Torpedo mit drei Plätzen und „Doktorwagen" mit ebenfalls drei Plätzen bestellt werden.

In seinem ersten Baujahr kam der Typ A auf eine tägliche Produktion von 30 Modellen. In diesem Jahr verließen insgesamt mehr als 2500 Exemplare die Fabrik.

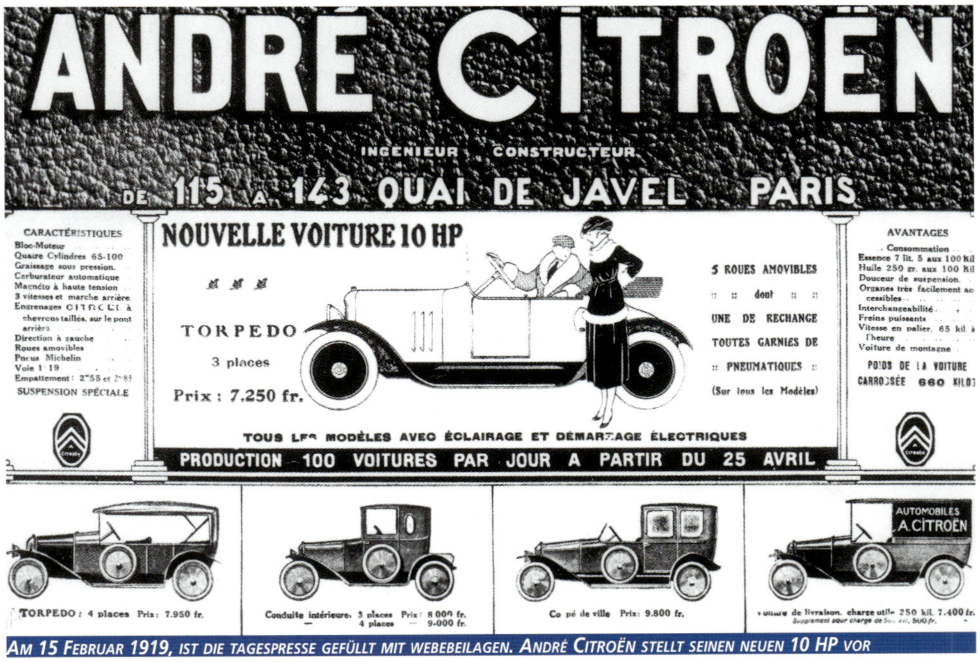


Am 15 Februar 1919, ist die Tagespresse gefüllt mit Webebeilagen. André Citroën stellt seinen neuen 10 HP vor

| Typ - Modelljahr 1919<br>Mai 1919 bis September 1919<br>*Produktion insgesamt: 2810 | Fgst-Nr. Serie | Mot.-Typcode<br>Bauart / Zylinder | PS / min. | Bohr. x Hub<br>in mm | Hubraum<br>cm³ | Dimensionen<br>L x B x H in mm | Vmax<br>km/h | Preise<br>in Franc |
|---|---|---|---|---|---|---|---|---|
| Type A Torpedo 4 Sitze | 0001 bis 2500 | keine Angabe / Reihe / 4 | 18 / 2100 | 65 x 100 | 1327 | 4000 x 1410 x 1750 | 62 | 7.950 |
| Type A Innenlenker | 0001 bis 2500 | keine Angabe / Reihe / 4 | 18 / 2100 | 65 x 100 | 1327 | 4000 x 1410 x 1750 | 62 | 9.000 |
| Type A Limousine | 0001 bis 2500 | keine Angabe / Reihe / 4 | 18 / 2100 | 65 x 100 | 1327 | 4000 x 1410 x 1750 | 62 | 9.000 |
| Type A Coupé de ville | 0001 bis 2500 | keine Angabe / Reihe / 4 | 18 / 2100 | 65 x 100 | 1327 | 4000 x 1410 x 1750 | 62 | 9.800 |
| Type A court Torpedo 3 Sitze | 0001 bis 2500 | keine Angabe / Reihe / 4 | 18 / 2100 | 65 x 100 | 1327 | 3400 x 1410 x 1750 | 62 | 7.250 |
| Type A court Coupé docteur | 0001 bis 2500 | keine Angabe / Reihe / 4 | 18 / 2100 | 65 x 100 | 1327 | keine Angabe | 62 | 8.000 |

# 1920 Der Erfolg in Serie

Der Typ A Torpédo Sport war die elegante Variante des 10 HP

Der Typ A erlebte einen glänzenden Start. Vor allem die Torpedo-Version mit dem langen Radstand erwies sich dabei als Erfolg. Im Januar wurde die Fertigung der Limousine mit diesem Radstand eingestellt, um erst im Oktober 1921 wieder aufgenommen zu werden. Die Versionen mit kurzem Radstand wurden wegen der schwachen Nachfrage im April aus der Produktion genommen.

Von allen Versionen des Typ A wurden in diesem Jahr insgesamt 12.244 Exemplare gefertigt.

Das Modell zeichnete sich übrigens beim Verbrauchs-Grand-Prix, der in Le Mans veranstaltet wurde, aus.

Die seitlichen Scheiben beim Torpédo 10 HP brachten dem Chauffeur einen besseren Schutz vor Wind und Wetter

Die Fliessbänder für den 10 HP am Quai de Javel

| **Modell/Typ, Modelljahr 1920**<br>Oktober 1919 bis Sept. 1920<br>Produktion insgesamt: 12.244 | Fgst-Nr. Serie | Mot.-Typcode / Bauart / Zylinder | PS / min. | Bohr. x Hub in mm | Hubraum cm³ | Dimensionen L x B x H in mm | Vmax km/h | Preise in Franc Februar |
|---|---|---|---|---|---|---|---|---|
| Type A Torpédo normal 4-Sitze | 2501 bis 22700 | keine Angabe / Reihe / 4 | 18 / 2100 | 65 x 100 | 1327 | 4000 x 1410 x 1750 | 62 | 20.000 |
| Type A Innenlenker 4 Sitze | 2501 bis 22700 | keine Angabe / Reihe / 4 | 18 / 2100 | 65 x 100 | 1327 | 4000 x 1410 x 1750 | 62 | 16.000 |
| Type A Limousine 4 Sitze | 2501 bis 22700 | keine Angabe / Reihe / 4 | 18 / 2100 | 65 x 100 | 1327 | 4000 x 1410 x 1750 | 62 | 16.000 |
| Type A Coupé de ville | 2501 bis 22700 | keine Angabe / Reihe / 4 | 18 / 2100 | 65 x 100 | 1327 | 4000 x 1410 x 1750 | 62 | 25.000 |
| Type A court Torpédo 3 Sitze | 2501 bis 22700 | keine Angabe / Reihe / 4 | 18 / 2100 | 65 x 100 | 1327 | keine Angabe | 62 | 20.000 |
| Type A court Coupé docteur | 2501 bis 22700 | keine Angabe / Reihe / 4 | 18 / 2100 | 65 x 100 | 1327 | keine Angabe | 62 | |

# Eine breitere Modellpalette 1921

Typ B2 Coupé als Zweisitzer

## Die letzten Typ A

In seinem dritten Jahr wurde der Typ A in Details weiter entwickelt und die Modellpalette durch eine Luxusvariante des Coupé de Ville ausgebaut. Das Torpedo bekommt ein Reserverad, das an der linken Karosserieseite montiert ist. Die einzige echte Neuheit ist das Torpedo Sport Luxe mit einer teilweise als Bootsheck ausgeführten Karosserie, Zweifarb-Lackierung und einem am Heck montierten Reserverad. Eine davon abgeleitete sportliche Version, das Torpedo Sport 10 HP Spécial, verfügt über eine neue Mechanik. Der Motor mit im Kopf montierten Ventilen verfügt über einen Hubraum von 1452 $cm^3$, was eine Höchstgeschwindigkeit von 75 km/h ermöglicht. Auch das Coupé de Ville ist in einer Standard- und einer Luxusversion lieferbar. Es verfügt über ein elegantes Rohrgeflecht über dem geschlossenen Teil der Karosserie. Für einige Monate wird die im Januar 1921 eingestellte Limousine im Oktober wieder produziert.

Doch André Citroën bereitet bereits die Ablösung des Typ A vor. Nach der Markteinführung des B2 wird die Produktion des Typ A in den letzten Wochen des Jahres 1921 eingestellt.

## Auftritt B2!

Mitten in der Krise der französischen Automobilindustrie, die zu einem bemerkenswerten Produktionsrückgang führte, bringt André Citroën im Juni 1921 noch vor Ende des Modelljahrs den neuen B2 auf den Markt. Der Wagen war im Mai homologiert worden und nutzte das Fahrgestell des Typ A Spécial. Der Motor besaß einen Hubraum von 1452 $cm^3$. Optisch unterschied sich der Typ B2 durch eine horizontal geteilte Motorhaube und einen höheren Kühler sowie durch innen liegende Scharniere der runderen Türen. Die beiden Schlitze in der Motorhaube sind vertikal ausgeführt. Die Modellreihe übernahm die leicht überarbeiteten Karosserien des Typ A. Allerdings wurde ein viersitziges Torpedo hinzugefügt, das sich vom Dreisitzer durch ein am Heck montiertes Reserverad unterscheidet. Die Luxusversion wurde als „Tourisme Luxe" angeboten. Die Torpedo-Baureihe wurde schließlich durch eine Sportvariante „Caddy" erweitert. Das „Sport-Torpedo" verfügte über einen Motor mit über Kipphebel betätigten Ventilen, die im Kopf montiert waren. Für das Design zeichnete der Karossier Henry Labourdette verantwortlich, der für seine rassigen Entwürfe bekannt war. Er schuf eine ebenso elegante wie sportliche Karosserie. Der „Caddy" wurde von einem kleinen Karosseriebetrieb in Ivry gebaut.

Die Limousinen wurden nun volkstümlicher: Sie waren wahlweise für drei oder vier Sitzplätze ausgelegt. Auch das Coupé de Ville gab es nun in zwei Varianten, und außerdem kam ein Luxus-Landaulette auf den Markt.

Im motorsportlichen Wettbewerb wiederholte der Typ B2 in Le Mans den Sieg beim Verbrauchs-Grand-Prix.

| **Typ - Modelljahr 1921**<br>Oktober 1920 bis September 1921<br>Produktion: 10.933 Fahrzeuge | Fgst-Nr. Serie | Mot.-Typcode / Bauart / Zylinder | PS / min. | Bohr. x Hub in mm | Hubraum $cm^3$ | Dimensionen L x B x H in mm | Vmax km/h | Preise in Franc Februar |
|---|---|---|---|---|---|---|---|---|
| Type A Torpedo 4 Sitze | 22701 bis 28400 | keine Angabe / Reihe / 4 | 18 / 2100 | 65 x 100 | 1327 | 4000 x 1410 x 1750 | 62 | 14.310 |
| Type A Innenlenker 3 Sitze | 22701 bis 28400 | keine Angabe / Reihe / 4 | 18 / 2100 | 65 x 100 | 1327 | 4000 x 1410 x 1750 | 62 | 17.100 |
| Type A Limousine luxe | 22701 bis 28400 | keine Angabe / Reihe / 4 | 18 / 2100 | 65 x 100 | 1327 | 4000 x 1410 x 1750 | 62 | 21.600 |
| Type A Coupé de ville standard | 22701 bis 28400 | keine Angabe / Reihe / 4 | 18 / 2100 | 65 x 100 | 1327 | ohne Angabe | 62 | 20.250 |
| Type A Torpédo sport Spécial | 22701 bis 28400 | keine Angabe / Reihe / 4 | 22 / 2100 | 68 x 100 | 1452 | ohne Angabe | 75 | 25.000 |
| Type B2 Torpédo 3 Türen | 28401 bis 30800 | keine Angabe / Reihe / 4 | 20 / 2100 | 68 x 100 | 1452 | 3680 x 1410 x 1750 | 70 | |
| Type B2 Torpédo 4 Türen luxe | 28401 bis 30800 | keine Angabe / Reihe / 4 | 20 / 2100 | 68 x 100 | 1452 | 3680 x 1410 x 1750 | 70 | |
| Produktion: 2800 Fahrzeuge | | | | | | | | |
| Type B2 Torp. 4 Tü. Tourisme luxe | 60001 bis 61100 | keine Angabe / Reihe / 4 | 20 / 2100 | 68 x 100 | 1452 | 3680 x 1410 x 1750 | 70 | |
| Type B2 Innenlenker 3 Sitze | 60001 bis 61100 | keine Angabe / Reihe / 4 | 20 / 2100 | 68 x 100 | 1452 | ohne Angabe | 70 | |
| Type B2 Limousine 4 Sitze | 60001 bis 61100 | keine Angabe / Reihe / 4 | 20 / 2100 | 68 x 100 | 1452 | ohne Angabe | 70 | |
| Type B2 Coupé de ville | 60001 bis 61100 | keine Angabe / Reihe / 4 | 20 / 2100 | 68 x 100 | 1452 | ohne Angabe | 70 | |
| Type B2 Coupé de ville grand luxe | 60001 bis 61100 | keine Angabe / Reihe / 4 | 20 / 2100 | 68 x 100 | 1452 | ohne Angabe | 70 | |
| Type B2 Landaulet grand luxe | 60001 bis 61100 | keine Angabe / Reihe / 4 | 20 / 2100 | 68 x 100 | 1452 | ohne Angabe | 70 | |
| Type B2 Torpédo sport | 60001 bis 61100 | keine Angabe / Reihe / 4 | 20 / 2100 | 68 x 100 | 1452 | ohne Angabe | 70 | |

Der Typ B2 löste im Juni den Typ A ab

# 1922 C für alle!

Das drei- bis viersitzige Coupé des Typ B2

## Der B2 findet seinen Takt

Der B2 wurde in diesem Jahr kaum weiter entwickelt. Lediglich die drei Kühlschlitze in der Motorhaube werden durch 16 verkürzte Lufteinlässe abgelöst. Außerdem wird die Palette durch eine viersitzige Limousine erweitert. Sie ist wesentlich eleganter und verdankt ihre Linien wieder dem Designer Henri Labourdette. Sie bietet zugleich die stilistische Neuheit einer zweigeteilten Frontscheibe. Der Caddy verfügt über einen Motor mit einem Hubraum von 1457 cm³ und Aluminiumkolben. Zudem bringt eine neue Gemischaufbereitung eine deutliche Leistungssteigerung auf 22 PS, so dass der Wagen eine Höchstgeschwindigkeit von 90 km/h erreicht.

Ende 1921 lässt Citroën noch den Typ D homologieren. Der Wagen ist eine Weiterentwicklung des Typ B2, mit dem er die wichtigsten mechanischen Elemente gemeinsam hat. Die hintere Federung ist allerdings, um die Exportchancen zu verbessern, verstärkt worden. In den Archiven des Unternehmens gibt es allerdings keine Hinweise darauf, dass der Wagen tatsächlich in Serie produziert wurde, was demnach wenig wahrscheinlich erscheint.

Beim Verbrauchs-Grand-Prix von Le Mans liegen gleich zwei 10 HP vorne. Als Piloten wurden Poulain und Barbier eingesetzt.

## Der Typ C für das Volk

Der Erfolg des Typ B2 bestärkte André Citroën in seinem Plan, ein wirtschaftliches Modell für die Massenproduktion auf den Markt zu bringen. Im Oktober 1921 war es mit dem Typ C (5 HP) endlich so weit. Der Konstrukteur hatte den Ingenieur Edmond Moyet mit der Entwicklung eines kleinen Torpedo beauftragt, der auf einem verkürzten Fahrgestell ausreichenden Platz für zwei Personen bieten sollte. Erste Exemplare waren bereits im Herbst 1921 fertig gestellt, doch die Serienproduktion sollte erst im darauf folgenden Frühjahr beginnen. Um die entsprechenden Fertigungsmöglichkeiten zu schaffen, hatte André Citroën die Automobilfabrik von Adolphe Clément am Ufer der Seine in Levallois erworben.

Vom Frühjahr 1922 an, als die ersten Exemplare aus der Fabrik rollten, ließ der Typ C die Verkaufszahlen geradezu explodieren. Die ersten produzierten Modelle verfügten noch über drei Luftschlitze in der Motorhaube, doch diese verschwinden im Herbst und werden gegen 16 vertikale Schlitze ausgetauscht. Das Reserverad wandert unterdessen von der rechten auf die linke Seite, und auch die Zahl der möglichen Lackierungen wird größer (Havanna, Bordeaux oder Chamois). Im Oktober 1922 wird der Typ C durch den Typ C2 mit Magnetzündung und einem steiferen Fahrwerk abgelöst.

André Citroën führte unter anderem auch den Kauf auf Kredit ein

| Typ - Modelljahr: 1922<br>Oktober 1921 bis Sept. 1922<br>Produktion insgesamt: 21.025 | Fgst-Nr. Serie | Mot.-Typcode/<br>Bauart/Zylinder | PS / min. | Bohr. x Hub in mm | Hubraum cm³ | Dimensionen L x B x H in mm | Vmax km/h | Preise in Franc |
|---|---|---|---|---|---|---|---|---|
| Type C Torp. 2 Sitze (von Nov.) | 1 bis 6700 | keine Angabe / Reihe / 4 | 11PS2100 | 55 x 90 | 856 | 3200 x 1400 x 1550 | 48 | 8.500 |
| Type B2 Torpédo 3 Sitze | 30801 bis 44700 | keine Angabe / Reihe / 4 | 20 / 2100 | 68 x 100 | 1452 | 3680 x 1410 x 1750 | 62 | |
| Type B2 Torpédo 4 Sitze | 30801 bis 44700 | keine Angabe / Reihe / 4 | 20 / 2100 | 68 x 100 | 1452 | 3680 x 1410 x 1750 | 62 | 13.900 |
| Type B2 Innenlenker 3 Sitze | 61101 bis 62500 | keine Angabe / Reihe / 4 | 20 / 2100 | 68 x 100 | 1452 | ohne Angabe | 62 | 17.000 |
| Type B2 Innenlenker 4 Sitze | 61101 bis 62500 | keine Angabe / Reihe / 4 | 20 / 2100 | 68 x 100 | 1452 | 3680 x 1410 x 1830 | 62 | 19.800 |
| Type B2 Coupé de ville | 61101 bis 62500 | keine Angabe / Reihe / 4 | 20 / 2100 | 68 x 100 | 1452 | ohne Angabe | 62 | 18.000 |
| Type B2 Landaulet | 61101 bis 62500 | keine Angabe / Reihe / 4 | 20 / 2100 | 68 x 100 | 1452 | ohne Angabe | 62 | 22.000 |
| Type B2 Torpédo Sport | 61101 bis 62500 | keine Angabe / Reihe / 4 | 20 / 2100 | 68 x 100 | 1452 | 3680 x 1410 x 1750 | 62 | 17.000 |

# Die Ketten in der Wüste

## 1923

Landaulette Grand Luxe Typ B2

## Die Sahara ruft

Im Dezember 1922 wagt sich André Citroën in der Sahara an sein erstes Langstrecken-Abenteuer. Innerhalb von 21 Tagen legen fünf Kettenfahrzeuge vom Typ B2 10 HP, beladen mit Ersatzteilen, Lebensmitteln und zehn Männern, in insgesamt acht Etappen mehr als 3200 Kilometer durch die Wüste zurück. Chef der Expedition ist George-Marie Haardt, dem Louis Audouin-Dubreuil zur Seite steht. Sie haben ihren Automobilen Namen gegeben: Scarabée d'Or, Croissant d'Argent, Tortue Volante, Chenille Rampante und Boeuf Apis. Am 7. Januar 1923 treffen alle Teilnehmer nach der ersten geglückten automobilen Durchquerung der Sahara samt ihrer Kettenfahrzeuge in der einstmals verbotenen Stadt Timbuktu ein, wo sie von André Citroën und seiner Frau sowie der begeisterten Bevölkerung empfangen werden.

Den Typ C gibt es nicht mehr. Er hat sich im Oktober 1922 zum Typ C2 weiter entwickelt. Der Wagen besitzt nun ein steiferes Fahrgestell und einen Zündmagneten. Außerdem wurden die Felgen überarbeitet. Die Motorhaube besitzt nun 16 Kühlschlitze. André Citroën ist sich des Erfolges seines neuen Modells sicher, und erweitert daher die Baureihe C um zwei neue Versionen. Im Januar kommt ein elegantes kleines Cabriolet mit Platz für zwei Personen zu den Händlern. Sein Erkennungszeichen ist die etwas längere Klappe. Als Farben sind Blau oder Havanna lieferbar.

| **Typ - Modelljahr:** Oktober 1922 bis Sept. 1923 Produktion insgesamt: 32.678 | Fgst-Nr. Serie | Mot.-Typcode / Bauart / Zylinder | PS / min. | Bohr. x Hub in mm | Hubraum $cm^3$ | Dimensionen L x B x H in mm | Vmax km/h | Preise in Franc |
|---|---|---|---|---|---|---|---|---|
| C2 Torpédo 2 Sitze | 6701 bis 20150 | keine Angabe / Reihe / 4 | 11 / 2100 | 55 x 90 | 856 | 3200 x 1400 x 1550 | 48 | 8.900 |
| C2 Cabriolet 2 Sitze | 6701 bis 20150 | keine Angabe / Reihe / 4 | 11 / 2100 | 55 x 90 | 856 | 3200 x 1400 x 1550 | 48 | 10.700 |
| B2 Torpédo 4 Sitze | 44701 bis 55800 | keine Angabe / Reihe / 4 | 20 / 2100 | 68 x 100 | 1452 | 3680 x 1410 x 1750 | 62 | 13.700 |
| B2 Torpédo luxe 4 Sitze | 44701 bis 55800 | keine Angabe / Reihe / 4 | 20 / 2100 | 68 x 100 | 1452 | 3680 x 1410 x 1750 | 62 | 15.500 |
| B2 Luxe Innenlenker 3 Sitze | 62501 bis 72300 | keine Angabe / Reihe / 4 | 20 / 2100 | 68 x 100 | 1452 | ohne Angabe | 62 | 17.000 |
| B2 Luxe Innenlenker 4 Sitze | 62501 bis 72300 | keine Angabe / Reihe / 4 | 20 / 2100 | 68 x 100 | 1452 | ohne Angabe | 62 | 19.800 |
| B2 Coupé de ville (Crédit) | 200001 bis 200600 | keine Angabe / Reihe / 4 | 20 / 2100 | 68 x 100 | 1452 | ohne Angabe | 62 | 22.000 |
| B2 Landaulet grand luxe (Credit) | 200001 bis 200600 | keine Angabe / Reihe / 4 | 20 / 2100 | 68 x 100 | 1452 | ohne Angabe | 62 | 23.000 |
| B2 Torpédo sport caddy | 62501 bis 72300 | keine Angabe / Reihe / 4 | 22 / 2100 | 68 x 100 | 1452 | 3680 x 1410 x 1750 | 85 | 21.000 |

Katalog für die neue Baureihe B2 und die neuen Modelle C2 5 HP

Für die Kleinen gab es eine Citroënette, ein Nachbau des zweisitzigen Torpedo 5 HP des Typ C2

# 1924

# Ein guter

Die Fabrikgebäude der Marke wurden von einem Architekturbüro des Unternehmens gestaltet

## B2

Auf dem Pariser Automobilsalon wird im Oktober 1923 der B2 mit hinteren Stoßdämpfern vorgestellt. Im Laufe des Jahres hatten bereits einige Versionen von dieser Neuerung profitiert. Gleichzeitig rollt eine Torpedo-Variante mit drei Sitzplätzen auf den Markt.

Nachdem Citroën zu einem bedeutenden Unternehmen gewachsen war, konnte man sich einen selbstbewussten Auftritt leisten

Vom Juni 1924 an rollen alle Automobile der Marke Citroën auf Komfortreifen, die die bis dahin eingesetzten Hochdruckreifen ablösen. Die Produktion wird zur großen Zufriedenheit von André Citroën weiter gesteigert. Zudem findet der Patron neue Geldquellen, um die Modellpalette ausbauen zu können und weitere Expeditionen in Angriff zu nehmen.

## C2

Im Oktober wird die Baureihe C2 um ein Torpedo mit drei Sitzplätzen ergänzt. Die dritte Person sitzt dabei im Heck.

Im September 1922 betonte die Werbung vor allem die Punkte Komfort und Solidität

Auf dem Hof der Fabrik am Quai de Javel herrschte ein ständiges Kommen und Gehen

# Rhythmus...

## 1924

| Typ - Modelljahr: 1924<br>Oktober 1923 bis Sept.1924 -<br>Produktion insgesamt: 55.387 | Fgst-Nr. Serie | Mot.-Typcode /<br>Bauart / Zylinder | PS / min. | Bohr. x Hub<br>in mm | Hubraum<br>$cm^3$ | Dimensionen<br>L x B x H in mm | Vmax<br>km/h | Preise<br>in Franc |
|---|---|---|---|---|---|---|---|---|
| C2 Torpédo 2 Sitze | 20151 bis 47000 | keine Angabe / Reihe / 4 | 11 / 2100 | 55 x 90 | 856 | 3200 x 1400 x 1550 | 48 | 1.300* |
| C2 Cabriolet 2 Sitze | 20151 bis 47000 | keine Angabe / Reihe / 4 | 11 / 2100 | 55 x 90 | 856 | 3200 x 1400 x 1550 | 48 | 11.800 |
| B2 Torpédo 3 Sitze | 72301 bis 110000 | keine Angabe / Reihe / 4 | 20 / 2100 | 68 x 100 | 1452 | 3680 x 141 x 175 | 62 | 14.000 |
| B2 Torpédo luxe 4 Sitze | 72301 bis 110000 | keine Angabe / Reihe / 4 | 20 / 2100 | 68 x 100 | 1452 | 3680 x 141 x 175 | 62 | 17.000 |
| B2 Torpedo tourisme | 72301 bis 110000 | keine Angabe / Reihe / 4 | 20 / 2100 | 68 x 100 | 1452 | 3680 x 141 x 175 | 62 | 18.250 |
| B2 Luxe Innenlenker 4 Sitze | 200001 bis 201650 | keine Angabe / Reihe / 4 | 20 / 2100 | 68 x 100 | 1452 | ohne Angabe | 62 | 22.000 |
| B2 Coupé de ville | 200001 bis 201650 | keine Angabe / Reihe / 4 | 20 / 2100 | 68 x 100 | 1452 | ohne Angabe | 62 | 23.000 |
| B2 Landaulet | 200001 bis 201650 | keine Angabe / Reihe / 4 | 20 / 2100 | 68 x 100 | 1452 | ohne Angabe | 62 | 24.700 |
| B2 Transformable | 200001 bis 201650 | keine Angabe / Reihe / 4 | 20 / 2100 | 68 x 100 | 1452 | ohne Angabe | 62 | 28.000 |
| B2 Torpédo sport Caddy | 200001 bis 201650 | keine Angabe / Reihe / 4 | 22 / 2100 | 68 x 100 | 1452 | 3680 x 141 x 175 | 85 | 22.700 |

*Preis in Gulden, Ausstellung Amsterdam

BULLETIN CITROËN
REVUE MENSUELLE EXCLUSIVEMENT RÉSERVÉE À NOS CONCESSIONNAIRES, AGENTS ET STOCKISTES
113 KILOMÈTRES à l'HEURE avec une 10 HP CITROËN

EIN EINSITZER 10 HP ERREICHTE IM HERBST 1924 AUF DEN STRASSEN VON PARIS 113 KM/H

TORPÉDO TYP C2

# 1925 Offene Verhandlungen

Dreisitziges Torpédo 5 HP, das so genannte Kleeblatt (Trèfle)

In diesem Jahr steckt André Citroën voller Aktivitäten. Er sorgt überall für Neuerungen, bereitet ein neues exotisches Abenteuer vor und vergeudet dabei seine Kräfte...

## C bis

Die Produktion des Typ C2 5 HP mit zwei Plätzen wird im Juni eingestellt, so dass die Modellpalette nur noch aus dem dreisitzigen Torpedo „Trèfle" (Kleeblatt) und dem zweisitzigen Cabriolet besteht. Der Typ C2 verkauft sich gut, doch Citroën verzichtet auf jegliche Neuerungen, weil er sich bereits auf die Typen B10/B12 konzentriert, die seine neuen Schwerpunkte bilden sollen.

## C4-5 ch

Einen C4 bereits 1925? Ja, dieser Typ C4 mit Vorderradbremsen des Typ C3 wird im Januar 1925 homologiert und vorgestellt. Zu jener Zeit weiß André Citroën nicht genau, wie er mit seinen 5-PS-Modellen weiter verfahren soll. Sie verkaufen ich zwar gut, bringen aber keinen Gewinn und nehmen viel Platz in der Fertigung ein. Außerdem zwingt ihn der Erfolg der Baureihe im Ausland, sie in den dortigen Fabriken weiter zu produzieren. Dennoch werden die Modelle in den folgenden Monaten eingestellt, und der dadurch überflüssig gewordene Typ C4 geht nicht in Serie.

## B2

Auch die Modellreihe B2 entwickelt sich von Oktober 1924 an weiter. Zahlreiche neue Versionen werden auf dem Pariser Automobilsalon vorgestellt. Wie beim C3 bleibt ein dreisitziges Torpedo im Angebot. Ein drittes Cabriolet mit drei Sitzplätzen ersetzt den eingestellten Caddy. Sein Erkennungsmerkmal ist die vertikal geteilte Frontscheibe.

Gleichzeitig wird auf dem Salon eine verwandelbare Limousine angekündigt, von der allerdings nur einige wenige Exemplare gebaut werden, und die nie in Serie geht.

Mit dem Erscheinen der Stahlkarosserie beim B10 im Oktober 1925 wird das Ende der auf Holzrahmen befestigten Karosseriebleche eingeläutet. In der Folge verschwinden die einzelnen Varianten des B2 nach und nach aus dem Lieferprogramm. Am Ende des Jahres ist die Laufbahn des B2 dann endgültig beendet.

## B9

Gegen Anfang des Jahres entwickelt die Versuchsabteilung aus dem B5 eine Variante mit Vorderradbremsen – das erste Modell mit dieser Technik. Der Patron hatte lange Zeit gezögert, sie bei seinen Modellen wegen des speziellen Fahrgestells von B2 und B10 einzuführen. Nur wenige Exemplare werden tatsächlich produziert.

Ein 10 HP mit Ganzstahlkarosserie

Am Ende des Jahres löste der C3 den C2 für einige Monate ab

# zwischen den beiden Marken

Limousine B10

## B10

Während die Baureihe B2 langsam ihre Karriere beendet, wagt André Citroën den großen Schritt zur Ganzstahlkarosserie beim B10, der eine Weiterentwicklung des B2 darstellt. Gleichzeitig kommen noch einige weitere Verbesserungen, wie ein neuer Tankverschluss und rundere, elegantere Kotflügel hinzu. Auf dem Pariser Automobilsalon im Oktober 1924 steht eine Version des B10. Die Limousine hat sechs Fenster und vier Sitzplätze. Die Kunden müssen noch einige Monate warten, bis die ersten Wagen aus der Fabrik rollen, denn der B10 wird erst im Mai 1925 homologiert.

Im Mai folgt der Limousine ein Torpedo mit vier Plätzen, das es in zwei Ausführungen gibt: als Luxus und Tourisme Luxe. Nach dem Ende des B10 werden bei allen 10-HP-Modellen der neue Tankverschluss und die abgerundeten Kotflügel montiert.

André Citroën lässt seinen Namen auf dem Eiffelturm leuchten

## Das unglaubliche Abenteuer in Afrika

Gestärkt vom Erfolg der Sahara-Durchquerung im Jahre 1923, plant André Citroën mit Unterstützung der Regierung die Croisière noire, die Durchquerung Afrikas von Colomb-Béchar in Algerien nach Tananarive auf Madagaskar. Acht Kettenfahrzeuge machen sich mit 16 Männern auf den Weg. Scarabée d'Or wird ebenso wieder eingesetzt wie Croissant d'Argent, in denen die beiden Expeditionsleiter Haardt und Audouin-Dubreuil die Gruppe anführen. Die anderen Gefährte tragen die Namen Escargot Ailé, Colombe, Soleil en marche, Eléphant à la tour, Pégase und Centaure. Die Fahrt beginnt am 28. Oktober 1924 in Colomb-Béchar und erreicht Kampala in Uganda am 27. April 1925. Von hier aus trennen sich die Wege von zunächst zwei und später vier Gruppen, die das Kap der guten Hoffnung, Mombasa, Moçambique und danach am 26. Juni das Ziel auf Madagaskar erreichen. Die Expedition ist ein gigantischer Erfolg für Citroën.

Darüber tritt das Scheitern des von ihm geplanten Projekts der Compagnie Centralafricaine oder kurz Citracit noch vor ihrer Gründung in den Hintergrund. Nachdem er Millionen in den Bau spezieller Fahrzeuge und den Kauf von Hotels und Herbergen investiert hat, muss André Citroën seine Pläne auf Weisung der Regierung begraben. Er ist überzeugt, dass Louis Renault, der ähnliche Pläne verfolgte, seine Beziehungen hat spielen lassen. Auf jeden Fall hat André Citroën in jenem Jahr beachtliche Mittel verloren, die ihm in der Zukunft noch einmal fehlen sollten...

Mehrere 5 HP Trèfle warten auf die Auslieferung

| Typ - Modelljahr: 1925<br>Oktober 1924 bis Sept. 1925<br>Produktion insgesamt: 61487 | Fgst-Nr. Serie | Mot.-Typcode / Bauart / Zylinder | PS / min. | Bohr. x Hub in mm | Hubraum cm³ | Dimensionen L x B x H in mm | Vmax km/h | Preise in Franc |
|---|---|---|---|---|---|---|---|---|
| C3 5 HP Torpédo 2 Sitze | 47001 bis 76000 | keine Angabe / Reihe / 4 | 11 / 2100 | 55 x 90 | 856 | 3200 x 1400 x 1550 | 48 | 11.800 |
| C3 5 HP Cabriolet 2 Sitze | 47001 bis 76000 | keine Angabe / Reihe / 4 | 11 / 2100 | 55 x 90 | 856 | 3200 x 1400 x 1550 | 48 | 14.000 |
| C3 5 HP Torpédo 3 Sitze | 47001 bis 76000 | keine Angabe / Reihe / 4 | 11 / 2100 | 55 x 90 | 856 | 3200 x 1400 x 1550 | 48 | 12.800 |
| B2 10 HP Torpédo 3 Sitze | 110001 bis 136400 | keine Angabe / Reihe / 4 | 20 / 2100 | 68 x 100 | 1452 | ohne Angabe | 62 | 15.200 |
| B2 10 HP Torpedo Tréfle* | 110001 bis 136400 | keine Angabe / Reihe / 4 | 20 / 2100 | 68 x 100 | 1452 | ohne Angabe | 62 | 16.000 |
| B2 10 HP Torpédo 4 Sitze | 110001 bis 136400 | keine Angabe / Reihe / 4 | 20 / 2100 | 68 x 100 | 1452 | ohne Angabe | 62 | 16.500 |
| B2 10 HP Innenlenker 4 Sitze | 201651 bis 203000 | keine Angabe / Reihe / 4 | 20 / 2100 | 68 x 100 | 1452 | ohne Angabe | 62 | 23.000 |
| B2 10 HP Coupé de ville | 201651 bis 203000 | keine Angabe / Reihe / 4 | 20 / 2100 | 68 x 100 | 1452 | ohne Angabe | 62 | 24.700 |
| B2 10 HP Landaulet | 201651 bis 203000 | keine Angabe / Reihe / 4 | 20 / 2100 | 68 x 100 | 1452 | ohne Angabe | 62 | 25.700 |
| B2 10 HP Cabriolet 3 Sitze* | 201651 bis 203000 | keine Angabe / Reihe / 4 | 20 / 2100 | 68 x 100 | 1452 | ohne Angabe | 62 | 20.000 |
| B10 10 HP Berline 6 Fenster | ohne Angabe | keine Angabe / Reihe / 4 | 20 / 2100 | 68 x 100 | 1452 | ohne Angabe | 62 | 25.000 |
| B10 10 HP Torpédo luxe 4 Sitze | ohne Angabe | keine Angabe / Reihe / 4 | 20 / 2100 | 68 x 100 | 1452 | ohne Angabe | 62 | 19.000 |
| B10 10 HP Torp. tourisme 4 Sitze | ohne Angabe | keine Angabe / Reihe / 4 | 20 / 2100 | 68 x 100 | 1452 | ohne Angabe | 62 | 20.250 |

Alle Fahrzeuge wurden 1925 auf der Frankfurter Herbstmesse gezeigt.

# 1926

# Adieu 5 HP,

Ein Torpédo B12 am Strand

## Ende des C2 und ein kurzer Auftritt des C3

Im Oktober 1925 wird der C2 mit allen Versionen eingestellt und von der direkten Weiterentwicklung, dem C3, abgelöst. Der neue Wagen verfügt über einen Kühlerventilator und eine neue Hinterachse vom Typ „Banjo". Bei allen Varianten wird das Fahrgestell zwischen den Achsen verstärkt. Stoßdämpfer arbeiten jetzt im Heck, während die vorderen Federn verstärkt werden. Das ein Jahr zuvor eingeführte Torpedo mit drei versetzten Sitzplätzen wird von einem Modell mit ebenfalls drei Plätzen abgelöst, bei dem die dritte Person allerdings im Heck sitzt. Im Volksmund wird es bald „Trèfle" (Kleeblatt) genannt. Im März 1926 beschließt André Citroën, der sich auf den 10 HP B12 als Hauptmodell konzentrieren will, das Ende des C3, von dem die letzten Exemplare innerhalb eines Monats abgesetzt werden.

## B10

Obwohl Citroën die automobile Entwicklung korrekt eingeschätzt hat, bringt der Übergang zur Ganzstahlkarosserie einige Probleme mit sich. Die B10 sind zwar solide, aber das Fahrgestell, das vom B2 übernommen wurde, ist dem höheren Gewicht nicht gewachsen. Im täglichen Einsatz halten die Bleche nicht immer den Verwindungen stand, so dass die Konstruktion schnell Schaden nimmt. Das Problem wird bereits bei den ersten Exemplaren offensichtlich. Citroën fordert daher von Kégresse, seinem Ingenieur für technische Notfälle, Abhilfe zu schaffen. Der verdoppelt innerhalb weniger Monate die Profile der Träger, bis ein neues, robusteres Fahrgestell entwickelt ist. Im Oktober ist das neue Chassis fertig, was wiederum das schnelle Ende des als Limousine und Torpedo angebotenen B10 nach sich zieht.

## B12

Das neue, stämmige Fahrgestell des B12 ist praktisch das Chassis eines Nutzfahrzeugs. Die Entwicklungsabteilung plante von vornherein eine besonders solide Lösung, weil man verschiedene Versionen – eben auch Nutzfahrzeuge – bauen wollte. Der Vorderbau ist vollkommen neu. Trommelbremsen übernehmen die Verzögerung und halbelliptische Blattfedern die Federung. Der Kühlventilator wurde ebenfalls verstärkt.

Die Baureihe besteht zunächst aus einer Limousine mit sechs Fenstern und zwei viersitzigen Torpedos. Doch um weiterhin eine möglichst große Zahl von Varianten anbieten zu können, bietet man die vom B10 bekannten Karosserieversionen an: Landaulet, Coupé Chauffeur und ein dreisitziges Cabriolet. Auf besonderen Wunsch können einige Modelle mit einem mittels überarbeiteter Gemischaufbereitung und Aluminiumkolben von 20 auf 22 PS leistungsgesteigerten Triebwerk geliefert werden.

Vom März 1926 an ist die Modellreihe B12 mit einigen Verbesserungen lieferbar. Zunächst werden den beiden Torpedo-Versionen zwei einfacher aus-

Torpédo B12

# willkommen B12 !



gestattete, dafür aber preiswertere Varianten zur Seite gestellt, um so die Kundschaft des C3 nicht zu verlieren. Auch die Limousine bekommt eine Standardversion. Die Hinterachse ist noch immer vom Typ „Banjo", und die Trommelbremsen werden neu dimensioniert. Der B12 steht allerdings bereits vor der Ablösung. Im Oktober kommt der B14 auf den Markt, so dass die Produktion des B12 eingestellt und das Modell nicht mehr auf dem Pariser Automobilsalon ausgestellt wird.

Vor seinem Ende gewinnt ein B12 10 HP allerdings noch die Klassenwertung der Tour de France Automobile.

Der Torpédo B12 ist zwar ständig zuverlässiger geworden, doch die Kunden verlangen nach mehr Wetterschutz. Die Zeiten haben sich geändert...

Juli 1926 – der Torpédo B12 im Wind des Fortschritts

André Citroën bot einige seiner Modelle auch als Transporter an

| **Typ - Modelljahr: 1926** Oktober 1925 bis Sept. 1926 - Produktion insgesamt: 50.404 | Fgst-Nr. Serie | Mot.-Typcode / Bauart / Zylinder | PS / min. | Bohr. x Hub in mm | Hubraum $cm^3$ | Dimensionen L x B x H in mm | Vmax km/h | Preis in Franc* Reichsmark |
|---|---|---|---|---|---|---|---|---|
| C3 5 HP Cabriolet 2 Sitze | 47001 bis 76000 | keine Angabe / Reihe / 4 | 11 / 2100 | 55 x 90 | 856 | 3200 x 1400 x 1550 | 48 | 15.575* |
| C3 5 HP Torpédo Tréfle 3 Sitze | 47001 bis 76000 | keine Angabe / Reihe / 4 | 11 / 2100 | 55 x 90 | 856 | 3200 x 1400 x 1550 | 48 | 14.375* |
| B12 10 HP Berline 6 Fenster | 153001 bis 17700 | keine Angabe / Reihe / 4 | 20 / 2100 | 68 x 100 | 1452 | 3900 x 141 x 183 | 57 | 7.250 |
| B12 10 HP Berline 6 Fe. Stand. | 153001 bis 17700 | keine Angabe / Reihe / 4 | 20 / 2100 | 68 x 100 | 1452 | 3900 x 141 x 183 | 57 | 6.900 |
| B12 10 HP Torpédo luxe 4 Sitze | 153001 bis 17700 | keine Angabe / Reihe / 4 | 20 / 2100 | 68 x 100 | 1452 | ohne Angabe | 57 | 23.480* |
| B12 10 HP Torp. tourisme 4 Sitze | 153001 bis 17700 | keine Angabe / Reihe / 4 | 20 / 2100 | 68 x 100 | 1452 | ohne Angabe | 57 | 22.230* |
| B12 10 HP Torpédo Standard | 153001 bis 17700 | keine Angabe / Reihe / 4 | 20 / 2100 | 68 x 100 | 1452 | ohne Angabe | 57 | 20.000* |
| B12 10 HP Landaulet | 153001 bis 17700 | keine Angabe / Reihe / 4 | 20 / 2100 | 68 x 100 | 1452 | ohne Angabe | 57 | 28.930* |
| B12 10 HP Coupé chauffeur | 153001 bis 17700 | keine Angabe / Reihe / 4 | 20 / 2100 | 68 x 100 | 1452 | ohne Angabe | 57 | 28.930* |
| B12 10 HP Cabriolet 3 Sitze | 153001 bis 17700 | keine Angabe / Reihe / 4 | 20 / 2100 | 68 x 100 | 1452 | ohne Angabe | 57 | 28.230* |

Der 6/22 PS Raupenschlepper wurde auf der Leipziger Frühjahrsmesse ausgestellt

# 1927 Der Geist

Der Stand des Unternehmens 1927 in Paris

Torpédo Luxus Typ B14

## B14 – B14F

Der Wechsel ist beachtlich. Der neue B14 ist tatsächlich ein neues Automobil und keine einfache Weiterentwicklung. Im Vergleich zu seinem Vorgänger ist das Fahrgestell – um Gewicht zu sparen – deutlich leichter geraten. Der modifizierte Motor hat nun einen Hubraum von 1538 cm³. Die Vergrößerung der Bohrung auf 70 mm wirkt sich weniger auf die Leistung aus, sondern verbessert vielmehr die Kraftentfaltung und sorgt zusammen mit einem verstärkten Getriebe für einen wesentlich kultivierteren Motorlauf als beim B12. Das Volumen des Benzintanks wächst auf 30 Liter an, die Federung wird verbessert und der B14 wird von vier Trommelbremsen verzögert.

Die Karosserievarianten verändern sich hingegen kaum. Die für den B12 kostspielig eingerichtete Fabrikation verlangt nach großen Stückzahlen, um sich zu amortisieren. Daher entwickelt sich das Design kaum weiter. Der B14 ist allerdings durch eine flache Kühlerhaube auf den ersten Blick zu erkennen.

Die B14-Palette bietet eine beachtliche Vielzahl an Karosserien. Natürlich darf das klassische Torpedo in zwei Ausstattungsvarianten nicht fehlen, doch diese Version verliert Kunden an die Limousinen mit Ganzstahlkarosserie. Vor allem die Limousine mit sechs Fenstern, die ebenfalls in zwei Ausstattungen lieferbar ist, wird ein echter Erfolg. Im Katalog findet sich zudem eine zweitürige Limousine mit vier Fenstern, die es als Serien- und Luxusvariante mit Zweifarb-Lackierung gibt. Doch außer einigen Vorserienexemplaren geht dieser Typ nicht in Produktion. Schließlich vervollständigen noch ein zwei- und dreisitziges Cabriolet, ein Coupé mit versenkbaren Sitzen im Kofferraum sowie ein dreisitziges Coupé die Modellpalette. Die Coupés werden „Faux Cabriolet" genannt, weil man sie als Cabriolet ohne zu öffnendes Dach definiert. Daneben gibt es noch ein konservatives Coupé de Ville mit klassischem Karosserieaufbau für die gesetzte Kundschaft.

In den ersten Monaten des Jahres 1927 beschließt André Citroën eine Preissenkung. Der billigste B14 kostet nun 20.700 statt 23.500 Francs. Für das teuerste Modell, das Coupé de Ville, verlangt das Unternehmen 36.000 statt 40.000 Francs. Diese

Mit Spielzeugen bindet das Unternehmens bereits Kinder an die Marke

# der Modellpalette

## 1927

Zweisitziges Cabriolet Typ B14

Reduzierung wurde möglich, weil die Marke einen größeren Kundenkreis erreicht. Die Pariser Fabriken am Quai de Javel sind vollständig ausgelastet und produzieren täglich 400 Automobile. Nach einigen Monaten stellt sich allerdings heraus, dass sich das abgespeckte Fahrwerk des B14 als zu leicht erweist. Das nicht ausreichend steife Chassis verursacht bei den Ganzstahlkarosserien frühzeitige Ermüdung, so dass man beschließt, es im Frühjahr zu verstärken und flacher zu bauen. Nach einigen Monaten wird der B14 daher vom Typ B14 F abgelöst. Im Rahmen der Überarbeitung erhalten die Bremsen eine Westinghouse-Servounterstützung.

| **Typ - Modelljahr: 1927**<br>Oktober 1926 bis Sept. 1927 -<br>Produktion insgesamt: 76.077 | Fgst-Nr. Serie | Mot-Typ-Code / Bauart / Zylinder | PS / min. | Bohr. x Hub in mm | Hubraum cm³ | Dimensionen L x B x H in mm | Vmax km/h | Preise in Franc* Reichsmark |
|---|---|---|---|---|---|---|---|---|
| *B14 6/25 PS Chassis | 310001 bis 325000 | keine Angabe / Reihe / 4 | 22 / 2300 | 70 x 100 | 1539 | ohne Angabe | 62 | 3.800 |
| *B14 6/25 PS Limousine 4 Sitze | 310001 bis 325000 | keine Angabe / Reihe / 4 | 22 / 2300 | 70 x 100 | 1539 | ohne Angabe | 62 | 5.200 |
| *B14 6/25 PS Droschke | 310001 bis 325000 | keine Angabe / Reihe / 4 | 22 / 2300 | 70 x 100 | 1539 | ohne Angabe | 62 | 5.800 |
| *B14 6/25 PS Kastenlieferwagen | 310001 bis 325000 | keine Angabe / Reihe / 4 | 22 / 2300 | 70 x 100 | 1539 | ohne Angabe | 62 | 4.700 |
| *B14 6/25 PS Comb.Lieferwagen | 310001 bis 325000 | keine Angabe / Reihe / 4 | 22 / 2300 | 70 x 100 | 1539 | ohne Angabe | 62 | 4.800 |
| *B14 6/25 PS Krankenwagen | 310001 bis 325000 | keine Angabe / Reihe / 4 | 22 / 2300 | 70 x 100 | 1539 | ohne Angabe | 62 | 6.200 |
| B14 Cabriolet 2 Sitze | 250001 bis 260000 | keine Angabe / Reihe / 4 | 22 / 2300 | 70 x 100 | 1539 | ohne Angabe | 62 | 29.000* |
| B14 Cabriolet 3 Sitze | 250001 bis 260000 | keine Angabe / Reihe / 4 | 22 / 2300 | 70 x 100 | 1539 | ohne Angabe | 62 | 29.000* |
| *B14 Torpédo série | 250001 bis 260000 | keine Angabe / Reihe / 4 | 22 / 2300 | 70 x 100 | 1539 | ohne Angabe | 62 | 4.700 |
| B14 Torpédo luxe | 250001 bis 260000 | keine Angabe / Reihe / 4 | 22 / 2300 | 70 x 100 | 1539 | ohne Angabe | 62 | 21.600* |
| B14 Berline 6 Fenster série | 250001 bis 260000 | keine Angabe / Reihe / 4 | 22 / 2300 | 70 x 100 | 1539 | 418 x 141 x 183 | 62 | 5.200 |
| B14 Berline 6 Fenster luxe | 250001 bis 260000 | keine Angabe / Reihe / 4 | 22 / 2300 | 70 x 100 | 1539 | 418 x 141 x 183 | 62 | 30.000* |
| B14 Faux cabriolet 2 Sitze | 250001 bis 260000 | keine Angabe / Reihe / 4 | 22 / 2300 | 70 x 100 | 1539 | ohne Angabe | 62 | |
| *B14 Faux cabriolet 3 Sitze | 250001 bis 260000 | keine Angabe / Reihe / 4 | 22 / 2300 | 70 x 100 | 1539 | ohne Angabe | 62 | 5.700 |
| B14 Landaulet | 250001 bis 260000 | keine Angabe / Reihe / 4 | 22 / 2300 | 70 x 100 | 1539 | ohne Angabe | 62 | 30.000* |
| B14 Coupé de ville | 250001 bis 260000 | keine Angabe / Reihe / 4 | 22 / 2300 | 70 x 100 | 1539 | ohne Angabe | 62 | 36.000* |
| B14 F Cabriolet 2 Sitze | 260001 bis 310000 | keine Angabe / Reihe / 4 | 22 / 2300 | 70 x 100 | 1539 | ohne Angabe | 62 | |
| B14 F Cabriolet 3 Sitze | 260001 bis 310000 | keine Angabe / Reihe / 4 | 22 / 2300 | 70 x 100 | 1539 | ohne Angabe | 62 | |
| B14 F Torpédo série | 260001 bis 310000 | keine Angabe / Reihe / 4 | 22 / 2300 | 70 x 100 | 1539 | ohne Angabe | 62 | |
| B14 F Torpédo luxe | 260001 bis 310000 | keine Angabe / Reihe / 4 | 22 / 2300 | 70 x 100 | 1539 | ohne Angabe | 62 | |
| B14 F Berline 6 Fenster série | 260001 bis 310000 | keine Angabe / Reihe / 4 | 22 / 2300 | 70 x 100 | 1539 | 418 x 141 x 183 | 62 | |
| B14 F Berline 6 Fenster luxe | 260001 bis 310000 | keine Angabe / Reihe / 4 | 22 / 2300 | 70 x 100 | 1539 | 418 x 141 x 183 | 62 | |
| B14 F Faux cabriolet 2 Sitze | 260001 bis 310000 | keine Angabe / Reihe / 4 | 22 / 2300 | 70 x 100 | 1539 | ohne Angabe | 62 | |
| B14 F Faux cabriolet 3 Sitze | 260001 bis 310000 | keine Angabe / Reihe / 4 | 22 / 2300 | 70 x 100 | 1539 | ohne Angabe | 62 | |
| B14 F Landaulet | 260001 bis 310000 | keine Angabe / Reihe / 4 | 22 / 2300 | 70 x 100 | 1539 | ohne Angabe | 62 | |
| B14 F Coupé de ville | 260001 bis 310000 | keine Angabe / Reihe / 4 | 22 / 2300 | 70 x 100 | 1539 | ohne Angabe | 62 | |

F = Freins Westinghouse
*Kölner Produktion in 1927: 3120 Stück

Die grossen Händler entwickelten sich im Laufe der Zeit zu veritablen Fabriken

Mittels neuer Zylinder wird der Motor modifiziert, so dass er besser gegen vorzeitige Verschleißerscheinungen geschützt ist. Bei den Karosserien setzt sich der Erfolg der Limousinen fort. Sie machen die Hälfte aller Verkäufe aus.

Werbung im März 1927

# 1928 Die ersten Sechszylinder, die

Landaulette als Taxi auf Basis des Typ B14

## B14 G

André Citroën ruht sich nicht auf seinem Erfolg aus. Seine Modelle müssen sich ständig weiter entwickeln. Daher wird im August 1927 aus dem B14 F der B14 G. Die wichtigste Neuerung ist die Modernisierung der Karosserien, die rundere Formen und eine Zierleiste an der Gürtellinie bekommen. Die Limousinen erhalten einen Blendschutz und die Cabriolets ein neues, praktischeres Verdeck. Die Palette umfasst nun 20 Modelle. Von der offenen Versionen allerdings bleibt lediglich das Luxus-Torpedo im Programm. Die Limousine mit sechs Fenstern behält ihre Luxusvariante. Gleichzeitig kommt eine Limousine mit vier Fenstern als Luxusversion und eine Familienlimousine auf den Markt. Die „Familiale" nutzt ein Nutzfahrzeug-Fahrgestell des B15 mit langem Radstand. Um den Platz im Inneren zu vergrößern, besitzt das Modell eine kürzere Klappe als die anderen Modelle.

Das ein wenig angestaubte Coupé de Ville bleibt vorerst noch im Lieferprogramm, um im Oktober aus den Katalogen gestrichen zu werden. Das Landaulet wurde bereits am Anfang des Jahres aus der Fertigung genommen.

Die sportlichere Palette umfasst noch immer vier Modelle: zwei Cabriolets mit zwei oder drei Sitzen und drei Coupés mit ebenfalls zwei oder drei Sitzplätzen. Sie haben jetzt allerdings einheitliche Karosserien.

Das neue Modell B14 G wird der Öffentlichkeit im Oktober beim Pariser Automobilsalon vorgestellt. Es entwickelt sich im Laufe des Jahres weiter. Im Februar kommt eine Version „demi Luxe" für die beiden Limousinenvarianten auf den Markt. Im Juni werden die Cabriolets modernisiert, wobei sich schon die stilistischen Modifikationen des zukünftigen AC4 andeuten. Die Verdeckkonstruktionen lassen nun verschiedene Belüftungen zu. Das dreisitzige Cabriolet wird im gleichen Zuge zu einem Viersitzer vergrößert. Die Coupés erhalten ein Blechdach mit Kunstleder und einen Kompass, der allerdings lediglich Attrappe ist. Das viersitzige Coupé hat darüber hinaus zusätzliche Fenster, so dass es sich eigentlich um eine Limousine handelt.

Cabriolet Typ B14 G

# erste moderne Modellpalette 1928

Cabriolet Typ B14 G

Alle nach Juni produzierten B14 G bekommen eine neue Motorhaube, bei der die Zahl der Belüftungsschlitze deutlich erhöht wurde.

## B18

Im Frühjahr lässt André Citroën in seiner Fertigung ein Kontingent von 1200 Fahrzeugen mit besonderer Spezifikation produzieren. Eine Bestellung aus Asien verlangt wegen der dortigen Verhältnisse nach Automobilen mit breiter Spur. Diese Modelle werden außerdem mit Rechtslenkung hergestellt. Doch dann scheitert das Geschäft, und die bereits hergestellten Modelle werden in Frankreich als B18 verkauft.

Trotz der zahlreichen Modifikationen und neuer Modelle ist die Produktion nicht gestiegen – sie ist sogar leicht auf 62.900 Automobile zurückgegangen.

Torpédo Luxus Typ B14 G

Im Oktober 1924 zeichnen sich die neuen C4 und C6 am Horizont ab

| Typ - Modelljahr: 1928<br>Oktober 1927 bis Sept. 1928<br>Produktion insgesamt: 72.356 | Fgst-Nr. Serie | Mot.-Typcode / Bauart / Zylinder | PS / min. | Bohr. x Hub in mm | Hubraum cm³ | Dimensionen L x B x H mm | Vmax km/h | Preis in Franc | Preis in Köln Reichsmark |
|---|---|---|---|---|---|---|---|---|---|
| B14 G Chassis | 325001 bis 375000 | keine Angabe / Reihe / 4 | 22 / 2300 | 70 x 100 | 1539 | ohne Angabe | 62 | | 3.650 |
| B14 G Phaeton komb. Heckkl. | 325001 bis 375000 | keine Angabe / Reihe / 4 | 22 / 2300 | 70 x 100 | 1539 | ohne Angabe | 62 | | 4.250 |
| B14 G Droschken-Landaulet | 325001 bis 375000 | keine Angabe / Reihe / 4 | 22 / 2300 | 70 x 100 | 1539 | ohne Angabe | 62 | 28.600 | 5.450 |
| B14 G Droschken-Limousine | 325001 bis 375000 | keine Angabe / Reihe / 4 | 22 / 2300 | 70 x 100 | 1539 | ohne Angabe | 62 | 28.600 | 5.200 |
| B14 G Torpédo luxe | 310001 bis 324800 | keine Angabe / Reihe / 4 | 22 / 2300 | 70 x 100 | 1539 | ohne Angabe | 62 | 22.600 | 4.250 |
| B14 G Cabriolet 3 Sitze | 310001 bis 324800 | keine Angabe / Reihe / 4 | 22 / 2300 | 70 x 100 | 1539 | ohne Angabe | 62 | 27.000 | |
| B14 G Berline 4 Fenster luxe | 310001 bis 324800 | keine Angabe / Reihe / 4 | 22 / 2300 | 70 x 100 | 1539 | 400 x 141 x 180 | 62 | 25.600 | 4.950 |
| B14 G Berline 4 F. demi-luxe | 310001 bis 324800 | keine Angabe / Reihe / 4 | 22 / 2300 | 70 x 100 | 1539 | 400 x 141 x 180 | 62 | 22.600 | |
| B14 G Berline 6 Fenster luxe | 310001 bis 324800 | keine Angabe / Reihe / 4 | 22 / 2300 | 70 x 100 | 1539 | 418 x 141 x 180 | 62 | 25.600 | |
| B14 G Berline 6 F. demi-luxe | 310001 bis 324800 | keine Angabe / Reihe / 4 | 22 / 2300 | 70 x 100 | 1539 | 418 x 141 x 180 | 62 | 22.600 | 4.650 |
| B14 G Limousine famil. luxe | 310001 bis 324800 | keine Angabe / Reihe / 4 | 22 / 2300 | 70 x 100 | 1539 | 418 x 141 x 180 | 62 | 27.900 | |
| B14 G Faux cabriolet 2 Sitze | 310001 bis 324800 | keine Angabe / Reihe / 4 | 22 / 2300 | 70 x 100 | 1539 | ohne Angabe | 62 | 25.000 | |
| B14 G Faux cabriolet 3 Sitze | 310001 bis 324800 | keine Angabe / Reihe / 4 | 22 / 2300 | 70 x 100 | 1539 | ohne Angabe | 62 | | |
| B14 G Cabriolet 3 Sitze | 310001 bis 324800 | keine Angabe / Reihe / 4 | 22 / 2300 | 70 x 100 | 1539 | ohne Angabe | 62 | 27.000 | |
| B14 G Cabriolet 4 Sitze | 310001 bis 324800 | keine Angabe / Reihe / 4 | 22 / 2300 | 70 x 100 | 1539 | ohne Angabe | 62 | 27.000 | 4.650 |
| B18 wie B14 jed. R.-lenker | 1200 Einheiten | keine Angabe / Reihe / 4 | 22 / 2300 | 70 x 100 | 1539 | ohne Angabe | 62 | | |

*Kölner Werksproduktion B14 in 1927 & 1928: 8933 Stück. Jahresproduktion 1928: 5840

# 1929

# AC,

DER NEUE C6 HAT ALS ERSTES MODELL DER MARKE EINEN SECHSZYLINDERMOTOR

Das Ereignis des Jahres 1928 ist die Vorstellung der neuen Modellreihe AC mit Vier- und Sechszylindermotoren auf dem Pariser Automobilsalon. Mit diesen Automobilen tritt André Citroën in eine neue Ära ein. Nun verfügt die Marke über eine diversifizierte Modellpalette, die sie unter die wirklich großen Hersteller vorstoßen lässt. Dabei sind gerade zehn Jahre seit der Gründung der Marke vergangen.

## AC4

Der im Juli 1928 homologierte AC4 ist eine Weiterentwicklung des B14 G. Allerdings machen die zahlreichen Modifikationen den Wagen zu einer modernen Entwicklung. Zwar ist der Motor des AC4 lediglich eine Überarbeitung des vertrauten Triebwerks, doch die neuen Fertigungsmethoden tragen zu einer deutlich verbesserten Zuverlässigkeit bei.

Außerdem stellen die Nebenaggregate einen echten Fortschritt dar: Wasserpumpe, Verteilerzündung, dreifach gelagerte Kurbelwelle. Der Hubraum liegt nun dank einer auf 72 mm angehobenen Bohrung bei 1628 cm³. Das Aluminium-Getriebegehäuse des B14 G wurde zudem gegen eines aus Grauguss getauscht.

Als zweite Neuheit bietet der AC4 die Wahl zwischen zwei Radständen, wobei die längere Variante von der Familiale übernommen wird. Die beiden Fahrwerke werden vollständig überarbeitet und mit neuen Traversen versehen, um die Torsionssteifigkeit zu erhöhen.

Die Karosserien werden auf jenen Maschinen gefertigt, die mit großem finanziellen Aufwand für den B14 angeschafft worden waren. Weil sie sich nur langsam amortisieren, erfährt der neue AC4 nur minimale Retuschen, was die Designer aber nicht daran hinderte, modernere Karosserieformen zu entwerfen. Die erste Weiterentwicklung bestand in einer leichten Einbuchtung der Haube. Die Luftschlitze sind höher und lassen so eine harmonischere Form entstehen. Die verschiedenen Karosserieversionen lehnen sich allerdings stark an die Silhouette des B14 G an. Das Torpedo de Luxe wurde noch weiter gebaut, und die Limousinen gab es in drei Größen: mit vier und sechs Fenstern sowie in der Familiale-Variante. Daneben werden zwei- und viersitzige Cabriolets, ein zweisitztiges Coupé und eine Coach-Version angeboten.

Der AC4 ist ein beachtlicher wirtschaftlicher Erfolg. Von Mai 1929 an gibt es einige Karosserieversionen zudem gegen Aufpreis mit einem Kofferraum der Marke Coquille.

AUGUST 1926: DER C6 IN ST. TROPEZ

LIMOUSINE C6

AUSSTELLUNGSHALLE DES HÄNDLERS BANVILLE IN DER RUE PIERRE-DEMOURS IN PARIS

# von 4 bis 6... !



## AC6

Die große Neuheit ist jedoch der rasante Aufstieg der Marke in den erlauchten Kreis der Sechszylinder-Hersteller. Der direkt vom AC4 abgeleitete AC6 kommt zur gleichen Zeit auf den Markt und wird auch wie der AC4 im Juli homologiert. Beim Motor handelt es sich um einen um zwei Einheiten vergrößerten Vierzylinder, der zudem dessen Abmessungen übernimmt, so dass ein Hubraum von 2442 cm³ entsteht. Außer der längeren Motorhaube sind die Karosserien der beiden Modelle identisch. Lediglich bei den Torpedos gibt es eine größere Vielfalt. Die mechanischen Unterschiede fallen kaum ins Gewicht: Kraftstoffanlage mit Entlüfter, größerer Tank im Heck, Kardanantrieb. Die Lüftungsschlitze nehmen die gesamte Länge der Haube ein. Doch beim AC6 bleibt der Erfolg aus. Die große Ähnlichkeit mit dem AC4 macht ihn für die potenzielle Kundschaft wenig reizvoll. Der Wagen ist zwar ein leistungsstarkes Modell mit entsprechenden Qualitäten und ausreichendem Komfort, doch die angebotenen Karosserien müssen weiter entwickelt werden, um die Interessenten zu überzeugen. André Citroën reagiert und bringt im Mai 1929 den Typ C6 E auf den Markt. Die Karosserien der Limousinen sind nun um sieben Zentimeter verlängert und bieten im Innenraum zudem eine neue Armaturentafel. Das bessere Raumangebot überzeugt, und die Kunden reagieren mit steigenden Bestellungen. Die mechanischen Änderungen betreffen die Handbremse, überarbeitete Kolben und einen neuen Luftsammler. Gleichzeitig bietet die Marke exklusive Accessoires an: Kofferraum von Coquille und zweigeteilte Stoßstangen. Die Karosserieversionen werden um zwei Varianten erweitert: eine Limousine und ein Torpedo. Vom C6 E werden rund 4500 Exemplare gebaut.

DIE FASSADEN DER NIEDERLASSUNGEN HATTEN EIN EINHEITLICHES AUSSEHEN

| Typ - Modelljahr: 1929<br>Oktober 1928 bis Sept. 1929 -<br>Produktion insgesamt: 102.891 | Fgst-Nr. Serie | Mot.-Typcode /<br>Bauart / Zylinder | PS / min. | Bohr. x Hub<br>in mm | Hubraum<br>cm³ | Dimensionen<br>L x B x H in mm | Vmax<br>km/h | Preise in<br>Köln 2/1929<br>Reichsmark |
|---|---|---|---|---|---|---|---|---|
| *C4 6/32 PS Standard Limousine | 1 bis 13500 | keine Angabe / Reihe / 4 | 30 / 3000 | 72 x 100 | 1628 | ohne Angabe | 77 | 4.950 |
| AC4 Torpédo luxe | 13501 bis 90000 | keine Angabe / Reihe / 4 | 30 / 3000 | 72 x 100 | 1628 | ohne Angabe | 77 | |
| AC4 Torpédo familiale | 13501 bis 90000 | keine Angabe / Reihe / 4 | 30 / 3000 | 72 x 100 | 1628 | ohne Angabe | 77 | |
| AC4 Torpédo phaéton | 13501 bis 90000 | keine Angabe / Reihe / 4 | 30 / 3000 | 72 x 100 | 1628 | ohne Angabe | 77 | |
| AC4 Berline luxe | 13501 bis 90000 | keine Angabe / Reihe / 4 | 30 / 3000 | 72 x 100 | 1628 | 4100 x 1580 x 1738 | 77 | |
| AC4 Berline 6 Fenster luxe | 13501 bis 90000 | keine Angabe / Reihe / 4 | 30 / 3000 | 72 x 100 | 1628 | 4220 x 1580 x 1738 | 77 | |
| AC4 Limousine familiale luxe, lang | 13501 bis 90000 | keine Angabe / Reihe / 4 | 30 / 3000 | 72 x 100 | 1628 | ohne Angabe | 77 | |
| AC4 Coupé tole 2 Sitze | 13501 bis 90000 | keine Angabe / Reihe / 4 | 30 / 3000 | 72 x 100 | 1628 | ohne Angabe | 77 | |
| AC4 Coach 4 Sitze | 13501 bis 90000 | keine Angabe / Reihe / 4 | 30 / 3000 | 72 x 100 | 1628 | ohne Angabe | 77 | |
| AC4 Cabriolet 2 Sitze | 13501 bis 90000 | keine Angabe / Reihe / 4 | 30 / 3000 | 72 x 100 | 1628 | ohne Angabe | 77 | |
| *AC4 Cabriolet 4 Sitze | 13501 bis 90000 | keine Angabe / Reihe / 4 | 30 / 3000 | 72 x 100 | 1628 | ohne Angabe | 77 | 5.950 |
| *C6 10/45 PS Fahrgestell | 1 bis 10600 | keine Angabe / Reihe / 6 | 42 / 3000 | 72 x 100 | 2442 | ohne Angabe | 84 | 4.950 |
| *C6 10/45 PS Standard Lim. 4-5 S. | 1 bis 10600 | keine Angabe / Reihe / 6 | 42 / 3000 | 72 x 100 | 2442 | ohne Angabe | 84 | 5.950 |
| *C6 10/45 PS Standard Lim. 6-7 S. | 1 bis 10600 | keine Angabe / Reihe / 6 | 42 / 3000 | 72 x 100 | 2442 | ohne Angabe | 84 | 6.500 |
| *C6 10/45 PS Droschke 4 Sitze | 1 bis 10600 | keine Angabe / Reihe / 6 | 42 / 3000 | 72 x 100 | 2442 | ohne Angabe | 84 | 6.750 |
| AC6 série, luxe oder familial | 6000 bis 11000 | keine Angabe / Reihe / 6 | 42 / 3000 | 72 x 100 | 2442 | ohne Angabe | 84 | |
| *AC6 Berline luxe | 6000 bis 11000 | keine Angabe / Reihe / 6 | 42 / 3000 | 72 x 100 | 2442 | 4200 x 1580 x 1750 | 84 | 6.500 |
| AC6 Berline luxe 6 Fenster | 6000 bis 11000 | keine Angabe / Reihe / 6 | 42 / 3000 | 72 x 100 | 2442 | 4370 x 1580 x 1750 | 84 | |
| *AC6 Limousine luxe Chassis lang | 6000 bis 11000 | keine Angabe / Reihe / 6 | 42 / 3000 | 72 x 100 | 2442 | ohne Angabe | 84 | 7.500 |
| *AC6 Coupé de ville | 6000 bis 11000 | keine Angabe / Reihe / 6 | 42 / 3000 | 72 x 100 | 2442 | ohne Angabe | 84 | 8.000 |
| AC6 Coupé Metalldach 2 Sitze | 6000 bis 11000 | keine Angabe / Reihe / 6 | 42 / 3000 | 72 x 100 | 2442 | ohne Angabe | 84 | |
| AC6 Coupé Metalldach 4 Sitze | 6000 bis 11000 | keine Angabe / Reihe / 6 | 42 / 3000 | 72 x 100 | 2442 | ohne Angabe | 84 | |
| AC6 Cabriolet 2 Sitze | 6000 bis 11000 | keine Angabe / Reihe / 6 | 42 / 3000 | 72 x 100 | 2442 | ohne Angabe | 84 | |
| *AC6 Cabriolet 4 Sitze | 6000 bis 11000 | keine Angabe / Reihe / 6 | 42 / 3000 | 72 x 100 | 2442 | ohne Angabe | 84 | 6.950 |
| C6 E Torpédo série | 14000 bis 18500 | keine Angabe / Reihe / 6 | 42 / 3000 | 72 x 100 | 2442 | ohne Angabe | 84 | |
| C6 E Torpédo grand Tourisme | 14000 bis 18500 | keine Angabe / Reihe / 6 | 42 / 3000 | 72 x 100 | 2442 | ohne Angabe | 84 | |
| C6 E Torpédo phaéton | 14000 bis 18500 | keine Angabe / Reihe / 6 | 42 / 3000 | 72 x 100 | 2442 | ohne Angabe | 84 | |
| C6 E Torpédo familial | 14000 bis 18500 | keine Angabe / Reihe / 6 | 42 / 3000 | 72 x 100 | 2442 | ohne Angabe | 84 | |
| C6 E Berline luxe | 14000 bis 18500 | keine Angabe / Reihe / 6 | 42 / 3000 | 72 x 100 | 2442 | 4200 x 1650 x 1750 | 84 | |
| C6 E Berline grand Tourisme | 14000 bis 18500 | keine Angabe / Reihe / 6 | 42 / 3000 | 72 x 100 | 2442 | 4370 x 1650 x 1750 | 84 | |
| C6 E Berline 6 Fenster luxe | 14000 bis 18500 | keine Angabe / Reihe / 6 | 42 / 3000 | 72 x 100 | 2442 | ohne Angabe | 84 | |
| C6 E Limousine familiale luxe lang | 14000 bis 18500 | keine Angabe / Reihe / 6 | 42 / 3000 | 72 x 100 | 2442 | ohne Angabe | 84 | |
| C6 E Coupé de ville | 14000 bis 18500 | keine Angabe / Reihe / 6 | 42 / 3000 | 72 x 100 | 2442 | ohne Angabe | 84 | |
| C6 E Coupé tole 2 Sitze | 14000 bis 18500 | keine Angabe / Reihe / 6 | 42 / 3000 | 72 x 100 | 2442 | ohne Angabe | 84 | |
| C6 E Coach 4 Sitze | 14000 bis 18500 | keine Angabe / Reihe / 6 | 42 / 3000 | 72 x 100 | 2442 | ohne Angabe | 84 | |
| C6 E Cabriolet 2 Sitze | 14000 bis 18500 | keine Angabe / Reihe / 6 | 42 / 3000 | 72 x 100 | 2442 | ohne Angabe | 84 | |
| C6 E Cabriolet 4 Sitze | 14000 bis 18500 | keine Angabe / Reihe / 6 | 42 / 3000 | 72 x 100 | 2442 | ohne Angabe | 84 | |

C6 E: Spur 139 cm & Breite 169 cm

*Kölner Fertigung im Jahr 1929: 2680 Stück, B14 wurden noch abverkauft.

# 1930 Reisegeschwindigkeit

SECHSSITZIGE FAMILIALE TYP C4

## AC4 III

Auf dem Pariser Automobilsalon im Oktober steht der Nachfolger des AC4 im Mittelpunkt des Interesses. Die Mechanik des AC4 III wurde im Bereich der Lenkung, die nun leichtgängiger ist, und der Bremsen verbessert, der Motor verfügt über höhere Kolben, die den thermischen Belastungen besser widerstehen können – seit den ersten Tagen leiden die Citroën-Motoren nämlich unter Verformungen der Kolben.

Die neuen C4 erhalten zudem neue, gewölbte Felgen und eine modernere Armaturentafel.

AUGUST 1930: TRANSATLANTISCHE ZIELE

# oder Reise in die Krise? 1930

## C6 F

Im Oktober 1929 löst der vor allem auf technischem Gebiet weiter entwickelte C6 F den C6 E ab. Der Motor ist nun auf Silentblöcken gelagert, was die Vibrationen deutlich verringert. Außerdem verbessern hydraulische Stoßdämpfer den Komfort, der Anlasser ist stärker, und ein neues Getriebe übernimmt die Kraftübertragung. Die äußerlichen Veränderungen hingegen sind minimal. Die Spur wächst von 1,39 auf 1,42 Meter und die Felgen werden nun von fünf hinter den Radkappen verborgenen Schrauben gehalten. Allein die Radkappen und ein „V" auf der Sonnenblende unterscheiden den C6 F des Jahrgangs 1930 von seinem Vorgänger.

Zweisitziges Cabriolet Typ C6

| Typ - Modelljahr: 1930<br>Oktober 1929 bis Sept. 1930 -<br>Produktion insgesamt: 77.788 | Fgst-Nr. Serie | Mot.-Typcode /<br>Bauart / Zylinder | PS / min. | Bohr. x H<br>in mm | Hubraum<br>cm³ | Dimensionen<br>L x B x H in mm | Vmax<br>km/h | Preise in<br>Köln 1.1.1930<br>Reichsmark |
|---|---|---|---|---|---|---|---|---|
| *C4 6/32 PS Fahrgestell normal | 300001 - 312000 | keine Angabe / Reihe / 4 | 30 / 3000 | 72 x 100 | 1628 | ohne Angabe | | 3650 |
| *C4 6/32 PS Fahrgestell lang | 300001 - 312000 | keine Angabe / Reihe / 4 | 30 / 3000 | 72 x 100 | 1628 | ohne Angabe | | 3950 |
| *C4 6/32 PS Combinierte Limousine | 300001 - 312000 | keine Angabe / Reihe / 4 | 30 / 3000 | 72 x 100 | 1628 | ohne Angabe | | 5400 |
| *C4 6/32 PS Pullman-Droschke | 816001 - 816175 | keine Angabe / Reihe / 4 | 30 / 3000 | 72 x 100 | 1628 | ohne Angabe | | 5950 |
| C4 III Torpédo 4 Sitze m. Verdeck | 90000 bis 134000 | keine Angabe / Reihe / 4 | 30 / 3000 | 72 x 100 | 1628 | 4100 x 1580 x 1738 | 77 | |
| C4 III Torpédo phaéton | 90000 bis 134000 | keine Angabe / Reihe / 4 | 30 / 3000 | 72 x 100 | 1628 | 4100 x 1580 x 1738 | 77 | |
| C4 III Torpédo familiale und Verdeck | 90000 bis 134000 | keine Angabe / Reihe / 4 | 30 / 3000 | 72 x 100 | 1628 | 4100 x 1580 x 1738 | 77 | |
| *C4 III Berline | 90000 bis 134000 | keine Angabe / Reihe / 4 | 30 / 3000 | 72 x 100 | 1628 | 4100 x 1580 x 1738 | 77 | 4550 |
| C4 III Torpédo série commercial | 90000 bis 134000 | keine Angabe / Reihe / 4 | 30 / 3000 | 72 x 100 | 1628 | 4100 x 1580 x 1738 | 77 | |
| *C4 III Limousine familiale lang | 90000 bis 134000 | keine Angabe / Reihe / 4 | 30 / 3000 | 72 x 100 | 1628 | 4220 x 1580 x 1738 | 77 | 5200 |
| C4 III Coach 4 Sitze | 90000 bis 134000 | keine Angabe / Reihe / 4 | 30 / 3000 | 72 x 100 | 1628 | 4100 x 1580 x 1738 | 77 | |
| C4 III Coach 2 Sitze | 90000 bis 134000 | keine Angabe / Reihe / 4 | 30 / 3000 | 72 x 100 | 1628 | ohne Angabe | 77 | |
| C4 III Cabriolet 2 Sitze | 90000 bis 134000 | keine Angabe / Reihe / 4 | 30 / 3000 | 72 x 100 | 1628 | ohne Angabe | 77 | |
| *C4 III Cabriolet 4 Sitze | 90000 bis 134000 | keine Angabe / Reihe / 4 | 30 / 3000 | 72 x 100 | 1628 | ohne Angabe | 77 | 5950 |
| C4 III Innenlenker commerciale | 90000 bis 134000 | keine Angabe / Reihe / 4 | 30 / 3000 | 72 x 100 | 1628 | ohne Angabe | 77 | |
| *C4 III Taxi decapotable | 90000 bis 134000 | keine Angabe / Reihe / 4 | 30 / 3000 | 72 x 100 | 1628 | ohne Angabe | 77 | 5750 |
| *C6 10/45 PS Fahrgestell | 815001 - 815875 | keine Angabe / Reihe / 6 | 42 / 3000 | 72 x 100 | 2442 | ohne Angabe | 84 | 5200 |
| *C6 10/45 PS Droschken-Landaulet | 852001 - 852533 | keine Angabe / Reihe / 6 | 42 / 3000 | 72 x 100 | 2442 | ohne Angabe | 84 | 6750 |
| C6 F Torpédo grand tourisme | 90000 bis 134000 | keine Angabe / Reihe / 6 | 42 / 3000 | 72 x 100 | 2442 | ohne Angabe | 84 | |
| C6 F Torpédo phaéton | 90000 bis 134000 | keine Angabe / Reihe / 6 | 42 / 3000 | 72 x 100 | 2442 | ohne Angabe | 84 | |
| *C6 F Torpédo familiale | 90000 bis 134000 | keine Angabe / Reihe / 6 | 42 / 3000 | 72 x 100 | 2442 | ohne Angabe | 84 | 5950 |
| C6 F Torpedo m. 2. Windschutzsch. | 90000 bis 134000 | keine Angabe / Reihe / 6 | 42 / 3000 | 72 x 100 | 2442 | ohne Angabe | 84 | |
| *C6 10/45 PS Pullman-Droschke | 90000 bis 134000 | keine Angabe / Reihe / 6 | 42 / 3000 | 72 x 100 | 2442 | ohne Angabe | 84 | 6950 |
| *C6 F Berline luxe | 90000 bis 134000 | keine Angabe / Reihe / 6 | 42 / 3000 | 72 x 100 | 2442 | ohne Angabe | 84 | 6500 |
| *C6 F Berline grand tourisme | 90000 bis 134000 | keine Angabe / Reihe / 6 | 42 / 3000 | 72 x 100 | 2442 | ohne Angabe | 84 | 6800 |
| *C6 F Berline 6 Fenster luxe 7 S. | 90000 bis 134000 | keine Angabe / Reihe / 6 | 42 / 3000 | 72 x 100 | 2442 | ohne Angabe | 84 | 6250 |
| *C6 F Limousine familiale luxe lang | 90000 bis 134000 | keine Angabe / Reihe / 6 | 42 / 3000 | 72 x 100 | 2442 | ohne Angabe | 84 | 6750 |
| C6 F Coupé de ville | 300000 bis 312000 | keine Angabe / Reihe / 6 | 42 / 3000 | 72 x 100 | 2442 | ohne Angabe | 84 | |
| C6 F Coupé tole 2 Sitze | 90000 bis 134000 | keine Angabe / Reihe / 6 | 42 / 3000 | 72 x 100 | 2442 | ohne Angabe | 84 | |
| C6 F Coach 4 Sitze | 90000 bis 134000 | keine Angabe / Reihe / 6 | 42 / 3000 | 72 x 100 | 2442 | ohne Angabe | 84 | |
| C6 F Cabriolet 2 Sitze | 90000 bis 134000 | keine Angabe / Reihe / 6 | 42 / 3000 | 72 x 100 | 2442 | ohne Angabe | 84 | |
| *C6 F Cabriolet 4 Sitze | 90000 bis 134000 | keine Angabe / Reihe / 6 | 42 / 3000 | 72 x 100 | 2442 | ohne Angabe | 84 | 6950 |

*Kölner Produktion im Jahr 1930: 1624 Stück

Die Baureihe wird in diesem Jahr durch eine Luxuslimousine und ein viersitziges Cabriolet erweitert, die im Januar zu den Händlern rollen. Das Cabriolet wird allerdings im September 1930 bereits wieder aus den Katalogen gestrichen.

Kettenfahrzeuge auf Basis des C6 im Wintersport

# 1931

# Großer

Georges Marie Hardt, Chef der Croisière Jaune, im Gespräch mit dem Archäologen Joseph Hackin

C4

Der im August homologierte C4 F löst im Oktober 1930 den C4 III ab. Die Modellfamilie übernimmt dabei einige mechanische Verbesserungen vom C6. Dazu gehören die Motorlagerung, das neue Getriebe, eine überarbeitete Kupplung, ein stärkerer Anlasser, leichtgängigere Lenkung und ein leistungsfähigerer Kühlkreislauf. Zudem ist der Vorderwagen vollständig überarbeitet worden. Der C4 F hat nun einen um sieben Zentimeter verkürzten Radstand. Das Modell mit langer Karosserie behält allerdings seine Abmessungen. Die vordere und hintere Spur werden etwas vergrößert. Gleichzeitig kommt der C4 F large auf den Markt, bei dem die Spur von 134 auf 142 Zentimeter wächst. Diese zusätzlichen acht Zentimeter lassen den Innenraum deutlich wachsen. Das große Fahrgestell gibt es in drei Karosserieversionen: Limousine, Limousine mit sechs Fenstern und Familiale.

Im Januar wird das viersitzige Cabriolet durch einen Roadster abgelöst, der an seiner abgerundeten Haube, seinen nicht ganz bis zum Fahrwerk reichenden Türen und einer geneigten Windschutzscheibe erkennbar ist. In den ersten Katalogen erscheint er noch als „Routière". Erst später wird er zum „Roadster".

Eine Familiale C6 F mit seitlichem Reserverad

Die Modellfamilie C4 wird im Januar durch ein von der Taxivariante abgeleitetes Landaulet erweitert. Mit diesem Modell hofft André Citroën, seine Taxi-

# Luxus



Die Fahrzeuge der Croisière Jaune durchqueren ein befestigtes Dorf in Zentralchina

fabrikation profitabler zu gestalten. Doch die Kundschaft für derartige Fahrzeuge wählt traditionell andere Marken mit wohlklingenderen Namen, so dass dieses Modell nicht der erwartete Erfolg wird. Daran ändern auch die aufwendige Fertigung und die zweigeteilten Stoßstangen nichts.

## C6 F

Praktischer und vielseitiger als die Luxuslimousine ist die von Oktober 1930 an lieferbare lange Limousine, bei der es sich um nichts anderes als ein Coupé de Ville handelt.

Im Januar 1931 wird eine leicht anachronistische Karosserieform in die Kataloge aufgenommen: ein Coupé Landaulet. Diese aus den alten Zeiten übernommene Form ist für Zeitgenossen gedacht, die sich von einem kaum gegen das Wetter geschützten Chauffeur fahren lassen. Doch am Beginn der dreißiger Jahre erscheint dieses Design nicht mehr ganz zeitgemäß.

Die Entladung der Fahrzeuge der Croisière Jaune in Beirut

# 1931

## C6 S, bekannt als C6 CGL

Die ausländische Kundschaft verlangt im gehobenen Segment nach mehr Aufmerksamkeit, und André Citroën reagiert auf diese Wünsche, indem er im Juni den C6 S, der als C6 CGL bekannt wird, vorstellt. Mit diesem Modell tritt die Marke gegen die leistungsstärkere Konkurrenz von Ford und Chevrolet an. „CGL" steht für „Citroën Grand Luxe". Dabei handelt es sich um mehr als eine einfache Überarbeitung. Der C6 CGL verfügt über einen vergrößerten Motor, der nun einen Hubraum von 2650 cm³ aufweist, nachdem die Bohrung von 72 auf 75 mm vergrößert wurde. Der C6 CGL ist das erste Modell, in dem der neue, zwei Monate zuvor im Lastwagen P14 vorgestellte Sechszylinder montiert wird. Mit dem Hubraum steigt die Leistung von 45 auf 53 PS. Dafür erhielt der Motorblock auch noch überarbeitete Ventilführungen, eine neue Kurbelwelle mit verstärkten Pleueln und eine verbesserte Kühlung im Bereich der Zündkerzen. Äußerlich unterscheidet sich der CGL vom C6 F durch vertikale Schlitze im Kühler, über Thermostat gesteuerte Kühlöffnungen, rundere hintere Kotflügel, einen zusätzlichen Scheinwerfer auf der Haube, zwei Reserveräder und Triplex-Scheiben.

Die Palette des C6 CGL bietet eine Vielzahl von Karosserieversionen, die vom C6 F übernommen werden. Darunter befinden sich die Limousinen mit vier oder sechs Fenstern, die Familiale, die zweisitzigen Coupés, ein Coupé-Chauffeur sowie das Landaulet. Neu ist der Roadster, der zum ersten Mal in der Palette des C4 vorgestellt worden war.

EINE SCHWIERIGE PASSAGE IM HIMALAJA

## Quer durch Asien

Nach der „Eroberung" Afrikas war es nur logisch, dass sich André Citroën Asien zuwendet. Die von George-Marie Haardt und Louis Audouin-Dubreuil geleitete „Croisière Jaune" brach in zwei Gruppen von Beirut und Peking auf, um sich auf der Hälfte der Strecke zu treffen und dann gemeinsam nach

LIMOUSINE C6 CGL

Die Croisière Jaune in der Wüste Gobi

Peking zu fahren. Als Fahrzeuge hatte man mit Ketten versehene Versionen des C4 und des C6 F gewählt. Nach Überwindung von zahllosen Hindernissen erreicht die am 4. April 1931 aufgebrochene Mannschaft schließlich nach 12.000 Kilometern am 12. Februar 1932 Peking. Der erschöpfte und kranke George-Marie Haardt stirbt einen Monat später an einer Lungenentzündung.

| **Typ - Modelljahr: 1931** Oktober 1930 bis Sept. 1931 - Produktion insgesamt: 71.932 | Fgst-Nr. Serie | Mot.-Typcode/ Bauart / Zylinder | PS / min. | Bohr. x Hub in mm | Hubraum cm³ | Dimensionen L x B x H in mm | Vmax km/h | Preis ab Köln Reichsmark |
|---|---|---|---|---|---|---|---|---|
| *Pullmann Limousine 6 Sitze | 816001 bis 816175 | keine Angabe / Reihe / 4 | 30 / 3000 | 72 x 100 | 1628 | ohne Angabe | 77 | 4.850 |
| C4 F Torpédo | 300000 bis 312000 | keine Angabe / Reihe / 4 | 30 / 3000 | 72 x 100 | 1628 | ohne Angabe | 77 | |
| C4 F Torpédo phaéton | 300000 bis 312000 | keine Angabe / Reihe / 4 | 30 / 3000 | 72 x 100 | 1628 | ohne Angabe | 77 | |
| C4 F Torpédo familiale | 300000 bis 312000 | keine Angabe / Reihe / 4 | 30 / 3000 | 72 x 100 | 1628 | ohne Angabe | 77 | |
| C4 F Torpédo commerciale | 300000 bis 312000 | keine Angabe / Reihe / 4 | 30 / 3000 | 72 x 100 | 1628 | ohne Angabe | 77 | |
| *C4 F Berline 4/5 Sitze | 300000 bis 312000 | keine Angabe / Reihe / 4 | 30 / 3000 | 72 x 100 | 1628 | 4100 x 1580 x 1738 | 77 | 3.975 |
| C4 F Berline 6 Fenster 6/7 Sitze | 300000 bis 312000 | keine Angabe / Reihe / 4 | 30 / 3000 | 72 x 100 | 1628 | ohne Angabe | 77 | 4.550 |
| *C4 F Limousine familiale lang | 300000 bis 312000 | keine Angabe / Reihe / 4 | 30 / 3000 | 72 x 100 | 1628 | ohne Angabe | 77 | |
| C4 F Coupé 2 Sitze | 300000 bis 312000 | keine Angabe / Reihe / 4 | 30 / 3000 | 72 x 100 | 1628 | ohne Angabe | 77 | |
| C4 F Coach 4 Sitze | 300000 bis 312000 | keine Angabe / Reihe / 4 | 30 / 3000 | 72 x 100 | 1628 | ohne Angabe | 77 | |
| C4 F Cabriolet 2 Sitze | 300000 bis 312000 | keine Angabe / Reihe / 4 | 30 / 3000 | 72 x 100 | 1628 | ohne Angabe | 77 | |
| C4 F Cabriolet 4 Sitze | 300000 bis 312000 | keine Angabe / Reihe / 4 | 30 / 3000 | 72 x 100 | 1628 | ohne Angabe | 77 | |
| C4 F Roadster | 300000 bis 312000 | keine Angabe / Reihe / 4 | 30 / 3000 | 72 x 100 | 1628 | ohne Angabe | 77 | |
| C4 F Faux cabriolet 2 Sitze | 300000 bis 312000 | keine Angabe / Reihe / 4 | 30 / 3000 | 72 x 100 | 1628 | ohne Angabe | 77 | |
| C4 F Faux cabriolet 4 Sitze | 300000 bis 312000 | keine Angabe / Reihe / 4 | 30 / 3000 | 72 x 100 | 1628 | ohne Angabe | 77 | |
| C4 F Taxi decapotable | 300000 bis 312000 | keine Angabe / Reihe / 4 | 30 / 3000 | 72 x 100 | 1628 | ohne Angabe | 77 | |
| C4 F Innenlenker commerciale | 300000 bis 312000 | keine Angabe / Reihe / 4 | 30 / 3000 | 72 x 100 | 1628 | ohne Angabe | 77 | |
| C4 F breit Berline 5 Sitze | 300000 bis 312000 | keine Angabe / Reihe / 4 | 30 / 3000 | 72 x 100 | 1628 | ohne Angabe | 77 | |
| C4 F breit Berline 6 Fenster, 7 Si. | 300000 bis 312000 | keine Angabe / Reihe / 4 | 30 / 3000 | 72 x 100 | 1628 | 4220 x 1700 x 1740 | 77 | 6.250 |
| C4 F breit Limousine familiale lang | 300000 bis 312000 | keine Angabe / Reihe / 4 | 30 / 3000 | 72 x 100 | 1628 | 4220 x 1700 x 1740 | 77 | |
| C4 F breit Landaulet | 300000 bis 312000 | keine Angabe / Reihe / 4 | 30 / 3000 | 72 x 100 | 1628 | 4220 x 1700 x 1740 | 77 | |
| C4 F breit Landaulet Taxi decapota. | 300000 bis 312000 | keine Angabe / Reihe / 4 | 30 / 3000 | 72 x 100 | 1628 | ohne Angabe | 77 | |
| C6 F Torpédo grand tourisme | 11000 bis ..... | keine Angabe / Reihe / 6 | 42 / 3000 | 72 x 100 | 2442 | ohne Angabe | 84 | |
| C6 F Torpédo phaéton | | keine Angabe / Reihe / 6 | 42 / 3000 | 72 x 100 | 2442 | ohne Angabe | 84 | |
| *C6 F Torpédo familiale, Kabriolett | | keine Angabe / Reihe / 6 | 42 / 3000 | 72 x 100 | 2442 | ohne Angabe | 84 | 7.100 |
| C6 F Berline grand tourisme | | keine Angabe / Reihe / 6 | 42 / 3000 | 72 x 100 | 2442 | 4220 x 1700 x 1740 | 84 | |
| *C6 F Berline 6 Fenster luxe 7 Si. | | keine Angabe / Reihe / 6 | 42 / 3000 | 72 x 100 | 2442 | 4220 x 1700 x 1740 | 84 | 6.250 |
| *C6 F Berline 4 Fenster lang 5 Si. | | keine Angabe / Reihe / 6 | 42 / 3000 | 72 x 100 | 2442 | ohne Angabe | 84 | 3.975 |
| C6 F Limousine familiale luxe lang | | keine Angabe / Reihe / 6 | 42 / 3000 | 72 x 100 | 2442 | 4220 x 1700 x 1740 | 84 | |
| C6 F Limousine landaulet | | keine Angabe / Reihe / 6 | 42 / 3000 | 72 x 100 | 2442 | 4220 x 1700 x 1740 | 84 | |
| C6 F Coupé tole 2 Sitze | | keine Angabe / Reihe / 6 | 42 / 3000 | 72 x 100 | 2442 | ohne Angabe | 84 | |
| C6 F Coach 4 Sitze | | keine Angabe / Reihe / 6 | 42 / 3000 | 72 x 100 | 2442 | ohne Angabe | 84 | |
| C6 F Cabriolet 2 Sitze | | keine Angabe / Reihe / 6 | 42 / 3000 | 72 x 100 | 2442 | ohne Angabe | 84 | |
| „C6 S „CGL" „Berline 4 Sitze GT" | | keine Angabe / Reihe / 6 | 42 / 3000 | 72 x 100 | 2442 | ohne Angabe | 84 | |
| „C6 S „CGL" „Berline 6 Fenster" | | keine Angabe / Reihe / 6 | 42 / 3000 | 72 x 100 | 2442 | 4220 x 1700 x 1740 | 84 | |
| „C6 S „CGL" „Limousine familiale" | | keine Angabe / Reihe / 6 | 42 / 3000 | 72 x 100 | 2442 | 4220 x 1700 x 1740 | 84 | |
| „C6 S „CGL" „Coupé de ville" | | keine Angabe / Reihe / 6 | 42 / 3000 | 72 x 100 | 2442 | ohne Angabe | 84 | |
| „C6 S „CGL" „Coupé landaulet" | | keine Angabe / Reihe / 6 | 42 / 3000 | 72 x 100 | 2442 | ohne Angabe | 84 | |
| „C6 S „CGL" „Coupé 2 Sitze" | | keine Angabe / Reihe / 6 | 42 / 3000 | 72 x 100 | 2442 | ohne Angabe | 84 | |
| „C6 S „CGL" „Roadster" | | keine Angabe / Reihe / 6 | 50 / 3200 | 75 x 100 | 2650 | ohne Angabe | o. A. | |

*Kölner Produktion im Jahr 1931: 1056 Stück (hiervon 924 C4 & 132 C6)

1932

# Der schwebende

Roadster Typ C6 G

## C4

Bei der Eröffnung des Pariser Automobilsalons 1932 stehen die Zeichen bei Citroën auf Sturm. Die vom amerikanischen Börsenkrach ausgelöste Weltwirtschaftskrise hat nun auch den alten Kontinent erreicht, so dass in aller Eile ein preiswertes Modell auf den Markt gebracht werden muss. Das Ergebnis ist der C4 IX, bei dem man auf alles Überflüssige verzichtet hat und den es nur in einer einzigen Version gibt. Die Limousine mit vier Fenstern hat zunächst weder einen Kofferraum noch Chromschmuck. Erst im Dezember gibt es einen Kofferraum von Coquille. Außerdem besitzt der Wagen größere Bremsen und eine leichtgängigere Lenkung.

Die Baureihe C4 wird im Oktober durch den C4 G erweitert. Die Vergrößerung der Bohrung auf 75 mm beim C6 F CGL wird nun auch von den Vierzylindern übernommen. Der neue Motor hat vom Oktober 1931 an einen Hubraum von 1767 cm³, was vor allem die Zuverlässigkeit verbessert, den Wagen zugleich aber in die Steuerklasse 10 CV aufsteigen lässt. Die Drehzahl wird um 300 Umdrehungen herabgesetzt, so dass die Leistung gerade um zwei PS steigt. Die Chassistraverse im Heck ist, um Gewicht zu sparen, hohl ausgeführt. Weitere Modifikationen machen aus dem C4 ein durchaus modernes Fahrzeug: Chromschmuck, elektrischer Anlasser und Bremsen mit Servounterstützung. Gleichzeitig erhält der C4 neuartige Radkappen und einen neuen Kofferraum von Coquille sowie eine neue Innenraumgestaltung. Die Langversion des C4 übernimmt ebenfalls die Typenbezeichnung „G" und den größeren Hubraum. Doch die große Neuheit ist die Übernahme der Luxusausführung bei den Vierzylindern. Der C4 CGL unterscheidet sich von C4 G durch Stoßstangen der Marke Chromos, Thermostat gesteuerte Kühlöffnungen und eine Haube mit vier Kühlschlitzen. Um die Türen der Limousinen zu vereinheitlichen, verfügt die Limousine mit vier Fenstern nun über ein größeres Heckabteil. Bei der Limousine mit vier Fenstern wird die hintere Seitenscheibe durch die vergrößerten Türen verkleinert. Bei den Grand Luxe-Versionen übernehmen einige Karosserien die breitere Spur. Dazu gehören die Limousinen, das Landaulet und das Torpedo Familiale. Torpedo Phaéton, Roadster, Cabriolet, Coaches und die Coupés behalten die alten Abmessungen.

Von Jahresbeginn an werden die Türen der Baureihen C4 G und C4 G large nach und nach vereinheitlicht, wobei die gehobenen Modelle den An-

Cabriolet C4 G

Limousine C6 G

fang machen. Das Erscheinen des „schwebenden Motors“ im April 1932 bedeutet für alle anderen Typen das Aus. Neue Bezeichnungen treten an ihre Stelle. Der C4 IX konnte sich in der Kundschaft nicht durchsetzen. Seine abgemagerte Ausstattung ist gewiss ein Grund dafür, und folglich wird dieses Prinzip nicht weiter geführt.

Die große Neuheit des Jahres ist die Einführung des „schwebenden Motors“ im April 1932, der freilich nicht beim Service des Mines homologiert wird. Am Beginn dieser neuen Entwicklung steht eine Reise André Citroëns in die Vereinigten Staaten im Herbst 1931. Dabei besucht er auch Chrysler, wo die Marke Plymouth gerade die Motormontage auf Silentblöcken eingeführt hat, um so Vibrationen zu verringern.

Diese „schwebende Kraft“ getaufte Technik ist ein derartiger Erfolg, dass Chrysler nach einigen Monaten beschließt, alle Modelle der verschiedenen Marken damit auszurüsten. André Citroën begreift schnell die technischen wie medienwirksamen Folgen und erwirbt eine Lizenz für Frankreich, um diese Technik von April 1932 an bei allen seinen Modellen einzusetzen.

Neben dem „schwebenden Motor“ erhalten alle Wagen dieser Modellfamilie zweigeteilte Stoßstangen. Schließlich weist ein Markenschild mit einem Schwan vor den beiden Pfeilen auf dem rechten hinteren Kotflügel auf die neuen Motoren hin, die am Quai de Javel produziert werden.

## C6

Auf dem Pariser Automobilsalon im Oktober 1931 wird der Nachfolger des C6 F, der C6 G, vorgestellt. Der Wagen war im Juli 1931 homologiert worden. Nun verfügen alle Sechszylinder über den 2,6-Liter-Motor. Wie beim C4 wurde der Drehzahlbereich auf 2700 Umdrehungen abgesenkt, was eine leichte Leistungseinbuße bedeutet, zugleich aber die Zuverlässigkeit steigert. Auch die anderen Verbesserungen wurden übernommen: Bremsen und Starter sowie die Stoßstangen von Chromos, die bei den Sechszylindern allerdings aus einem Stück bestehen.

André Citroën hält weiter daran fest, seine Produktion zu vereinheitlichen und zu rationalisieren. Die einheitlichen Türen und Aufbauten werden nun auch in der Baureihe C6 übernommen. Ein Landaulet vervollständigt das Angebot.

Doch Citroën weiß genau, dass die Vereinheitlichung der Karosserien bei einem ganz bestimmten Kundenkreis, der Wert auf Exklusivität legt, nicht ankommt. Einige Karosseriebauunternehmen nutzen daher das Fahrwerk des C6 mit einigem Ge-

Baureihen C4 und C6 in der Niederlassung Champs-Elysées

# 1932

In den letzten Wochen des Jahres kamen die ersten Limousinen des Typ 8 auf den Markt

schick für ihre eleganteren Kreationen. André Citroën bringt zudem den C6 Spécial heraus, um solche Schöpfungen in der Serienproduktion zu verwirklichen. Daher erscheint im Katalog bald eine Limousine „Toutalu", die von Million-Guiet realisiert wird. Außerdem steuert die Société industrielle de carosserie automobile de Levallois (SICAL) einen Coach (ein Coupé mit Blechdach) und einen offenen Coach heraus. Von April 1932 an verfügen alle Sechszylinder über den „schwebenden Motor". In der Tabelle auf Seite 35 haben wir sie getrennt ausgewiesen, obwohl sie wie der C4 G MFP nicht speziell homologiert wurden. Sie unterscheiden sich allein durch das Markenzeichen mit dem Schwan auf dem hinteren rechten Kotflügel von den Vorgängermodellen.

Weil sich bereits die Ablösung des C6 abzeichnet, wird die Palette für die letzten Monate bereits ausgedünnt. Die Landaulets und die Coupé Landaulets bekommen nicht mehr den „schwebenden Motor" und verschwinden von April an aus den Katalogen. Und im August wird auch die von Million-Guiet gebaute Limousine Toutalu aus dem Programm genommen.

## Rosalie

Das Unternehmen Yacco (Schmierstoffe) beginnt im Herbst 1931 mit Rekordversuchen. Das dafür ausgewählte Fahrzeug ist ein zu einem Einsitzer umgebauter C6, der zwischen dem 22. Oktober und 1. November seine Runden auf der Rennstrecke von Montlhéry dreht. Das von seinen Fahrern

Eine Limousine des Typ 10, der seit Oktober 1932 produziert wurde

André Citroën besucht die Ausstellung der Croisière Jaune

„Rosalie" getaufte Automobil bricht dabei 14 Langstreckenrekorde.
Sechs Monate später – die Kunden müssen sich mit dem C6 G noch gedulden – versucht sich ein weiterer Einsitzer mit „Rosalie-Karosserie" an neuen Rekorden. Der Schauplatz ist wieder die Piste von Montlhéry. Rosalie II geht am 5. März 1932 auf ihren Dauerlauf. Dieses Mal beteiligt sich André Citroën, der die Werbewirksamkeit dieser Unternehmungen begriffen hat, direkt an dem Wagnis. 55 Tage später hat Rosalie II alle Rekorde ihrer Klasse gebrochen und dabei 135.000 Kilometer zurückgelegt. Der begeisterte Patron lädt alle anderen Konstrukteure ein, innerhalb der kommenden sechs Monate mehr zu erreichen, doch niemand nimmt die Herausforderung an...

| **Typ - Modelljahr: 1932**<br>Oktober 1931 bis Sept. 1932 -<br>Produktion insgesamt: 48027 | Fgst-Nr. Serie | Mot.-Typcode /<br>Bauart / Zylinder | PS / min. | Bohr. x Hub<br>in mm | Hubraum<br>$cm^3$ | Dimensionen<br>L x B x H mm | Vmax<br>in km/h | Preis<br>in Köln<br>Reichsmark |
|---|---|---|---|---|---|---|---|---|
| C4 IX Berline | 903201 bis 917000 | keine Angabe / Reihe / 4 | 30 / 2700 | 72 x 100 | 1628 | | | |
| C4 IX Commerciale | | keine Angabe / Reihe / 4 | 30 / 2700 | 72 x 100 | 1628 | | | |
| C4 G Torpédo serié | 107001 bis 110200 | keine Angabe / Reihe / 4 | 32 / 3000 | 75 x 100 | 1767 | 4100 x 1600 x 1740 | 77 | |
| C4 G Torpédo phaéton | 107001 bis 110200 | keine Angabe / Reihe / 4 | 32 / 2700 | 75 x 100 | 1767 | | 77 | |
| C4 G Torpédo familiale | 107001 bis 110200 | keine Angabe / Reihe / 4 | 32 / 2700 | 75 x 100 | 1767 | | 77 | |
| C4 G Berline | 107001 bis 110200 | keine Angabe / Reihe / 4 | 32 / 2700 | 75 x 100 | 1767 | 4300 x 1700 x 1740 | 77 | |
| C4 G Berline 6 Fenster | 107001 bis 110200 | keine Angabe / Reihe / 4 | 32 / 2700 | 75 x 100 | 1767 | 4300 x 1700 x 1740 | 77 | |
| C4 G Limousine familiale | 107001 bis 110200 | keine Angabe / Reihe / 4 | 32 / 2700 | 75 x 100 | 1767 | 4300 x 1700 x 1740 | 77 | |
| C4 G Coupé 2 Sitze | 107001 bis 110200 | keine Angabe / Reihe / 4 | 32 / 2700 | 75 x 100 | 1767 | | 77 | |
| C4 G Coach 4 Sitze | 107001 bis 110200 | keine Angabe / Reihe / 4 | 32 / 2700 | 75 x 100 | 1767 | | 77 | |
| C4 G Cabriolet 2 Sitze | 107001 bis 110200 | keine Angabe / Reihe / 4 | 32 / 2700 | 75 x 100 | 1767 | | 77 | |
| C4 G Roadster 2 Sitze | 107001 bis 110200 | keine Angabe / Reihe / 4 | 32 / 2700 | 75 x 100 | 1767 | | 77 | |
| C4 G Berline breit | 4601 bis 7500 | keine Angabe / Reihe / 4 | 32 / 2700 | 75 x 100 | 1767 | | 77 | |
| C4 G Berline de voyage m. Koffer | 4601 bis 7500 | keine Angabe / Reihe / 4 | 32 / 2700 | 75 x 100 | 1767 | | 77 | |
| C4 G Innenlenker 6 Fenster breit | 4601 bis 7500 | keine Angabe / Reihe / 4 | 32 / 2700 | 75 x 100 | 1767 | | 77 | |
| C4 G Limousine breit | 4601 bis 7500 | keine Angabe / Reihe / 4 | 32 / 2700 | 75 x 100 | 1767 | | 77 | |
| C4 G Coupé Landaulet breit | 4601 bis 7500 | keine Angabe / Reihe / 4 | 32 / 2700 | 75 x 100 | 1767 | | 77 | |
| C4 G Taxi decapotable | 4601 bis 7500 | keine Angabe / Reihe / 4 | 32 / 2700 | 75 x 100 | 1767 | | 77 | |
| C4 G GL Torpédo phaéton | 1 bis 4600 | keine Angabe / Reihe / 4 | 32 / 2700 | 75 x 100 | 1767 | | 77 | |
| C4 G GL Torpédo familiale breit | 1 bis 4600 | keine Angabe / Reihe / 4 | 32 / 2700 | 75 x 100 | 1767 | | 77 | |
| C4 G GL Berline breit | 1 bis 4600 | keine Angabe / Reihe / 4 | 32 / 2700 | 75 x 100 | 1767 | | 77 | |
| C4 G GL Berline 6 Fenster breit | 1 bis 4600 | keine Angabe / Reihe / 4 | 32 / 2700 | 75 x 100 | 1767 | | 77 | |
| C4 G GL Limousine Fam. breit | 1 bis 4600 | keine Angabe / Reihe / 4 | 32 / 2700 | 75 x 100 | 1767 | | 77 | |
| C4 G GL Landaulet breit | 1 bis 4600 | keine Angabe / Reihe / 4 | 32 / 2700 | 75 x 100 | 1767 | | 77 | |
| C4 G GL Coach 4 Sitze | 1 bis 4600 | keine Angabe / Reihe / 4 | 32 / 2700 | 75 x 100 | 1767 | | 77 | |
| C4 G GL Cabriolet 2 Sitze | 1 bis 4600 | keine Angabe / Reihe / 4 | 32 / 2700 | 75 x 100 | 1767 | | 77 | |
| C4 G GL Coupé 2 Sitze | 1 bis 4600 | keine Angabe / Reihe / 4 | 32 / 2700 | 75 x 100 | 1767 | | 77 | |
| C4 G GL Roadster 2 Sitze | 1 bis 4600 | keine Angabe / Reihe / 4 | 32 / 2700 | 75 x 100 | 1767 | | 77 | |
| C4 G MFP Torpédo série | 200001 bis 211500 | keine Angabe / Reihe / 4 | 32 / 2700 | 75 x 100 | 1767 | | 77 | |
| C4 G MFP Torpédo familiale | 200001 bis 211500 | keine Angabe / Reihe / 4 | 32 / 2700 | 75 x 100 | 1767 | | 77 | |
| C4 G MFP Berline 4 Fenster GT | 200001 bis 211500 | | | | | | | |
| C4 G MFP Berline 4 Fenster | 200001 bis 211500 | keine Angabe / Reihe / 4 | 32 / 2700 | 75 x 100 | 1767 | | 77 | |
| C4 G MFP Berline 6 Fenster lang | 200001 bis 211500 | keine Angabe / Reihe / 4 | 32 / 2700 | 75 x 100 | 1767 | 4300 x 1700 x 1740 | 77 | |
| C4 G MFP Limousine Familiale | 200001 bis 211500 | keine Angabe / Reihe / 4 | 32 / 2700 | 75 x 100 | 1767 | 4300 x 1700 x 1740 | 77 | |
| C4 G MFP Coach 4 Sitze | 200001 bis 211500 | keine Angabe / Reihe / 4 | 32 / 2700 | 75 x 100 | 1767 | | 77 | |
| C4 G MFP Coupé 2 Sitze | 200001 bis 211500 | keine Angabe / Reihe / 4 | 32 / 2700 | 75 x 100 | 1767 | | 77 | |
| C4 G MFP Cabriolet 2 Sitze | 200001 bis 211500 | keine Angabe / Reihe / 4 | 32 / 2700 | 75 x 100 | 1767 | | 77 | |
| C4 G MFP Roadster | 200001 bis 211500 | keine Angabe / Reihe / 4 | 32 / 2700 | 75 x 100 | 1767 | | 77 | |
| C4 G GL MFP Torpédo familiale | 200001 bis 211500 | keine Angabe / Reihe / 4 | 32 / 2700 | 75 x 100 | 1767 | | 77 | |
| C4 G GL MFP Berline 4 Fenster | 200001 bis 211500 | keine Angabe / Reihe / 4 | 32 / 2700 | 75 x 100 | 1767 | | 77 | |
| C4 G GL MFP Berline 6 Fenster | 200001 bis 211500 | keine Angabe / Reihe / 4 | 32 / 2700 | 75 x 100 | 1767 | 4300 x 1700 x 1740 | 77 | |
| C4 G GL MFP Familiale | 200001 bis 211500 | keine Angabe / Reihe / 4 | 32 / 2700 | 75 x 100 | 1767 | | 77 | |
| C4 G GL MFP Coach 4 Sitze | 200001 bis 211500 | keine Angabe / Reihe / 4 | 32 / 2700 | 75 x 100 | 1767 | | 77 | |
| C4 G GL MFP Coupé 2 Sitze | 200001 bis 211500 | keine Angabe / Reihe / 4 | 32 / 2700 | 75 x 100 | 1767 | | 77 | |
| C4 G GL MFP Cabriolet 2 Sitze | 200001 bis 211500 | keine Angabe / Reihe / 4 | 32 / 2700 | 75 x 100 | 1767 | | 77 | |
| C4 G GL MFP Roadster | 200001 bis 211500 | keine Angabe / Reihe / 4 | 32 / 2700 | 75 x 100 | 1767 | | 77 | |
| C6 G Torpédo | 503501 bis 505000 | keine Angabe / Reihe / 6 | 50 / 3200 | 75 x 100 | 2650 | | 84 | |
| C6 G Torpédo Grand tourisme | 625001 bis 625092 | keine Angabe / Reihe / 6 | 50 / 3200 | 75 x 100 | 2650 | | 84 | |
| C6 G Torpédo familiale | 503501 bis 505000 | keine Angabe / Reihe / 6 | 50 / 3200 | 75 x 100 | 2650 | | 84 | |
| C6 G Berline 4 Fe. Gr. Tourisme | 625001 bis 625092 | keine Angabe / Reihe / 6 | 50 / 3200 | 75 x 100 | 2650 | 4200 x 1580 x 1750 | 84 | |
| C6 G Berline 6 Fenster lang | 503501 bis 505000 | keine Angabe / Reihe / 6 | 50 / 3200 | 75 x 100 | 2650 | | 84 | |
| C6 G Limousine familiale | 503501 bis 505000 | keine Angabe / Reihe / 6 | 50 / 3200 | 75 x 100 | 2650 | | 84 | |
| C6 G Coupé de ville | 503501 bis 505000 | keine Angabe / Reihe / 6 | 50 / 3200 | 75 x 100 | 2650 | | 84 | |
| C6 G Coupé landaulet | 503501 bis 505000 | keine Angabe / Reihe / 6 | 50 / 3200 | 75 x 100 | 2650 | | 84 | |
| C6 G Landaulet | 503501 bis 505000 | keine Angabe / Reihe / 6 | 50 / 3200 | 75 x 100 | 2650 | | 84 | |
| C6 G Coach 2 Sitze | 503501 bis 505000 | keine Angabe / Reihe / 6 | 50 / 3200 | 75 x 100 | 2650 | | 84 | |
| C6 G Coupé 2 Sitze | 503501 bis 505000 | keine Angabe / Reihe / 6 | 50 / 3200 | 75 x 100 | 2650 | | 84 | |
| C6 G Cabriolet 2 Sitze | 503501 bis 505000 | keine Angabe / Reihe / 6 | 50 / 3200 | 75 x 100 | 2650 | | 84 | |
| *C6 G Roadster | 503501 bis 505000 | keine Angabe / Reihe / 6 | 50 / 3200 | 75 x 100 | 2650 | | 84 | 5.850 |
| C6 G Spécial Berl. Million-Guiet | 503501 bis 505000 | keine Angabe / Reihe / 6 | 50 / 3200 | 75 x 100 | 2650 | ohne Angabe | 84 | |
| C6 G Spécial Coach SICAL | 503501 bis 505000 | keine Angabe / Reihe / 6 | 50 / 3200 | 75 x 100 | 2650 | | 84 | |
| C6 G Spécial décapotable SICAL | 503501 bis 505000 | keine Angabe / Reihe / 6 | 50 / 3200 | 75 x 100 | 2650 | | 84 | |
| C6 G MFP Torpedo série | 630001 bis 632000 | keine Angabe / Reihe / 6 | 50 / 3200 | 75 x 100 | 2650 | | 84 | |
| C6 G MFP Familiale | 630001 bis 632000 | keine Angabe / Reihe / 6 | 50 / 3200 | 75 x 100 | 2650 | | 84 | |
| C6 G MFP Berline 4 Fenster | 630001 bis 632000 | keine Angabe / Reihe / 6 | 50 / 3200 | 75 x 100 | 2650 | 4200 x 1700 x 1750 | 84 | |
| C6 G MFP Berline 6 Fenster | 630001 bis 632000 | keine Angabe / Reihe / 6 | 50 / 3200 | 75 x 100 | 2650 | 4370 x 1700 x 1750 | 84 | |
| C6 G MFP Familiale | 630001 bis 632000 | | | | | | | |
| C6 G MFP Coupé de ville | 630001 bis 632000 | keine Angabe / Reihe / 6 | 50 / 3200 | 75 x 100 | 2650 | | 84 | |
| C6 G MFP Coach 4 Sitze | 630001 bis 632000 | keine Angabe / Reihe / 6 | 50 / 3200 | 75 x 100 | 2650 | | o. Angabe | |
| C6 G MFP Coupé 2 Sitze | 630001 bis 632000 | keine Angabe / Reihe / 6 | 50 / 3200 | 75 x 100 | 2650 | | o. Angabe | |
| C6 G MFP Cabriolet 2 Sitze | 630001 bis 632000 | keine Angabe / Reihe / 6 | 50 / 3200 | 75 x 100 | 2650 | | o. Angabe | |
| C6 G MFP Roadster | 630001 bis 632000 | keine Angabe / Reihe / 6 | 50 / 3200 | 75 x 100 | 2650 | | o. Angabe | |
| C6 G MFP Spéc. MFP B. Mill.-G | 630001 bis 632000 | keine Angabe / Reihe / 6 | 50 / 3200 | 75 x 100 | 2650 | | o. Angabe | |
| C6 G MFP Spécial MFP SICAL | 630001 bis 632000 | keine Angabe / Reihe / 6 | 50 / 3200 | 75 x 100 | 2650 | | o. Angabe | |
| C6 G MFP S. MFP déc. SICAL | 630001 bis 632000 | keine Angabe / Reihe / 6 | 50 / 3200 | 75 x 100 | 2650 | | o. Angabe | |

*Kölner Produktion im Jahr 1932: 529 Stück (hiervon 377 C4 & 152 C6)

## 1933

# Der neue

März 1933: ein Typ 10 mit fünf Sitzen und „schwebendem Motor"

Sechs Monate lang bleibt in der Fabrik am Quai de Javel kein Stein auf dem anderen. Der Chef des Hauses lässt seine Fabrikation umbauen, um sie noch leistungsfähiger zu gestalten. In dieser Zeit entsteht das Verwaltungsgebäude und die 250 Meter lange und 55 Meter breite Auslieferungshalle, in der anlässlich des Pariser Automobilsalons im Oktober 1933 ein gigantisches Bankett stattfindet, an dem Händler und Freunde des Hauses teilnehmen.

### Eine neue Generation

Die Montage des „schwebenden Motors" in den Modellen C4 und C6 im April 1932 ist lediglich ein Probelauf für die neuen Modelle, die im Herbst 1932 auf den Markt rollen werden. André Citroën hat seine gesamte Modellpalette auf eine verbesserte Standardisierung der Karosserien mit unterschiedlichen Leistungswerten ausgerichtet. Tatsächlich verfügen die neuen Modelle über ein neues, mittels U-Trägern verstärktes Fahrgestell und so genannte Monobloc-Karosserien, die im Vergleich zu den Ganzstahlaufbauten des C4 und C6 eine wesentlich bessere Steifigkeit aufweisen. Neben den bereits existierenden „schwebenden Motoren" stellt das Werk ein kleines, 1452 cm³ messendes Triebwerk vor, das direkt von den größeren Maschinen abgeleitet ist und eine Bohrung von 68 mm aufweist. Die anderen Verbesserungen: Synchronisation für zwei Gänge sowie eine Gleason-Achse, wobei die Synchronisation und der Freilauf lediglich beim Typ 8 gegen Aufpreis lieferbar sind. Der 1452 cm³ große Motor treibt die Modelle der Baureihe 8 an, die aus acht Karosserievarianten besteht, von denen zwei von SICAL geliefert werden: Ein Zweitürer mit Schiebedach und ein offener Zweitürer. Zunächst ohne Pfeile im Kühler ausgeliefert, übernehmen die Modelle sie im November 1932.

In Montlhéry tritt ein zu einem Einsitzer umgebauter Typ 8 als „Petit Rosalie" zu neuerlichen Rekordfahrten an. Nach 134 Tagen hat der Wagen 300.000 Kilometer zurückgelegt und dabei mehr als 290 internationale Rekorde pulverisiert. Es dauert nicht lange, und die Modelle 8, 10 und 15 heißen im Volksmund „Citroën Rosalie". Die „Petite Rosalie" ist der Mittelpunkt auf dem Pariser Automobilsalon im Oktober.

Der zur gleichen Zeit wie der Typ 8 homologierte 10 légère kommt einen Monat später, im November, auf den Markt. Dabei handelt es sich um eine vom Typ 8 abgeleitete Karosserie, die allerdings von einem 1767 cm³ großen Motor der Steuerklasse 10 CV angetrieben wird. Der einzige äußer-

Roadster Typ 10 AL

# geht hoch



## 1949

DER 2 CV ERLEBTE EIN SENSATIONELLES DEBÜT AUF DEM PARISER AUTOMOBILSALON

| Typ - Modelljahr: 1949<br>Oktober 1948 bis Sept. 1949<br>*Produktion, insgesamt: 63852 | Fgst-Nr. Serie | Mot.-Typcode / Bauart / Zylinder | PS/min. | Bohr. x Hub in mm | Hubraum $cm^3$ | Dimensionen L x B x H in mm | Vmax km/h |
|---|---|---|---|---|---|---|---|
| 2 CV Berline ab Juni (*924 Stück?) | 1 bis 924 | keine Angabe / Boxer / 2 | 9 / 3500 | 62 x 62 | 375 | 3780 x 1480 x 1600 | 68 |
| Produktion 2 CV * 876 Stück | | | | | | | |
| 11 BL légère Berline 4/5 (*22700) | 508801 bis 531500 | keine Angabe / Reihe / 4 | 56 / 3800 | 78 x 100 | 1911 | 4450 x 1640 x 1520 | 109 |
| 11 B normale Berline 5 S. (*13570) | 163951 bis 177700 | keine Angabe / Reihe / 4 | 56 / 3800 | 78 x 100 | 1911 | 4850 x 1790 x 1560 | 109 |
| 15-Six (D) Berline 5 S. *6100 Stück | 685501 bis 691600 | keine Angabe / Reihe / 6 | 77 / 3800 | 78 x 100 | 2867 | 4760 x 1790 x 1560 | 122 |

# 1950 Der Patron stirbt

| Typ - Modelljahr: 1950<br>Oktober 1949 bis Sept. 1950<br>*Produktion, insgesamt: 81.941 | Fgst-Nr. Serie | Mot.-Typcode / Bauart / Zylinder | PS / min. | Bohr. x Hub in mm | Hubraum $cm^3$ | Dimensionen L x B x H in mm | Vmax km/h |
|---|---|---|---|---|---|---|---|
| 2 CV Berline 4 Sitze (*6.176 Stück) | 1 bis 924 | keine Angabe / Boxer / 2 | 9 / 3500 | 62 x 62 | 375 | 3780 x 1480 x 1600 | 68 |
| 11 BL légère Berline 4/5 (*24.699) | 531501 bis 556200 | keine Angabe / Reihe / 4 | 56 / 3800 | 78 x 100 | 1911 | 4450 x 1640 x 1520 | 109 |
| 11 B normale Berline 5 S. (*17.799) | 177701 bis 195500 | keine Angabe / Reihe / 4 | 56 / 3800 | 78 x 100 | 1911 | 4850 x 1790 x 1560 | 109 |
| 15-Six (D) Berline 5 S. *9.999 Stück | 691601 bis 701600 | keine Angabe / Reihe / 6 | 77 / 3800 | 78 x 100 | 2867 | 4760 x 1790 x 1560 | 122 |

Wie auch immer man von ihm redet, das Wichtigste ist, dass man überhaupt von ihm redet. Seit drei Monaten rollen die ersten 2 CV über die französischen Straßen, und die ersten begeisterten Kunden wissen tatsächlich nichts als Gutes von ihm zu berichten. Er ist ein richtiges Auto, das zur rechten Zeit auf den Markt gekommen ist und nun auch über einen echten Motor verfügt. Der Wagen ist ausschließlich grau lackiert, mit schwarz eingefassten Scheinwerfern lieferbar. Noch sieht Pierre Boulanger nur einen bescheidenen Erfolg, doch er ist sich sicher, dass sein Einsatz Früchte tragen wird.

Seit September 1949 besitzt der 2 CV keine Blinker an den Kotflügeln mehr, und von Ende des Jahres an werden die Scheinwerfer in Wagenfarbe lackiert.

## Unveränderter Traction

11 und 15 CV werden in diesem Jahr nur leicht verbessert. Nachdem sie die Gebisse einer ganzen Generation junger Franzosen auf dem Gewissen haben, verschwinden die unkomfortablen Rohrgestelle, die bisher als Sitze dienten, und werden durch bequeme Pullman-Exemplare ausgetauscht. Die Modelle des Jahrgangs 1950 sind zudem an den neuen, gestreckten Kotflügeln zu erkennen. Der 11 B bekommt außerdem eine eingefasste Öffnung für die Kurbel im Kühlergrill.

Im Februar 1950 wird die Verdichtung bei 11 BL und 11 B angehoben und im April außerdem ein neuer Fallstromvergaser eingeführt. Im März 1950 finden die ersten Streiks statt. Sie veranlassen das Unternehmen, einen neuen Felgenlieferanten zu beauftragen, so dass die 11 CV drei Monate lang auf Felgen mit zwölf Schrauben rollen, bevor sie wieder zur vertrauten Form zurückkehren. Im Juli schließlich werden 11 BL und 11 B mit einem neuen Zweispeichenlenkrad ausgestattet.

Der 15-Six eröffnet bereits im Juli 1950 das Modelljahr 1951. Er bekommt weitere Kühlschlitze, neue Positionsleuchten auf den vorderen Kotflügeln und neue Stoßstangen.

## Pierre Boulanger kommt ums Leben!

Das Jahr endet für Citroën mit einer tragischen Nachricht. Auf dem Weg nach Clermont-Ferrand kommt Pierre Boulanger am 11. November 1950 bei einem Unfall mit seinem 15-Six ums Leben. Doch er hinterlässt jene Motivation, die die Entwicklungsabteilung noch bis in die siebziger Jahre beflügeln und die Verbindung zwischen genialer Kreativität und technischer Finesse schaffen wird.

In diesem Jahr verfügte der 2 CV endlich über einen Motor, und die Produktion konnte beginnen

# Warum etwas ändern?

## 1951

Der 2 CV hatte eine Lieferzeit von zwei Jahren

Der 15-Six bekam im September eine neue vordere Stossstange

Die Verkäufe steigen kontinuierlich. Die Franzosen entdecken nach Jahren der Entbehrungen wieder den Konsum, und das Automobil spielt dabei eine herausragende Rolle. Der Erfolg des 2 CV ist für den Wunsch der Bevölkerung nach Mobilität ein schlagender Beleg. Das Angebot der Marke verändert sich in diesem Jahr nicht und besteht weiterhin aus vier Modellen: 2 CV, 11 BL, 11 B und 15-Six. Der kleine 2 CV überrascht dabei mehr und mehr. Er verkauft sich hervorragend und man muss inzwischen sogar mit einer zweijährigen Lieferzeit für Neuwagen rechnen. Die Fabrik in Levallois ist voll ausgelastet, um die seit 1948 eingegangenen Bestellungen abzuarbeiten. Die Modifikationen an den Modellen sind minimal. Im Dezember bekommt der 2 CV ein per Schlüssel zu betätigendes Zündschloss. Im Januar 1951 folgt ein Ölstandanzeiger und ein neuer Luftfilter. Die Traction-Baureihe entwickelt sich in diesem Jahr praktisch nicht weiter. Die Bänder am Quai de Javel sind mit der Produktion von schwarzen Limousinen ausgelastet, die sich ohne jede Anstrengung verkaufen. Es sind glückliche Zeiten der Automobilindustrie, obwohl das Modell inzwischen nach anderthalb Jahrzehnten etwas in die Jahre gekommen ist. Doch das spielt keine Rolle, denn die Qualitäten der Straßenlage und des Komforts übertreffen noch immer die der jüngeren Modelle wie Peugeot 203 oder Ford Vedette.

Die letzten 15-Six mit der alten Stossstange wurden im Sommer 1950 produziert

Rustikal aber praktisch, machte der 2 CV 1951 keine Konzessionen an die Eleganz

Gegen Ende des Jahres bekam der 15-Six einen vergrösserten Kofferraum

| **Typ - Modelljahr: 1951**<br>Oktober 1950 bis Sept. 1951<br>*Produktion, insgesamt: 101.126 | Fgst-Nr. Serie | Mot.-Typcode / Bauart / Zylinder | PS / min. | Bohr. x Hub in mm | Hubraum $cm^3$ | Dimensionen L x B x H in mm | Vmax km/h |
|---|---|---|---|---|---|---|---|
| 2 CV Berline 4 Sitze (*14.749 Stück) | 7101 bis 21850 | Boxermotor / 2 Zylinder | 9 / 3500 | 62 x 62 | 375 | 3780 x 1480 x 1600 | 68 |
| 11 BL légère Berline 4/5 (*25.999) | 556201 bis 582200 | keine Angabe / Reihe / 4 | 56 / 3800 | 78 x 100 | 1911 | 4450 x 1640 x 1520 | 109 |
| 11 B normale Berline 5 S. (* 16.599) | 195501 bis 212100 | keine Angabe / Reihe / 4 | 56 / 3800 | 78 x 100 | 1911 | 4850 x 1790 x 1560 | 109 |
| 15-Six (D) Berline 5S. *11.499 Stück | 701601 bis 713100 | keine Angabe / Reihe / 6 | 77 / 3800 | 78 x 100 | 2867 | 4760 x 1790 x 1560 | 122 |

# 1952

# Nicht ohne Koffer!

LIMOUSINE 15-SIX, 1952

Citroën befindet sich in diesem Jahr im Aufschwung. Das Volumenmodell 2 CV beweist durch seine steigenden Verkäufe, dass es den Wünschen der Kundschaft entspricht. Die steigenden Verkäufe des 2 CV zeigen zudem, wie sehr sich die Kaufkraft der wieder konsumfreudigen Franzosen entwickelt hat. Beim 2 CV fällt die Wahl leicht. Es gibt nur ein Modell. Im März 1952 bekommt der Kleinwagen ein neues Dach, das aus einem Gemisch von Baumwolle und der synthetischen Faser Rhovyl besteht. Das Material war während des Krieges vor allem für die Beschichtung von Fallschirmen entwickelt worden. Nun wird es auch bei zivilen Produkten eingesetzt. Das Verdeck des 2 CV wird nun etwas widerstandsfähiger und dichter.

Auch der betagte Traction bleibt im Programm. Der 11 BL übernimmt in diesem Baujahr die geflügelte Einfassung des Lochs für die Drehkurbel im Kühlergrill. Die Gesetzgebung verlangt von diesem Jahr an bei 11 und 15 CV Blinker an den vorderen Kotflügeln und an den Heckfenstern. Außerdem werden von Juni an die Scheibenwischer nun am unteren Teil der Windschutzscheibe montiert, und die Felgen bekommen im Juni vier Luftschlitze.

Gleichzeitig wird im Juli der Kofferraum durch einen Aufsatz deutlich vergrößert, was die Karosserie der beiden Modelle verändert und von Kundschaft und Presse seit langem immer wieder gefordert worden war. In dieser Zeit ist wieder einmal die Rede von einem neuen Oberklassemodell, auf das man zwar seit längerem wartet, aber das noch niemand gesichtet hat. Doch trotz seines Alters bietet der Traction noch immer eine Straßenlage und Komfort, die von anderen, jüngeren Modellen der Konkurrenz nicht ohne Weiteres erreicht wird.

LIMOUSINE 11 BL, 1952

| Typ - Modelljahr: 1952<br>Oktober 1951 bis Sept. 1952<br>*Produktion, insgesamt: 117.521 | Fgst-Nr. Serie | Mot.-Typcode / Bauart / Zylinder | PS / min. | Bohr. x Hub in mm | Hubraum cm³ | Dimensionen L x B x H in mm | Vmax km/h | Preis ab Köln in DM |
|---|---|---|---|---|---|---|---|---|
| 2 CV Berline 4 Sitze (*21.299 Stück) | 21851 bis 43150 | keine Angabe / Boxer / 2 | 9 / 3500 | 62 x 62 | 375 | 3780 x 1480 x 1600 | 68 | kein Verkauf |
| 11 BL légère Berline 4/5 (*29.799) | 582201 bis 612000 | keine Angabe / Reihe / 4 | 56 / 3800 | 78 x 100 | 1911 | 4450 x 1640 x 1520 | 109 | 8.025 |
| 11 BL légère Berline 4/5, grundiert | 582201 bis 612000 | keine Angabe / Reihe / 4 | 56 / 3800 | 78 x 100 | 1911 | 4450 x 1640 x 1520 | 109 | 7.910 |
| 11 B normale Berline 5 S. (*24.499) | 212101 bis 236600 | keine Angabe / Reihe / 4 | 56 / 3800 | 78 x 100 | 1911 | 4850 x 1790 x 1560 | 109 | 8.700 |
| 11 B normale Berline 5 S. grundiert | 212101 bis 236600 | keine Angabe / Reihe / 4 | 56 / 3800 | 78 x 100 | 1911 | 4850 x 1790 x 1560 | 109 | 8.575 |
| 15-Six D Berline 5 S. *8.549 Stück | 713101 bis 721650 | keine Angabe / Reihe / 6 | 77 / 3800 | 78 x 100 | 2867 | 4760 x 1790 x 1560 | 122 | 11.775 |
| 15-Six D Berline 5 Sitze, grundiert | 713101 bis 721650 | keine Angabe / Reihe / 6 | 77 / 3800 | 78 x 100 | 2867 | 4760 x 1790 x 1560 | 122 | 11.645 |

# Zeit, bleib stehen!

## 1953

| Typ - Modelljahr: 1953<br>Oktober 1952 bis Sept. 1953<br>*Produktion, insgesamt: 137.459 | Fgst-Nr. Serie | Mot.-Typcode / Bauart / Zylinder | PS / min. | Bohr. x Hub in mm | Hubraum cm³ | Dimensionen L x B x H in mm | Vmax km/h |
|---|---|---|---|---|---|---|---|
| 2 CV Berline 4 Sitze *34.799Stück | 43151 bis 77950 | Boxermotor/ 2 Zylinder | 9 / 3500 | 62 x 62 | 375 | 3780 x 1480 x 1600 | 68 |
| 11 BL légère Berline 4/5 (*24.899) | 612001 bis 636900 | keine Angabe / Reihe / 4 | 56 / 3800 | 78 x 100 | 1911 | 4450 x 1640 x 1520 | 109 |
| 11 B normale Berline 5 S. (*34.199) | 236601 bis 270800 | keine Angabe / Reihe / 4 | 56 / 3800 | 78 x 100 | 1911 | 4850 x 1790 x 1560 | 109 |
| 15-Six D Berline 5 S. *2.059 Stück | 721651 bis 723710 | keine Angabe / Reihe / 6 | 77 / 3800 | 78 x 100 | 2867 | 4760 x 1790 x 1560 | 122 |

TROTZ SEINES ALTERS IST DER 15-SIX UNANGEFOCHTEN DER „KÖNIG DER LANDSTRASSE"

Irgendwie scheint die Zeit stehen geblieben zu sein. Seit fünf Jahren hat sich die Modellpalette nicht verändert, sorgen die weitgehend unveränderten Automobile für steigende Verkäufe. Was sich zum Teil mit dem Erfolg des 2 CV erklären lässt, aber auch an dem unglaublichen Mangel an Fortbewegungsmitteln liegt. Warum also sollte man Modelle, die sich so gut verkauften, verändern? So denkt man am Quai de Javel. Doch die Konkurrenz schläft nicht, und 1953 muss der Traction sich gegen andere Modelle wie den Hotchkiss Anjou 13 CV, Grégoire, Peugeot 203, Ford Vedette, Renault Frégate und Salmson Randonnée durchsetzen.

Der 2 CV bekommt im Oktober ein neues Grau als Einheitslack und - wie mutig - elfenbeinfarbene Felgen. Von Clermont-Ferrand aus gesehen, muss dies wie ein erster Schritt in Richtung Verschwendung wirken. Doch es kommt noch schlimmer. Im Mai werden die bis dahin in tristem Grau gehaltenen Sitzbezüge gegen solche mit einem Schottenkaro-Dessin eingetauscht, bei dem die Kunden zwischen blau und gold, rot und gold, blau oder grün und grau wählen können. Von Juni an wird die Motorhaube durch einen Drehmechanismus und nicht mehr durch einen Schieber geöffnet. Im gleichen Monat wird ein zentraler Aufsteller eingeführt, der die Motorhaube oben hält und die beiden seitlichen Riegel ablöst. Der Ventilator hat nun nur noch vier statt der bisher üblichen acht Flügel. Und das die beiden charakteristischen Winkel umfassende Oval verschwindet von der Haube.

Beim Traction wird der Tank etwas nach oben verlegt, und alle 11 CV bekommen eine Stoßstange mit einer horizontalen Zierleiste. Beim 15-Six verschwinden wieder einmal die Positionslampen von den vorderen Kotflügeln.

EINE POLIZEILIMOUSINE 11 N IM SEPTEMBER 1953

1953 BLIEB DIE MODELLPALETTE UNVERÄNDERT

## Erste Veränderungen beim 2 CV

Im Juni 1953 verliert der 2 CV das Oval um die beiden Winkel, und gleichzeitig reduziert sich die Zahl der Kühlerventilatorflügel von acht auf vier. Von Oktober an werden die Einzelteile der Motorhaube wesentlich feiner geschweißt. Das bisher schwarze Lenkrad übernimmt die jeweilige Farbe der Karosserie. Im März 1954 gestattet die sogenannte technische Modifikation PO den Export des 2 CV nach Übersee. Im Juni 1954 bekommen die Cibié-Scheinwerfer eine verchromte Klammer. Die Modellpalette des Traction wird unterdessen vergrößert. Weitgehend unbeachtet feiert der Wagen seinen 20. Geburtstag. Dem 11 Normale wird die 1941 eingestellte Familiale zur Seite gestellt. Der Motor wird durch eine Überarbeitung der Gemischaufbereitung etwas stärker. Um die Kundschaft zu halten, die mehr und mehr versucht ist, sich anderen Marken zuzuwenden, führt das Unternehmen zusätzliche Lackierungen ein: Perlgrau, Blau und natürlich das unverwüstliche Schwarz. Doch im März werden noch zwei weitere Farben nachgeschoben: Heidegrau und Nachtblau.

## Der 15 emanzipiert sich

Hinter den Kulissen arbeitet die Entwicklungsabteilung des Unternehmens an der Fertigstellung des genialsten Modells seit Bestehen der Marke. Die für dieses Modell vorgesehene technische Innovation ist eine neuartige hydropneumatische Federung. Um diese komplizierte Technologie möglichst wirkungsvoll testen zu können, montiert die Forschungsabteilung diese Federung im Heck des 15-Six und bietet sie ausgelosten Kunden von Mai 1954 an. So entsteht der neue 15-Six H. Abgesehen von einigen Ausnahmen wird sie vom Armaturenbrett aus über einen Hebel im Kofferraum bedient.

Dem 15-Six wird im Oktober 1953 ein Familiale-Modell zur Seite gestellt.

Fließband des 2 CV in Levallois

Limousine 15-Six, 1954

# wird 20

# 1954

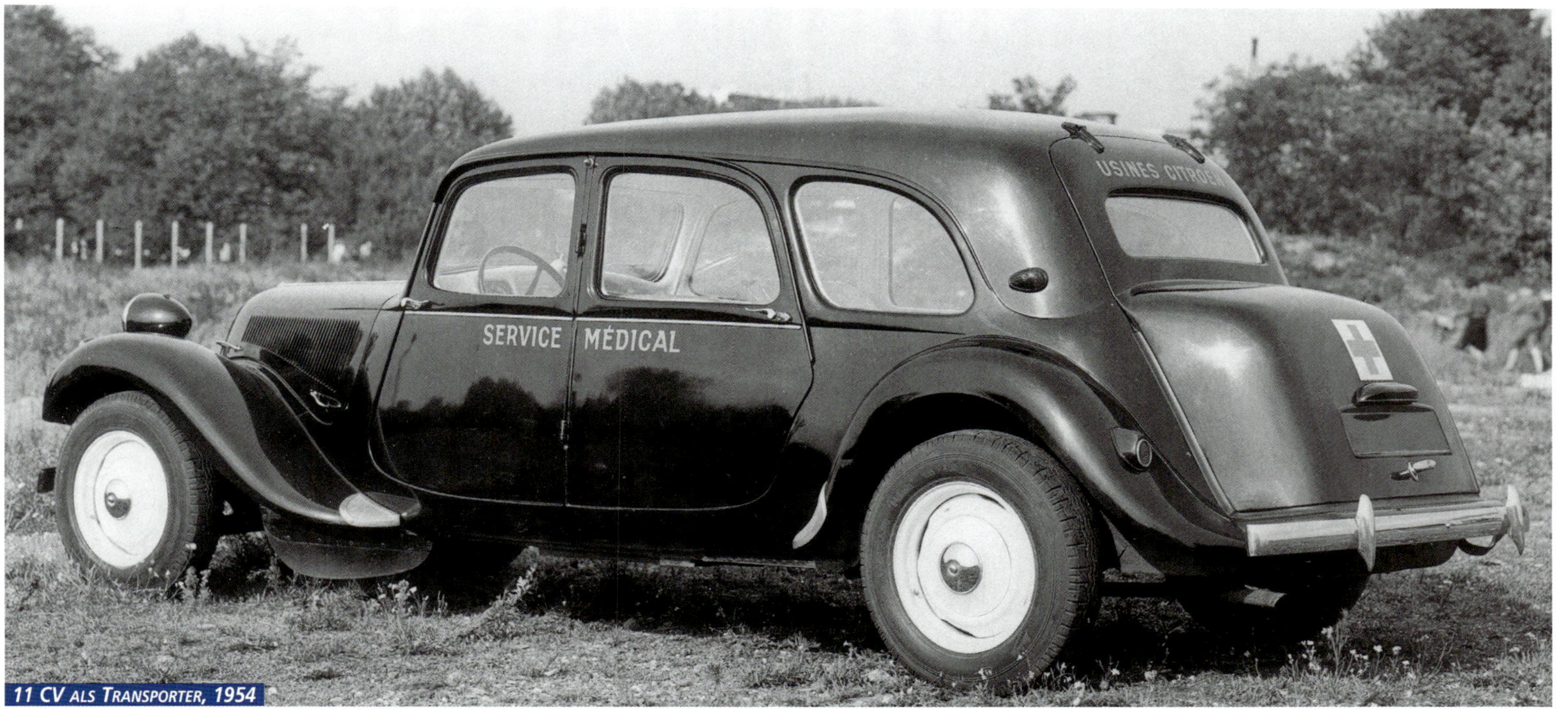


11 CV als Transporter, 1954

Die Traction-Modellpalette umfasste 1954 drei Basisvarianten

| Typ - Modelljahr: 1954<br>Oktober 1953 bis Sept. 1954<br>*Produktion, insgesamt: 154.054 | Fgst-Nr. Serie | Mot.-Typcode /<br>Bauart / Zylinder | PS / min. | Bohr. x Hub<br>in mm | Hubraum<br>$cm^3$ | Dimensionen<br>L x B x H in mm | Vmax<br>km/h |
|---|---|---|---|---|---|---|---|
| 2 CV Berline 4 Sitze *43.249 Stück | 77951 bis 121200 | keine Angabe / Boxer / 2 | 9 / 3500 | 62 x 62 | 375 | 3780 x 1480 x 1600 | 68 |
| 11 BL légère Berline 4/5 (*15.599) | 636901 bis 652500 | keine Angabe / Reihe / 4 | 56 / 3800 | 78 x 100 | 1911 | 4450 x 1640 x 1520 | 109 |
| 11 B normale Berline 5 S. *29.198 | 270801 bis 299999 | keine Angabe / Reihe / 4 | 56 / 3800 | 78 x 100 | 1911 | 4850 x 1790 x 1560 | 109 |
| 11 B normale Familia e 8 S. *3.599 | 400001 bis 403600 | keine Angabe / Reihe / 4 | 56 / 3800 | 78 x 100 | 1911 | | 109 |
| 11 B normale Commerciale | 400001 bis 403600 | keine Angabe / Reihe / 4 | 56 / 3800 | 78 x 100 | 1911 | | 109 |
| 15-Six D Berline 5 S. *1.239 Stück | 723711 bis 724950 | keine Angabe / Reihe / 6 | 77 / 3800 | 78 x 100 | 2867 | 4760 x 1790 x 1560 | 122 |
| 15-Six D Familiale 8 Sitze | 723711 bis 724950 | keine Angabe / Reihe / 6 | 77 / 3800 | 78 x 100 | 2867 | 4960 x 1790 x 1580 | 122 |
| 15-Six H Berline *1.679 Stück<br>Hydropneumatische Federung h. | 726001 bis 727680 | keine Angabe / Reihe / 6 | 77 / 3800 | 78 x 100 | 2867 | 4760 x 1790 x 1560 | 122 |

# 1955 Das lange

Familiale 11 N, 1955

## Mehr Leistung für den 2 CV!

Die große Neuheit in diesem Modelljahr ist der im September 1954 deutlich vergrößerte Motor des 2 CV, dessen Hubraum von 374 auf 424 cm³ steigt, was durch eine vergrößerte Bohrung (66 statt 62 mm) erreicht wird. Der 2 CV mit dem größeren Motor trägt nun die Typenbezeichnung „Type AZ" und verfügt nun gleichzeitig über eine Zündspule und einen Ventilator mit sechs Flügeln.

Der „Type A" bleibt im Katalog, allerdings erreicht er nur noch bescheidene Absatzzahlen. Gerade mal 4000 Exemplare rollen von den Bändern. Vom „Type AZ" werden immerhin 66.000 Einheiten verkauft. Die äußere Erscheinung des kleinen Viertürers bleibt bis auf einige Ausnahmen so gut wie unverändert: Die Lackierung wechselt zu einem Klargrau, neue Blinker an der Heckscheibe zeigen beim AZ die Richtungswechsel an, und die Fensteröffner vorne bekommen eine neue Position. Seit Herbst werden drei unterschiedliche Scheinwerfer montiert: Marchal Equilux, Ducellier Isoroute und Cibié. Als weitere technische Neuheit kann beim AZ eine Fliehkraft-Kupplung bestellt werden, die sich vor allem im Stadtverkehr bewährt. Im Dezember wird das Fahrwerk überarbeitet. Statt der bisherigen Druckfedern wechselt man zu Zugfedern, die allerdings nur während einer Übergangszeit bis Mai eingesetzt werden. Zu diesem Zeitpunkt wechselt die Technik beim AZ zu speziellen Federn mit Dämpfungeigenschaften. Im Juni schließlich übernimmt der „A" Gummilager und der „Type A" die Elektrik des AZ und die beleuchtete Tankanzeige.

Der 2 CV und Präsident Coty

## Neuer Motor für den 11 CV

Vom 10. Mai an werden 11 B und 11 BL vom neuen Motor 11 D angetrieben, dessen Leistung von 63 auf 65 PS ansteigt. Dafür sind eine neue Nockenwelle und eine angehobene Verdichtung verantwortlich. Im September erhält das Aggregat ein Aluminiumgehäuse. Diese Details deuten bereits ganz diskret das neue Modell an, an dessen Serienreife hinter den Kulissen bereits heftig gearbeitet wird. Auch die Mechanik des Traction profitiert davon, doch zunächst heißt es noch warten.

## Schwanengesang für den Sechszylinder

Der 15-Six, von dem in diesem Jahr gerade noch 500 Exemplare gebaut werden, geht in sein letztes Baujahr. Die Modelle des letzten Jahrgangs sind am Rücklicht, das die Typenbezeichnung „15-6 cyl" ersetzt, zu identifizieren. Die Limousine verschwindet im Frühjahr aus dem Katalog. Ihr folgen die Familiale und der Sechssitzer im Sommer.

Limousine 15-Six, 1955

# Warten...

## 1955

2 CV im Dezember 1954

| Typ - Modelljahr: 1955 | Fgst-Nr. Serie | Mot.-Typcode / Bauart / Zylinder | PS / min. | Bohr. x Hub in mm | Hubraum $cm^3$ | Dimensionen L x B x H in mm | Vmax km/h |
|---|---|---|---|---|---|---|---|
| Oktober 1954 bis Sept. 1955 | | | | | | | |
| *Produktion, insgesamt: 181.774 | | | | | | | |
| 2CV Berline 4 Sitze *3.899 Stück | 121201 bis 125100 | keine Angabe / Boxer / 2 | 9 / 3500 | 62 x 62 | 375 | 3780 x 1480 x 1600 | 68 |
| 2CV AZ Berline *66.149Stück | 156751 bis 222900 | keine Angabe / Boxer / 2 | 12 / 3500 | 66 x 62 | 425 | 3780 x 1480 x 1600 | 70 |
| 11 BL légère Berline 4/5 (*14.899) | 652501 bis 667400 | keine Angabe / Reihe / 4 | 56 / 3800 | 78 x 100 | 1911 | 4450 x 1640 x 1520 | 109 |
| 11 (D)B norm. Berline 5 S. *27.640 | 403601 bis 427300 | keine Angabe / Reihe / 4 | 60 / 4000 | 78 x 100 | 1911 | 4850 x 1790 x 1560 | 125 |
| 11 (D) B normale Familiale 8 S. | 403601 bis 427300 | keine Angabe / Reihe / 4 | 60 /4000 | 78 x 100 | 1911 | ohne Angabe | 125 |
| 11 (D) B normale Commerc.*999 | 300001 bis 301000 | keine Angabe / Reihe / 4 | 60 / 4000 | 78 x 100 | 1911 | ohne Angabe | 125 |
| 15-Six D Berline 5 S.*439 Stück | 724951 bis 725390 | keine Angabe / Reihe / 6 | 77 / 3800 | 78 x 100 | 2867 | 4760 x 1790 x 1560 | 122 |
| 15-Six D Familiale 8 Sitze | 724951 bis 725390 | keine Angabe / Reihe / 6 | 77 / 3800 | 78 x 100 | 2867 | 4960 x 1790 x 1580 | 122 |
| 15-Six H Berline*1.420 Stück | 727681 bis 729101 | keine Angabe / Reihe / 6 | 77 / 3800 | 78 x 100 | 2867 | 4760 x 1790 x 1560 | 122 |
| Hydropneumatische Federung h. | | | | | | | |

2 CV Typ AZ

Limousine 11 N, 1955

Die DS 19 ist der Star des Salons im Oktober 1955

# 1956 Einfach genial!

*Limousine 11 N, 1956*

## Der Kleine auf Erfolgsspur

Mit seinem neuen, größeren Motor wird der 2 CV zu einem großen Verkaufserfolg. Der „Type A" mit seinem 374 $cm^3$ großen Antrieb spielt nur noch eine symbolische Rolle. Lediglich 200 Käufer können sich für diese Motorisierung erwärmen. Vom großzügiger motorisierten Modell rollen immerhin 98.000 Exemplare von den Bändern. Die Kolben haben immer noch einen konvexen Boden, allerdings wechselt man im Oktober zu einer Gestaltung mit flachem Kolbenboden. Gleichzeitig werden die Motorsteuerung modifiziert, eine neue Nockenwelle sowie ein neues Schwungrad und ein neuer Vergaser (Solex 26 BCI) montiert. Im Dezember schließlich übernimmt der „Type A" die Kupplungsscheibe des AZ. Einen Monat später bekommt der 2 CV eine Hupe und im Januar wird die Stoff-Innenverkleidung von einer aus Synthetikmaterial abgelöst.

*Limousine 15-Six, 1956*

*Armaturentafel der DS 19*

# 1956

Bereits Ende 1955 ging die DS 19 in Produktion

Die DS war im Oktober 1955 die Königin des Salons

# 1956

Die DS bot unerreichten Komfort

Auf Werbetour in Italien

Am Quai de Javel lief die DS von den Bändern

## Und Citroën schuf die Zukunft...

Die betagten Traction-Modelle werden nicht mehr weiter entwickelt, weil Citroën mit seinem neuen Modell die Welt des Automobils zum Beben bringt. Zum ersten Mal manifestiert sich Kreativität und Technologie in einem Modell, das auf einen Schlag alle Fahrzeuge anderer Marken in den Schatten stellt.

Mit der neuen DS 19, die auf dem Pariser Automobilsalon im Oktober 1955 vorgestellt wird, macht Citroën die Modelle aus den Häusern Renault und Peugeot geradezu lächerlich und stößt sie zurück in die Zeiten des Kutschenbaus.

Außer dem Motor, der aus dem Traction 11 CV übernommen wurde, ist an dem Wagen alles neu. Seine Karosserie wirkt wie von einem Prototyp, der sich in die Serienfertigung geschlichen hat. Komfort und Modernität der DS ist allen anderen Modellen um Jahre voraus. Die hydropneumatische Federung verblüfft die Kundschaft und verwirrt die Konkurrenz.

Die futuristische DS 19 ist in konzentrierter Form die Summe all dessen, was innerhalb von zehn Jahren von allen Herstellern hätte erfunden werden können. Doch allein der Entwicklungsabteilung von Citroën gelang es, dies in einer einzigen Kreation zusammen zu fassen – was gegenüber den anderen Produzenten fast schon eine Beleidigung darstellt.

# 1956

| Typ - Modelljahr: 1956<br>Oktober 1955 bis Sept. 1956<br>*Produktion, insgesamt: 190.901 | Fgst-Nr. Serie | Mot.-Typcode / Bauart / Zylinder | PS / min. | Bohr. x Hub in mm | Hubraum in cm³ | Dimensionen L x B x H in mm | Vmax km/h |
|---|---|---|---|---|---|---|---|
| 2 CV Berline 4 Sitze*214 Stück | 125101 bis 125315 | Boxermotor / 2 Zylinder | 9 / 3500 | 62 x 62 | 375 | 3780 x 1480 x 1600 | 68 |
| 2 CV AZ Berline *98.414 Stück | 222901 bis 321315 | Boxermotor / 2 Zylinder | 12 / 3500 | 66 x 62 | 425 | 3780 x 1480 x 1600 | 70 |
| 11 (D) BL légère Berline 4/5*8.505 | 652501 bis 667400 | keine Angabe / Reihe / 4 | 60 / 4000 | 78 x 100 | 1911 | 4450 x 1640 x 1520 | 125 |
| 11 (D)B norm. Berline 5 S.*14.689 | 427301 bis 441990 | keine Angabe / Reihe / 4 | 60 / 4000 | 78 x 100 | 1911 | 4850 x 1790 x 1560 | 125 |
| 11 (D)BF norm. Famil. 8 S.*13.960 | 427620 bis 441580 | keine Angabe / Reihe / 4 | 60 / 4000 | 78 x 100 | 1911 | ohne Angabe | 125 |
| 11 (D)BC norm. Commerciale*2.240 | 304940 bis 307180 | keine Angabe / Reihe / 4 | 60 / 4000 | 78 x 100 | 1911 | ohne Angabe | 125 |
| DS 19 Berline 5 S.*9.936 Stück | 63 bis 99999 | keine Angabe / Reihe / 4 | 75 / 4500 | 78 x 100 | 1911 | 4810 x 1790 x 1470 | 140 |
| *1955 gab es 63 Vorserienmodelle | | | | | | | |

Limousine DS 19

Der 15-Six nimmt seinen Abschied

Die hydropneumatische Federung ist die wichtigste Neuerung bei der DS

# 1957

# Was für eine

2 CV Typ AZ, 1957

Auch zehn Jahre nach seinem Produktionsstart verkauft sich der 2 CV

In Abidjan bereiten sich einige 2 CV für eine Beschleunigungsprüfung (!) zum Auftakt einer Rallye vor

Die Palette des 2 CV wird im November 1956 durch den AZL vergrößert, wobei das „L" für Luxus steht. Die Ausführung unterscheidet sich durch eine Aluminiumleiste am unteren Teil der Karosserie, die Motorhaube, die Stoßstangen, graue Felgen sowie ein Verdeck, das sich der Innenraumgestaltung anpasst, und vor allem durch eine größere Heckscheibe. Die Typen „A" und „AZ" profitieren leicht von den Verbesserungen, verlieren aber zugleich einiges an Farbe im Innenraum. Der Behälter für die Bremsflüssigkeit wird von nun an aus Glas statt wie bisher aus Stahl gefertigt.

Auf dem Pariser Automobilsalon im Oktober 1956 wird der DS die ID 19 zur Seite gestellt. Zwar macht die DS einen großen Eindruck auf die Kundschaft, doch der hohe Preis verhindert große Stückzahlen, so dass man beschloss, eine „abgemagerte" Variante auf den Markt zu bringen.
Um die DS aber nicht in eine leere Hülle zu verwandeln, wird die ID in verschiedenen Varianten angeboten: Normale, Luxus und später Comfort. Dennoch ist die ID Normale weit vom Geist der DS entfernt. Zwar bleibt die äußere Erscheinung erhalten, doch dafür muss die arme ID mit dem Motor des Traction zufrie-

# ID!

Zum zweiten Mal auf dem Pariser Salon: die DS

Armaturentafel der ID 19

den sein. Auf alles, was nicht unbedingt notwendig ist, wird verzichtet und alle unverzichtbaren Details werden auf ein Minimum reduziert: fest montierte hintere Seitenscheiben, schwarze Einheitsfarbe, eine vordere Sitzbank, ein Anlasser per Zughebel sowie eine Heckscheibe aus Plexiglas. Erstaunlich, dass es noch ein Lenkrad gab...

In einer ebenfalls lieferbaren Luxusausführung gibt es dann tatsächlich die Wahl zwischen drei Lackfarben, zwei Einzelsitze vorne, ein spezielles Armaturenbrett und eine bessere Geräuschdämmung für den Innenraum sowie Radkappen mit einem kleineren Durchmesser, eine mechanische Kupplung und schließlich einen elektrischen Anlasser. Die Kundschaft muss bis zum April 1957 warten, um die erst dann offiziell homologierte ID bestellen zu können. Drei Monate später vergrößert die Marke mit der ID Comfort das Angebot, bei der es sich um nichts anderes als eine ID 19 Luxus mit der Innenausstattung der DS 19 handelt.

Mit der Einführung der ID 19 verschwindet der inzwischen fast unsterbliche Traction aus dem Katalog. Die letzten Exemplare des 11 D werden im Juli geliefert.

Eine DS in den Händen der Fachpresse...

# 1957

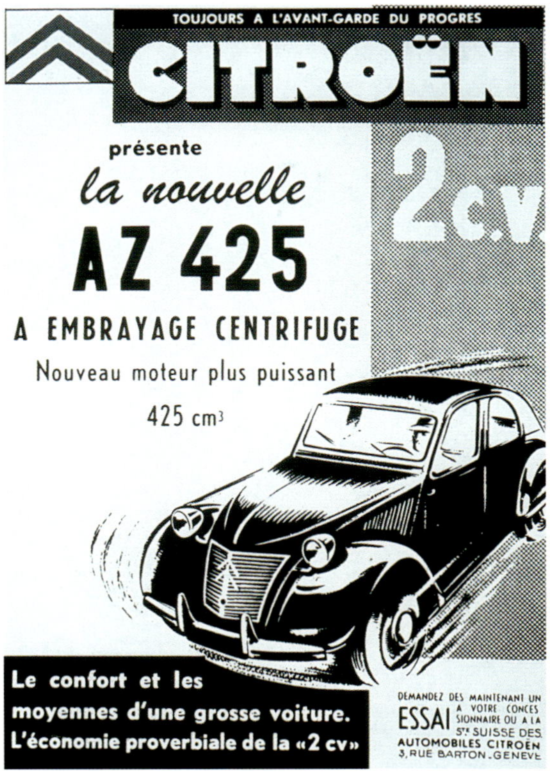


| Typ - Modelljahr: 1957<br>Oktober 1956 bis Sept. 1957<br>*Produktion, insgesamt: 206.136 | Fgst-Nr. Serie | Mot.-Typcode / Bauart / Zylinder | PS / min. | Bohr. x Hub in mm | Hubraum cm³ | Dimensionen L x B x H in mm | Vmax km/h |
|---|---|---|---|---|---|---|---|
| 2 CV Berline 4 Sitze * 52 Stück | 125315 bis 125372 | keine Angabe / Boxer / 2 | 9 / 3500 | 62 x 62 | 375 | 3780 x 1480 x 1600 | 68 |
| 2 CV AZ Berline* 102.700 Stück | 321315 bis 424015 | keine Angabe / Boxer / 2 | 12 / 3500 | 66 x 62 | 425 | 3780 x 1480 x 1600 | 70 |
| 2 CV AZL Berline | 321315 bis 424015 | keine Angabe / Boxer / 2 | 12 / 3500 | 66 x 62 | 425 | 3780 x 1480 x 1600 | 70 |
| 11 (D) BL légère Berline 4/5*1.596 | 675905 bis 677501 | keine Angabe / Reihe / 4 | 60 / 4000 | 78 x 100 | 1911 | 4450 x 1640 x 1520 | 125 |
| 11 (D) B norm. Berline 5 S. *2.126 | 441991 bis 444612 | keine Angabe / Reihe / 4 | 60 / 4000 | 78 x 100 | 1911 | 4850 x 1790 x 1560 | 125 |
| 11 (D) BF norm. Famil. 8 S *2.989 | 441581 bis 444570 | keine Angabe / Reihe / 4 | 60 / 4000 | 78 x 100 | 1911 | ohne Angabe | 125 |
| 11 (D) BC norm. Commerciale*680 | 307181 bis 307861 | keine Angabe / Reihe / 4 | 60 / 4000 | 78 x 100 | 1911 | ohne Angabe | 125 |
| ID 19 Berline normale*Stück | | keine Angabe / Reihe / 4 | 60 / 4000 | 78 x 100 | 1911 | 4810 x 1790 x 1470 | 130 |
| ID 19 Berline luxe S.*6.520 Stück | 200001 bis 206521 | keine Angabe / Reihe / 4 | 63 / 4000 | 78 x 100 | 1911 | 4810 x 1790 x 1470 | 135 |
| ID 19 Berline confort | 200001 bis 206521 | keine Angabe / Reihe / 4 | 63 / 4000 | 78 x 100 | 1911 | 4810 x 1790 x 1470 | 135 |
| DS 19 Berline 5 S.*21.572 Stück | 10000 bis 31572 | keine Angabe / Reihe / 4 | 75 / 4500 | 78 x 100 | 1911 | 4810 x 1790 x 1470 | 140 |
| Ges.- Zul. In D: 1.242 (0,22 %) | | | | | | | |

2 CV Typ AZ, 1957

Der Motor der ID 19

Das spartanische Interieur der ID 19

# 1958

# Der 2 CV

ID 19 Luxus auf dem Pariser Salon

2 CV Typ AZ, 1958

Auf dem Citroën-Stand beim Pariser Automobilsalon steht der neue 2 CV AZLP, wobei das P für die neue Kofferraumhaube steht. Gleichzeitig wird das Kennzeichen nun zentral montiert und von den beiden Rückleuchten, in die nun auch die Bremsleuchten integriert sind, eingerahmt. Diese Anordnung wird von allen Varianten der Baureihe übernommen. Im Oktober bekommen sie zudem alle größere Heckscheiben. Die Stoßstangen werden im Mai mittels Aluminiumleisten und einer grauen Gummieinlage aufgewertet.

Im März 1958 überrascht Citroën die Presse mit einer Allradversion des 2 CV, die in den Dünen von Ermenonville vorgestellt wird. Bei dem mit zwei Motoren ausgerüsteten Modell handelt es sich um einen Prototyp, der unter dem Namen Sahara für die Minen- und Ölunternehmen in Afrika gedacht ist.

Im Februar 1958 wächst das Reserverad der ID 19 von 155 x 400 auf 165 x 400. Einen Monat später übernimmt die DS 19 die beiden Kühlöffnungen der ID 19.

DS 19, 1958

Die ersten Fahrversuche des 2 CV 4 x 4

# als Allradler

## 1958

Ein Händler in Kopenhagen, 1958

| Typ - Modelljahr: 1958<br>Oktober 1957 bis Sept. 1958<br>*Produktion, insgesamt: 246.305 | Fgst-Nr. Serie | Mot.-Typcode /<br>Bauart / Zylinder | PS / min. | Bohr. x Hub<br>in mm | Hubraum<br>$cm^3$ | Dimensionen<br>L x B x H in mm | Vmax<br>km/h |
|---|---|---|---|---|---|---|---|
| 2 CV Berline 4 Sitze *104 Stück | 125373 bis 125477 | keine Angabe / Boxer / 2 | 9 / 3500 | 62 x 62 | 375 | 3780 x 1480 x 1600 | 68 |
| 2 CV AZ Berline *53.985 Stück | 424015 bis 478000 | keine Angabe / Boxer / 2 | 12 / 3500 | 66 x 62 | 425 | 3780 x 1480 x 1600 | 70 |
| 2 CV AZL Berline *61.830 Stück | 1000001-1061831 | keine Angabe / Boxer / 2 | 12 / 3500 | 66 x 62 | 425 | 3780 x 1480 x 1600 | 70 |
| 2 CV AZLM B. mit Hecktür *4.483 | 2000001 -2004484 | keine Angabe / Boxer / 2 | 12 / 3500 | 66 x 62 | 425 | 3780 x 1480 x 1600 | 70 |
| 2 CV AZLP Sahára 4X4 | Prototypen | Front- & Heckmot. / 2 | 24 / 3500 | 66 x 62 (2 Mal) | 425 (2 Mal) | 3780 x 1480 x 1600 | 100 |
| ID 19 Berline normale *Stück | bis 730 248 | keine Angabe / Reihe / 4 | 60 / 4000 | 78 x 100 | 1911 | 4810 x 1790 x 1470 | 130 |
| ID 19 Berline luxe S. *23.478 Stück | 206522 bis 230000 | keine Angabe / Reihe / 4 | 63 / 4000 | 78 x 100 | 1911 | 4810 x 1790 x 1470 | 135 |
| ID 19 Berline confort *8.760 Stück | 3000001-3008761 | keine Angabe / Reihe / 4 | 63 / 4000 | 78 x 100 | 1911 | 4810 x 1790 x 1470 | 135 |
| DS 19 Berline 5 S. *20.929 Stück | 31572 bis 52501 | keine Angabe / Reihe / 4 | 75 / 4500 | 78 x 100 | 1911 | 4810 x 1790 x 1470 | 140 |

Ges.-Zul. in D: 1.992 (0,29 %)

Der 2 CV machte auch in der Wüste eine gute Figur

Die Bardot und die DS

Der Pariser Salon 1957

# 1959

# Aus der ID

Der 2 CV bekommt im Mai eine neue Heizung, mit der zugleich die Lüftung verbessert wird. Obwohl der Sahara auf dem Stand beim Pariser Automobilsalon steht, ist er immer noch nicht homologiert und daher nur auf den Exportmärkten zu haben. Dennoch hat sich sein Aussehen im Vergleich zum Prototyp verändert. Auf der Motorhaube hat nun ein Reserverad Platz gefunden und in den Seitenflächen der Haube befinden sich jetzt zusätzliche Kühlschlitze. Die hinteren Kotflügel sind eingeschnitten und als Stoßstangen werden einfache Rohre eingesetzt. Der ursprüngliche 2 CV, der „Type A", wird im Sommer aus dem Programm genommen.

DS 19 Prestige

Fliessband für den 2 CV

Ein 2 CV wird in Levallois lackiert

# wird ein Kombi

## 1959

2 CV Typ AZL, 1959

Interieur der DS 19

Die ID-Palette wird durch eine verlängerte, fünftürige Version vergrößert, von der es gleich drei Varianten gibt: Familiale, Kombi (Break) und Commerciale. Während der Vorderwagen von der DS übernommen wird, lässt der Designer Flaminio Bertoni seinen Ideen bei der Heckgestaltung freien Lauf und entwirft eine leicht barocke Form, mit einer zweigeteilten Hecktür. Wie immer denkt Citroën einen Schritt weiter und montiert zwei Kennzeichenbefestigungen, so dass der Kombi auch dann gefahren werden kann, wenn lediglich der untere Teil der Klappe geöffnet ist. Die Familiale verfügt über zwei Sitzbänke und zwei zusätzliche Klappsitze in der dritten Reihe. Der Kombi besitzt lediglich zwei Sitzbänke. Bei der Commerciale-Variante lässt sich die hin-

# 1959

DER KOMBI DER ID 19 LIESS SICH GUT ALS KRANKENWAGEN EINSETZEN

DIE KOMBIVERSION DER ID 19

tere Bank umklappen, so dass eine riesige Ladefläche entsteht, was vor allem die Handwerker freut.

Eine neue Version der DS, die auf dem Pariser Automobilsalon im Oktober 1958 vorgestellt wird, erfreut hingegen vor allem die Chefs. Die DS Prestige, gebaut beim Karosserieunternehmen Henri Chapron, rollt im Juli 1959 in den Katalog. Das Modell wird ausschließlich schwarz lackiert ausgeliefert. Auch die Seitenbleche vor der Heckscheibe sind schwarz lackiert. Im Innenraum trennt eine Scheibe die Herrschaften vom Chauffeur. Telefon und Radio mit Sendervorwahl stehen den Passagieren im Fond zur Verfügung. Ganz im Zeichen des Komforts ist der Fond mit Teppichboden ausgelegt, während die Sitze und die Türinnenseiten mit Helanca ausgestattet sind. Der Chauffeur hingegen sitzt auf Leder.

# 1959

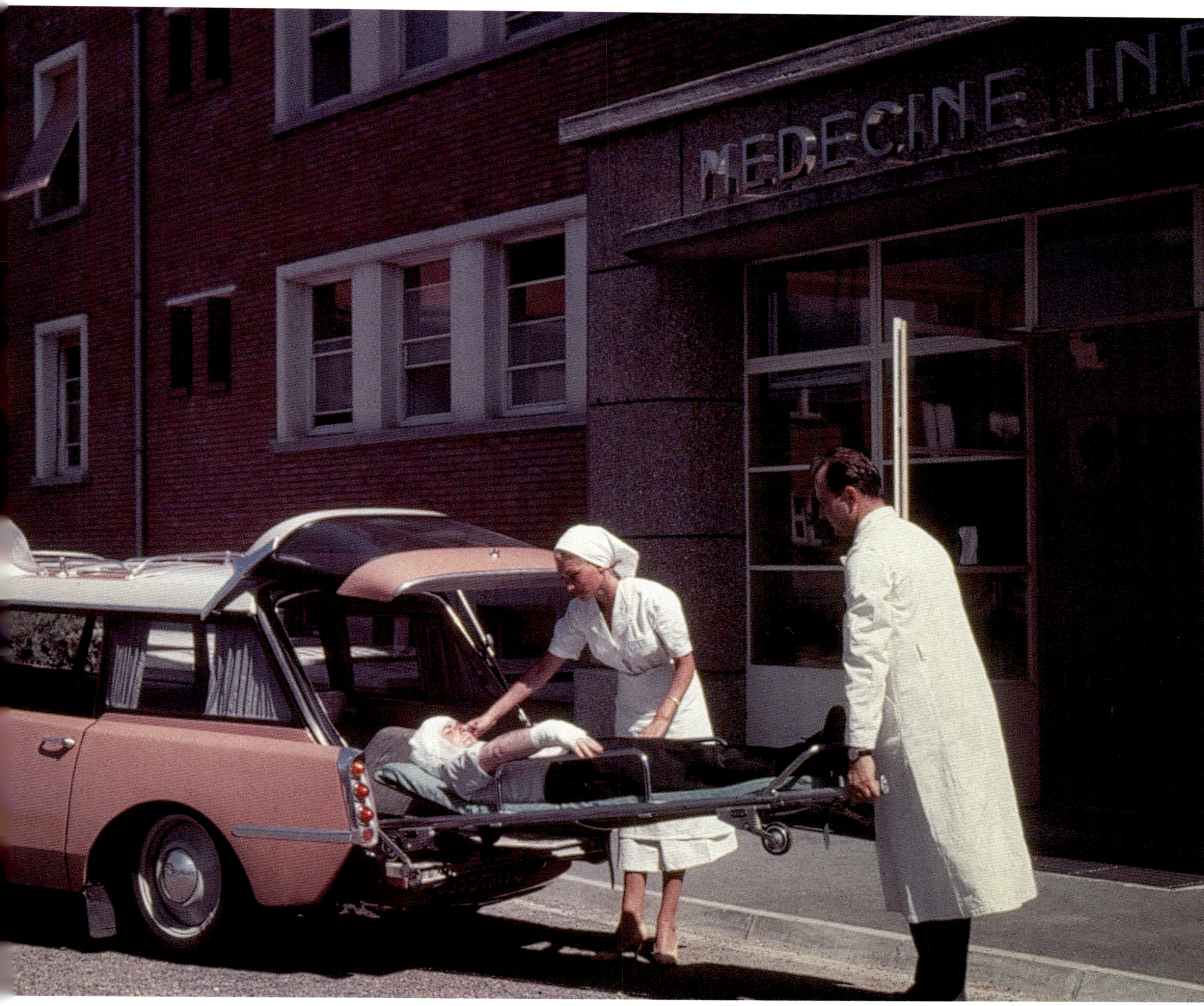

EINE MODELLPALETTE VOLLER GEGENSÄTZE

| **Typ - Modelljahr: 1959**<br>Oktober 1958 bis Sept. 1959<br>*Produktion, insgesamt: 286.892 | Fgst-Nr. Serie | Mot.-Typcode / Bauart / Zylinder | PS / min. | Bohr. x Hub in mm | Hubraum cm³ | Dimensionen L x B x H in mm | Vmax km/h |
|---|---|---|---|---|---|---|---|
| 2 CV Berline 4 Sitze * 63 Stück | 125478 bis 125540 | keine Angabe / Boxer / 2 | 9 / 3500 | 62 x 62 | 375 | 3780 x 1480 x 1600 | 68 |
| 2 CV AZ Berline | 478001 bis ...... | keine Angabe / Boxer / 2 | 12 / 3500 | 66 x 62 | 425 | 3780 x 1480 x 1600 | 70 |
| 2 CV AZL Berline | 1061832 bis ...... | keine Angabe / Boxer / 2 | 12 / 3500 | 66 x 62 | 425 | 3780 x 1480 x 1600 | 70 |
| 2 CV AZLM B. mit Hecktür | 2004485 bis ..... | keine Angabe / Boxer / 2 | 12 / 3500 | 66 x 62 | 425 | 3780 x 1480 x 1600 | 70 |
| 2 CV AZLP Berline | | keine Angabe / Boxer / 2 | 12 / 3500 | 66 x 62 | 425 | 3780 x 1480 x 1600 | 70 |
| 2 CV AZLP Sahára 4X4 | Prototypen | Front- & Heckmot. / 2 | 24 / 3500 | 66 x 62 (2 Mal) | 425 (2 Mal) | 3780 x 1480 x 1600 | 100 |
| ID 19 P Berline normale | 730248 bis ..... | keine Angabe / Reihe / 4 | 60 / 4000 | 78 x 100 | 1911 | 4810 x 1790 x 1470 | 130 |
| ID 19 P Berline luxe | 230001 bis ....... | keine Angabe / Reihe / 4 | 63 / 4000 | 78 x 100 | 1911 | 4810 x 1790 x 1470 | 135 |
| ID 19 P Berline confort | 3008762 bis ........ | keine Angabe / Reihe / 4 | 63 / 4000 | 78 x 100 | 1911 | 4810 x 1790 x 1470 | 135 |
| ID 19 P Familale luxe | | keine Angabe / Reihe / 4 | 63 / 4000 | 78 x 100 | 1911 | 4990 x 1790 x 1530 | 135 |
| ID 19 P Break | | keine Angabe / Reihe / 4 | 63 / 4000 | 78 x 100 | 1911 | 4990 x 1790 x 1530 | 135 |
| ID 19 P Commerciale | | keine Angabe / Reihe / 4 | 63 / 4000 | 78 x 100 | 1911 | 4990 x 1790 x 1530 | 135 |
| DS 19 Berline | 52501 bis 62500 | keine Angabe / Reihe / 4 | 75 / 4500 | 78 x 100 | 1911 | 4810 x 1790 x 1470 | 140 |
| DS 19 Prestige ab Juli 1959 | | keine Angabe / Reihe / 4 | 75 / 4500 | 78 x 100 | 1911 | 4810 x 1790 x 1470 | 140 |

*ID-DS: 66931 Stück
Ges.-Zul. In D: 3.916 (0,47 %)

# 1960

# Die DS –

Das Cabriolet der DS 19

Dies ist das Jahr der großen Veränderungen. Im Januar 1960 verschwinden die alten Francs, so dass die Modelle in der Citroën-Preisliste von einem Tag auf den anderen geradezu billig erscheinen. In Wahrheit haben sich die Preise allerdings nicht verändert, doch man muss nicht lange warten, bis sie im Mai leicht angehoben werden.

Die große Neuheit beim 2 CV ist eine zweite lieferbare Lackfarbe für AZL und AZLP. Beide Modelle sind nun auch in Gletscherblau mit entsprechend gefärbtem Verdeck erhältlich. Gleichzeitig bekommen die Modelle glatte Felgen der Größe 380 (anstatt wie bisher 400 mit Öffnungen). Im Dezember kommen rote Zündkabel, die gleichzeitig entstört sind.

Der 2 CV 4 x 4 Sahara erhält zwei Benzineinfüllstutzen an den hinteren Türen. Das Kennzeichen wandert auf die linke Seite der Haube. Die Rückleuchten werden unter der Haube konzentriert.

Alle 2 CV rollen nun auf neuen Rädern der Dimension 135 x 380. Nach dem Verschwinden des „Type A" werden nun alle Varianten vom 425 cm³ großen Zweizylinder angetrieben. Am Ende des Jahres wird außerdem die Variante AZ eingestellt.

Limousine DS 19

# ganz offen

Endlich ist der 2 CV 4 x 4 in Frankreich lieferbar

Die Limousine DS 19 – auch das Modell künftiger Generationen?

# 1960

Die DS 19 Limousine mit verchromten Luftauslässen in den Kotflügeln

Die DS erfährt so gut wie keine mechanischen Veränderungen. Sie übernimmt lediglich Zündung und Tankstutzen von der ID. Bei ID und DS werden die hinteren Kotflügel verlängert und im unteren Teil leicht ausgekehlt, um die Stoßstangen aufnehmen zu können. Die DS bekommt die Felgen ohne Radkappen der ID. Außerdem werden in die vorderen Kotflügel Kühlöffnungen integriert, um die Bremsen besser zu kühlen. Das Lenkrad der DS ist immer noch schwarz.
Im Juni wird das Cabriolet vorgestellt. Mit Ausnahme von zusätzlichen 35 Kilogramm, verursacht durch die verstärkten Längsträger, ist der Wagen mit der Limousine identisch.

Limousine DS 19 Prestige

Cabriolet DS 19

Kombi ID 19-P

# 1960

LIMOUSINE DS 19

LIMOUSINE ID 19-P

KOMBI ID 19-P

2 CV AZLP

| **Typ - Modelljahr: 1960**<br>Oktober 1959 bis Sept. 1960<br>*Produktion, insgesamt: 316.218 | Fgst-Nr. Serie | Mot.-Typcode / Bauart / Zylinder | PS / min. | Bohr. x Hub in mm | Hubraum cm³ | Dimensionen L x B x H in mm | Vmax km/h |
|---|---|---|---|---|---|---|---|
| 2 CV Berline 4 Sitze *29 Stück | 125541 bis 125570 | keine Angabe / Boxer / 2 | 9 / 3500 | 62 x 62 | 375 | 3780 x 1480 x 1600 | 68 |
| 2 CV AZ Berline *15.054 Stück | 2250545-2265599 | keine Angabe / Boxer / 2 | 12 / 3500 | 66 x 62 | 425 | 3780 x 1480 x 1600 | 70 |
| 2 CV AZL Berline *1.199.673 Stück | 2352809-2472482 | keine Angabe / Boxer / 2 | 12 / 3500 | 66 x 62 | 425 | 3780 x 1480 x 1600 | 70 |
| 2 CV AZLM B. mit Hecktür * | | keine Angabe / Boxer / 2 | 12 / 3500 | 66 x 62 | 425 | 3780 x 1480 x 1600 | 70 |
| 2 CV AZLP Berline | | keine Angabe / Boxer / 2 | 12 / 3500 | 66 x 62 | 425 | 3780 x 1480 x 1600 | 70 |
| 2 CV AZLP Sahára 4X4 | Prototypen | Front- & Heckmot. / 2 | 24 / 3500 | 66 x 62 (2 Mal) | 425 | 3780 x 1480 x 1600 | 100 |
| ID 19 P Berline normale *51.496 | 3061500-3112996 | keine Angabe / Reihe / 4 | 60 / 4000 | 78 x 100 | 1911 | 4810 x 1790 x 1470 | 130 |
| ID 19 P Berline luxe S. | 3061500-3112996 | keine Angabe / Reihe / 4 | 63 / 4000 | 78 x 100 | 1911 | 4810 x 1790 x 1470 | 135 |
| ID 19 P Berline confort | | keine Angabe / Reihe / 4 | 63 / 4000 | 78 x 100 | 1911 | 4810 x 1790 x 1470 | 135 |
| ID 19 P Familale luxe *345 | 3380001-3380346 | keine Angabe / Reihe / 4 | 63 / 4000 | 78 x 100 | 1911 | 4990 x 1790 x 1530 | 135 |
| ID 19 P Familale confort | 3380001-3380346 | keine Angabe / Reihe / 4 | 63 / 4000 | 78 x 100 | 1911 | 4990 x 1790 x 1530 | 135 |
| ID 19 P Break *4.430 Stück | 3300001-3304431 | keine Angabe / Reihe / 4 | 63 / 4000 | 78 x 100 | 1911 | 4990 x 1790 x 1530 | 135 |
| ID 19 P Break confort | 3300001-3304431 | keine Angabe / Reihe / 4 | 63 / 4000 | 78 x 100 | 1911 | 4990 x 1790 x 1530 | 135 |
| ID 19 P Commerciale | 3340001-3340959 | keine Angabe / Reihe / 4 | 63 / 4000 | 78 x 100 | 1911 | 4990 x 1790 x 1530 | 135 |
| ID 19 P Commerciale luxe *958 | 3340001-3340959 | keine Angabe / Reihe / 4 | 63 / 4000 | 78 x 100 | 1911 | 4990 x 1790 x 1530 | 135 |
| DS 19 Berline *11.049 | 4000001-4011050 | keine Angabe / Reihe / 4 | 75 / 4500 | 78 x 100 | 1911 | 4810 x 1790 x 1470 | 140 |
| DS 19 Prestige ab Juli 1959 *1.248 | 4013001-4014249 | keine Angabe / Reihe / 4 | 75 / 4500 | 78 x 100 | 1911 | 4810 x 1790 x 1470 | 140 |
| *ID-DS: 78.915 Stück | | | | | | | |
| Ges.-Zul. In D: 6.703 (0,69%) | | | | | | | |

# 1961

# Willkommen

Eine DS 19 in der Abflughalle des Flughafen Le Bourget

2 CV AZLP

Eine neue Fabrik für den Ami 6

## Neues Gesicht

Nach dem „Type A" verschwindet gegen Ende des Jahres auch der AZ aus der 2-CV-Modellpalette, die nun aus drei Versionen besteht: AZL und AZLP sowie dem AZ 4 x 4, der endlich im Oktober 1960 für den französischen Markt homologiert wird.
Eine weitere Lackierung, Gischtgrün, bringt zusätzliche Farbe in die Modellfamilie. Gleichzeitig bekommen die Sitze neue Verstellarmaturen. Die größte Veränderung ist jedoch die Neugestaltung der Frontpartie im Dezember 1960. Eine neue Motorhaube mit fünf Rillen ohne die bisher üblichen Kühlschlitze und ein neuer Kühlergrill geben dem Wagen ein gefälligeres Äußeres. Der neue Aluminiumgrill besteht aus fünf Querstreben, in die das Markenzeichen integriert ist. Der Kundschaft stehen nun vier Farben zur Auswahl: Grau, Gletscherblau, Gischtgrün und Panamagelb.

## Schöner Freund

Die echte Neuheit des Jahres 1961 kommt erst im April auf den Markt. In diesem Monat präsentiert

2 CV AZ 4 x 4

2 CV AZLP

# Ami

## 1961

DIE DS 19 WAR AUCH IM MOTORSPORT EIN ERFOLGREICHER TYP

Citroën der Fachpresse auf dem Flugplatz von Villacoublay mitten im Algerienkrieg seine neue kleine Limousine Ami 6. Das Design stammt wieder von Flaminio Bertoni, dessen Entwurf nicht unumstritten ist. Die Presse ist bei der Beurteilung der Form mit ihrer ungewöhnlichen Heckscheibengestaltung in zwei Lager gespalten, genau wie die Öffentlichkeit. Der neue Wagen soll die Lücke zwischen dem 2 CV und der ID 19 schließen. Dafür nutzt er die Plattform und die Mechanik des 2 CV. Allerdings wurde der Motor im Interesse einer Leistungssteigerung dank größerer Bohrung auf 602 $cm^3$ Hubraum angehoben, was ihn wiederum in die Klasse der Modelle mit drei Steuer-PS aufsteigen ließ. Das Interieur lehnt sich an die ID-Modelle

CABRIOLET DS 19

# 1961

*Die DS 19 bot Komfort und Raum à la francaise*

an und ist daher ein echter Fortschritt gegenüber dem spartanischen 2 CV.
Die DS-Modelle werden in diesem Jahr leicht modifiziert. Die Ausführungen mit Hydraulikkupplung verlieren ihre Unterdruckpumpen und bekommen eine Fliehkraftregelung. Alle ID und DS haben von jetzt an eine 12-Volt-Elektrik. Die Rücklehnen der Vordersitze lassen sich nun verstellen, und die Kofferraumhaube erhält einen Handgriff.
Die ID bekommt ein neues Armaturenbrett. Die Hebel für den Blinker befinden sich nun hinter dem Lenkrad, und im März wird die Verdichtung der DS 19 von 7,5 auf 8,5 angehoben. Neue Kolben und ein Doppelvergaser lassen die Leistung von 75 auf 83 PS steigen.
Im September 1960 nimmt Citroën das Chapron-Cabriolet ins offizielle Lieferprogramm auf. Die Serienversion unterscheidet sich von den ersten Exemplaren durch eine gewisse Nüchternheit. Die von den Karossiers angebotenen Varianten schwelgen weiterhin in Chromschmuck. Die hinteren Kotflügel sind angeschnitten, und der Innenraum ist ganz in Leder gehalten. Das Cabriolet wird von Februar 1961 an als ID 19 und DS 19 angeboten.

*ID 19*

# 1961

PROTOTYP DES AMI 6

| Typ - Modelljahr: 1961<br>Oktober 1960 bis Sept. 1961<br>*Produktion, insgesamt: 337.312 | Fgst-Nr. Serie | Mot.-Typcode / Bauart / Zylinder | PS / min. | Bohr. x Hub in mm | Hubraum $cm^3$ | Dimensionen L x B x H in mm | Vmax km/h |
|---|---|---|---|---|---|---|---|
| 2 CV AZ Berline *Stück | 2472483-2500399 | keine Angabe / Boxer / 2 | 12 / 3500 | 66 x 62 | 425 | 3780 x 1480 x 1600 | 70 |
| 2 CV AZL Berline *Stück | 2265600-2285436 | keine Angabe / Boxer / 2 | 12 / 3500 | 66 x 62 | 425 | 3780 x 1480 x 1600 | 70 |
| 2 CV AZLP Berline | 2510001-2591863 | keine Angabe / Boxer / 2 | 12 / 3500 | 66 x 62 | 425 | 3780 x 1480 x 1600 | 70 |
| 2 CV AZLP Sahára 4X4 | 2800001-2801039 | Front- & Heckmot. / 2 | 24 / 3500 | 66 x 62 (2 Mal) | 425 (2 Mal) | 3780 x 1480 x 1600 | 100 |
| AMI 6 Berline *19.010 Stück | 009001 bis 14521 | keine Angabe / Boxer / 2 | 20 / 4500 | 74 x 70 | 602 | 3870 x 1520 x 1490 | 105 |
| ID 19 P Berline normale * | 3112000-3157754 | keine Angabe / Reihe / 4 | 60 / 4000 | 78 x 100 | 1911 | 4810 x 1790 x 1470 | 130 |
| ID 19 P Berline luxe S. | 3112000-3157754 | keine Angabe / Reihe / 4 | 63 / 4000 | 78 x 100 | 1911 | 4810 x 1790 x 1470 | 135 |
| ID 19 P Berline confort | 3112000-3157754 | keine Angabe / Reihe / 4 | 63 / 4000 | 78 x 100 | 1911 | 4810 x 1790 x 1470 | 135 |
| ID 19 P Familale luxe * | 3380347-3380851 | keine Angabe / Reihe / 4 | 63 / 4000 | 78 x 100 | 1911 | 4990 x 1790 x 1530 | 135 |
| ID 19 P Familale confort | 3480001-3480385 | keine Angabe / Reihe / 4 | 63 / 4000 | 78 x 100 | 1911 | 4990 x 1790 x 1530 | 135 |
| ID 19 P Break luxe *4.880Stück | 3304432-3305959 | keine Angabe / Reihe / 4 | 63 / 4000 | 78 x 100 | 1911 | 4990 x 1790 x 1530 | 135 |
| ID 19 P Break confort | 3400001-3401454 | keine Angabe / Reihe / 4 | 63 / 4000 | 78 x 100 | 1911 | 4990 x 1790 x 1530 | 135 |
| ID 19 P Commerciale luxe * | 3340960-3341335 | keine Angabe / Reihe / 4 | 63 / 4000 | 78 x 100 | 1911 | 4990 x 1790 x 1530 | 135 |
| ID 19 P Com. Ambulance | 3340001-3440366 | keine Angabe / Reihe / 4 | 63 / 4000 | 78 x 100 | 1911 | 4990 x 1790 x 1530 | 135 |
| ID 19 Cabriolet *32 Stück | | keine Angabe / Reihe / 4 | 63 / 4000 | 78 x 100 | 1911 | 4990 x 1790 x 1530 | 135 |
| DS 19 Berline * | 4014059-4025194 | keine Angabe / Reihe / 4 | 80 / 4500 | 78 x 100 | 1911 | 4810 x 1790 x 1470 | 150 |
| DS 19 Prestige ab Juli 1959 | 4025001-4215702 | keine Angabe / Reihe / 4 | 80 / 4500 | 78 x 100 | 1911 | 4810 x 1790 x 1470 | 150 |
| DS 19 Cabriolet ab Okt. *130 Stck | 4025001-4215702 | keine Angabe / Reihe / 4 | 80 / 4500 | 78 x 100 | 1911 | 4810 x 1790 x 1470 | 150 |

*ID-DS: 72.717 Stück
Ges.-Zul. In D: 7.858 (0,72 %)

CITROËN AUF DEM TURINER AUTOMOBILSALON

# 1962 Drei Modelle –

NACH 15 JAHREN IST DER 2 CV IMMER NOCH DAS ERFOLGREICHSTE MODELL DES UNTERNEHMENS

Die Farbpalette des 2 CV AZL und AZLP wird durch Mohnrot erweitert. Bei allen Modellen wird die Kompression erhöht und die Gemischaufbereitung verbessert. Auf dem französischen Markt wird eine Version ENAC eingeführt. Sie erscheint nicht in der Statistik dieses Buchs, weil sie nicht in die Preisliste der Marke aufgenommen wurde, sondern nur als Option lieferbar war. Der Umbau bestand aus einer Heckklappe und einem unter der Motorhaube montierten Reserverad. Von Februar an übernimmt der Ami 6 den Hauptbremszylinder des 2 CV.

Der 2 CV 4 x 4 hält sich noch immer im Katalog. Allerdings ist die Bezeichnung Sahara weggefallen. Dafür steigt die Leistung Anfang 1962 auf 28 PS.

Der Ami 6 wird bereits nach einigen Monaten zum ersten Mal überarbeitet. Nach den Kritiken der Presse und der Öffentlichkeit spendiert das Unter-

DER 2 CV IST DAS KLASSISCHE MODELL FÜR DIE FRANZÖSISCHE FAMILIE

# drei Erfolgstypen

## 1962

Armaturentafel der DS 19

Die neue Fabrik für den Ami 6 in Rennes-La-Janais

nehmen dem Wagen im September 1961 hintere Schiebefenster und einen echten Öffnungsmechanismus für den Kofferraum. Die ID-Modelle werden mit einem Hochdruck-Bremsmechanismus und einem Zweikreis-Bremssystem ausgestattet. Bei der Comfort-Ausstattung wird eine vordere Sitzbank gegen Aufpreis lieferbar.

Die ID Normale wird Ende des Jahres aus dem Programm gestrichen. Allerdings sind sie Lagerbe-

„Die bauen Raketen bei Citroën"

# 1962

stände derart groß, dass sie noch einige Jahre weiter verkauft wird.

Bei der DS wird ein neues Armaturenbrett mit neuen Schaltern und Hebeln für wirkungsvollere Heizung und Lüftung montiert. ID und DS erhalten automatisch zurückstellende Scheibenwischer.

Die DS als Königin der Rallyes

Ami 6

Meer, Sonne und ein 2 CV

Die DS in der Ausführung Préfecture

Der Ami 6 ist ein Erfolgstyp

Der Stand des Unternehmens im Oktober 1961

| Typ - Modelljahr: 1962 | Fgst-Nr. Serie | Mot.-Typcode / Bauart / Zylinder | PS / min. | Bohr. x Hub in mm | Hubraum cm³ | Dimensionen L x B x H in mm | Vmax km/h |
|---|---|---|---|---|---|---|---|
| September 1961 bis August 1962 | | | | | | | |
| *Produktion, insgesamt: 391.783 | | | | | | | |
| 2 CV Berline Mixte, Heckkl. | 8294001-8297628 | keine Angabe / Boxer / 2 | 12 / 3500 | 66 x 62 | 425 | 3780 x 1480 x 1600 | 70 |
| 2 CV AZL Berline * Stück | 8294001-8297628 | keine Angabe / Boxer / 2 | 12 / 3500 | 66 x 62 | 425 | 3780 x 1480 x 1600 | 70 |
| 2 CV AZLP Berline, Heckklappe | | keine Angabe / Boxer / 2 | 12 / 3500 | 66 x 62 | 425 | 3780 x 1480 x 1600 | 70 |
| 2 CV AZLP Sahára 4x4 | | Front- & Heckmot / 2 | 24 / 3500 | 66 x 62 (2 Mal) | 425 (2 Mal) | 3780 x 1480 x 1600 | 100 |
| 2 CV AZU ab Feb/1962 | 8294001-8297628 | keine Angabe / Boxer / 2 | 13,5 / 4000 | 66 x 62 | 425 | 3780 x 1480 x 1600 | 85 |
| 2 CV AZU mit Fliehkraftkupplung | 8310001-8497422 | keine Angabe / Boxer / 2 | 13,5 / 4000 | 66 x 62 | 425 | 3780 x 1480 x 1600 | 85 |
| AMI 6 Berline *85.358Stück | 14522 bis 44766 | keine Angabe / Boxer / 2 | 20 / 4500 | 74 x 70 | 602 | 3870 x 1520 x 1490 | 105 |
| AMI 6 Berline dito | 100102 bis 227999 | keine Angabe / Boxer / 2 | 20 / 4500 | 74 x 70 | 602 | 3870 x 1520 x 1490 | 105 |
| ID 19 P Berline normale bis Dez. | 3200001-3241403 | keine Angabe / Reihe / 4 | 60 / 4000 | 78 x 100 | 1911 | 4810 x 1790 x 1470 | 130 |
| ID 19 P Berline luxe | 3200001-3241403 | keine Angabe / Reihe / 4 | 63 / 4000 | 78 x 100 | 1911 | 4810 x 1790 x 1470 | 135 |
| ID 19 P Berline confort | 3200001-3241403 | keine Angabe / Reihe / 4 | 63 / 4000 | 78 x 100 | 1911 | 4810 x 1790 x 1470 | 135 |
| ID 19 P Familale luxe * | 3480386-3481215 | keine Angabe / Reihe / 4 | 63 / 4000 | 78 x 100 | 1911 | 4990 x 1790 x 1530 | 135 |
| ID 19 P Familale confort | 3480386-3481215 | keine Angabe / Reihe / 4 | 63 / 4000 | 78 x 100 | 1911 | 4990 x 1790 x 1530 | 135 |
| ID 19 P Break luxe *5.339Stück | 3401455-34044868 | keine Angabe / Reihe / 4 | 63 / 4000 | 78 x 100 | 1911 | 4990 x 1790 x 1530 | 135 |
| ID 19 P Break confort | 3401455-34044868 | keine Angabe / Reihe / 4 | 63 / 4000 | 78 x 100 | 1911 | 4990 x 1790 x 1530 | 135 |
| ID 19 P Commerciale luxe * | 3440367-3440973 | keine Angabe / Reihe / 4 | 63 / 4000 | 78 x 100 | 1911 | 4990 x 1790 x 1530 | 135 |
| ID 19 P Com. Ambulance | 3440367-3440973 | keine Angabe / Reihe / 4 | 63 / 4000 | 78 x 100 | 1911 | 4990 x 1790 x 1530 | 135 |
| ID 19 Cabriolet *30 Stück | 3280602-3280652 | keine Angabe / Reihe / 4 | 63 / 4000 | 78 x 100 | 1911 | 4990 x 1790 x 1530 | 135 |
| DS 19 Berline * | 4215703-4242537 | keine Angabe / Reihe / 4 | 80 / 4500 | 78 x 100 | 1911 | 4810 x 1790 x 1470 | 150 |
| DS 19 Prestige ab Juli 1959 | 4215703-4242537 | keine Angabe / Reihe / 4 | 80 / 4500 | 78 x 100 | 1911 | 4810 x 1790 x 1470 | 150 |
| DS 19 Cabriolet ab Okt. *182 Stck | 4200290-4200466 | keine Angabe / Reihe / 4 | 80 / 4500 | 78 x 100 | 1911 | 4810 x 1790 x 1470 | 150 |
| *ID-DS: 778.696Stück | | | | | | | |
| Ges.-Zul. In D: 10.058 ( 0,83 %) | | | | | | | |

2 CV AZLP

# 1967

Der 2 CV AZAM Export wurde nur vier Monate lang produziert

Kombi ID 19 F

Ami 6

| **Typ - Modelljahr: 1967** September 1966 bis August 1967 | Fgst-Nr. Serie | Mot.-Typcode / Bauart / Zylinder | PS / min. | Bohr. x Hub in mm | Hubraum $cm^3$ | Dimensionen L x B x H in mm | Vmax km/h |
|---|---|---|---|---|---|---|---|
| *Produktion, insgesamt: 498.574 | | | | | | | |
| 2 CV AZA mit Heckklappe | 8561630- | keine Angabe / Boxer / 2 | 16 / 4200 | 66 x 62 | 421 | 3780 x 1480 x 1600 | 95 |
| 2 CV AZL Berline ** (in Deutschl.) | 7000000- | keine Angabe / Boxer / 2 | 16 / 4200 | 66 x 62 | 421 | 3780 x 1480 x 1600 | 95 |
| 3 CV AZU (in Deutschland) | | keine Angabe / Boxer / 2 | 21 / 4500 | 64 x 70 | 597 | 3780 x 1480 x 1600 | 104 |
| 2 CV AZAM(Export) luxe ** (in D.) | 7012000- | keine Angabe / Boxer / 2 | 16 / 4200 | 66 x 62 | 421 | 3780 x 1480 x 1600 | 95 |
| *2 CV: 98685 Stück | | keine Angabe / Boxer / 2 | 16 / 4200 | 66 x 62 | 421 | 3780 x 1480 x 1600 | 95 |
| MEP X2 Monoplace Formule bleu | | Panhard-Boxer / 2 | 60 / 5750 | 84,5 x 75 | 848 | 3800 x 1450 | 190 |
| AMI 6 Berline tourisme ** | 9443000-9438966 | keine Angabe / Boxer / 2 | 24,5 / 4750 | 74 x 70 | 602 | 3870 x 1520 x 1490 | 114 |
| AMI 6 Berline confort *34.344 Stck | 9460000-9484330 | keine Angabe / Boxer / 2 | 24,5 / 4750 | 74 x 70 | 602 | 3870 x 1520 x 1490 | 114 |
| AMI 6 Break tourisme ** / *135.046 | 9763000-9770664 | keine Angabe / Boxer / 2 | 24,5 / 4750 | 74 x 70 | 602 | 3870 x 1520 x 1490 | 106 |
| AMI 6 Break confort ** | 9778000-9898718 | keine Angabe / Boxer / 2 | 24,5 / 4750 | 74 x 70 | 602 | 3870 x 1520 x 1490 | 106 |
| AMI 6 Break commerciale ** | 9778000-9898718 | keine Angabe / Boxer / 2 | 24,5 / 4750 | 74 x 70 | 602 | 3870 x 1520 x 1490 | 106 |
| **mit Option Fliehkraftkupplung | | keine Angabe / Boxer / 2 | 24,5 / 4750 | 74 x 70 | 602 | 3870 x 1520 x 1490 | 106 |
| *AMI6 169390 Stück | | keine Angabe / Boxer / 2 | 24,5 / 4750 | 74 x 70 | 602 | 3870 x 1520 x 1490 | 106 |
| ID 19 P Berline luxe (in Deutschl.) | 3710001-3752472 | DV / Reihe / 4 | 78 / 5250 | 86 x 85 | 1985 | 4810 x 1790 x 1470 | 160 |
| ID 19 P Berline confort | 3710001-3752472 | DV / Reihe / 4 | 78 / 5250 | 86 x 85 | 1985 | 4810 x 1790 x 1470 | 160 |
| ID 19 P Familale luxe | 3535000-3535816 | DV / Reihe / 4 | 78 / 5250 | 86 x 85 | 1985 | 4990 x 1790 x 1530 | 160 |
| ID 19 F Familale confort | 3535000-3535816 | DV / Reihe / 4 | 78 / 5250 | 86 x 85 | 1985 | 4990 x 1790 x 1530 | 160 |
| ID 19 F Break luxe *6.855 Stück | 3536000-3539968 | DV / Reihe / 4 | 78 / 5250 | 86 x 85 | 1985 | 4990 x 1790 x 1530 | 160 |
| ID 19 F Break confort | 3536000-3539968 | DV / Reihe / 4 | 78 / 5250 | 86 x 85 | 1985 | 4990 x 1790 x 1530 | 160 |
| ID 19 F Commerciale luxe | 3536000-3539968 | DV / Reihe / 4 | 78 / 5250 | 86 x 85 | 1985 | 4990 x 1790 x 1530 | 160 |
| ID 19 F Com. Ambulance | 3536000-3539968 | DV / Reihe / 4 | 78 / 5250 | 86 x 85 | 1985 | 4990 x 1790 x 1530 | 160 |
| ID 21 F Familiale luxe (in D.) | 3554000-3554390 | DX / Reihe / 4 | 100 / 5000 | 90 x 85,5 | 2175 | 4990 x 1790 x 1530 | 175 |
| ID 21 F Familiale confort | 3554000-3554390 | DX / Reihe / 4 | 100 / 5000 | 90 x 85,5 | 2175 | 4990 x 1790 x 1530 | 175 |
| ID 21 F Break luxe | 3554500-3556811 | DX / Reihe / 4 | 100 / 5000 | 90 x 85,5 | 2175 | 4990 x 1790 x 1530 | 175 |
| ID 21 F Break confort | 3554500-3556811 | DX / Reihe / 4 | 100 / 5000 | 90 x 85,5 | 2175 | 4990 x 1790 x 1530 | 175 |
| ID 21 F Commerciale luxe | 3554500-3556811 | DX / Reihe / 4 | 100 / 5000 | 90 x 85,5 | 2175 | 4990 x 1790 x 1530 | 175 |
| DS 19 A Berline hydr.Schalt. (in D) | 4311001-4315341 | DY / Reihe / 4 | 84 / 5250 | 86 x 85,5 | 1985 | 4810 x 1790 x 1470 | 165 |
| DS 19 A Prestige hydr. Schaltung | 4311001-4315341 | DY / Reihe / 4 | 84 / 5250 | 86 x 85,5 | 1985 | 4810 x 1790 x 1470 | 165 |
| DS 19 A Pallas | 4311001-4315341 | DY / Reihe / 4 | 84 / 5250 | 86 x 85,5 | 1985 | 4810 x 1790 x 1470 | 165 |
| DS 19 MA B. mech. Schalt. (in D) | 4442000-4445527 | DY / Reihe / 4 | 84 / 5250 | 86 x 85,5 | 1985 | 4810 x 1790 x 1470 | 165 |
| DS 19 MA Prestige mech. Schalt. | 4442000-4445527 | DY / Reihe / 4 | 84 / 5250 | 86 x 85,5 | 1985 | 4810 x 1790 x 1470 | 165 |
| DS 21 Berline hydr. Schalt. ( in D.) | 4376200-4395466 | DX / Reihe / 4 | 100 / 5500 | 90 x 85,5 | 2175 | 4810 x 1790 x 1470 | 175 |
| DS 21 Pallas (in Deutschland) | 4376200-4395466 | DX / Reihe / 4 | 100 / 5500 | 90 x 85,5 | 2175 | 4810 x 1790 x 1470 | 175 |
| DS 21 Prestige hydr. Schalt. (in F) | 4376200-4395466 | DX / Reihe / 4 | 100 / 5500 | 90 x 85,5 | 2175 | 4810 x 1790 x 1470 | 175 |
| DS 21 Cabriolet hydr. Schaltung | 4376050-4376127 | DX / Reihe / 4 | 100 / 5500 | 90 x 85,5 | 2175 | 4810 x 1790 x 1470 | 175 |
| DS 21 Cabriolet Chapron | 4473000-4473003 | DX / Reihe / 4 | 100 / 5500 | 90 x 85,5 | 2175 | 4810 x 1790 x 1470 | 175 |
| DS 21 M Berline mech. Sch. | 4473100-4480621 | DX / Reihe / 4 | 100 / 5500 | 90 x 85,5 | 2175 | 4810 x 1790 x 1470 | 175 |
| DS 21 M Pallas mech. Schaltung | 4473100-4480621 | DX / Reihe / 4 | 100 / 5500 | 90 x 85,5 | 2175 | 4810 x 1790 x 1470 | 175 |
| DS 21 M Prestige mech. Schalt. | 4473100-4480621 | DX / Reihe / 4 | 100 / 5500 | 90 x 85,5 | 2175 | 4810 x 1790 x 1470 | 175 |
| DS 21 M Cabriolet mech. Schalt. | 4473020-4473062 | DX / Reihe / 4 | 100 / 5500 | 90 x 85,5 | 2175 | 4810 x 1790 x 1470 | 175 |
| DS 21 M Cabriolet Chapron *20 | 4376000-4376020 | DX / Reihe / 4 | 100 / 5500 | 90 x 85,5 | 2175 | 4810 x 1790 x 1470 | 175 |
| ID/DS * gesamt: 94.693 | | | | | | | |

Ges.Zul. In D: 13.455 (0,99 %)

# 1968

# Die Augen

Ein an Ereignissen reiches Jahr kündigt sich an. Bereits einige Monate zuvor hatte Generaldirektor Pierre Bercot das Ende der Traditionsmarke Panhard verkündet, die seit einigen Jahren im Besitz von Citroën war. Die letzten Coupés vom Typ 24 CT werden bis zum Sommer 1967 ausgeliefert. Im Januar 1968 erwirbt Citroën die Mehrheit am italienischen Sportwagenhersteller Maserati und schließt einige Monate später einen Vertrag mit Fiat, um gemeinsam Nutzfahrzeuge zu entwickeln und zu produzieren. Das erste Ergebnis dieser neuen Zusammenarbeit ist der Transporter C35.

DS 21 Prestige

Die neue Dyane

Ami 6

Die DS 21 in New York

# der DS

# 1968

## Dyane

In der Entwicklungsabteilung der Marke wird bereits seit einiger Zeit an einem Nachfolgemodell für des 2 CV gearbeitet. Nachdem die Verkäufe langsam zurückgehen, ist eine Neuauflage des Kleinwagens fällig. Im August 1967 stellt Citroën daher die neue Dyane vor, deren modernisierte Karosserie gemeinsam von der Entwicklungsabteilung der Marke und dem Designer Louis Bionier, der von Panhard zu Citroën gewechselt war, entworfen wurde. Der neue Wagen nutzt die bewährte Technik und das Konzept des 2 CV – allerdings in einem gefälligeren Blechkleid. Die Dyane, die von September an bei den Händlern steht, wird von dem bekannten 425 cm³ großen Zweizylinder angetrieben.

Im Januar folgt die Dyane 6, die vom 602 cm³ messenden und 28 PS starken Motor des Ami angetrieben wird. Das Basismodell gibt es nun nur noch in der Version Luxe. Im März schließlich wächst der kleine Motor auf 435 cm³, was die Leistung von 21 auf 26 PS steigen lässt. Das Basismodell wird nun von der Dyane 4 abgelöst.

## Méhari

Im Mai 1968 entsteht auf Basis der Dyane 6 ein Freizeitmobil, das von dem Ingenieur Roland de La Poype außerhalb der Fabrik entwickelt worden war. Die Dyane 6 Méhari wird jedoch bald in das Produktionsprogramm aufgenommen. Der Wagen nutzt die Plattform des Modells mit dem 602 cm³ großen Motor, auf der eine eingefärbte Kunststoffkarosserie montiert wird. Das Konzept gestattet es, den Wagen in allen möglichen Konfigurationen zu fahren, so dass er zugleich als Freizeitmobil wie auch als kleiner Transporter eingesetzt werden kann. Die Windschutzscheibe des Méhari lässt sich zudem nach vorne klappen.

Der Ami 6 bekommt einen leicht in der Leistung angehobenen Motor, was durch eine neue Motorsteuerung erreicht wurde. Er ist jetzt 28 PS stark. Die einzigen äußeren Veränderungen betreffen die beiden vorderen Schiebefenster und die in einer Einheit zusammen gefassten Rückleuchten. Bei den Limousinen gibt es nun gegen Aufpreis auch ein Schiebedach. Beim Break wird die neue Ausstattungsvariante Club eingeführt, die sich durch Doppelscheinwerfer, Einzelsitze, seitliche Schutzleisten und Gala-Radkappen, die bereits ein Jahr zuvor beim 2 CV Export zu sehen waren, vom Rest der Baureihe abhebt.

Im Mai, mitten während der Studentenunruhen, die das Land ergriffen hatten, wird die Leistung des Ami 6 ein weiteres Mal mittels angehobener Verdichtung und einem Doppelvergaser auf 35 PS gesteigert. Die Versionen „Service", die dem Nutzfahrzeugsektor zugerechnet werden müssen, sind in diesem Buch nicht enthalten.

DYANE 4

CABRIOLET DS 21 PALLAS

# 1968

Der Méhari hatte bei seinem Debüt eine ungewöhnliche Lackierung

Das neue Gesicht der DS

DS 21 Pallas

## Die Göttin wird noch schöner

Die Modelle der D-Reihe existieren jetzt bereits seit einem Dutzend Jahren. Obwohl technisch der Konkurrenz noch immer weit voraus, beginnen ID und DS langsam aber sicher Alterserscheinungen zu zeigen. Die Entwicklungsabteilung hat sich lange Zeit Gedanken gemacht, wie man den Auftritt der beiden Modelle auffrischen könnte, und kam schließlich zu einer ebenso einfachen wie beeindruckenden Lösung: man überarbeitete die Frontpartie gründlich. Die Stoßstangen wurden dabei dünner, die Motorhaube wuchs in der Länge, und die Scheinwerfer wurden unter einer Glasscheibe in die Kotflügel integriert. Bei den Modellen DS „Pallas" Prestige und Cabriolet lenkten die Fernscheinwerfer zudem den Lenkradeinschlag entsprechend in die Kurven. Die ohnehin außerhalb des üblichen fahrende DS wurde so aufs Neue belebt. Doch Design ist nicht alles. So werden ID und DS mit einer Wechselstrom-Elektrik, einer verbesserten Servolenkung und einem neuen Getriebe ausgerüstet.

Ami 6 Club

# 1968

Prototyp der Dyane 4 Méhari

Ami 6 Club als Kombi

Vorstellung des Méhari

| **Typ - Modelljahr: 1968** | Fgst-Nr. Serie | Mot.-Typcode / | PS / min. | Bohr. x Hub | Hubraum | Dimensionen | Vmax |
|---|---|---|---|---|---|---|---|
| September 1967 bis August 1968 | | Bauart / Zylinder | | in mm | cm³ | L x B x H in mm | km/h |
| *Produktion, insgesamt: 460.712 | | | | | *effektiv | | |
| 2 CV Commerciale in F. | | AZ A 53 / Boxer / 2 | 16 / 4200 | 66 x 62 | 421* (424**) | 3780 x 1480 x 1600 | 95 |
| 2 CV: * 57.473 Stück | | AZ A 53 / Boxer / 2 | 16 / 4200 | 66 x 62 | 421* (424**) | 3780 x 1480 x 1600 | 95 |
| Dyane 4 confort & Berline luxe | | AYA A79/0 / Boxer / 2 | 18,5 / 4750 | 66 x 62 | 421* (424**) | 3900 x 1500 x 1540 | 100 |
| Dyane 4 commerciale luxe | | AYA A79/0 / Boxer / 2 | 18,5 / 4750 | 66 x 62 | 421* (424**) | 3900 x 1500 x 1540 | 100 |
| Dyane 4 commerciale confort | | AYA A79/0 / Boxer / 2 | 18,5 / 4750 | 66 x 62 | 421* (424**) | 3900 x 1500 x 1540 | 100 |
| Dyane 6 luxe ., ab Jan.1968 | 1. FG: 7500000 | AYA3 AM M4 / Boxer / 2 | 28 / 5750 | 74 x 70 | 602* ( 597**) | 3900 x 1500 x 1540 | 110 |
| Dyane 6 commerciale luxe, confort | 1. FG: 7530000 | AYA3 AM M4 / Boxer / 2 | 28 / 5750 | 74 x 70 | 602* ( 597**) | 3900 x 1500 x 1540 | 110 |
| Dyane 6 commerciale confort | 1. FG: 7530000 | AYA3 AM M4 / Boxer / 2 | 28 / 5750 | 74 x 70 | 602* ( 597**) | 3900 x 1500 x 1540 | 110 |
| Méhari 4 Sitze, ab Mai 1968 | | AK2 M 28/1 / Boxer / 2 | 28 / 5750 | 74 x 70 | 602* ( 597**) | 3500 x 1530 | 105 |
| MEP X2 Monoplace Formule bleue | 50 Exemplare | Panhard-Boxer / 2 | 60/5750 | 84,5 x 75 | 848 | 3800 x 1450 | 190 |
| AMI 6 Berline tourisme** | 9484000-9521395 | AM M 28/1 / Boxer / 2 | 32 / 5750 | 74 x 70 | 602* ( 597**) | 3870 x 1520 x 1490 | 123 |
| AMI 6 Berline confort* 26.632Stck | 370000-374154 | AM M 28/1 / Boxer / 2 | 32 / 5750 | 74 x 70 | 602* ( 597**) | 3870 x 1520 x 1490 | 123 |
| AMI 6 Break tourisme** / & AMB2 | 9905000-9908240 | AM M 28/1 / Boxer / 2 | 32 / 5750 | 74 x 70 | 602* ( 597**) | 3870 x 1520 x 1490 | 123 |
| AMI 6 Break confort** / & AMB2 | 520000-520806 | AM M 28/1 / Boxer / 2 | 32 / 5750 | 74 x 70 | 602* ( 597**) | 3870 x 1520 x 1490 | 123 |
| AMI 6 Break comm.**/ & AMB2 | 9920000-9974228 | AM M 28/1 / Boxer / 2 | 32 / 5750 | 74 x 70 | 602* ( 597**) | 3870 x 1520 x 1490 | 123 |
| ** mit Option Fliehkraftkupplung | 524000-534285 | AM M 28/1 / Boxer / 2 | 32 / 5750 | 74 x 70 | 602* ( 597**) | 3870 x 1520 x 1490 | 106 |
| *AMI6 145101 Stück / dito | 200000-236344 | AM M 28/1 / Boxer / 2 | 32 / 5750 | 74 x 70 | 602* ( 597**) | 3870 x 1520 x 1490 | 106 |
| ID 19 P Berline luxe hydr.Sch.: | 4323001-4329873 | DV / Reihe / 4 | 78 / 5250 | 86 x 85 | 1985 | 4810 x 1790 x 1470 | 160 |
| ID 19 P Berline luxe mech. Schal: | 4446001-4449506 | DV / Reihe / 4 | 78 / 5250 | 86 x 85 | 1985 | 4810 x 1790 x 1470 | 160 |
| ID 19 MA Familale luxe | 3521200-3523322 | DV / Reihe / 4 | 78 / 5250 | 86 x 85 | 1985 | 4990 x 1790 x 1530 | 160 |
| ID 19 F Familale confort | 3541000-3543833 | DV / Reihe / 4 | 78 / 5250 | 86 x 85 | 1985 | 4990 x 1790 x 1530 | 160 |
| ID 19 F Break luxe | 3980001-3980007 | DV / Reihe / 4 | 78 / 5250 | 86 x 85 | 1985 | 4990 x 1790 x 1530 | 160 |
| ID 19 F Break confort | 3980300-3980357 | DV / Reihe / 4 | 78 / 5250 | 86 x 85 | 1985 | 4990 x 1790 x 1530 | 160 |
| ID 19 F Commerciale luxe | 3544300-3546697 | DV / Reihe / 4 | 78 / 5250 | 86 x 85 | 1985 | 4990 x 1790 x 1530 | 160 |
| ID 19 F Com. Ambulance | 3542000-3543145 | DV / Reihe / 4 | 78 / 5250 | 86 x 85 | 1985 | 4990 x 1790 x 1530 | 160 |
| ID 21 F Familiale luxe | 3558001-3558147 | DX / Reihe / 4 | 100 / 5000 | 90 x 85,5 | 2175 | 4990 x 1790 x 1530 | 175 |
| ID 21 F Familiale confort | 3559601-3559781 | DX / Reihe / 4 | 100 / 5000 | 90 x 85,5 | 2175 | 4990 x 1790 x 1530 | 175 |
| ID 21 F Familiale hydr. Schalt. | 3575001-3575052 | DX / Reihe / 4 | 100 / 5000 | 90 x 85,5 | 2175 | 4990 x 1790 x 1530 | 175 |
| ID 21 F Break luxe mech. Schalt. | 3561600-3561645 | DX / Reihe / 4 | 100 / 5000 | 90 x 85,5 | 2175 | 4990 x 1790 x 1530 | 175 |
| ID 21 F Break confort | 3558500-3559420 | DX / Reihe / 4 | 100 / 5000 | 90 x 85,5 | 2175 | 4990 x 1790 x 1530 | 175 |
| ID 21 F Commerciale luxe | 3560050-3561484 | DX / Reihe / 4 | 100 / 5000 | 90 x 85,5 | 2175 | 4990 x 1790 x 1530 | 175 |
| DS 19 A Berline hydr.Schalt. | 4323001-4329873 | DY / Reihe / 4 | 84 / 5250 | 86 x 85,5 | 1985 | 4810 x 1790 x 1470 | 165 |
| DS 19 A Prestige hydr. Schaltung | 4323001-4329873 | DY / Reihe / 4 | 84 / 5250 | 86 x 85,5 | 1985 | 4810 x 1790 x 1470 | 165 |
| DS 19 MA mech. Schalt. (in D) | 4446001-4449506 | DY / Reihe / 4 | 84 / 5250 | 86 x 85,5 | 1985 | 4810 x 1790 x 1470 | 165 |
| DS 19 MA Pallas mech. Schalt. | 4446001-4449506 | DY / Reihe / 4 | 84 / 5250 | 86 x 85,5 | 1985 | 4810 x 1790 x 1470 | 165 |
| DS 21 Berline hydr. Schalt. | 4600000-4620761 | DX / Reihe / 4 | 100 / 5500 | 90 x 85,5 | 2175 | 4810 x 1790 x 1470 | 175 |
| „DS 21 Pallas (in Deutschland)" | 4600000-4620761 | DX / Reihe / 4 | 100 / 5500 | 90 x 85,5 | 2175 | 4810 x 1790 x 1470 | 175 |
| DS 21 Prestige hydr. Schalt. | 4600000-4620761 | DX / Reihe / 4 | 100 / 5500 | 90 x 85,5 | 2175 | 4810 x 1790 x 1470 | 175 |
| DS 21 Cabriolet hydr. Schaltung | 4600000-4620761 | DX / Reihe / 4 | 100 / 5500 | 90 x 85,5 | 2175 | 4810 x 1790 x 1470 | 175 |
| DS 21 M Berline mech. Sch. | 4482000-4489890 | DX / Reihe / 4 | 100 / 5500 | 90 x 85,5 | 2175 | 4810 x 1790 x 1470 | 175 |
| DS 21 M Pallas mech. Schaltung | 4482000-4489890 | DX / Reihe / 4 | 100 / 5500 | 90 x 85,5 | 2175 | 4810 x 1790 x 1470 | 175 |
| DS 21 M Prestige mech. Schalt. | 4482000-4489890 | DX / Reihe / 4 | 100 / 5500 | 90 x 85,5 | 2175 | 4810 x 1790 x 1470 | 175 |
| DS 21 M Cabriolet mech. Schalt. | 4482000-4489890 | DX / Reihe / 4 | 100 / 5500 | 90 x 85,5 | 2175 | 4810 x 1790 x 1470 | 175 |
| ID/DS * 6547gesamt, 95 Cabriolets | | | | | | | |

Ges.-Zul. In D: 14.987 (1,18 %)

# 1969 Vitamine

Der 2 CV wird in diesem Jahr kaum weiter entwickelt. Der Wagen bekommt lediglich neu entworfene Sitze und neue Zylinderkopfdeckel. Die Dyane profitiert vom verstärkten Motor des Ami 6, der nun auch in der Dyane 6 mit seinen 33 PS für Vortrieb sorgt. Die Dyane 4 bleibt völlig ohne Modifikationen.

Die Palette des Ami 6 wird beim Pariser Automobilsalon im Oktober 1968 durch eine Limousinenversion „Club" vergrößert. Sie bietet die gleichen Details wie der Kombi „Club", hat aber eine sehr kurze Laufzeit vor sich. Der im Frühjahr 1969 vorgestellte Ami 8 bedeutet im März das Ende des Ami 6 als Limousine. Der Kombi hält sich noch einige Monate im Lieferprogramm.

Der im März vorgestellte Ami 8 baut zwar auf dem Fahrwerk des Ami 6 auf, bietet aber eine wesentlich modernere und gefälligere Karosserie. Vor allem die umstrittene Heckscheibe verschwindet und wird gegen ein elegantes Fließheck ausgetauscht. Der Rest der Karosserie erinnert durchaus an den Ami 6, allerdings werden einige Details geändert: Rückleuchten, Türgriffe und gelbe Blinker.

Bei der D-Baureihe finden zahlreiche Modifikationen statt. Alle Modelle erhalten ein neues Armaturenbrett und überarbeitete Sitze mit noch bequemeren Rückenlehnen. Das Basismodell ID 19 ist nur noch als Limousine mit einem sieben PS (SAE) stärkeren Motor lieferbar, was die Leistung auf 91 PS (SAE) steigert. Die Version „Luxe" verschwindet im März und wird durch die Variante „Export" ersetzt, die wiederum im August 1969 aus dem Programm genommen wird. Die ID 19 ist an den kleinen Radkappen und den schwarz eingefassten Blinkern am Heck erkennbar.

In diesem Jahr überschreitet die DS die 1-Million-Marke

Kombi ID 20 F

Die Marke auf dem Pariser Salon im Oktober 1968

# für die DS

## 1969

Der neue Ami 8

Die DS beherrscht noch immer die Rallyes

ID 19

Die neue Dyane 6

# 1969

Der 2 CV bekommt eine neue Frontpartie mit Blinkern in den Kotflügeln

Ami 8

Die Leistung des Motors wird unterdessen ein weiteres Mal mittels einer angehobenen Verdichtung und der Montage eines Doppelvergasers auf 103 PS gesteigert. So entsteht die ID 20, die als Limousine „Confort", Familiale „Luxe" oder „Confort" und als Kombi (Break) „Luxe" oder „Confort" in den Katalog aufgenommen wird. Daneben existiert noch eine Variante „Commerciale Luxe". Die ID 20 besitzt ebenfalls die kleinen Radkappen, allerdings haben die hinteren Blinker nun eine Einfassung aus rostfreiem Stahl. Daneben bleiben die Kombi- und Familiale-Varianten der ID 21 im Lieferprogramm. Gleichzeitig wird die DS 19 durch die Übernahme des neuen Motors zur DS 20 befördert. Die DS 21 legt ebenfalls in der Leitung zu und verfügt nun über 115 PS (SAE).

Die Presse und der Prototyp M35

# 1969

| Typ - Modelljahr: 1969<br>September 1968 bis August 1969<br>*Produktion, insgesamt: 505.309 | Fgst-Nr. Serie | Mot.-Typcode /<br>Bauart / Zylinder | PS / min. | Bohr. x Hub<br>in mm | Hubraum<br>**fiskalisch D.<br>*Werksangabe | Dimensionen<br>L x B x H in mm | Vmax<br>km/h | Preise ab<br>Köln inkl.<br>MwSt in DM |
|---|---|---|---|---|---|---|---|---|
| Nun folgend ausschließlich deutsche Modelle: | | | | | | | | |
| 2CV *72.044 Stück | AZ AM | AZ A 53 / Boxer / 2 | | 16 / 4200 | 66 x 62 | 421** (425*) | 3780 x 1480 x 1600 | |
| 95 3990 | | | | | | | | |
| AZU Kleinlieferwagen (Serie A) | AZU | AYA A79/0 Boxer / 2 | | 18 / 4200 | 66 x 62 | 421** (425*) | 3600 x 1500 x 1740 | |
| 83 4440 | | | | | | | | |
| AK Kleinlieferwagen | AZ AK | AK AM M4 Boxer / 2 | | 28 / 5750 | 74 x 70 | 579** (602*) | 3800 x 1500 x 1740 | |
| 100 4820 | | | | | | | | |
| Dyane 4 Limousine, Ausführung:C | ab FG: 7362001 | AYA2 A79/1 Boxer / 2 | | 23 / 6750 | 68,5 x 59 | 435** (431*) | 3900 x 1500 x 1540 | |
| 101 4450 | | | | | | | | |
| Dyane 6 Limousine | AYB | AK2 M28/1 / Boxer / 2 | | 28 / 5500 | 74 x 70 | 597 | 3900 x 1500 x 1540 | |
| 116 4890 | | | | | | | | |
| AMI 6 Break-Pkw *4.348 Stück | AM | AM M 28/1 / Boxer / 2 | | 32 / 5750 | 74 x 70 | 597** (602*) | 3870 x 1520 x 1490 | |
| 123 5580 | | | | | | | | |
| AMI 6 Break-Kombi *46.107 Stück | | AMB | AM M 28/1 / Boxer / 2 | | 32 / 5750 | 74 x 70 | 597 | 3870 x 1520 x |
| 1490 123 | 5680 | | | | | | | |
| Ami 8 Pkw *77.603 Stück | 375500-390857 | AM2 M28 / Boxer / 2 | | 32 / 5750 | 74 x 70 | 597** (602*) | 3990 x 1520 x 1490 | |
| 120 5480 | | | | | | | | |
| Ami 8 Club 375500-390857 | AM2 M28 / Boxer / 2 | | 32 / 5750 | 74 x 70 | 597 | 3990 x 1520 x 1490 | | 120 |
| 5730 | | | | | | | | |
| ID 19 Standard Limousine | 3794600-3797873 | | DV2 / Reihe / 4 | 78 / 5250 | 86 x 85 | 1972** (1985*) | 4810 x 1790 x 1470 | |
| 160 10878 | | | | | | | | |
| ID 19 Export Limousine | 3802002-3818896 | | DV2 / Reihe / 4 | 78 / 5250 | 86 x 85 | 1985 | 4810 x 1790 x 1470 | |
| 160 11544 | | | | | | | | |
| ID 19 Export Servo (-Lenkung) | 3802002-3818896 | | DV2 / Reihe / 4 | 78 / 5250 | 86 x 85 | 1985 | 4990 x 1790 x 1530 | |
| 160 11988 | | | | | | | | |
| ID 20 Limousine | 3820001-3826155 | | DDZ DY2 / Reihe / 4 | | 90 / 5900 | 86 x 85 | 1972** (1985*) | 4990 x 1790 x |
| 1530 165 | 12543 | | | | | | | |
| DS 20 Limousine hydr. Schalt. | 3820001-3826155 | | DDZ DY2 / Reihe / 4 | | 90 / 5900 | 86 x 85 | 1972** (1985*) | 4990 x 1790 x |

Ami 6 als Kombi

# 1970 Der SM rollt

2 CV6

Die neue Armaturentafel der DS

## Von 4 nach 6

Im Laufe des Jahres wird die Palette des 2 CV in zwei Varianten aufgeteilt. Der 2 CV 4 behält den 435 cm³ großen Motor der Dyane 4, während die nun logischerweise 2 CV 6 genannte Version das 602 cm³ messende Aggregat der Dyane 6 übernimmt. Alle 2 CV werden von April an mit Sicherheitsgurten auf den Vordersitzen und runden Blinkern in den vorderen Kotflügeln ausgerüstet.

Die Dyane-Modelle bekommen eine dritte Seitenscheibe. Die Dyane 4 wechselt den Namen und rollt nun als einfache Dyane über die Straßen. Bei der Dyane 6 steigt die Leistung auf 35 PS, nachdem ihr der Motor des Ami 8 eingepflanzt wurde. Alle Zweizylinder übernehmen nun eine Zwölf-Volt-Elektrik, so dass sie von nun an mit einer Wechselstromlichtmaschine ausgerüstet werden können.

Auch der Méhari wird leicht modifiziert: Die Räder verlieren ihre Kappen, die rechteckigen Blinker werden gegen runde gewechselt, die seitlich an den ebenfalls überarbeiteten Scheinwerfern montiert sind, das Kennzeichen wandert auf die Stoßstangen, und die Haube bekommt drei verstärkende Einbuchtungen unter der Windschutzscheibe. Im Heck werden die Rückleuchten neu positioniert. Eine zweisitzige Version bereichert das Angebot.

Das Coupé SM

Das Unternehmen vertreibt jetzt auch die Marken Maserati und Autobianchi

# auf die Straßen

## 1970

Ein neuer Kombi Ami 8 löst den Ami 6 ab, der allerdings noch einige Wochen im Lieferprogramm bleibt. Vom Herbst 1969 an übernehmen Scheibenbremsen die Verzögerung der Vorderräder und von Mai 1970 an lassen sich die vorderen Seitenscheiben versenken.

### M35 – das rollende Labor

Im Herbst 1969 stellt Citroën der Presse den Prototyp M35 vor, mit dem die Alltagstauglichkeit des Wankelmotors getestet werden soll. Gemeinsam mit NSU war deshalb das Unternehmen Comotor gegründet worden. Der M35 nutzte ein Fahrwerk der Zweizylinder-Modelle, das stark überarbeitet worden war, um neben dem Wankel-Triebwerk eine neue Karosserie und die hydropneumatische Federung aufnehmen zu können. Die ersten Modelle der Vorserie wurden in verschiedenen Farben (Schwarz, Metallicblau und Weiß) von Hand montiert, bevor die Serienproduktion von rund 200 Exemplaren beim Karosseriebauunternehmen Heuliez aufgenommen wurde. Die an den vorderen Kotflügeln nummerierten Prototypen wurden ab Februar 1970 an ausgewählte Kunden ausgeliefert.

### Eine kleine Einspritzung?

Wenige Monate nach dem letzten Leistungsschub wurden die D-Modelle aufs Neue überarbeitet. Dazu gehörte ein neues Armaturenbrett mit Rundinstrumenten. Aus der ID wurden nun die Modelle „D“, wobei die D Spécial mit einem neuen Getriebe die ID 19 ablöste. Und die ID 20 mutierte zur D Super.

Der Autobianchi A 111 wird von Citroën angeboten

Dyane 6 Méhari

Coupé SM

# 1970

Die DS 21 bekam unterdessen ein Schwestermodell mit elektronischer Einspritzung, dessen Motor einen Hubraum von 2175 $cm^3$ und eine Leistung von 139 PS (SAE) aufwies.

## Rückkehr des GT

Doch das alles beherrschende Ereignis des Jahres ist die Vorstellung des neuen Gran Turismo auf dem Genfer Automobilsalon. Der SM ist das erste Ergebnis der Zusammenarbeit mit Maserati. Schon lange hat man mit der Idee eines Coupés auf Basis der DS geliebäugelt, doch eignete sich der Vierzylinder der Limousine nicht für ein derartiges Projekt. Nun, da die Sechs- und Achtzylinder der italienischen Marke bereit standen, bekam der Plan neuen Rückenwind. Die Karosserie des SM stammte vom Designer Robert Opron, dem mit dem Wagen sein Meisterstück gelang. Der Wagen hatte auf Anhieb eine Ausstrahlung, die niemals mehr erreicht wurde. Doch die Entwicklungsabteilung ließ es nicht bei der Übernahme des italienischen Motors bewenden. Gleichzeitig entwickelte man eine sich selbst zurückstellende Lenkung, die anfangs für Verwirrung sorgte, sich aber unter Sicherheitsaspekten durchaus bewährte. Die zunächst langsam anlaufende Produktion brachte es 1970 auf weniger als 1000 Exemplare.

GS der Vorserie

Der SM auf dem Pariser Salon 1969

Die Presse und der SM

GS 1015

Dyane 4

# 1970

| Typ - Modelljahr: 1970 September 1969 bis August 1970 *Produktion, insgesamt: 535.660 | Fgst-Nr. Serie | Mot.-Typcode / Bauart / Zylinder | PS / min. | Bohr. x Hub in mm | Hubraum cm³ **fisk. in D. *Werksang. | Dimensionen L x B x H in mm | Vmax km/h DIN | Preise ab Köln inkl. MwSt in DM |
|---|---|---|---|---|---|---|---|---|
| Nun folgend ausschließlich deutsche Modelle: | | | | | | | | |
| 2 CV 4 ab 2 / 1970 *121.096 Stück | ab FG-Nr: 7850001 | AZA AYA 79/1 / Boxer / 2 | 23 / 6750 | 68,5 x 59 | 431** (435*) | 3780 x 1480 x 1600 | 100 | 4220 |
| 2 CV 6 ab 2 / 1970 | ab AZ KA 110001- | A 06 / 664 / Boxer / 2 | 28 / 5750 | 74 x 70 | 597** (602*) | 3780 x 1480 x 1600 | 110 | 4420 |
| AZU Kleinlieferwagen (Serie A) | | AYA A79/0 / Boxer / 2 | 18 / 4200 | 66 x 62 | 421** (425*) | 3600 x 1500 x 1740 | 83 | 4920 |
| AK Kleinlieferwagen, ab Juli: | 1.FG-Nr.: 00AK0001 | AK AM M4 / Boxer / 2 | 28 / 5750 | 74 x 70 | 597** (602*) | 3800 x 1500 x 1740 | 100 | 4530 |
| Dyane 4 Limousine | 1. FG-Nr.:7418000 | AYA2 A79/1 / Boxer / 2 | 23 / 6750 | 68,5 x 59 | 431 ** (435*) | 3900 x 1500 x 1540 | 101 | 4540 |
| Dyane 6 Limousine | 1. FG-Nr.:00 CB 001 | CB AM2 M28 / Boxer / 2 | 32 / 5750 | 74 x 70 | 597** (602*) | 3900 x 1500 x 1540 | 118 | 5140 |
| Ami 8 Pkw *66.706 Stück | AM JA | AM2 M28 / Boxer / 2 | 32 / 5750 | 74 x 70 | 597** (602*) | 3990 x 1520 x 1490 | 120 | 5650 |
| Ami 8 Club *54.254 (Break) | AM JB | AM2 M28 / Boxer / 2 | 32 / 5750 | 74 x 70 | 597 | 3990 x 1520 x 1490 | 120 | 5900 |
| Ami 8 Break *3.462 Service in F | AM JB | AM2 M28 / Boxer / 3 | 33 / 5750 | 75 x 70 | 597 | 3990 x 1520 x 1490 | 120 | 5850 |
| M 35 Coupé (nicht in D.) | 212 Stück | Ein-Sch. / Wankel | 49 / 5500 | Rotativ | 995 | 4050 x 1550 x 1350 | 144 | o. Angabe |
| GS (ab Sept. 1970) | GX GA | G10 / 612 / Boxer 4 | 54 / 6500 | 74 x 59 | 1015 | 4120 x 1610 x 1350 | 145 | 7600 |
| GS Club (ab Sept. 1970) | GX GA | G10 / 611 / Boxer 4 | 54 / 6500 | 75 x 59 | 1015 | 4121 x 1610 x 1350 | 145 | 7990 |
| D-Super Limousine | 3837000-3865268 | DV2 / Reihe / 4 | 78 / 5250 | 86 x 85 | 1972 | 4810 x 1790 x 1470 | 160 | 12543 |
| D-Special Limousine | 3900000-3929133 | DV2 / Reihe / 4 | 90 / 5250 | 86 x 85 | 1972 | 4810 x 1790 x 1470 | 162 | 11988 |
| D-Super 5 Gang | 3837000-3865268 | DV3 / Reihe / 4 | 90 / 5250 | 86 x 85 | 1972 | 4990 x 1790 x 1530 | 162 | 12765 |
| DS 20 Limousine Automatik | 4341301-4348018 | FC DV3 / Reihe / 4 | 90 / 5250 | 86 x 85 | 1972 | 4990 x 1790 x 1530 | 165 | 12987 |
| DS 20 Pallas Automatik | 4454700- | FC DV3 / Reihe / 4 | 90 / 5900 | 86 x 85 | 1972 | 4990 x 1790 x 1530 | 165 | 14430 |
| DS 20 Break 7 Sitze | 3990000-3994422 | FC DV3 / Reihe / 4 | 90 / 5900 | 86 x 85 | 1972 | 4990 x 1790 x 1530 | 165 | 14319 |
| DS 20 Familiale | 3980000-3981162 | FC DV3 / Reihe / 4 | 90 / 5900 | 86 x 85 | 1972 | 4990 x 1790 x 1530 | 165 | 14319 |
| DS 21 Injektion | 00FA003-01F13636 | FB DX 3 / Reihe / 4 | 120 / 5500 | 90 x 85,5 | 2175 | 4990 x 1790 x 1530 | 185 | 15873 |
| DS 21 Limousine mech. Schalt. | 4497501-4501356 | DDZ DX / Reihe / 4 | 104 / 5500 | 90 x 85,5 | 2175 | 4990 x 1790 x 1530 | 175 | 14097 |
| DS 21 Familiale 7/8 Sitze | 3565000-3567293 | DDZ DX / Reihe / 4 | 104 / 5500 | 90 x 85,5 | 2175 | 4990 x 1790 x 1530 | 175 | 15096 |
| DS 21 Break 7 Sitze | 3565000-3567293 | DDZ DX / Reihe / 4 | 104 / 5500 | 90 x 85,5 | 2175 | 4990 x 1790 x 1530 | 175 | 15096 |
| DS 21 Pallas Injektion | 00FB003-00FB3832 | FB DX 3 / Reihe / 4 | 120 / 5500 | 90 x 85,5 | 2175 | 4990 x 1790 x 1530 | 185 | 17316 |
| DS 21 Pallas Automatik | 4640501-4647849 | DDZ DX / Reihe / 5 | 105 / 5500 | 91 x 85,5 | 2175 | 4991 x 1790 x 1530 | 175 | 15540 |
| SM SB 868 Stück | | C 114-1 / V / 6 | 170 / 5500 | | 2670 | 4890 x 1840 x 1320 | 220 | 31000 |

2CV in D verk: 17.927

Dyane in D verk: 4.026

Ami in D verk: 3.232

GS in D verk: 107

DS in D verk: 5.480

G-Zul. In D nur Pkw: 31.047 (1,47 %)

Das Händlernetz übernimmt Autobianchi

Ami 6 als Kombi

GS 1015

2 CV 4

Die Zweizylinder-Modelle werden in diesem Jahr nicht weiter entwickelt. Lediglich der Méhari bekommt ein solides Hardtop, was seinen Einsatz im Winter angenehmer macht. Außerdem wird der Kombi Ami 6 Club in diesem Jahr ebenso wie der Kombi Ami 6 im Juli 1971 eingestellt. Alle Ami 8 bekommen einen verstärkten Tank.

## GS – das fehlende Glied

Die große Neuheit und zugleich Überraschung des Jahres ist das Modell GS, das im September der Öffentlichkeit gezeigt wird. Seit einigen Jahren bereits hatte die Marke daran gedacht, die Lücke zwischen Ami und der Baureihe D zu schließen. Doch nachdem 1966 das Projekt „F", dessen Fabrikation bereits fest geplant war, eingestellt wurde, befand sich die Entwicklungsabteilung in großem Durcheinander. Der GS wurde also innerhalb von nur vier Jahren zur Serienreife gebracht. Bereits bei seiner Präsentation erntet er große Zustimmung. Sein Design lehnt sich an die großen Modelle an, denen er auch unter der Haube ähnelt. Der Kompaktwagen bietet hydropneumatische Federung, vier Servo unterstützte Scheibenbremsen und einen Luft gekühlten Vierzylinder-Boxermotor mit zwei Nockenwellen.

ID 20 als Kombi

DS 21

Autobianchi A 112

2 CV 6

Die DS auf der Fernfahrt Paris-Persépolis-Paris

DS 21

Monoposto MEP X27

# 1971

Kein Wunder, dass der neue Citroën im Herbst mit dem begehrten Titel „Auto des Jahres" belohnt wird. Was für ein Start.

Die Baureihe D bietet inzwischen eine kaum noch durchschaubare Anzahl von Versionen: Nicht weniger als zehn verschiedene Kombi- und Familiale-Modelle stehen im Katalog. Dazu kommen noch 15 Limousinen, vier Motorisierungen und ebenso viele Getriebe. Die einzige Neuheit ist ein neues Getriebe mit fünf Gängen für die D Super, die es nun also mit zwei verschiedenen Getriebeoptionen gibt. Bei der DS 21 wird die neue Kraftübertragung serienmäßig montiert. Im Juli 1971 verschwindet das Cabriolet aus dem Programm, während aus der Prestige-Limousine die Prestige-Pallas wird.

Am oberen Ende der Palette beginnt der SM nun seinen Marktauftritt nach dem Pariser Automobilsalon im Oktober. In diesem Jahr entstehen etwas mehr als 5000 Exemplare.

Die Formule Bleu übernimmt jetzt den Motor aus dem GS. Vom MEP 27 werden in diesem Jahr noch einige Einheiten hergestellt.

AMI 8

GS 1015 ALS KOMBI

GS 1015

UNTERSTÜTZUNGSFAHRZEUG BEI DER FAHRT PARIS-PERSÉPOLIS-PARIS

CITROËN MÉHARI

# 1971

| Typ - Modelljahr: 1971<br>Sept. 1970 bis Aug. 1971<br>*Prod., insgesamt: 665.691 | Fgst-Nr. Serie<br>1. FG-Nr.: | Mot.-Typcode /<br>Bauart / Zylinder | PS / min. | Bohr. x Hub<br>in mm | Hubraum cm³<br>**fisk. In D.<br>*Werksang. | Dimensionen<br>L x B x H in mm | Vmax<br>km/h<br>DIN | Preise ab<br>Köln inkl.<br>MwSt in DM |
|---|---|---|---|---|---|---|---|---|
| Nun folgend ausschließlich deutsche Modelle: | | | | | | | | |
| 2 CV 4 * 2CV: 121.265 Stück | AZ KB | AZA AYA 79/1 / Boxer / 2 | 23 / 6750 | 68,5X59 | 431** (435*) | 3780 x 1480 x 1600 | 100 | 4.388 |
| 2 CV 6 (AZL6) AZ Série KA | 00KA0002 | AK 2 M28/1 / Boxer / 2 | 28 / 6750 | 74 x 70 | 597** (602*) | 3781 x 1480 x 1600 | 110 | 4.597 |
| AZU Kl.lief.wag. Serie A, 250 | AZ AK | AYA A79/0 / Boxer / 2 | 18 / 4200 | 66 x 62 | 421** (425*) | 3600 x 1500 x 1740 | 83 | 4.711 |
| AK Kleinlieferwagen 400 | AK AK | AK 2 M28/1 / Boxer / 2 | 28 / 5750 | 74 x 70 | 597** (602*) | 3800 x 1500 x 1740 | 100 | 5.117 |
| Dyane 4 Limousine | AY AM | AYA2 A79/1 / Boxer / 2 | 23 / 6750 | 68,5X59 | 431**(435*) | 3900 x 1500 x 1540 | 101 | 4.722 |
| Dyane 6 Limousine | AY CB | CB AM2 M28 / Boxer / 2 | 32 / 5750 | 74 x 70 | 597** (602*) | 3900 x 1500 x 1540 | 118 | 5.346 |
| Ami 8 Pkw *66.706 Stück | AM JA | AM2 M28 / Boxer / 2 | 32 / 5750 | 74 x 70 | 597** (602*) | 3990 x 1520 x 1490 | 120 | 5.876 |
| Ami 8 Club *54.254 (Break) | AM JB | AM2 M28 / Boxer / 2 | 32 / 5750 | 74 x 70 | 597 | 3990 x 1520 x 1490 | 120 | 6.136 |
| Ami 8 Break *3.462 Service in F | AM JB | AM2 M28 / Boxer / 2 | 33 / 5750 | 75 x 70 | 597 | 3990 x 1520 x 1490 | 120 | 6.084 |
| M 35 Coupé (nicht in D.) 212 Stück | | Ein-Sch. / Wankel | 49 / 5500 | Rotativ | 995 | 4050 x 1550 x 1350 | 144 | o. Angabe |
| MEP X27 Monopl. Formule bleue | | G10 / 612 / Boxer / 4 | 53 / 6500 | 74 x 59 | 1015 | 4119 x 1610 x 1350 | | nur in F. |
| GS (ab Sept. 1970) | GX GA | G10 / 612 / Boxer / 4 | 54 / 6500 | 75 x 59 | 1015 | 4120 x 1610 x 1350 | 145 | 7.680 |
| GS Club (ab Sept. 1970) | GX GA | G10 / 611 / Boxer / 4 | 54 / 6500 | 76 x 59 | 1015 | 4121 x 1610 x 1350 | 145 | 8.070 |
| D-Super Limousine | 3872001-8004238 | DV2 / Reihe / 4 | 78 / 5250 | 86 x 85 | 1972 | 4810 x 1790 x 1470 | 160 | 12.676 |
| D-Special Limousine | 3932001-3955833 | DV2 / Reihe / 4 | 90 / 5250 | 86 x 85 | 1972 | 4810 x 1790 x 1470 | 162 | 12.099 |
| D-Super 5 Gang | 3872001-8004238 | DV3 / Reihe / 4 | 90 / 5250 | 86 x 85 | 1972 | 4990 x 1790 x 1530 | 162 | 12.898 |
| DS 20 Limousine Automatik | 4700001-4705833 | FC DV3 / Reihe / 4 | 90 / 5250 | 86 x 85 | 1972 | 4990 x 1790 x 1530 | 165 | 13.120 |
| DS 20 Pallas Automatik | 4700001-4705833 | FC DV3 / Reihe / 4 | 90 / 5900 | 86 x 85 | 1972 | 4990 x 1790 x 1530 | 165 | 14.574 |
| DS 20 Break 7 Sitze | 3995001-3999400 | FC DV3 / Reihe / 4 | 90 / 5900 | 86 x 85 | 1972 | 4990 x 1790 x 1530 | 165 | 14.463 |
| DS 20 Familiale | 3995001-3999400 | FC DV3 / Reihe / 4 | 90 / 5900 | 86 x 85 | 1972 | 4990 x 1790 x 1530 | 165 | 14.463 |
| DS 21 Injektion | 00FB6001-01FB1554 | FB DX 3 / Reihe / 4 | 120 / 5250 | 90 x 85,5 | 2175 | 4990 x 1790 x 1530 | 185 | 16.039 |
| DS 21 Limousine mech. Schalt. | 4648501-4653749 | DDZ DX / Reihe / 4 | 104 / 5500 | 90 x 85,5 | 2175 | 4990 x 1790 x 1530 | 175 | 14.241 |
| DS 21 Familiale 7/8 Sitze | 3567801-3570316 | DDZ DX / Reihe / 4 | 104 / 5500 | 90 x 85,5 | 2175 | 4990 x 1790 x 1530 | 175 | 15.251 |
| DS 21 Break 7 Sitze | 3567801-3570316 | DDZ DX / Reihe / 4 | 104 / 5500 | 90 x 85,5 | 2175 | 4990 x 1790 x 1530 | 175 | 15.251 |
| DS 21 Pallas Injektion | 00FB6001-01FB1554 | FB DX 3 / Reihe / 4 | 120 / 5500 | 90 x 85,5 | 2175 | 4990 x 1790 x 1530 | 185 | 15.695 |
| DS 21 Pallas Automatik | 00FA4001-02FA1884 | DDZ DX / Reihe / 4 | 105 / 5500 | 91 x 85,5 | 2175 | 4991 x 1790 x 1530 | 175 | 17.493 |
| DS 21 Borg Warner ab No. 1971 | | DX3 / Reihe / 4 | 120 / 5250 | 90 x 85,5 | 2175 | 4991 x 1790 x 1530 | 185 | |
| SM SB | | C 114-1 / V / 6 | 170 / 5500 | | 2670 | 4890 x 1840 x 1320 | 220 | |

2CV in D verk: 19.360

Dyane in D verk: 3.483

Ami in D verk: 1.217

GS in D verk: 8.728

DS in D verk: 5.266

SM in D verk: 410

G-Zul. In D nur Pkw: 39.624 (1,84 %)

# 1972

# Die Marke

Dyane 6

Coupé SM

DS 21 IE Pallas

Dem Unternehmen geht es nicht gut. Es fehlt an Finanzen, doch auch wenn die ersten Verkaufszahlen auf einen Erfolg hoffen lassen, kann der GS nicht allein als Lokomotive die inzwischen veraltete Modellpalette mitziehen. DS und 2 CV sind bereits seit 15 beziehungsweise 25 Jahren auf dem Markt, und die verschiedenen gescheiterten Projekte wie der Typ „F", der Prototyp M35 und andere durchaus geniale Ideen haben die Finanzen des Unternehmens erheblich belastet. Die Zukunft sieht düster aus.

Der 2 CV wird in diesem Jahr wie die anderen Zweizylinder-Modelle nicht weiter entwickelt.

Die große Neuheit in diesem Jahr ist der GS-Kombi, dessen Design ebenso ansprechend wie praktisch ist. Er übernimmt die Technik der Limousine, verfügt aber dank eines flachen Dachs und einer weit öffnenden Heckklappe über ein wesentlich größeres Raumangebot als die Limousine. Dank einer bis ins Dach gezogenen Heckscheibe bietet der Wagen ein besonders lichtes Interieur. Bei den D-Modellen beschränken sich die äußeren Veränderungen auf einen Wechsel zu Klapptürgriffen.

Die Leistung des Motors der D Spécial wird von 91 auf 98 PS (SAE) und beim D Super von 103 auf 108

# im Sturm



## 1972

DS und SM sind die Top-Modelle der Marke

Méhari mit Kunststoffdach

PS (SAE) angehoben. Logischerweise profitieren auch die jeweiligen Kombis von der Leistungssteigerung. Bei den Basismodellen verschwindet das Ausstattungspaket „Luxe" bei den Familiales, Kombis und Commerciales. Am oberen Ende der Palette findet als einzige Änderung die Einführung eines Automatikgetriebes von Borg-Warner statt, das gegen Aufpreis lieferbar ist. Beim Luxuscoupé SM werden (ebenfalls gegen Aufpreis) Kunststofffelgen von Michelin lieferbar. Der SM regt zwar die Kundschaft zum Träumen, aber weniger zum Kauf an. Auch wenn sein Design und sein Komfort Lobeshymnen hervorrufen, so tritt doch mehr und mehr die zerbrechliche Mechanik in den Vordergrund.

DS 21

Citroën trägt trotz der Modellerneuerung schwer an Maserati

# 1972

Ami 8 als Kombi

D Super 5

| Typ - Modelljahr: 1972<br>Sept. 1971 bis Aug. 1972<br>*Produktion, insgesamt: 730.840 | Fgst-Nr. Serie | Mot.-Typcode /<br>Bauart / Zylinder | PS / min. | Bohr. x Hub<br>in mm | Hubraum $cm^3$<br>**fisk. in D.<br>*Werksang. | Dimensionen<br>L x B x H in mm | Vmax<br>km/h | Preise ab<br>Köln inkl.<br>MwSt DM |
|---|---|---|---|---|---|---|---|---|
| Nun folgend ausschließlich deutsche Modelle: | | | | | | | | |
| 2 CV 4 *2CV: 133.530 | AZ KB | AZA AYA2 79/1 / Boxer / 2 | 23 / 6750 | 68,5 x 59 | 431** (435*) | 3780 x 1480 x 1600 | 100 | 4563 |
| 2 CV 6 | AZ KA | KA AK2 M28/1 / Boxer / 2 | 28 / 6750 | 74 x 70 | 579** (602*) | 3780 x 1480 x 1600 | 110 | 4778 |
| AZU ab 8/1972 Serie A, 250 | AZ AK | AYA A79/0 / Boxer / 2 | 18 / 4200 | 66 x 62 | 421** (425*) | 3600 x 1500 x 1740 | 83 | 4852 |
| AK Kleinlieferwagen 400 | AK AK | AK AK2 M28/1 / Boxer / 2 | 28 / 5750 | 74 x 70 | 579** (602*) | 3800 x 1500 x 1740 | 100 | 5271 |
| Dyane 4 Lim. *4 & 6: 105.749 | AY A2 | AYA2 A79/1 / Boxer / 2 | 23 / 6750 | 68,5 x 59 | 431** (435*) | 3900 x 1500 x 1540 | 101 | 4895 |
| Dyane 6 Limousine | AY CB | CB AM2 M28 / Boxer / 2 | 32 / 5750 | 74 x 70 | 597** (602*) | 3900 x 1500 x 1540 | 118 | 5534 |
| Ami 8 Pkw * 81.920 Stück | AM JA | AM2 M28 / Boxer / 2 | 32 / 5750 | 74 x 70 | 597** (602*) | 3990 x 1520 x 1490 | 120 | 6048 |
| Ami 8 Club * (Break) | AM JB | AM2 M28 / Boxer / 2 | 32 / 5750 | 74 x 70 | 597 | 3990 x 1520 x 1490 | 120 | 6313 |
| Ami 8 Break * Service in F | AM JC | AM2 M28 / Boxer / 3 | 33 / 5750 | 75 x 70 | 597 | 3990 x 1520 x 1490 | 120 | 6261 |
| MEP X27 Monopl. Form. bleue | | G10 / 612 / Boxer / 4 | 53 / 6500 | 74 x 59 | 1015 | | | Frankreich |
| GS (ab Sept. 1970) | GX GA | G10 / 612 / Boxer / 4 | 54 / 6500 | 75 x 59 | 1015 | 4120 x 1610 x 1350 | 145 | 7758 |
| GS Club (ab Sept. 1970) | GX GA | G10 / 611 / Boxer / 4 | 54 / 6500 | 76 x 59 | 1015 | 4120 x 1610 x 1350 | 145 | 8147 |
| GS Break | GX GE | G10 / 611 / Boxer / 4 | 54 / 6500 | 76 x 59 | 1015 | 4120 x 1610 x 1350 | 145 | 8513 |
| GS Club Break | GX GE | G10 / 611 / Boxer / 4 | 54 / 6500 | 76 x 59 | 1015 | 4120 x 1610 x 1350 | 145 | 8957 |
| D-Super Limousine | 00FD0003-03FD2274 | DV2 / Reihe / 4 | 78 / 5250 | 86 x 85 | 1972 | 4810 x 1790 x 1470 | 160 | 12909 |
| D-Special Limousine | 00FC0002-02FC3482 | DV2 / Reihe / 4 | 90 / 5250 | 86 x 85 | 1972 | 4810 x 1790 x 1470 | 162 | 12198 |
| D-Super 5 Gang | 00FC0002-02FC3482 | DV3 / Reihe / 4 | 90 / 5250 | 86 x 85 | 1972 | 4990 x 1790 x 1530 | 162 | 13131 |
| DS 20 Limousine Automatik | 4707501-4714135 | FC DV3 / Reihe / 4 | 90 / 5250 | 86 x 85 | 1972 | 4990 x 1790 x 1530 | 165 | 13353 |
| DS 20 Pallas Automatik | 4707501-4714135 | FC DV3 / Reihe / 4 | 90 / 5900 | 86 x 85 | 1972 | 4990 x 1790 x 1530 | 165 | 14818 |
| DS 20 Break 7 Sitze | 8100001-8403378 | FC DV3 / Reihe / 4 | 90 / 5900 | 86 x 85 | 1972 | 4990 x 1790 x 1530 | 165 | 14707 |
| DS 20 Familiale | 8100001-8403378 | FC DV3 / Reihe / 4 | 90 / 5900 | 86 x 85 | 1972 | 4990 x 1790 x 1530 | 165 | 14707 |
| DS 21 Injektion | 01FB3001-01FB7818 | FB DX 3 / Reihe / 4 | 120 / 5250 | 90 x 85,5 | 2175 | 4990 x 1790 x 1530 | 185 | 16305 |
| DS 21 Limousine mech. Schalt. | 4510501-4514926 | DDZ DX / Reihe / 4 | 104 / 5500 | 90 x 85,5 | 2175 | 4990 x 1790 x 1530 | 175 | 14485 |
| DS 21 Familiale 7/8 Sitze | 3577401-3577780 | DDZ DX / Reihe / 4 | 104 / 5500 | 90 x 85,5 | 2175 | 4990 x 1790 x 1530 | 175 | 15506 |
| DS 21 Break 7 Sitze | 3571001-3573443 | DDZ DX / Reihe / 4 | 104 / 5500 | 90 x 85,5 | 2175 | 4990 x 1790 x 1530 | 175 | 15506 |
| DS 21 Pallas Injektion | 01FB3001-01FB7818 | FB DX 3 / Reihe / 4 | 120 / 5500 | 90 x 85,5 | 2175 | 4990 x 1790 x 1530 | 185 | 17771 |
| DS 21 Pallas 5-G. o. hydr. Sch. | | DDZ DX / Reihe / 4 | 105 / 5500 | 91 x 85,5 | 2175 | 4991 x 1790 x 1530 | 175 | 15961 |
| DS 21 Borg Warner ab No. 1971 | | DX3 / Reihe / 4 | 120 / 5250 | 90 x 85,5 | 2175 | 4991 x 1790 x 1530 | 185 | |
| SM SB *3.992 Stück+A11 | | C 114-1 / Reihe / V6 | 170 / 5500 | | 2670 | 4890 x 1840 x 1320 | 220 | 33855 |

2CV in D verk: 19.889

Dyane in D verk: 2.762

Ami in D verk: 1.170

GS in D verk: 16.308

DS in D verk: 5.510

SM in D verk: 292

Ges.-Zul. in D nur Pkw: 46.139 (2,15 %)

# 1973

# Alles super

Citroën geht es immer schlechter. Die Kassen sind leer und der mit Fiat abgeschlossene Vertrag wird im Mai 1973 wieder gekappt.

Bei den Zweizylindern, die scheinbar unbeachtet von der Entwicklungsabteilung existieren müssen, gibt es keinerlei Modifikationen: Lediglich die Dyane bekommt neue Türgriffe. Der Ami 8 erhält im Januar ein neues, kleineres, mit Schaumstoff ummanteltes Lenkrad.

Der GS allerdings wird in aller Eile überarbeitet. Zwei Jahre nach seiner Vorstellung wird klar, dass der 1015 cm³ große Motor alles andere als zufriedenstellend läuft. Anfällig und leistungsschwach verursacht er zudem hohe Garantiekosten. Die Ingenieure entwickeln daher ein 1220 cm³ großes Aggregat, das stärker und zuverlässiger ist, und in diesem Jahr vorgestellt wird. Die Produktion der Modelle mit dem kleineren Motor wird auf einen kleinen Anteil zurück gefahren, und die Version mit 1220 cm³ übernimmt die Spitzenstellung.

Allerdings hat das Unternehmen nun ein weiteres wirtschaftliches Problem. Die Maschinen für die Herstellung des kleineren Motors waren kostspielig und haben sich noch nicht amortisiert. Aus diesem Grund entsteht der Ami Super, eine Mischung aus dem Fahrwerk des Ami 8 mit dem GS-Motor. Äußerlich ist er nur an einem Typenschild und zusätzlichen Kühlluftöffnungen erkennbar. Zwar ist der Motor in einem leichteren Fahrzeug wie dem Ami temperamentvoller, doch wird er tatsächlich passen?

Die D-Baureihe entwickelt sich scheinbar ohne Unterbrechung weiter. Aus der D Spécial wird nun die DS Spécial und übernimmt dabei den 108 PS

Der SM bekommt eine Einspritzanlage

Dyane 6

# beim Ami

DIE NEUE FABRIK IN AULNAY BEGINNT MIT DER PRODUKTION

AMI 8

# 1973

starken Motor der D Super aus der die Dsuper wird. Außerdem wird aus der D Super mit Fünfganggetriebe die D super 5 mit dem 115 PS starken Motor der eingestellten DS 21. Die DS 21 wiederum wird durch die DS 23 abgelöst, deren Motor von 2175 $cm^3$ mittels größerer Bohrung auf 2347 $cm^3$ vergrößert wurde. Die neue DS 23 leistet 124 PS (SAE) und erreicht so eine Höchstgeschwindigkeit von 188 km/h in der Version mit elektronischer Einspritzung. Schließlich übernehmen die Kombis und Familiales der Modellreihe 21 die Vergasermotoren der DS 23.
Die Vergaser-Triebwerke des SM werden im Oktober von Motoren mit elektronischer Einspritzung (Bosch) abgelöst, die bereits in der DS erprobt wurden.

Maserati verabschiedet sich in diesem Jahr von Citroën

GS Birotor

DS 23 IE

GS 1220

Der Stand des Unternehmens im Oktober 1972 auf dem Pariser Salon

# 1973

Eine DS 23 bei der Bandama-Rallye

2 CV 4

Ami Super als Kombi

| Typ - Modelljahr: 1973<br>Sept. 1972 bis Aug. 1973<br>*Prod., insges.: 750.762 | Fgst-Nr. Serie | Mot.-Typcode /<br>Bauart / Zylinder | PS / min. | Bohr. x Hub<br>in mm | Hubraum cm³<br>**fiskalisch D.<br>*Werksangabe | Dimensionen<br>L x B x H in mm | Vmax<br>km/h | Preise ab<br>Köln inkl.<br>MwSt in DM |
|---|---|---|---|---|---|---|---|---|
| Nun folgend ausschließlich deutsche Modelle: | | | | | | | | |
| 2 CV 4 *2CV: 123.819 | AZ KB | AZA AYA2 79/1 / Boxer / 2 | 23 / 6750 | 68,5 x 8 9 | 431** (435*) | 3780 x 1480 x 1600 | 100 | 4788 |
| 2 CV 6 | AZ KA | KA AK2 M28/1 / Boxer / 2 | 28 / 6750 | 74 x 70 | 597** (602*) | 3780 x 1480 x 1600 | 110 | 4950 |
| AZU Kl.wag. Serie B, 250 | AZ AP | AZU AYA2 A79/1 / Boxer / 2 | 23 / 6750 | 68,5 x 59 | 431** (435*) | 3600 x 1500 x 1740 | 85 | 4996 |
| AK Kleinlieferwagen 400 | AZ AK | AK AK2 M28/1 / Boxer / 2 | 28 / 5750 | 74 x 70 | 579** (602*) | 3800 x 1500 x 1740 | 100 | 5425 |
| Dyane 4 Lim. *4 & 6:105.749 | AY AM | AYA2 A79/1 / Boxer / 2 | 23 / 6750 | 68,5 x 59 | 431** (435*) | 3870 x 1500 x 1540 | 101 | 4996 |
| Dyane 6 Limousine | AY CB | CB AM2 M28 / Boxer / 2 | 32 / 5750 | 74 x 70 | 597** (602*) | 3870 x 1500 x 1540 | 118 | 5598 |
| Ami Super *33.577 | 00FJ0001- | JF G1/613 / Boxer / 4 | 54 / 6750 | 74 x 59 | 1008** (1015*) | 3990 x 1520 x 1490 | 138 | 6.480 |
| Ami Sup. Br. AM Série JF | 00JG0001- | JF G10/613 / Boxer / 4 | 54 / 6750 | 74 x 70 | 1008** (1015*) | 3990 x 1520 x 1490 | 138 | 6.880 |
| GS 1015 | GX GA | G10/612 / Boxer / 4 | 54 / 6500 | 75 x 59 | 1008** (1015*) | 4120 x 1610 x 1350 | 145 | 7.998 |
| GS 1220 ab 9/1972 | GX GB | GB10/612 / Boxer / 4 | 58 / 5750 | 76 x 59 | 1214** (1220*) | 4120 x 1610 x 1350 | 145 | 8.487 |
| GS Club Break | GX GC | GB10/612 / Boxer / 4 | 58 / 6750 | 75 x 59 | 1214** (1220*) | 4120 x 1610 x 1350 | 148 | 8.901 |
| GS 1220 Club | GX GB | GB10/612 / Boxer / 4 | 58 / 6750 | 75 x 59 | 1214** (1220*) | 4120 x 1610 x 1350 | 148 | 8.901 |
| GS 1220 Club Break | GX GC | GB10/612 / Boxer / 4 | 58 / 6750 | 75 x 59 | 1214** (1220*) | 4120 x 1610 x 1350 | 148 | 9.315 |
| D-Spécial Limousine | 4516001-4543464 | DX2 / Reihe / 4 | 98 / 5500 | 86 x 85,5 | 1972** (1985*) | 4870 x 1800 x 1470 | 165 | 12.950 |
| D-Super 5 Gang | 04FD0001-07FD0578 | DY3 / Reihe / 4 | 104 / 5250 | 90 x 85,5 | 2160** (2175*) | 4870 x 1800 x 1470 | 175 | 13.948 |
| DS 20 Limousine Autom. | 4714501-4721059 | FC DV3 / Reihe / 4 | 98 / 5500 | 86 x 85,5 | 1972** (1985*) | 4870 x 1800 x 1470 | 165 | 14.648 |
| DS 20 Pallas Autom. | 4714501-4721059 | FC DV3 / Reihe / 4 | 98 / 5500 | 86 x 85,5 | 1972** (1985*) | 4870 x 1800 x 1470 | 165 | 15.198 |
| DS 20 Break 7 Sitze | 8404001-8407841 | FC DV3 / Reihe / 4 | 98 / 5500 | 86 x 85,5 | 1972** (1985*) | 4990 x 1800 x 1530 | 165 | 15.898 |
| DS 20 Familiale | 8404001-8407841 | FC DV3 / Reihe / 4 | 98 / 5500 | 86 x 85,5 | 1972** (1985*) | 4990 x 1800 x 1530 | 165 | 15.898 |
| DS 23 | 00FE0001-00FE9638 | FEH DX 4 / Reihe / 4 | 110 / 5500 | 93,5 x 85,5 | 2332 | 4870 x 1800 x 1470 | 175 | 16.073 |
| DS 23 Pallas | 00FE0001-00FE9638 | FEH DX 4 / Reihe / 4 | 110 / 5500 | 93,5 x 85,5 | 2333 | 4870 x 1800 x 1470 | 175 | 17.089 |
| DS 23 Injection | 00FG0001-00FG4921 | FGH DX 5 / Reihe / 4 | 126 / 5750 | 93,5 x 85,5 | 2332 | 4870 x 1800 x 1470 | 186 | 17.650 |
| DS 23 Injection Pallas | 00FG0001-00FG4921 | FGW DX 5 / Reihe / 4 | 126 / 5750 | 93,5 x 85,5 | 2332 | 4870 x 1800 x 1470 | 186 | 18.649 |
| DS 23 Break 5 Gang | 00FF0001-00FF2847 | FEH DX 4 / Reihe / 4 | 110 / 5500 | 93,5 x 85,5 | 2332 | 4990 x 1800 x 1530 | | 17.249 |
| DS 23 Familiale | 00FF0001-00FF2847 | FEH DX 4 / Reihe / 4 | 110 / 5500 | 93,5 x 85,5 | 2332 | 4990 x 1800 x 1530 | | 17.249 |
| SM SC Injection * 2.619 | | C 114-1 / Reihe / V6 | 178 / 5500 | 87 x 75 | 2650** (2670*) | 4890 x 1840 x 1320 | 225 | 37.963 |

2 CV in D verk: 19.964
Dyane in D verk: 2.706
Ami in D verk: 1.387
GS in D verk: 13.799
DS in D verk: 5.549
SM in D verk: 143
G-Zul. In D: 43.820 (2,16 %)

# 1974 Wechsel

Die Ausstattungsvariante „Commerciale" wird in allen Modellreihen, außer beim Kombi DS 20 gestrichen. Bei den Zweizylindern gibt es nur wenige Änderungen. Citroën scheint sich kaum um die Basismodelle zu kümmern und ist in diesem Bereich offensichtlich in einen tiefen Schlaf gefallen. 2 CV und Dyane bekommen neue einspeichige Lenkräder. Beim Ami 8 verschwindet die Version „Club" aus dem Programm. Der Ami Super erhält spezielle seitliche Dekorstreifen und durchbrochene Felgen, um sich äußerlich deutlicher von den Zweizylinder-Modellen abzuheben.

Der GS fährt auf einer Erfolgsspur und beschert dem kränkelnden Unternehmen die finanziellen Mittel, die es braucht, um eine halbwegs akzeptable Bilanz vorzulegen. Im Januar bekommt der GS 1015 die Typenbezeichnung G Spécial.

Auf der Internationalen Automobilausstellung von Frankfurt enthüllt Citroën das Ergebnis der Erprobung der M35-Prototypen. Der GS Birotor nutzt eine im Bereich der Räder leicht modifizierte GS-Karosserie, verfügt allerdings im Gegensatz zum M35 über einen Zweischeiben-Wankelmotor, was einem umgerechneten Hubraum von knapp zwei Litern entspricht. Die neue Technik verlangt nach

DS 23 Kombi

Der neue CX 2200 kommt 1974 in den letzten Augustwochen zu den Händlern

Ein GS bei der Bandama-Rallye

2-CV-Rudel beim 2-CV-Cross

einigen mechanischen Modifikationen, etwa beim Auspuff, der Wasserkühlung oder der Übernahme der Halbautomatik, die es gegen Aufpreis bereits beim GS 1220 gab. Leider kommt der Wankel-GS jedoch zu einem denkbar schlechten Zeitpunkt auf den Markt. Sein hoher Benzinverbrauch passt nicht in die Zeit ständig steigender Energiepreise...

In der D-Modellreihe wird die Variante Commerciale 23 aus dem Programm genommen. Die DS 20 und DS 23 erhalten jeweils Triplex-Windschutzscheiben.

Die Energiekrise trifft auch den SM, der die Erwartungen der Marke bei weitem nicht erfüllen konnte, mit voller Wucht. Dennoch bringt man eine Version mit einem Automatikgetriebe von Borg-Warner zu den Händlern. Um den Leistungsverlust auszugleichen, wächst der Hubraum des V6-Triebwerks von 2670 auf 2965 $cm^3$.

Am Ende des Jahres wird die automobile Welt von einer neuen, überraschenden Nachricht erschüt-

Der CX 2000 soll D Spécial und D Super ablösen

Ami Super

tert. Citroën ist am Rande des finanziellen Zusammenbruchs. Michelin, noch immer im Besitz der Aktienmehrheit, überträgt die Leitung der Marke an Peugeot. Nun brechen 20 schwere Jahre an. Am Ende eines langen Marsches durch die Wüste wird Citroën zu einer vollständig ins Peugeot-Imperium integrierten Marke. Ein Schicksal, das in den folgenden Jahren viele andere Traditionshersteller ganz ähnlich treffen wird.

GS Birotor

Der neue CX Pallas wird im Palais des Congrès vorgestellt

| Typ - Modelljahr: 1974<br>Sept. 1973 bis Aug.1974<br>*Prod., insgesamt: 688.806 | Fgst-Nr. Serie | Mot.-Typcode /<br>Bauart / Zylinder | PS / min. | Bohr. x Hub<br>in mm | Hubraum cm³<br>**fiskalisch D.<br>*Werksangabe | Dimensionen<br>L x B x H in mm | Vmax<br>km/h | Preise ab<br>Köln inkl.<br>MwSt in DM |
|---|---|---|---|---|---|---|---|---|
| Nun folgend ausschließlich deutsche Modelle: | | | | | | | | |
| 2 CV 4 | AZ KB | AZA AYA2 79/1 / Boxer / 2 | 23 / 6750 | 68,5 x 59 | 431** (435*) | 3780 x 1480 x 1600 | 100 | 5.250 |
| 2 CV 6 | AZ KA | KA AK2 M28/1 / Boxer / 2 | 28 / 6750 | 74 x 70 | 597** (602*) | 3780 x 1480 x 1600 | 110 | 5.450 |
| AZU Kleinl.wag.S. B, 250 | AZ U | AZU AYA2 A79/1 / Boxer / 2 | 23 / 6750 | 68,5 x 59 | 431** (435*) | 3600 x 1500 x 1740 | 85 | 5.510 |
| AK Kleinlieferwagen 400 | AK AK | AK AK2 M28/1 / Boxer / 2 | 28 / 5750 | 74 x 70 | 579** (602*) | 3800 x 1500 x 1740 | 100 | 5.980 |
| Dyane 4 Lim. | AY A2 | AYA2 A79/1 / Boxer / 2 | 23 / 6750 | 68,5 x 59 | 431 ** (435*) | 3870 x 1500 x 1540 | 101 | 5.590 |
| Dyane 6 Limousine | AY CB | CB AM2 M28 / Boxer / 2 | 32 / 5750 | 74 x 70 | 597** (602*) | 3870 x 1500 x 1540 | 118 | 5.990 |
| Ami Super ab 1/1973 | AM JF | JF G10/613 / Boxer / 4 | 54 / 6750 | 74 x 59 | 1008** (1015*) | 3990 x 1520 x 1490 | 138 | 6.950 |
| Ami Super Break | AM JG | JF G10/613 / Boxer / 4 | 54 / 6750 | 74 x 70 | 1008** (1015*) | 3990 x 1520 x 1490 | 138 | 7.350 |
| GS Birotor | | 2 Rotor-Wankel | 107 / 6500 | - | 1990ccm | 4120 x 1640 x 1370 | 175 | |
| GSX ab 9/1974 | GX GA | G10 / 612 / Boxer / 4 | 54 / 6500 | 74 x 59 | 1008** (1015*) | 4120 x 1610 x 1350 | 145 | 8.250 |
| GS 1220 ab 9/1972 | GX GB | GB10 / 612 / Boxer / 4 | 58 / 5750 | 76 x 59 | 1214** (1220*) | 4120 x 1610 x 1350 | 145 | 9.150 |
| GS 1220 Pallas | GX GB | GB10 / 612 / Boxer / 4 | 58 / 6750 | 75 x 59 | 1214** (1220*) | 4120 x 1610 x 1350 | 148 | 9.890 |
| GS 1220 Club | GX GB | GB10 / 612 / Boxer / 4 | 58 / 6750 | 75 x 59 | 1214** (1220*) | 4120 x 1610 x 1350 | 148 | 9.150 |
| GS 1220 Club Break | GX GC | GB10 / 612 / Boxer / 4 | 58 / 6750 | 75 x 59 | 1214** (1220*) | 4120 x 1610 x 1350 | 148 | 9.560 |
| D-Spécial Limousine | 07FD1001-09FD8907 | DX2 / Reihe / 4 | 98 / 5500 | 86 x 85,5 | 1972** (1985*) | 4870 x 1800 x 1470 | 165 | 13.450 |
| D-Super 5 Gang | 4543501-4560973 | DY3 / Reihe / 4 | 104 / 5250 | 90 x 85,5 | 2160** (2175*) | 4870 x 1800 x 1470 | 175 | 14.490 |
| DS 20 Lim. Sel.-Autom. | 4721501-4727710 | FC DV3 / Reihe / 4 | 98 / 5500 | 86 x 85,5 | 1972** (1985*) | 4870 x 1800 x 1470 | 165 | 15.198 |
| DS 20 Pallas Sel-Autom. | 4721501-4727710 | FC DV3 / Reihe / 4 | 98 / 5500 | 86 x 85,5 | 1972** (1985*) | 4870 x 1800 x 1470 | 165 | 15.950 |
| DS 20 Break 7 Sitze | 8408001-8411610 | FC DV3 / Reihe / 4 | 98 / 5500 | 86 x 85,5 | 1972** (1985*) | 4990 x 1800 x 1530 | 165 | 16.450 |
| DS 20 Familiale | 8408001-8411610 | FC DV3 / Reihe / 4 | 98 / 5500 | 86 x 85,5 | 1972** (1985*) | 4990 x 1800 x 1530 | 165 | 16.450 |
| DS 23 | 01FE0001-01FE6446 | FEH DX 4 / Reihe / 4 | 110 / 5500 | 93,5 x 85,5 | 2332 | 4870 x 1800 x 1470 | 175 | 16.690 |
| DS 23 Pallas | 01FE0001-01FE6446 | FEH DX 4 / Reihe / 4 | 110 / 5500 | 93,5 x 85,5 | 2333 | 4870 x 1800 x 1470 | | 17.790 |
| DS 23 Injection | 01FG5001-02FG4095 | FGH DX 5 / Reihe / 4 | 126 / 5750 | 93,5 x 85,5 | 2332 | 4870 x 1800 x 1470 | 186 | 18.290 |
| DS 23 Injection Pallas | 01FG5001-02FG4095 | FGW DX 5 / Reihe / 4 | 126 / 5750 | 93,5 x 85,5 | 2332 | 4870 x 1800 x 1470 | | 19.390 |
| DS 23 Break 5 Gang | 00FF0001-00FF2847 | FEH DX 4 / Reihe / 4 | 110 / 5500 | 93,5 x 85,5 | 2332 | 4990 x 1800 x 1530 | | 17.890 |
| DS 23 Familiale | 00FF0001-00FF2847 | FEH DX 4 / Reihe / 4 | 110 / 5500 | 93,5 x 85,5 | 2332 | 4990 x 1800 x 1530 | | 17.890 |
| SM SC Inj. | 00 SC | C 114-1 / V / 6 | 178 / 5500 | 87 x 75 | 2650** (2670*) | 4890 x 1840 x 1320 | 225 | 39.450 |
| SM SC Inj. Autom. 3-G | 00 SC | C 114-1 / V / 6 | 180 / 5750 | 91,6 x 75 | 2965 | 4890 x 1840 x 1320 | 205 | nicht in D |

Ami in D verk: 1.077

Dyane in D verk: 3.090

GS in D verk: 12.707

GS Birotor: 843 Stück in F

DS in D verk: 3.419

SM SC Inj. In D verk: 46

2 CV in D verk: 21.696

Ges.-Zul. Nur Pkw in D: 42.455 (2,51 %)

# 1975

# CX oder

2 CV 6

Der 2 CV Spécial kommt gegen Ende des Jahres auf den Markt

Die Zweizylinder rollen scheinbar unbeachtet von allen Beteiligten von den Bändern des Unternehmens. Der 2 CV bekommt im September rechteckige Scheinwerfer, die dem Wagen einen Hauch Modernität geben sollen, einen verchromten Kunststoff-Kühlergrill sowie neue stärkere und in Wagenfarbe lackierte Stoßstangen. Auch bei der Dyane werden Kühlergrill und Stoßstangen (aus rostfreiem Stahl) erneuert. Die Basis-Dyane geht in ihr letztes Produktionsjahr. Der Ami 8 bekommt eine Warnblinkanlage.
Der GS rollt nun auf neuen Felgen mit sechs Belüftungsschlitzen, gleichzeitig werden weitere Aus-

Dyane 6

Dyane 6

# die letzten Pfeile

# 1975

Im April 1975 wird am Quai de Javel die letzte DS gebaut

stattungsvarianten eingeführt. Die Palette mit dem 1015 cm³ großen Motor wird durch eine Version GSX vergrößert, die sportlich wirken soll, deren Ausstattung aber zurückgenommen wird. Die Version 1220 Confort verschwindet aus dem Katalog und wird durch den GS Club ersetzt. Daneben soll der GS Pallas das bürgerliche Klientel mit großen Radkappen, verstärkten Sitzen und weiteren Accessoires überzeugen. Schließlich rollt noch der GSX 2 auf den Markt, dessen Motor nun 65 statt 60 PS (DIN) leistet. Er übernimmt die sportliche Ausrichtung des GSX. In aller Stille verschwindet der GS Birotor angesichts der Energiekrise aus dem Katalog.

Im Oktober 1974 rollt die neue Direktion den CX

CX 2200

GS X2

# 1975

GS 1220 Pallas

CX 2200 Pallas

CX 2000

auf den Markt, der die betagte DS ablöst, die ihren letzten Produktionsmonaten entgegen sieht. Zwei Versionen, CX 2000 und CX 2200, sind zunächst lieferbar. Die Antriebsaggregate sind den Freunden der Marke bereits seit langem bekannt. Auch wenn sich der CX als Automobil der Zukunft versteht, so kommt der Antrieb doch aus der DS, und der wiederum stammt in direkter Linie vom Traction der dreißiger Jahre ab. Willkommen in der Moderne! Citroën überspielt diesen Mangel mit einem avantgardistischen Design und zahlreichen Innovationen: quer eingebauter Motor, konkaves Heckfenster, moderner Innenraum, Lupentacho, einarmiger Scheibenwischer. Obwohl der CX auf der Antriebsseite noch immer der DS sehr nahe steht, wird die Limousine wenige Wochen nach ihrer Vorstellung zum „Auto des Jahres" gewählt. Im Oktober bereits kommt angesichts der Energiekrise eine Variante CX 2000 Eco auf den Markt. Doch weil sich die Kundschaft für das schwächliche Modell nicht erwärmen kann, verschwindet sie nach einigen Wochen wieder aus dem Katalog.

Nach der Vorstellung des CX wird die D-Modellpalette für ihr letztes Jahr deutlich abgespeckt. Nach

SM IE

und nach verschwinden D Spécial, D Super 5, der Kombi und die Limousinen D 20 und D 23 aus dem Lieferprogramm. Am 24. April schließlich rollt die letzte DS, eine 23 mit Einspritzung vom Band. Insgesamt wurden in 20 Jahren 1.330.755 Fahrzeuge der Baureihe gebaut.

Auch der SM hört seinen Schwanengesang. Die Automatikvariante wird als Opfer der Energiekrise im Dezember aus dem Programm gestrichen. Sieben Monate später erlebt die Version mit 2,6 Litern und Einspritzung das gleiche Schicksal. Damit ist die Karriere des letzten klassischen französischen GT beendet.

Citroën schließt das Jahr mit einem reduzierten Angebot ab: Alle problematischen Modelle wurden rigoros eingestellt. Unter der Leitung von Peugeot beginnen schmerzhafte Jahre für die Marke.

Der neue CX-Kombi kommt im September auf den Markt

Ami Super

Dyane 6

RTL ist mit dem CX 2000 unterwegs

| Typ - Modelljahr: 1975<br>September 1974 bis August 1975<br>*Produktion, insgesamt: 693.915 | Fgst-Nr.<br>Serie | Mot.-Typcode /<br>Bauart / Zylinder | PS / min | Bohr. x Hub<br>in mm | Hubraum cm³<br>**fiskalisch D.<br>*Werksangabe | Dimensionen<br>L x B x H in mm | Vmax<br>km/h<br>DIN | Preise ab<br>Köln inkl.<br>MwSt in DM |
|---|---|---|---|---|---|---|---|---|
| Nun folgend ausschließlich deutsche Modelle: | | | | | | | | 2 |
| CV Special | AZ A | AZA AYA2 79/1 / Boxer / 2 | 23 / 6750 | 68,5 x 59 | 431** (435*) | 3780 x 1480 x 1600 | 100 | 5.800 |
| 2 CV 4 | AZ KB | AZA AYA2 79/1 / Boxer / 2 | 23 / 6750 | 68,5 x 59 | 431** (435*) | 3780 x 1480 x 1600 | 100 | 6.190 |
| 2 CV 6 | AZ KA | KA AK2 M28/1 / Boxer / 2 | 28 / 6750 | 74 x 70 | 597** (602*) | 3780 x 1480 x 1600 | 110 | 6.490 |
| AZU Kleinlieferwagen Serie B, 250 | AZ U | AZU AYA2 A79/1 / Boxer / 2 | 23 / 6750 | 68,5 x 59 | 431** (435*) | 3600 x 1500 x 1740 | 85 | 6.830 |
| AK Kleinlieferwagen 400 | AZ AK | AK AK2 M28/1 / Boxer / 2 | 28 / 5750 | 74 x 70 | 579** (602*) | 3800 x 1500 x 1740 | 100 | 7.390 |
| Dyane 4 Lim. Bis Ende 11/1975 | AY A2 | AYA2 A79/1 / Boxer / 2 | 23 / 6750 | 68,5 x 59 | 431 ** (435*) | 3870 x 1500 x 1540 | 101 | 6.790 |
| Dyane 6 Limousine | AY CB | CB AM2 M28 / Boxer / 2 | 32 / 5750 | 74 x 70 | 597** (602*) | 3870 x 1500 x 1540 | 118 | 7.390 |
| Ami Super ab 1/1973 | AM JF | JF G10/613 / Boxer / 4 | 54 / 6750 | 74 x 59 | 1008** (1015*) | 3990 x 1520 x 1490 | 138 | 8.290 |
| Ami Super Break | AM JG | JF G10/613 / Boxer / 4 | 54 / 6750 | 74 x 59 | 1008** (1015*) | 3990 x 1520 x 1490 | 138 | 8.790 |
| GS-Special | GX GX | GA G10/612 / Boxer / 4 | 54 / 6750 | 74 x 59 | 1119** | 4120 x 1610 x 1350 | 140 | 9.500 |
| GSX | GX GA | G11 / 631 / Boxer / 4 | 55 / 5750 | 74 x 65,5 | 1119** | 4120 x 1610 x 1350 | 145 | 10.390 |
| GSX 2 ab 10/1974 (in F) | GX GH | G12 / 619 / Boxer / 4 | 63 / 5750 | 77 x 66,5 | 1214** (1220*) | 4120 x 1610 x 1350 | 145 | 11.540 |
| GS Pallas | GX GB | GB10 / 612 / Boxer / 4 | 58 / 6750 | 75 x 59 | 1214** (1220*) | 4120 x 1610 x 1350 | 148 | 12.580 |
| GS Club | GX GB | GB10 / 612 / Boxer / 4 | 58 / 6750 | 75 x 59 | 1214** (1220*) | 4120 x 1610 x 1350 | 148 | 11.760 |
| GS Club Break | GX GC | GB10 / 612 / Boxer / 4 | 58 / 6750 | 75 x 59 | 1214** (1220*) | 4120 x 1610 x 1350 | 148 | 12.190 |
| CX 2000 ab 9/1974 | MA MB | MA M20/616 / Reihe / 4 | 102 / 5500 | 86 x 85,5 | 1985 | 4630 x 1730 x 1360 | 174 | 16.900 |
| CX 2000 Super | MA MB | MA M20/616 / Reihe / 4 | 102 / 5500 | 86 x 85,5 | 1985 | 4630 x 1730 x 1360 | 174 | 18.590 |
| CX 2000 Pallas | MA MB | MA M20/616 / Reihe / 4 | 102 / 5500 | 86 x 85,5 | 1985 | 4630 x 1730 x 1360 | 174 | 19.700 |
| CX 2200 Super | MA MC | MC M22/617 / Reihe / 4 | 112 / 5500 | 90 x 85,5 | 2175 | 4630 x 1730 x 1360 | 179 | 19.590 |
| CX 2200 Pallas | MA MC | MC M22/617 / Reihe / 4 | 112 / 5500 | 90 x 85,5 | 2175 | 4630 x 1730 x 1360 | 179 | 20.700 |
| CX Prestige | MA MK | MK M23/623 / Reihe / 4 | 115 / 5500 | 93,5 x 85,5 | 2350 | 4916 x 1734 x 1357 | 180 | 28.950 |
| CX 2200 Diesel | MA MG | MG M22/621 / Reihe / 4 | 66 / 4500 | 90 x 85,5 | 2175 | 4916 x 1734 x 1357 | 146 | 18.250 |
| CX 2200 Diesel Super | MA MG | MG M22/621 / Reihe / 4 | 66 / 4500 | 90 x 85,5 | 2175 | 4916 x 1734 x 1357 | 146 | 19.440 |
| CX 2000 Break | MA MD | MA M20/616 / Reihe / 4 | 102 / 5500 | 86 x 85,5 | 1985 | 4920 x 1734 x 1465 | 174 | 18.950 |
| CX 2000 Break Super | MA MD | MD M20/616 / Reihe / 4 | 102 / 5500 | 86 x 85,5 | 1972 | 4920 x 1734 x 1465 | 174 | 20.600 |
| CX 2200 Diesel Break | MA MG | MH M22/621 / Reihe / 4 | 66 / 4500 | 90 x 85,5 | 2175 | 4920 x 1734 x 1465 | 146 | 20.800 |
| CX 2200 Diesel Break Super | MA MG | MA M22/621 / Reihe / 4 | 66 / 4500 | 90 x 85,5 | 2175 | 4920 x 1734 x 1465 | 146 | 22.490 |
| SM SC Injection | SC | MA M22/621 / Reihe / 5 | 178 / 5500 | 87 x 75 | 2650** (2670*) | 4890 x 1840 x 1320 | 225 | 42.500 |

2CV in D verk: 15.415
Dyane in D verk: 1.898
Ami in D verk: 3.554
GS in D verk: 21.845
SM in D verk: 34
CX in D verk: 7.394
Ges.-Zul. nur Pkw in D: 50.097 (2,38 %)

# 1976

# Im Rachen

2 CV 6

Zwei Jahre nachdem Peugeot die Leitung der Marke übernommen hat, überträgt Michelin auch die Kapitalmehrheit an das Unternehmen aus Sochaux, das nun 89 Prozent der Aktien hält. Da passt es ins Bild, dass Citroën seine alte Wirkungsstätte am Quai de Javel verlässt und die Produktionsanlagen nach Aulnay-sous-Bois verlegt.

Wirtschaftlich bedeutet die Übernahme durch Peugeot die Rückbesinnung auf bestimmte Baureihen und die Neupositionierung einiger Produkte. Auf der anderen Seite verursacht die Ankunft der neuen Direktion durchaus Reibungen, weil die Mentalität und die Praktiken der beiden Unternehmen Lichtjahre voneinander entfernt sind. In der Folge verlassen zahlreiche Ingenieure und Designer das Unternehmen in Richtung Renault oder ausländische Marken. 1976 begann, auch wenn Peugeot dies stets in Abrede stellte, eine Politik des bewussten Unterdrückens des klassischen Citroën-Geistes mit dem Ziel, die Marke in den strengen und engen, aber letztlich profitablen Rahmen der Peugeot-Philosophie zu zwängen. Hobby-Psychologen könnten darin durchaus einen gewissen Rachegedanken erkennen, weil man bei Peugeot eben nie jene Genialität besaß, wie sie für die Marke mit dem Doppelwinkel so typisch war.

Als erste werden die Zweizylinder-Modelle gründlich überarbeitet. Neben dem 2 CV 4 kommt eine wesentlich einfacher ausgestattete Version, der 2 CV 4 Spécial auf den Markt. Dafür greift man auf die alten Karosserien ohne hintere Seitenscheiben zurück. Den Spécial gibt es ausschließlich gelb lackiert mit einem vereinfachten Verdeck und runden Scheinwerfern, die allerdings auf den Halterungen der rechteckigen Exemplare montiert wurde, was dem Wagen einen ganz eigenen „Blick" gibt.

1976 überschreitet der 2 CV die Marke von drei Millionen produzierten Einheiten. Noch immer hat der Kleinwagen einen festen Platz im Herzen der Franzosen. Und um diese Sympathie zu nutzen, bringt die Marketingabteilung ein Sondermodell auf den Markt. Der 2 CV Spot ist ein 2 CV 4 mit weiß-orange-farbener Lackierung und einem doppelten Verdeck, das ebenfalls wie die Sitze weiß und orange gehalten ist. Innerhalb weniger Tage sind die 1800 Exemplare verkauft.

Bei der Dyane, die es nie geschafft hatte, den 2 CV zu entthronen, laufen die Dinge anders. Lediglich

LN

Der neu CX 2400 Prestige auf dem Pariser Salon

# 1977

CX 2400 Super

Sondermodell Dyane Caban

GS Club als Kombi

CX 2000

| Typ - Modelljahr: 1977<br>September 1976 bis August 1977<br>*Produktion, insgesamt: 803.859 | Fgst-Nr. Serie | Mot.-Typcode / Bauart / Zylinder | PS / min | Bohr. x Hub in mm | Hubraum cm³ **fiskalisch D. *Werksangabe | Dimensionen L x B x H in mm | Vmax km/h DIN | Preise ab Köln inkl. MwSt in DM |
|---|---|---|---|---|---|---|---|---|
| Nun folgend ausschließlich deutsche Modelle: | | | | | | | | 2 |
| CV Special | | AZA AYA2 79/1 / Boxer / 2 | 23 / 6750 | 68,5 x 59 | 431** (435*) | 3780 x 1480 x 1600 | 100 | 5.995 |
| 2 CV 4 | 06 KB 0001 - | AZA AYA2 79/1 / Boxer / 2 | 23 / 6750 | 68,5 x 59 | 431** (435*) | 3780 x 1480 x 1600 | 100 | 6.490 |
| 2 CV 6 | 38 KA 0001 - | KA AK2 M28/1 / Boxer / 2 | 28 / 6750 | 74 x 70 | 597** (602*) | 3780 x 1480 x 1600 | 110 | 6.790 |
| AZU Kleinlieferwagen Serie B, 250 | 01 AP 0001 - | AZU AYA2 A79/1 / Boxer / 2 | 23 / 6750 | 68,5 x 59 | 431** (435*) | 3600 x 1500 x 1740 | 85 | 7.090 |
| AK Kleinlieferwagen 400 | 18 AK 0001 - | AK AK2 M28/1 / Boxer / 2 | 28 / 5750 | 74 x 70 | 579** (602*) | 3800 x 1500 x 1740 | 100 | 7.590 |
| Dyane 6 Limousine | 47 CB 0001- | CB AM2 M28 / Boxer / 2 | 32 / 5750 | 74 x 70 | 597** (602*) | 3870 x 1500 x 1540 | 118 | 7.690 |
| LN ab 12/1976 RB Série RB | 00 RB 0001 - | R 06 627 / AM 2 A / Boxer / 2 | 32 / 5750 | 74 x 70 | 597** (602*) | 3380 x 1520 x 137 | 120 | 8.190 |
| GS-Special 1/1974 bis 9/1977 | 46 GA 0001 - | GA G10/612 / Boxer / 4 | 54 / 6750 | 74 x 59 | 1015** (1119*) | 4120 x 1610 x 1350 | 140 | 9.950 |
| GSX 9/1974 bis 9/1977 | 46 GA 0001 - | G11 / 631 / Boxer / 4 | 55 / 5750 | 74 x 65,5 | 1015** (1119*) | 4120 x 1610 x 1350 | 145 | 10.650 |
| GSX 2 10/1974 - | 04 GH 0001 - | G12 / 619 / Boxer / 4 | 63 / 5750 | 77 x 66,5 | 1214** (1220*) | 4120 x 1610 x 1350 | 145 | 11.750 |
| GS Pallas 9/1974 | 48 GB 0001 - | GB12 / 612 / Boxer / 4 | 58 / 6750 | 75 x 59 | 1214** (1220*) | 4120 x 1610 x 1350 | 148 | 12.700 |
| GS Club | | GB12 / 612 / Boxer / 4 | 58 / 6750 | 75 x 59 | 1214** (1220*) | 4120 x 1610 x 1350 | 148 | 11.660 |
| GS Club Break | 18 GC 0001 - | GC 12 / 612 / Boxer / 4 | 58 / 6750 | 75 x 59 | 1214** (1220*) | 4120 x 1610 x 1350 | 148 | 12.490 |
| CX 2000 Confort ab: 8/1974 | 10 MB 0001 - | MA M20/616 / Reihe / 4 | 102 / 5500 | 86 x 85,5 | 1985 | 4630 x 1730 x 1360 | 174 | 17.950 |
| CX 2000 Super | 10 MB 0001 - | MA M20/616 / Reihe / 4 | 102 / 5500 | 86 x 85,5 | 1985 | 4630 x 1730 x 1360 | 174 | 19.850 |
| CX 2400 Super 5 Gang, ab: 8/1976 | 00 MJ 0001 - | MJ M23/623 / Reihe / 4 | 115 / 5500 | 93,5 x 85,5 | 2350 | 4630 x 1730 x 1360 | 179 | 20.590 |
| CX 2400 Pallas 5 Gang | 00 MJ 0001 - | MJ M23/623 / Reihe / 4 | 115 / 5500 | 93,5 x 85,5 | 2350 | 4630 x 1730 x 1360 | 179 | 22.150 |
| CX 2400 Gti 5 Gang ab 5/1977 | 00 ME 0001- | ME M23/622 / Reihe / 4 | 130 / 5500 | 93,5 x 85,5 | 2350 | 4630 x 1730 x 1360 | 190 | 23.950 |
| CX Prestige Injection 5-G ab:8/1977 | 00 MK 2001- | MK M23/622 / Reihe / 4 | 130 / 5500 | 93,5 x 85,5 | 2350 | 4916 x 1734 x 1357 | 190 | 28.950 |
| CX 2200 Dies.Confort ab: 12/1975 | 01 MG 0001 - | MG M22/621 / Reihe / 4 | 66 / 4500 | 90 x 85,5 | 2175 | 4630 x 1730 x 1360 | 146 | 19.590 |
| CX 2200 Diesel Super | 01 MG 0001 - | MG M22/621 / Reihe / 4 | 66 / 4500 | 90 x 85,5 | 2175 | 4630 x 1730 x 1360 | 146 | 20.940 |
| CX 2200 Diesel Pallas | 01 MG 0001 - | MG M22/621 / Reihe / 4 | 66 / 4500 | 90 x 85,5 | 2175 | 4630 x 1730 x 1360 | 146 | 21.750 |
| CX 2400 Break Super, ab: 8/1976 | 00 MF 0001- | MK M23/623 / Reihe / 4 | 115 / 5500 | 93,5 x 85,5 | 2350 | 4920 x 1734 x 1357 | 146 | 22.050 |
| CX 2200 D.Break Conf. ab: 1/1976 | 00 MH 5001- | MG M22/621 / Reihe / 4 | 66 / 4500 | 90 x 85,5 | 2175 | 4920 x 1734 x 1357 | 146 | 22.250 |
| CX 2000 Break Confort ab: 8/1974 | 00 MD 5001 - | MA M20/616 / Reihe / 4 | 102 / 5500 | 86 x 85,5 | 1985 | 4920 x 1734 x 1465 | 174 | 20.650 |
| CX 2200 Break Super | 00 MB 5001- | MA M22/617 / Reihe / 4 | 112 / 5500 | 90 x 85,5 | 2175 | 4920 x 1734 x 1465 | 174 | 23.900 |
| CX 2200 Diesel Familiale Super | 00 MH 0001- | MH M22/621 / Reihe / 4 | 66 / 4500 | 90 x 85,5 | 2175 | 4920 x 1734 x 1465 | 146 | 24.300 |
| CX 2400 Familiale Super | 00 MF 0001- | MK M23/623 / Reihe / 4 | 115 / 5500 | 93,5 x 85,5 | 2350 | 4920 x 1734 x 1465 | 146 | 24.300 |

CX in D verkauft: 11.917
GS in D verkauft:17.014
LN in D verkauft: 2.752
Dyane in D verkauft: 737
2 CV in D verkauft: 14.722
Ges.-Zul. nur Pkw in D: 48.551 (1,9 %)

# 1978 Der Ami

CX 2200 D

GS Club

Bei den Zweizylindern verabschiedet sich der 2 CV 4 im Laufe des Sommers 1978. Die Dyane 6 ist von nun an als Luxusversion mit Metalliclackierung lieferbar. Der Méhari erlebt seinen zweiten Frühling, erhält Scheibenbremsen sowie einen neuen, aber immer noch abnehmbaren Kühlergrill. Beim LN ist der Fahrersitz von nun an verstellbar und außerdem sorgt eine Türlehne für zusätzlichen Halt.
Der Ami 8 steht am Ende seiner Laufbahn und wird im Juni aus dem Programm genommen. Als Ablösung steht im Sommer der Visa bereit.
Der GS wird deutlich weiter entwickelt. Der 1015 $cm^3$ große Motor wächst auf 1130 $cm^3$, indem man den Hub des 1220-Aggregat übernahm. Wie erwartet verbraucht das neue Basismodell weniger Benzin und zeigt mehr Temperament. Zusätzlich heben einige Accessoires die Modelle des Jahres 1978 von den anderen Jahrgängen ab: Vollscheibenräder in allen Varianten, große rostfreie Radkappen beim Pallas sowie Nebelscheinwerfer und Heckspoiler beim GSX 2. Wie immer, wenn es darum geht, die Lagerbestände am Ende eines Modelljahres abzubauen, greift das Unternehmen zum Mittel des Sondermodells und bringt im April den GS Basalte auf den Markt. Der ausschließlich schwarz mit roten Seitenstreifen lackierte Wagen steht in der Ausführung Pallas bei den Händlern und bietet Scheinwerferwaschanlage, Radio, Nebelscheinwerfer, Schiebedach sowie eine spezielle Innenraumausstattung. Von den 2000 Einheiten bleiben 1800 in Frankreich.
Das Dieselangebot beim CX wird ausgeweitet. Ein neuer Block verwandelt den 2200 im Januar 1978 in einen 2,5-Liter, der nun 75 PS (DIN) leistet und den Wagen auf eine Höchstgeschwindigkeit von 156 km/h beschleunigt. Als Kraftübertragung steht ein Fünfganggetriebe zur Verfügung, das am Ende des Modelljahres im Juli 1978 verfügbar ist. Dieses Modell ist vor allem bei Unternehmen und Taxifah-

Sondermodell GS Basalte

# sagt Adieu

## 1978

GSX 2

CX 2400 Prestige

# 1978

rern beliebt. Die Dieselpalette besteht nun aus der Limousine (Confort, Super und Pallas) sowie dem Kombi (Confort und Super) und einer Familiale Super. Alle Varianten gibt es als 2,2- und 2,5-Liter. Das Zweiliter-Basismodell wird als Limousine in den Ausführungen Confort, Super und Pallas und als Kombi Confort ausgeliefert. Für die 2,4-Liter-Modelle wird ein Fünfganggetriebe gegen Aufpreis lieferbar.

Der 2,4-Liter mit Einspritzung steht nun auch als Pallas mit serienmäßiger C-Matic im Katalog. Prestige und Pallas bekommen neue konvexe Radkappen aus rostfreiem Stahl.

Auch dem CX Prestige werden weitere Versionen zur Seite gestellt. War das Dach bisher lediglich verlängert, so bietet die neue Variante dank einer Anhebung um fünf Zentimeter zusätzliche Kopffreiheit. Den 2400 Prestige gibt es für eine kurze Zeit als Vergaser- und Einspritzversion. Die Vergaservariante verschwindet jedoch bereits im Januar aus den Katalogen, in die freilich die Option der C-Matic aufgenommen wird.

CX 2400 Prestige mit Einspritzung

GS Pallas

# 1978

MÉHARI

AMI 8

GS CLUB ALS KOMBI

| Typ - Modelljahr: 1978<br>September 1977 bis August 1978<br>*Produktion, insgesamt: 807.504 | Fgst-Nr. Serie<br>1. Nr. in 1978 | Mot.-Typcode /<br>Bauart / Zylinder | PS / min | Bohr. x Hub<br>in mm | Hubraum cm³<br>**fiskalisch D.<br>*Werksangabe | Dimensionen<br>L x B x H in mm | Vmax<br>km/h<br>DIN | Preise ab<br>Köln inkl.<br>MwSt in DM |
|---|---|---|---|---|---|---|---|---|
| Nun folgend ausschließlich deutsche Modelle: | | | | | | | | |
| 2 CV 6 Special | | AZA AYA2 79/1 / Boxer / 2 | 23 / 6750 | 68,5 x 59 | 431** (435*) | 3780 x 1480 x 1600 | 100 | 6.790 |
| 2 CV 6 9/1978 - 7/1979 | 44 KA 5001 - | KA AK2 / Boxer / 2 | 25 / 5500 | 74 x 70 | 597** (602*) | 3780 x 1480 x 1600 | 110 | 6.990 |
| Dyane 6 Limousine *Dyane: 924 | 54 CB 5001 - | CB AM2 M28 / Boxer / 2 | 32 / 5750 | 74 x 70 | 597** (602*) | 3870 x 1500 x 1540 | 118 | 7.980 |
| LN 11/76 -11/78 78 RB Série RB | 03 RB 5001 - | R 06 627 / AM 2 A / Boxer / 2 | 32 / 5750 | 74 x 70 | 597** (602*) | 3380 x 1520 x 137 | 120 | 8.265 |
| GS-Special ab 7/1977 | 50 GA 2001 - | GA G11/612 / Boxer / 2 | 55 / 5750 | 74 x 65,5 | 1129 | 4120 x 1610 x 1350 | 145 | 9.995 |
| GSX 9/1974 bis 9/1977 | 50 GA 2001 - | GA G11/631 / Boxer / 4 | 55 / 5750 | 74 x 65,5 | 1129 | 4120 x 1610 x 1350 | 145 | 10.990 |
| GSX 3 GX Série GL ab 9 /1978 - | | G13 / 625 / Boxer / 4 | 65 / 5500 | 79,4X 65,5 | 1299 | 4120 x 1610 x 1350 | 158 | 11.980 |
| GS Pallas 9/1974 *GS: | 56 GB 5001 - | GB12 / 612 / Boxer / 4 | 58 / 6750 | 75 x 59 | 1214** (1220*) | 4120 x 1610 x 1350 | 148 | 13.180 |
| GS Club | 56 GB 5001 - | GB12 / 612 / Boxer / 4 | 58 / 6750 | 75 x 59 | 1214** (1220*) | 4120 x 1610 x 1350 | 148 | 11.990 |
| GS Club Break | 21 GC 2001 - | GC 12 / 612 / Boxer / 4 | 58 / 6750 | 75 x 59 | 1214** (1220*) | 4120 x 1610 x 1350 | 148 | 12.890 |
| CX 2000 Confort ab: 8/1974 | 12 MB 5001 - | MB M20/616 / Reihe / 4 | 102 / 5500 | 86 x 85,5 | 1985 | 4630 x 1730 x 1360 | 174 | 18.190 |
| CX 2400 Super 5 Gang, ab: 8/1976 | | MJ M23/623 / Reihe / 4 | 115 / 5500 | 93,5 x 85,5 | 2350 | 4630 x 1730 x 1360 | 179 | 21.290 |
| CX 2400 Pallas 5 Gang | | MJ M23/623 / Reihe / 4 | 115 / 5500 | 93,5 x 85,5 | 2350 | 4630 x 1730 x 1360 | 179 | 22.690 |
| CX 2400 Pall. Inj. C-Matic 12/1977- | | ME M23/622 / Reihe / 4 | 130 / 5500 | 93,5 x 85,5 | 2350 | 4630 x 1730 x 1360 | 180 | 24.950 |
| CX 2400 Gti 5 Gang, ab 5/1977 | 00 ME 2001 - | ME M23/622 / Reihe / 4 | 130 / 5500 | 93,5 x 85,5 | 2350 | 4630 x 1730 x 1360 | 190 | 24.350 |
| CX Prestige Injection 5-G ab:8/1977 | 00 ML 0001 - | ML M23/622 / Reihe / 4 | 130 / 5500 | 93,5 x 85,5 | 2350 | 4916 x 1734 x 1357 | 190 | 29.790 |
| CX 2500 Dies.Confort, ab: 2/1978 | | MN M25/629 / Reihe / 4 | 75 / 4250 | 93 x 92 | 2500 | 4920 x 1734 x 1357 | 156 | 20.290 |
| CX 2500 Diesel Pallas, ab: 2/1978 | | MN M25/629 / Reihe / 4 | 75 / 4250 | 93 x 92 | 2500 | 4920 x 1734 x 1357 | 156 | 23.290 |
| CX 2500 Diesel Break Confort | | MN M25/629 / Reihe / 4 | 75 / 4250 | 93 x 92 | 2500 | 4920 x 1734 x 1357 | 151 | 22.980 |
| CX 2500 Diesel Break Super | | MN M25/629 / Reihe / 4 | 75 / 4250 | 93 x 92 | 2500 | 4920 x 1734 x 1357 | 151 | 24.680 |
| CX 2500 Diesel Familiale Super | | MN M25/629 / Reihe / 4 | 75 / 4250 | 93 x 92 | 2500 | 4920 x 1734 x 1357 | 151 | 24.990 |
| CX 2400 Break Super, ab: 8/1976 | | MK M23/623 / Reihe / 4 | 115 / 5500 | 93,5 x 85,5 | 2350 | 4920 x 1734 x 1357 | 180 | 22.380 |
| CX 2000 Break Confort ab: 8/1974 | 00 MD 0001 - | MD M20/616 / Reihe / 4 | 102 / 5500 | 86 x 85,5 | 1985 | 4920 x 1734 x 1465 | 179 | 20.980 |
| CX 2400 Familiale Super,ab 8/1976 | 00 MF 4001 - | MF M23/623 / Reihe / 4 | 115 / 5500 | 93,5 x 85,5 | 2350 | 4920 x 1734 x 1465 | 180 | 22.780 |

CX in D verkauft: 16.026
GS in D verkauft:20.184
LN in D verkauft: 3.731
Dyane in D verkauft: 924
2CV in D verkauft: 16.987
Ges.-Zul. Nur Pkw 1978 in D: 58 447 (2,19%)

# 1979

# Visa gegen

LN

Das Jahr beginnt mit einem Paukenschlag. Peugeot übernimmt Chrysler Europa und lässt so die Gruppe Peugeot-Citroën-Chrysler entstehen. Trotz der durch die Expansion deutlich beanspruchten Peugeot-Finanzen bereitet man sich voller Euphorie auf die Zukunft vor.

Die Basis mit den Zweizylinder-Modellen entwickelt sich nur langsam in diesem Jahr. Der 2 CV Spécial bekommt nun die hinteren Seitenscheiben zurück, während 2 CV 6 und Méhari den Doppelvergaser des Ami übernehmen, was ihre Leistung auf 29 PS steigen lässt. Der Méhari bekommt zudem den Tachometer des LN. Schließlich verschwindet im August 1979 der Ami-8-Kombi aus dem Programm.

Nachdem man sich in den vergangenen Jahren in erster Linie um die Weiterentwicklung des CX gekümmert hat, entdeckt man jetzt wieder das untere und mittlere Segment. Um die Modellpalette ohne größeren finanziellen Aufwand ausbauen zu können, greift die Entwicklungsabteilung auf den bewährten Zweizylinder zurück, dessen Bohrung auf 77 mm vergrößert wird. So entsteht ein Hubraum von 652 $cm^3$. Er soll das neue Modell Visa antreiben – Ergebnis einer Zusammenarbeit zwischen Peugeot und Citroën. Der neue Wagen benutzt die Plattform des Peugeot 104 mit einer eigenständigen Karosserie, die bei der Kundschaft allerdings nicht gerade Begeisterungsstürme hervorruft – ein Zeichen der Entmutigung für die Kreativen bei Citroën oder das Ergebnis einer ungeschickten Intervention der Peugeot-Designer? Auf jeden Fall ist der neue Visa eher hässlich. Die Marketingabteilung hat das irgendwie geahnt, denn im Katalog glaubt man, eine Tatsache

MÉHARI

# die Angst



noch einmal unterstreichen zu müssen: „Nun, das ist ein Auto!", heißt es dort ganz richtig. Ja – wenigstens auf den ersten Blick...

Im Zuge der Verschmelzung der Citroën-Modellpalette mit dem Fahrzeugangebot der gesamten PSA-Gruppe rollt der Visa auch mit dem Vierzylinder aus dem Peugeot 104 zu den Händlern. Den Wagen gibt es also als Luft gekühlten Zweizylinder in den Ausführungen Spécial und Club. Der Vierzylinder steht als Version Super bei den Händlern. Alle Modelle sind mit elektronischer Zündung ausgerüstet.

Trotz seiner wenig attraktiven Form bietet der Visa auch Neuerungen. Dazu gehört ein einarmiger Scheibenwischer, die in einem „Satelliten" zusammengefassten Schalter, Stoßstangen aus flexiblem Kunststoff und integrierter Kühlergrill. Im April bringt das Unternehmen das Sondermodell Visa Carte Noire auf Basis des Super mit speziellen Felgen, getönten Scheiben, Blaupunkt-Radio und spezieller Innenraumgestaltung auf den Markt.

Den LN gibt es nach der Vergrößerung des Hubraums von November 1978 an auch als LNA mit elektronischer Zündung und dreifach gelagerter Kurbelwelle. Der LNA unterscheidet sich vom LN durch rostfreie Radkappen und Stoßstangen mit Gummieinlagen.

Sondermodell Visa Carte Noire

GS X3

# 1979

Der GS geht in die letzten Monate. In der Entwicklungsabteilung reift bereits ein Nachfolger zur Serienreife heran. Als Vorbote der Ablösung verschwindet der GSX 2 1220 aus dem Katalog. Er wird durch den GSX 3 abgelöst, dessen Motor nun dank einer größeren Bohrung einen Hubraum von 1299 $cm^3$ erreicht. Der GS erreicht so eine Höchstgeschwindigkeit von 160 km/h.

Das obere Ende der Modellpalette verändert sich nach zwei Jahren voller Modifikationen nicht weiter. Lediglich eine weniger futuristische Mittelkonsole kennzeichnet die Modelle dieses Jahrgangs.

CX 2400 Prestige in gepanzerter Ausführung

GS Club Break

Visa Club

CX 2400 GTI

CX 2400 Prestige mit Einspritzung

# 1979

CX als offizielles Auto der offenen französischen Tennismeisterschaften

Rohkarossen des 2 CV in Melun-Sénard

| **Typ - Modelljahr: 1979**<br>September 1978 bis August 1979<br>*Produktion, insgesamt: 815.173 | Fgst-Nr.<br>Serie | Mot.-Typcode /<br>Bauart / Zylinder | PS / min | Bohr. x Hub<br>in mm | Hubraum cm³<br>**fiskalisch D.<br>*Werksangabe | Dimensionen<br>L x B x H in mm | Vmax<br>km/h<br>DIN | Preise ab<br>Köln inkl.<br>MwSt in DM |
|---|---|---|---|---|---|---|---|---|
| Nun folgend ausschließlich deutsche Modelle: | | | | | | | | |
| 2 CV Club AZ Série KA | AZ KA | A 06/635 M28/1 / Boxer / 2 | 29 / 5750 | 74 x 70 | 597** (602*) | 3780 x 1480 x 1600 | 113 | 7.260 |
| Dyane 6 Limousine | AY CB | CB AM2 M28 / Boxer / 2 | 32 / 5750 | 74 x 70 | 597** (602*) | 3870 x 1500 x 1540 | 118 | 8.330 |
| LNA RB Série RD ab 11/1978- | RB RD | V06/630 / Boxer / 2 | 36 / 5500 | 77 x 70 | 647 | 3430 x 1550 x 1391 | 126 | 8.870 |
| Visa Special | VD VA | V06/630 / Boxer / 2 | 36 / 5500 | 77 x 70 | 652 | 3690 x 1510 x 1415 | 125 | 8.995 |
| Visa Club | VD VJ | V06/630 / Boxer / 2 | 36 / 5500 | 77 x 70 | 652 | 3690 x 1510 x 1415 | 125 | 9.290 |
| Visa Super VD Série VB ab 10/78 | VD VB | 109/S XW3 / Reihe / 4 | 57 / 6250 | 72 x 69 | 1124 | 3690 x 1534 x 1415 | 147 | 10.290 |
| GS-Special ab 7/1977 | GX GA | GA G11/612 / Boxer / 4 | 55 / 5750 | 74 x 65,5 | 1119** (1129*) | 4120 x 1610 x 1350 | 145 | 10.690 |
| GSX | GX GA | GA G11/631 / Boxer / 4 | 55 / 5750 | 74 x 65,5 | 1129 | 4120 x 1610 x 1350 | 145 | 11.590 |
| GS Pallas 9/1974 | GX YL | GB12 / 612 / Boxer / 4 | 58 / 6750 | 75 x 59 | 1214** (1220*) | 4120 x 1610 x 1350 | 148 | 13.820 |
| GS Club Série GD 9/1974 - 7/1979 | GX YL | GB12 / 612 / Boxer / 4 | 58 / 6750 | 75 x 59 | 1214** (1220*) | 4120 x 1610 x 1350 | 148 | 12.590 |
| GS Club Break | GX YS | GC 12 / 612 / Boxer / 4 | 58 / 6750 | 75 x 59 | 1214** (1220*) | 4120 x 1610 x 1350 | 148 | 13.110 |
| CX 2000 Confort ab: 8/1974 | MA MP | MB M20/616 / Reihe / 4 | 102 / 5500 | 86 x 85,5 | 1985 | 4630 x 1730 x 1360 | 174 | 19.120 |
| CX 2400 Super 5 Gang, ab: 8/1976 | MA MY | MJ M23/623 / Reihe / 4 | 115 / 5500 | 93,5 x 85,5 | 2350 | 4630 x 1730 x 1360 | 179 | 22.190 |
| CX 2400 Pallas 5 Gang | MA MY | MJ M23/623 / Reihe / 4 | 115 / 5500 | 93,5 x 85,5 | 2350 | 4630 x 1730 x 1360 | 179 | 23.990 |
| CX 2400 Pall. Inj. C-Matic 12/1977- | MA MT | ME M23/622 / Reihe / 4 | 130 / 5500 | 93,5 x 85,5 | 2350 | 4630 x 1730 x 1360 | 180 | 26.190 |
| CX 2400 Gti 5 Gang ab 5/1977 | MA MT | ME M23/622 / Reihe / 4 | 130 / 5500 | 93,5 x 85,5 | 2350 | 4630 x 1730 x 1360 | 190 | 25.720 |
| CX Prestige Injection 5G ab:8/1977 | MA MV | ML M23/622 / Reihe / 4 | 130 / 5500 | 93,5 x 85,5 | 2350 | 4916 x 1734 x 1357 | 190 | 31.630 |
| CX 2500 Dies.Confort, ab: 2/1978 | MA MM | MN M25/629 / Reihe / 4 | 75 / 4250 | 93 x 92 | 2500 | 4920 x 1734 x 1357 | 156 | 21.180 |
| CX 2500 D Pallas 5-G, ab: 2/1978 | MA MM | MN M25/629 / Reihe / 4 | 75 / 4250 | 93 x 92 | 2500 | 4920 x 1734 x 1357 | 156 | 24.790 |
| CX 2500 Diesel Break Confort, | MA MN | MN M25/629 / Reihe / 4 | 75 / 4250 | 93 x 92 | 2500 | 4920 x 1734 x 1357 | 151 | 24.190 |
| CX 2500 Diesel Break Super, | MA MN | MN M25/629 / Reihe / 4 | 75 / 4250 | 93 x 92 | 2500 | 4920 x 1734 x 1357 | 151 | 25.820 |
| CX 2500 Diesel Familiale Super, | MA MS | MN M25/629 / Reihe / 4 | 75 / 4250 | 93 x 92 | 2500 | 4920 x 1734 x 1357 | 151 | 26.230 |
| CX 2400 Break Super, ab: 8/1976 | MA MW | MK M23/623 / Reihe / 4 | 115 / 5500 | 93,5 x 85,5 | 2350 | 4920 x 1734 x 1357 | 180 | 23.590 |
| CX 2000 Break Confort ab: 8/1974 | MA MR | MD M20/616 / Reihe / 4 | 102 / 5500 | 86 x 85,5 | 1985 | 4920 x 1734 x 1465 | 179 | 22.090 |
| CX 2400 Familiale Super,ab 8/1976 | MA MF | MF M23/623 / Reihe / 4 | 115 / 5500 | 93,5 x 85,5 | 2350 | 4920 x 1734 x 1465 | 180 | 23.970 |

** 2 CV in D verkauft: 13.081
Dyane in D verkauft: 596
LN/LNA in D verkauft: 1.051
GS in D verkauft: 15.320
CX in D verkauft: 11.978
Visa in D verkauft: 7.987
Ges.-Zul. Nur Pkw in D: 50.655 (1,93%)

# 1980

# GSA, oder die

Radio France war mit dem Visa unterwegs

Der 2 CV wird von nun an nur noch vom 602 $cm^3$ großen Motor angetrieben, der auch in der Dyane arbeitet. Zur gleichen Zeit bekommen beide Wagen einen größeren Kunststofftank. Als Modellvarianten stehen nun Spécial und Club zur Verfügung. Während beim 2 CV Club die Ausstattung im Vergleich zum Vorjahr nicht verändert wird, erhält der Spécial wie die Dyane zwei mit Jerseystoff bezogene Frontsitze.

Den inzwischen zum Klassiker gereiften Méhari gibt es nun auch als Allradler mit einem Reduktionsgetriebe für drei Gänge. Das Reserverad hat fortan seinen Platz auf der Motorhaube.

Der 1979 vorgestellte LNA mit Vierzylindermotor bedeutet für den Zweizylinder das Ende. Die Produktion wird eingestellt. Der Visa bekommt ein spezielles Dekor an der Hecktür und (gegen Aufpreis) ein Schiebedach.

Citroën bleibt seiner Tradition treu und bringt im Frühjahr das Sondermodell Visa Sextant auf den Markt. Der zweifarbig maritim lackierte Wagen hat marineblaue Stoßstangen, getönte Scheiben, Teppichboden und ein Autoradio. 2000 Exemplare werden hergestellt.

Die GS-Baureihe ändert sich grundlegend. Der GS 1220 verschwindet aus dem Programm, so dass nur der GS 1130 als Limousine und Kombi überlebt. Alle anderen Versionen werden vom GSA abgelöst, der sich vom GS durch eine Heckklappe (bei der Limousine), Kunststoffstoßstangen, einen neuen Kühlergrill sowie zwei Bedienungssatelliten neben dem Lenkrad unterscheidet. Der GSA übernimmt den bereits im Vorjahr in aller Stille vorgestellten Motor mit

Dyane 6

CX 2400 Pallas

# schöne Kunststoffwelt

## 1980

Mit dem GSA überschreitet der GS die 2-Millionen-Marke

1300 cm³, der drei Ausstattungsversionen antreibt: Club, Pallas und X3, der über ein Fünfganggetriebe verfügt. Im März 1980 überschreitet die Modellreihe die Drei-Millionen-Marke. Von nun übernimmt der Kunststoff die absolute Herrschaft. Citroën tritt in die Ära von Qualitätsproblemen und schlechter werdender Verarbeitung ein...
Der CX entwickelt sich nur leicht weiter. Die Aus-

Méhari

GSA Club als Kombi

# 1980

führungen Confort und Super beim CX 2000 werden durch die Varianten Réflex und Athéna abgelöst. Allerdings werden die beiden Versionen von einem neuen Motor angetrieben. Das 1995 cm³ große Aggregat mit einer oben liegenden Nockenwelle teilt sich die Marke mit Renault, wo es den R 20 TS antreibt.
Um vom gleichzeitigen Erfolg des Diesels und des Prestige zu profitieren, stellt Citroën den CX 2500 Limousine vor, der die Karosserie des Prestige mit einer einfacheren Ausstattung verbindet.

Prototyp Karin

Visa Club

CX 2500

2 CV Spécial und 2 CV Club

CX Athéna auf dem Pariser Salon

# 1980

Sondermodell Visa Sextant

| Typ - Modelljahr: 1980<br>September 1979 bis August 1980<br>*Produktion, insgesamt: 651.374 | Fgst-Nr.<br>Serie | Mot.-Typcode /<br>Bauart / Zylinder | PS / min | Bohr. x Hub<br>in mm | Hubraum cm³<br>**fiskalisch D.<br>*Werksangabe | Dimensionen<br>L x B x H in mm | Vmax<br>km/h<br>DIN | Preise ab<br>Köln inkl.<br>MwSt in DM |
|---|---|---|---|---|---|---|---|---|
| Nun folgend ausschließlich deutsche Modelle: | | | | | | | | |
| 2CV Club AZ Série KA | AZ KA | A 06/635 M28/1 /Boxer / 2 | 29 / 5750 | 74 x 70 | 597** (602*) | 3780 x 1480 x 1600 | 113 | 7.750 |
| Dyane 6 Limousine | AY CB | CB AM2 M28 / Boxer / 2 | 32 / 5750 | 74 x 70 | 597** (602*) | 3870 x 1500 x 1540 | 118 | 8.790 |
| LN A RB Série RD ab 11/1978- | RB RD | V06/630 / Boxer / 2 | 36 / 5500 | 77 x 70 | 647 | 3430 x 1550 x 1391 | 126 | 9.290 |
| Acadiane von 2/1978 - | AY CD | AM2A M28/1 / Boxer / 2 | 30 / 5750 | 74 x 70 | 597** (602*) | 4030 x 1500 x 1825 | 103 | 9.100 |
| Visa Special | VD VA | V06/630 / Boxer / 2 | 36 / 5500 | 77 x 70 | 652 | 3690 x 1510 x 1415 | 125 | 8.995 |
| Visa Club A42 | VD VJ | V06/630 / Boxer / 2 | 36 / 5500 | 77 x 70 | 652 | 3690 x 1510 x 1415 | 125 | 9.625 |
| Visa Super E | VD VB | 109/S XW3 / Reihe / 4 | 57 / 6250 | 72 x 69 | 1124 | 3690 x 1534 x 1415 | 147 | 10.590 |
| GSA Spécial 4-Gang | GX YA | GA G11/631 / Boxer / 4 | 57 / 5750 | 74 x 65,5 | 1119** (1129*) | 4181 x 1648 x 1349 | 150 | 11.950 |
| GSA Break Spécial 4-Gang | GX YE | GA G11/631 / Boxer / 4 | 57 / 5750 | 74 x 65,5 | 1119** (1129*) | 4181 x 1648 x 1349 | 147 | 12.650 |
| GSA Club 4-Gang 9/1979 - 7/1981 | GX YL | G 13/625 / Boxer / 4 | 65 / 5500 | 79,4 x 65,5 | 1275** (1299*) | 4181 x 1648 x 1349 | 158 | 13.930 |
| GSA Pallas 5 G. 9/1979 - 7/1981 | GX YL | G 13/625 / Boxer / 4 | 65 / 5500 | 79,4 x 65,5 | 1275** (1299*) | 4181 x 1648 x 1349 | 158 | 14.990 |
| GSA Club Break 4G 7/1979-8/1981 | GX YS | G 13/625 / Boxer 4 | 65 / 5500 | 79,4 x 65,5 | 1275** (1299*) | 4143 x 1626 x 1349 | 155 | 14.630 |
| GSA X3 5-G 7/1979 - 8/1981 | GX YL | G 13/625 / Boxer / 4 | 65 / 5500 | 79,4 x 65,5 | 1275** (1299*) | 4181 x 1648 x 1349 | 158 | 14.830 |
| CX 2000 Reflex 4- 7/1979 | MAMP | MP 829 A 5 / Reihe / 4 | 106 / 5500 | 88 x 82 | 1981** (1995*) | 4659 x 1734 x 1360 | 180 | 19.990 |
| CX Athena 5-Gang, ab: 7/1979 | MAMP | MP 829 A 5 / Reihe / 4 | 106 / 5500 | 88 x 82 | 1981** (1995*) | 4659 x 1734 x 1360 | 177 | 21.890 |
| CX Pallas 5-Gang, ab 7/ 980 - | MA MY | MAMY M23/623 / Reihe / 4 | 120 / 5500 | 93,5 x 85,5 | 2331** (2347*) | 4659 x 1755 x 1360 | 182 | 25.390 |
| CX 2400 Pall. Inj. A-Matic 7/1980- | MA MT | MAMT M23/622 / Reihe / 4 | 128 / 5500 | 93,5 x 85,5 | 2331** (2347*) | 4659 x 1755 x 1360 | 182 | 27.980 |
| CX 2400 Gti 5-Gang, ab 5/1977 | MA MT | MAMT M23/622 / Reihe / 4 | 128 / 5500 | 93,5 x 85,5 | 2331** (2347*) | 4659 x 1755 x 1360 | 191 | 26.990 |
| CX Prestige Injection 5- ab:8/1977 | MA MV | MAMT M23/622 / Reihe / 4 | 128 / 5500 | 93,5 x 85,5 | 2331** (2347*) | 4916 x 1755 x 1375 | 188 | 33.490 |
| CX 2500 Dies.Confort, ab: 2/1978 | MA MM | MN M25/629 / Reihe / 4 | 75 / 4250 | 93 x 92 | 2482** (2500*) | 4659 x 1734 x 1360 | 156 | 22.690 |
| CX D Pallas 5-G, ab: 2/1978 | MA MM | MN M25/629 / Reihe / 4 | 75 / 4250 | 93 x 92 | 2482** (2500*) | 4659 x 1734 x 1360 | 156 | 26.290 |
| CX Diesel Super L 5-Gang | MA MS | MN M25/629 / Reihe / 4 | 75 / 4250 | 93 x 92 | 2482** (2500*) | 4659 x 1734 x 1360 | 156 | 27.190 |
| CX D Reflex Break Sup.ab 7/1979 | MA MR | MAMR 829A5 / Reihe / 4 | 106 / 5500 | 88 x 82 | 1981** (1995*) | 4952 x 1755 x 1465 | 168 | 23.590 |
| CX Break Super 5-G. ab 7/1980 | MA MW | MAMY M23/639 / Reihe / 4 | 120 / 5500 | 93,5 x 85,5 | 2332** (2347*) | 4952 x 1755 x 1465 | 177 | 23.590 |
| CX Familie Super 5-G. ab 7/1980 | MA MW | MAMW M23/639 / Reihe / 4 | 120 / 5500 | 93,5 x 85,5 | 2332** (2347*) | 4952 x 1755 x 1465 | 177 | 25.690 |
| CX 2500 D Break Confort 5-Gang | MA MN | MN M25/629 / Reihe / 4 | 75 / 4250 | 93 x 92 | 2482** (2500*) | 4952 x 1755 x 1465 | 150 | 25.890 |
| CX 2500 D Break Super 5-Gang | MA MN | MN M25/629 / Reihe / 4 | 75 / 4250 | 93 x 92 | 2482** (2500*) | 4952 x 1755 x 1465 | 150 | 27.690 |
| CX Familiale Super 5-Gang | MA MS | MN M25/629 / Reihe / 4 | 75 / 4250 | 93 x 92 | 2482** (2500*) | 4952 x 1755 x 1465 | 150 | 27.690 |
| CX 2500 Diesel Familiale Sup.5-G. | MA MS | MN M25/629 / Reihe / 4 | 75 / 4250 | 93 x 92 | 2482** (2500*) | 4952 x 1755 x 1465 | 150 | 27.990 |

CX in D verkauft: 7.899
GS-GSA in D verkauft: 13.752
2CV in D verkauft: 13.916
Dyane in D verkauft: 422
LNA in D verkauft: 797
Visa in D verk: 9.554
Ges.-Zul. Nur Pkw in D: 46.891 (1,93%)

GSA Pallas

Méhari

# 1981

# Im Takt

GSA X3

Visa Super E

LNA

Der 2 CV, seit 33 Jahren unverdrossen im Lieferprogramm, erhöht als automobiles Unikum seine Absatzzahlen, was die Vertriebsabteilung der Marke dazu animiert, die Beliebtheit des Kleinwagens noch weiter zu steigern. Daher kommt im Oktober 1981 die Sonderserie Charleston zu den Händlern, die, zweifarbig à la Art Déco lackiert und mit runden Scheinwerfern ausgerüstet, die Kundschaft im Sturm erobert. Die zunächst produzierten 8000 Exemplare sind innerhalb weniger Wochen ausverkauft, was das Unternehmen veranlasst, den Charleston als reguläres Modell in den Katalog aufzunehmen. Die Serienausführungen unterscheiden sich von den Sondermodellen durch verchromte Scheinwerfer und graue Jerseysitze.

Durch zusätzliche Ausstattungsaccessoires, wie einen neuen Rückspiegel und heizbare Heckscheibe, versucht man den LNA aufzuwerten, doch dadurch wird das Aussehen des Modells nicht verbessert. Beim Pariser Automobilsalon im Oktober kommen zwei neue, gefällige Visa-Vierzylinder-Varianten auf den Markt. Der Visa Super E soll mit

Dyane 6

2 CV 6

# des Charleston

SONDERMODELL 2 CV „007"

seinem sparsamen Motor vor allem die Zweizylinder-Kundschaft ansprechen. Beim Visa Super X sorgt der 1219 cm³ große Motor aus dem Peugeot 104 für Vortrieb.

Um dem Visa ein sportliches Image zu verleihen, wird die Pokalidee „Visa pour la compétition" geboren. Als erstes werden zehn besonders aufgebaute Modelle an zehn Rallye-Debütanten übergeben, um im Rallyesport auf sich aufmerksam zu machen. Die Visa Trophée des Jahres 1981 verfügen über Stoßstangen des Basismodells ohne die Kühlergrilleinfassung, die einem einfachen schwarzen Grill gewichen ist. Die hinteren Kotflügel sind ausgeschnitten. Vom Erfolg dieser Opera-

2 CV SPÉCIAL

CX 2400 PALLAS

# 1981

Sondermodell 2 CV Charleston

Die Ausstattungsvarianten bleiben unverändert: Spécial oder Club bei der kleineren Motorisierung sowie Super E oder Super X. Bereits in den ersten Wochen stellt sich der Erfolg ein. Der Visa II hebt bei den Verkäufen ab.

Der GSA wiederum sorgt für besseren Absatz in der mittleren Baureihe. Als letzter Überlebender des alten Designs übernimmt der Spécial die Form des GSA, ohne dass sich auf der Antriebsseite etwas ändert. GSA (mit Ausnahme des X3) und CX bekommen im Zug der Zeit einen sogenannten Ökometer.

Beim CX wird das Fünfganggetriebe bei 2500 D (Super und Pallas) und beim CX Athéna serienmä-

GSA Spécial

tion hängt viel ab, doch die Aktion hat absolut keinen Einfluss auf die Absatzzahlen.

Das Urteil der Öffentlichkeit fällt eindeutig aus: zu hässlich für uns. Das Schicksal des Visa entscheidet sich daher in diesem Jahr. Seine wenig gelungene, umstrittene Form hat ihn von Beginn an behindert, so dass sein Erscheinungsbild bereits zwei Jahre nach seiner Vorstellung im März 1981 überarbeitet wird. Das Karosseriebauunternehmen Heuliez verpasst dem Kleinwagen neue Stoßstangen, einen eleganteren Kühlergrill, seitliche Schutzstreifen, einige schwarze Farbakzente, neue Rückleuchten und Radkappen und nennt die Schöpfung Visa II.

2 CV Charleston

Visa Super X

# 1981

Méhari 4 x 4

CX-Kombi Evasion Heuliez

CX Athéna

ßig. Die ZF-Automatik ist von nun an beim 2400 Pallas und Prestige lieferbar und löst die Halbautomatik C-Matic ab.

| **Typ - Modelljahr: 1981**<br>September 1980 bis August 1981<br>*Produktion, insgesamt: 618.818<br>Nun folgend ausschließlich deutsche Modelle: | Fgst-Nr. Serie | Mot.-Typcode / Bauart / Zylinder | PS / min | Bohr. x Hub in mm | Hubraum cm³ **fiskalisch D. *Werksangabe | Dimensionen L x B x H in mm | Vmax km/h DIN | Preise ab Köln inkl. MwSt in DM |
|---|---|---|---|---|---|---|---|---|
| 2 CV Club ab 7/1979 | AZ KA | A 06/635 M28/1 / Boxer / 2 | 29 / 5750 | 74 x 70 | 597** (602*) | 3780 x 1480 x 1600 | 113 | 7.995 |
| 2 CV Charleston | AZ KA | A 06/635 M28/1 / Boxer / 2 | 29 / 5750 | 74 x 70 | 597** (602*) | 3780 x 1480 x 1600 | 113 | 8.590 |
| LN A ab 11/1978- | RB RD | V06/630 / Boxer / 2 | 34 / 5500 | 77 x 70 | 647 | 3430 x 1550 x 1391 | 126 | 9.290 |
| Acadiane von 2/1978 - | AY CD | AM2A M28/1 / Boxer / 2 | 30 / 5750 | 74 x 70 | 597** (602*) | 4030 x 1500 x 1825 | 103 | 9.290 |
| Visa II Spécial | VD VB | V06/630 / Boxer / 2 | 36 / 5500 | 77 x 70 | 652 | 3690 x 1510 x 1415 | 125 | 9.350 |
| Visa Club II | VD VJ | V06/630 / Boxer / 2 | 36 / 5500 | 77 x 70 | 652 | 3690 x 1510 x 1415 | 125 | 10.250 |
| Visa II Super E | VD VG | 109/5 XW3 / Reihe / 4 | 57 / 6250 | 72 x 69 | 1116** (1124*) | 3690 x 1534 x 1415 | 142 | 10.990 |
| Visa II Super X | VD VH | 129 / 5 / Reihe / 4 | 64 / 6000 | 75 x 69 | 1210** (1219*) | 3690 x 1534 x 1415 | 155 | 11.990 |
| GSA Spécial 4-Gang 7/80- | GX YA | G13 / 625 / Boxer / 4 | 65 / 5500 | 79,4 x 65,4 | 1275** (1299*) | 4181 x 1648 x 1349 | 150 | 12.500 |
| GSA Break Spécial 4-G, 7/80- | GX YE | G13 / 625 / Boxer / 4 | 65 / 5500 | 79,4 x 65,4 | 1275** (1299*) | 4181 x 1648 x 1349 | 147 | 13.200 |
| GSA Club 4-Gang 9/1979 - 7/1981 | GX YL | G13 / 625 / Boxer / 4 | 65 / 5500 | 79,4 x 65,4 | 1275** (1299*) | 4181 x 1648 x 1349 | 158 | 13.930 |
| GSA Pallas 5 G. 9/1979 - 7/1981 | GX YL | G13 / 625 / Boxer / 4 | 65 / 5500 | 79,4 x 65,4 | 1275** (1299*) | 4181 x 1648 x 1349 | 158 | 14.990 |
| GSA Club Break 4G 7/1979-8/1981 | GX YS | G13 / 625 / Boxer / 4 | 65 / 5500 | 79,4 x 65,4 | 1275** (1299*) | 4143 x 1626 x 1349 | 155 | 14.630 |
| GSA X3 5-G 7/1979 - 8/1981 | GX YL | G13 / 625 / Boxer / 4 | 65 / 5500 | 79,4 x 65,4 | 1275** (1299*) | 4181 x 1648 x 1349 | 158 | 14.830 |
| CX 2000 Reflex 4- 7/1979 | MA MP | 829 A 5 / Reihe / 4 | 106 / 5500 | 88 x 82 | 1981** (1995*) | 4665 x 1755 x 1360 | 176 | 20.440 |
| CX 2000 Reflex Break | MA MR | 829 A 5 / Reihe / 4 | 106 / 5500 | 88 x 82 | 1981** (1995*) | 4960 x 1755 x 1465 | 165 | 24.390 |
| CX 2000 Reflex Familiale | MA MR | 829 A 5 / Reihe / 4 | 106 / 5500 | 88 x 82 | 1981** (1995*) | 4960 x 1755 x 1465 | 165 | 25.890 |
| CX 2400 Reflex Break | MA MW | M 23/639 / Reihe / 4 | 120 / 5500 | 93,5 x 85,5 | 2331** (2347*) | 4960 x 1755 x 1465 | 178 | 25.750 |
| CX 2400 Reflex Familiale | MA MW | M 23/639 / Reihe / 4 | 120 / 5500 | 93,5 x 85,5 | 2331** (2347*) | 4960 x 1755 x 1465 | 178 | 27.250 |
| CX Athena 5-Gang, ab: 7/1979 | MA MP | 829 A5 / Reihe / 4 | 106 / 5500 | 88 x 82 | 1981** (1995*) | 4659 x 1734 x 1360 | 177 | 22.390 |
| CX Pallas Injection | MA MT | M 23 / 622 / Reihe / 4 | 128 / 4750 | 93,5 x 85,5 | 2332** (2350*) | 4659 x 1755 x 1360 | 182 | 26.890 |
| CX GTi Injection | MA MT | M 23 / 622 / Reihe / 4 | 128 / 4750 | 93,5 x 85,5 | 2332** (2350*) | 4659 x 1755 x 1360 | 182 | 27.950 |
| CX Prestige Injection 5- ab:8/1977 | MA MV | M 23 / 622 / Reihe / 4 | 128 / 4750 | 93,5 x 85,5 | 2332** (2350*) | 4916 x 1755 x 1375 | 188 | 35.350 |
| CX 2500 Diesel Reflex | MA MM | M 25 / 629 / Reihe / 4 | 75 / 4250 | 93 x 92 | 2482** (2500*) | 4665 x 1755 x 1360 | 156 | 23.490 |
| CX 2500 Diesel Pallas 5-G | MA MM | M 25 / 629 / Reihe / 4 | 75 / 4250 | 93 x 92 | 2482** (2500*) | 4665 x 1755 x 1360 | 156 | 27.250 |
| CX 2500 D Super L 5-G. ab 12/79 | MA MS | M 25 / 629 / Reihe / 4 | 75 / 4250 | 93 x 92 | 2482** (2500*) | 4915 x 1755 x 1375 | 154 | 28.150 |
| CX 2500 Diesel Reflex Break | MA MN | M 25 / 629 / Reihe / 4 | 75 / 4250 | 93 x 92 | 2482** (2500*) | 4960 x 1755 x 1465 | 151 | 26.790 |
| CX 2500 Diesel Reflex Familiale | MA MN | M 25 / 629 / Reihe / 4 | 75 / 4250 | 93 x 92 | 2482** (2500*) | 4960 x 1755 x 1465 | 151 | 28.990 |

CX in D. verkauft: 8.227

2 CV in D verk.: 13.369

LNA in D verkauft: 478

Dyane in D verkauft: 59

Visa in D verk:11.381

GS-GSA in D verkauft: 10.682

Ges.-Zul. Nur Pkw in D: 44.594 (1,91%)

# 1982 Murren

LNA 11 RE

CX Réflex als Kombi

Der neue Erfolg des 2 CV veranlasst Citroën, den Kleinwagen weiter zu entwickeln. Alle 2 CV werden von diesem Jahr an mittels Scheibenbremsen verzögert. Dem 2 CV Spécial wird eine noch wirtschaftlichere Version Spécial E mit Fliehkraft-Kupplung, die ihre Wiederauferstehung erlebt, zur Seite gestellt. Den Charleston gibt es von Juli an in einer zweiten Farbkombination gelb/schwarz.

Im Oktober 1981 wird die „Ente" zu einem „Bond-Girl". In dem Streifen „In tödlicher Mission" nimmt ein 2 CV (erfolgreich) an einer Verfolgungsjagd teil, was das Unternehmen veranlasst, eine auf jeweils 500 Exemplare limitierte Serie für den französischen und britischen Markt zu produzieren. Der auf dem 2 CV 6 aufbauende 2 CV 007 ist gelb lackiert, trägt das 007-Logo auf der Seite und „Einschusslöcher" auf der Kofferraumhaube.

Bei der Dyane sind keine Veränderungen zu verzeichnen. Den GSA, der das Lenkrad des Visa II übernimmt, gibt es nun auch in einer Ausführung Club.

In seiner modifizierten Form verkauft sich der Visa II nun endlich zufriedenstellend. Der Super x bekommt in diesem Jahr ein Fünfganggetriebe. Angesichts des Erfolges der Trophée Visa schaltet das Unternehmen einige Gänge hoch und lässt von Heuliez eine Serie von 200 Fahrzeugen bauen, die in der Motorsport-Gruppe B homologiert werden. Als Antrieb dient noch immer der 1219 $cm^3$ große Motor, der allerdings dank zweier Doppelvergaser nun 100 PS leistet. Diese zweite Serie übernimmt das Aussehen des ebenfalls von Heuliez realisierten Visa II.

In „ziviler Version" rollt der „Sport-Visa" als Chrono ins Lieferprogramm. Die auf 1000 Exemplare limitierte und nummerierte Serie wird vom 1360-$cm^3$-Triebwerk angetrieben, das in dieser Ausführung 93 PS leistet. Allerdings erreicht die Produktion nie die anvisierten 1000 Exemplare.

Als weiteres Sondermodell kommt der Visa West-End auf den Markt, der auf dem Visa Super E aufbaut. Die dunkelrot lackierten Autos besitzen Alufelgen und weiße Seitenteile. Von dieser Version werden 1000 Einheiten hergestellt.

Der GSA ist weiterhin erfolgreich. Die Ausführungen Club und Pallas bekommen neue Felgen. Im April rollt die Sonderserie GSA Tu-

Visa II GT

GSA Pallas

# in Aulnay

GSA Tuner

ner zu den Musikliebhabern unter den Kunden. Der Name wird wegen des serienmäßigen Stereoradios mit vier Lautsprechern gewählt. Eine schwarze Lackierung und getönte Scheiben runden das Angebot ab.
Beim CX gibt es nur wenige Änderungen in diesem Jahr. Die neuen Niederquerschnittsreifen verlangen nach neuen, wuchtigeren Kotflügeln vorne. Der CX 2400 wird nur noch als Einspritzer gebaut, was sich bei den

CX Réflex

GSA X3

# 1982

Kombis und Familiale-Modellen fortsetzt. Schließlich löst die Version Réflex bei allen Modellen die Ausführung Super ab.

Das Jahr endet für die PSA-Gruppe mit gewaltigen sozialen Konflikten. Nach dem Sieg des sozialistischen Präsidentschaftskandidaten Mitterand lassen die Gewerkschaften ihre Muskeln spielen. Schließlich könnte ein großer Konflikt bei der PSA dem Staatsbetrieb Renault nützen. Für eine derartige Auseinandersetzung hätte es keinen schlechteren Moment geben können. Peugeot geht es außerordentlich schlecht, und man hofft verzweifelt auf den letzten Trumpf – den 205.

CX 20 TRE

CX 2400 Prestige mit Einspritzung

# 1982

Sondermodell LNA Club

CX GTI

| Typ - Modelljahr: 1982<br>September 1981 bis August 1982<br>*Produktion, insgesamt: 606.262 | Fgst-Nr. Serie<br>1. Nr. in 1982 | Mot.-Typcode /<br>Bauart / Zylinder | PS / min | Bohr. x Hub<br>in mm | Hubraum cm³<br>**fiskalisch D.<br>*Werksangabe | Dimensionen<br>L x B x H in mm | Vmax<br>km/h<br>DIN | Preise ab<br>Köln inkl.<br>MwSt in DM |
|---|---|---|---|---|---|---|---|---|
| Nun folgend ausschließlich deutsche Modelle: | | | | | | | | |
| 2 CV 6 Club ab 7/1979 | 77 KA 5001 - | A 06/635 M28/1 /Box.2 | 29 / 5750 | 74 x 70 | 597** (602*) | 3780 x 1480 x 1600 | 113 | 8.520 |
| 2 CV Charleston, | 77 KA 5001 - | A 06/635 M28/1 /Box.2 | 29 / 5750 | 74 x 70 | 597** (602*) | 3780 x 1480 x 1600 | 113 | 9.190 |
| LNA 11 E ab /1982 | 08 RD 4001 - | 109 / 5F XW7/ Reihe / 4 | 50 / 5500 | 72 x 69 | 1116** (1124*) | 3430 x 1550 x 1391 | 140 | 9.290 |
| LNA 11RE | 08 RD 4001 - | 109 / 5F XW7/ Reihe / 4 | 50 / 5500 | 72 x 69 | 1116** (1124*) | 3430 x 1550 x 1391 | 140 | 10.850 |
| Acadiane von 2/1978 - | 10 CD 0001 | AM2A M28/1 / Boxer 2 | 30 / 5750 | 74 x 70 | 597** (602*) | 4030 x 1500 x 1825 | 103 | 9.930 |
| Visa ab 3/1981 | 05 VJ 0001 | V 06 / 644 / Boxer 2 | 34 / 5500 | 77 x 70 | 652 | 3690 x 1510 x 1415 | 124 | 9.950 |
| Visa Club | 05 VJ 0001 | V 06 / 644 / Boxer 2 | 34 / 5500 | 77 x 70 | 652 | 3690 x 1510 x 1415 | 124 | 10.850 |
| Visa L ab 7/1982 | | 109/5F XW 7 / Reihe / 4 | 50 / 5500 | 72 x 69 | 1116** (1124*) | 3690 x 1510 x 1415 | 142 | 10.990 |
| Visa Super E ab 7/1982 | 02 VG 3001 | 109/5F XW 7 / Reihe / 4 | 50 / 5500 | 72 x 69 | 1116** (1124*) | 3690 x 1534 x 1415 | 142 | 11.650 |
| Visa GT 5-Gang ab 7/1982 | | 150 B / XY8 / Reihe / 4 | 80 / 5800 | 75 x 77 | 1351** | 3690 x 1534 x 1415 | 170 | 14.200 |
| GSA Spécial 4-Gang 7/80- | 20 YL 0001 | G13 / 625 / Boxer / 4 | 65 / 5500 | 79,4 x 65,4 | 1275** (1299*) | 4181 x 1648 x 1349 | 158 | 12.990 |
| GSA Spécial Break 4-G, 7/80- | 20 YL 0001 | G13 / 625 / Boxer / 4 | 65 / 5500 | 79,4 x 65,4 | 1275** (1299*) | 4181 x 1648 x 1349 | 155 | 13.950 |
| GSA X1 5-Gang | 20 YL 0001 | G13 / 625 / Boxer / 4 | 65 / 5500 | 79,4 x 65,4 | 1275** (1299*) | 4181 x 1648 x 1349 | 164 | 14.390 |
| GSA Club Break | 03 YS 4001 | G13 / 625 / Boxer / 4 | 65 / 5500 | 79,4 x 65,4 | 1275** (1299*) | 4181 x 1648 x 1349 | 160 | 14.890 |
| GSA Pallas 5-Gang | 20 YL 0001 | G13 / 625 / Boxer / 4 | 65 / 5500 | 79,4 x 65,4 | 1275** (1299*) | 4143 x 1626 x 1349 | 155 | 15.090 |
| GSA X3 5-G | 20 YL 0001 | G13 / 625 / Boxer / 4 | 65 / 5500 | 79,4 x 65,4 | 1275** (1299*) | 4181 x 1648 x 1349 | 164 | 15.090 |
| CX 20 | 06 MR 3001 | 829 A 5 / Reihe / 4 | 106 / 5500 | 88 x 82 | 1981** (1995*) | 4665 x 1755 x 1360 | 176 | 22.690 |
| CX 2000 Break | 06 MR 3001 | 829 A 5 / Reihe / 4 | 106 / 5500 | 88 x 82 | 1981** (1995*) | 4960 x 1755 x 1465 | 165 | 25.650 |
| CX Pallas 5-Gang | 06 MR 3001 | 829 A 5 / Reihe / 4 | 106 / 5500 | 88 x 82 | 1981** (1995*) | 4960 x 1755 x 1465 | 176 | 24.560 |
| CX Pallas IE ab 7/1980 | 01 MT 5001 | M23/622 / Reihe / 4 | 128 / 4800 | 93,5 x 85,5 | 2332** (2350*) | 4960 x 1755 x 1465 | 192 | 28.390 |
| CX Pallas D 5-Gang ab 2/1978 | 14 MM 0051 | M 25/629 / Diesel / 4 | 75 / 4250 | 93 x 92 | 2482** (2500*) | 4960 x 1755 x 1465 | 156 | 28.690 |
| CX Gti ab 07/1981 | 00 NA 0051 | M23/622 / Reihe / 4 | 128 / 4800 | 93,5 x 85,5 | 2332** (2350*) | 4659 x 1734 x 1360 | 194 | 28.990 |
| CX CX Prestige 5-Gang ab 07/1981 | 00 NE 0051 | M23/622 / Reihe / 4 | 128 / 4800 | 93,5 x 85,5 | 2332** (2350*) | 4659 x 1755 x 1360 | 191 | 37.290 |
| CX 25 D Lang ab 12/1979 | 00 MS 8001 | M 25/629 / Diesel / 4 | 75 / 4250 | 93 x 92 | 2482** (2500*) | 4659 x 1755 x 1360 | 154 | 29.590 |
| CX Break 5-Gang ab 2/1978 | 02 MN 5001 | 829 A 5 / Reihe / 4 | 106 / 5500 | 88 x 82 | 1981** (1995*) | 4916 x 1755 x 1375 | 165 | 26.230 |
| CX Break IE ab 1/1982 | MA MX | M23/622 / Reihe / 4 | 128 / 4800 | 93,5 x 85,5 | 2332** (2350*) | 4665 x 1755 x 1360 | 182 | 27.990 |
| CX Break D 5-Gang | MA MN | M 25/629 / Diesel / 4 | 75 / 4250 | 93 x 92 | 2482** (2500*) | 4665 x 1755 x 1360 | 151 | 28.950 |
| CX Familiale | MA MW | 829 A 5 / Reihe / 4 | 106 / 5500 | 88 x 82 | 1981** (1995*) | 4915 x 1755 x 1375 | 165 | 27.190 |
| CX Familiale IE ab 1/1982 | MA MX | M23/622 / Reihe / 4 | 128 / 4800 | 93,5 x 85,5 | 2332** (2350*) | 4960 x 1755 x 1465 | 182 | 29.590 |
| CX Famiale D | MA MN | M 25/629 / Diesel / 4 | 75 / 4250 | 93 x 92 | 2482** (2500*) | 4960 x 1755 x 1465 | 151 | 30.490 |

CX in D. verkauft: 6.825
GS-GSA in D verkauft: 8.381
Dyane in D verkauft: 224
LNA in D verkauft:384
2 CV in D verk.: 11.743
Visa in D verk:11.083
Ges.-Zul nur Pkw in D: 38.699 (1,8 %)

# 1983

# BX oder

2 CV Charleston

Sondermodell Méhari Azur

Die ganze Aufmerksamkeit der Marke konzentriert sich in diesem Jahr auf die Vorstellung des neuen BX, so dass sich die anderen Modelle kaum weiter entwickeln. Allerdings bleibt sich das Unternehmen treu und bringt wieder einige Sondermodelle in die Verkaufsräume. Im April kommt der 2 CV France 3 auf den Markt, mit dem man die gleichnamige Yacht begleitet, die, unterstützt von Citroën, versucht, den America's Cup zu ersegeln. Auf Basis des 2 CV 6 entstehen 2000 Exemplare. Im Juli wird der 2 CV E mangels Nachfrage aus dem Programm genommen. Gleichzeitig verschwindet damit die Fliehkraftkupplung. Nun wird auch die Verbundglas-Windschutzscheibe eingeführt. Und nachdem die gelb-schwarze Lackierung des Charleston nicht allzu viele Kunden gefunden hat, wird sie von einer neuen grau-dunkelgrauen Gestaltung abgelöst.
Ebenfalls im April kommt der Méhari Azur auf den Markt, der wie der 2 CV France 3 gestaltet ist. Das Freizeitmobil besitzt zudem zweifarbige Sitze und einen blauen Kühlergrill.
Ohne dass es von der Öffentlichkeit sonderlich bemerkt wird, nimmt die Dyane im Juni 1983 ihren Abschied. Ursprünglich als Nachfolger des 2 CV auf den Markt gekommen, wird sie von ihrem eigentlichen Vorgänger überlebt. Das gleiche Schicksal teilt der Allrad-Méhari, der einen Monat später

CX D Turbo

Sondermodell 2 CV France 3

Citroën verlässt den Quai de Javel

# eine neue Größe

Sondermodell Visa 1000 Pistes

aus dem Lieferprogramm gestrichen wird. Er war bei der „zivilen" Kundschaft kein besonders großer Erfolg – allerdings war er von vornherein in erster Linie für das Militär gedacht.

Dem LNA, den es bisher ausschließlich als Zweizylindermodell gab, werden zwei Vierzylinder-Ausführungen zur Seite gestellt: LNA 11 E und 11 RE. Der 1124 cm³ große Motor stammt aus dem Visa II beziehungsweise Peugeot 104. Auch sonst wird einiges vom Visa II übernommen: Felgen, umklappbare Rückbank, Frontsitze sowie Bremskraftunterstützung. Im Januar kommt das erste LNA-Sondermodell, Cannelle, auf den Markt.

Aus dem Visa II wird nun wieder der Visa, bei dem lediglich die Version Super x durch den GT ersetzt

BX

LNA

Sondermodell Visa Platine

2 CV Charleston

# 1983

wird. Als Antrieb dient der 1360 cm³ große Motor des neuen BX. Der GSA verliert die Ausführung Club, die durch den GSA X1 abgelöst wird.

Auf dem Pariser Automobilsalon im Oktober steht der neue BX im Mittelpunkt. In der Werbekampagne lässt die Marke ein knallrotes Automobil strahlen. Vor allem das Design wird bald zum Gesprächsstoff. Die Karosserie ist die Schöpfung des italienischen Designers Marcello Gandini, der streng geometrische Linien gewählt hat und bei dem Rundungen absolut verboten sind. Im Innenraum sind die Bedienungssatelliten in das Armaturenbrett mit seinem Lupentacho integriert worden. Die Presse führt lange Diskussionen, ob es sich beim BX tatsächlich um einen „echten Citroën" handelt. Die Entwicklungsarbeiten hatten begonnen, als das Unternehmen noch unabhängig war und wurden unter den außerordentlich aufmerksamen Augen der Peugeot-Verantwortlichen weiter geführt, die zunächst aus wirtschaftlichen Gründen beschlossen hatten, den neuen Wagen ohne Hydropneumatik auf den Markt zu bringen. Doch nach dem erbitterten Widerstand der Entwicklungsmannschaft und dem Rat der Vertriebsexperten kam der BX schließlich doch mit hydropneumatischer Federung zu den Kunden.

Zunächst stehen zwei Motorisierungen (1360 cm³ und 1580 cm³) zur Verfügung. Die Basisversion leistet 62 PS. Die beiden gehobenen Ausführungen 14 E und 14 RE besitzen ein Fünfganggetriebe und eine Leistung von 72 PS. Die beiden Topmodelle BX 16 RS und 16 TRS mobilisieren 90 PS.

Im gehobenen Segment verändert sich der CX nur geringfügig. Lediglich die Seitenschweller und der Kühlergrill werden überarbeitet. Im Interesse einer logischeren Typenbezeichnung verschwinden Réflex und Athéna. Wie bei LNA und BX übernehmen Zahlenkombinationen ihren Platz. Der CX 2000

Der BX ist der Star des Pariser Automobilsalons

Sondermodell GSA Cottage

Der BX entsteht in Rennes-La-Janais

Der CX erfreut sich noch immer grosser Beliebtheit

BX 16 TRS

verwandelt sich zum CX 20 und 20 TRE. Die Diesel entwickeln sich zu 25 D mit Ausnahme des Pallas, der seinen Modellnamen behält. Die 2400-Versionen mit Einspritzung übernehmen die Abkürzung IE bei Pallas, Kombi und Familiale.

| **Typ - Modelljahr: 1983** September 1982 bis August 1983 *Produktion, insgesamt: 605.045 | Fgst-Nr. Serie | Mot.-Typcode / Bauart / Zylinder | PS / min | Bohr. x Hub in mm | Hubraum cm³ **fiskalisch D. *Werksangabe | Dimensionen L x B x H in mm | Vmax km/h DIN | Preise ab Köln inkl. MwSt in DM |
|---|---|---|---|---|---|---|---|---|
| Nun folgend ausschließlich deutsche Modelle: | | | | | | | | |
| 2 CV 6 Club ab 7/1979 | 88 KA 2001 - | A 06/635 M28/1 / Boxer / 2 | 29 / 5750 | 74 x 70 | 597** (602*) | 3780 x 1480 x 1600 | 113 | 8.595 |
| 2 CV Charleston, | 88 KA 2001 - | A 06/635 M28/1 / Boxer / 2 | 29 / 5750 | 74 x 70 | 597** (602*) | 3780 x 1480 x 1600 | 113 | 9.280 |
| LNA 11 E ab /1982 | 08 RG 0051 | 109 / 5F XW7 / Reihe / 4 | 50 / 5500 | 72 x 69 | 1116** (1124*) | 3430 x 1550 x 1391 | 140 | 10.880 |
| LNA 11RE | 08 RG 0051 | 109 / 5F XW7 / Reihe / 4 | 50 / 5500 | 72 x 69 | 1116** (1124*) | 3430 x 1550 x 1391 | 140 | 10.950 |
| Acadiane von 2/1978 - | 13 CD 2001 | AM2A M28/1 / Boxer / 2 | 30 / 5750 | 74 x 70 | 597** (602*) | 4030 x 1500 x 1825 | 103 | 10.080 |
| Visa ab 3/1981 | 00 VF 0001 | V 06 / 644 / Boxer / 2 | 34 / 5500 | 77 x 70 | 652 | 3690 x 1510 x 1415 | 124 | 10.040 |
| Visa Club | 05 VJ 0001 | V 06 / 644 / Boxer / 2 | 34 / 5500 | 77 x 70 | 652 | 3690 x 1510 x 1415 | 124 | 10.950 |
| Visa L ab 7/1982 | 12 VG 7501 | 109/5F XW 7 / Reihe / 4 | 50 / 5500 | 72 x 69 | 1116** (1124*) | 3690 x 1510 x 1415 | 142 | 11.090 |
| Visa Super E ab 7/1982 | 12 VG 7501 | 109/5F XW 7 / Reihe / 4 | 50 / 5500 | 72 x 69 | 1116** (1124*) | 3690 x 1534 x 1415 | 142 | 1.760 |
| Visa Plein Air ab 9/1983 | 12 VG 7501 | 109/5F XW 7 / Reihe / 4 | 50 / 5500 | 72 x 69 | 1116** (1124*) | 3690 x 1534 x 1415 | 137 | 15.990 |
| Visa GT 5-Gang ab 7/1982 | 00 VS 0001 | 150 B / XY8 / Reihe / 4 | 80 / 5800 | 75 x 77 | 1351** (1360*) | 3690 x 1534 x 1415 | 170 | 14.330 |
| Visa Chrono 3/ 1982 | 00 VR 1011 | 156 A / Reihe / 4 | 93 / 5800 | 75 x 77 | 1351** (1360*) | 3690 x 1534 x 1415 | - | nicht in D |
| GSA Spécial 4-Gang 7/80- | 31 YL 1001 | G13 / 625 / Boxer / 4 | 65 / 5500 | 79,4 x 65,4 | 1275** (1299*) | 4181 x 1648 x 1349 | 158 | 13.110 |
| GSA Spécial Break 4-G, 7/80- | 05 YS 7501 | G13 / 625 / Boxer / 4 | 65 / 5500 | 79,4 x 65,4 | 1275** (1299*) | 4181 x 1648 x 1349 | 155 | 14.080 |
| GSA X1 5-Gang | 31 YL 1001 | G13 / 625 / Boxer / 4 | 65 / 5500 | 79,4 x 65,4 | 1275** (1299*) | 4181 x 1648 x 1349 | 164 | 14.520 |
| GSA Club Break | 05 YS 7501 | G13 / 625 / Boxer / 4 | 65 / 5500 | 79,4 x 65,4 | 1275** (1299*) | 4181 x 1648 x 1349 | 160 | 15.020 |
| GSA Pallas 5-Gang | 31 YL 1001 | G13 / 625 / Boxer / 4 | 65 / 5500 | 79,4 x 65,4 | 1275** (1299*) | 4143 x 1626 x 1349 | 155 | 15.230 |
| GSA X3 5-G | 31 YL 1001 | G13 / 625 / Boxer / 4 | 65 / 5500 | 79,4 x 65,4 | 1275** (1299*) | 4181 x 1648 x 1349 | 164 | 15.230 |
| BX 14 ab 9/1982 | 00 XA 0051 | 150 A / Reihe / 4 | 62 / 5500 | 75 x 77 | 1351** (1360*) | 4230 x 1660 x 1361 | 155 | 15.090 |
| BX 14E, | 00 XD 0051 | 150 C / Reihe / 4 | 72 / 5750 | 75 x 77 | 1351** (1360*) | 4230 x 1660 x 1361 | 163 | 16.090 |
| BX 14 RE ab 9/1982 | 00 XD 0051 | 150 C / Reihe / 4 | 72 / 5750 | 75 x 77 | 1351** (1360*) | 4230 x 1660 x 1361 | 163 | 16.800 |
| BX 16 RS ab 9/1982 | 00 XD 0051 | 171 A / Reihe / 4 | 90 / 6000 | 83 x 73 | 1569** (1580*) | 4230 x 1660 x 1361 | 176 | 17.810 |
| BX 16 TRS ab 9/1982 | 00 XB 0051 | 171 A / Reihe / 4 | 90 / 6000 | 83 x 73 | 1569** (1580*) | 4230 x 1660 x 1361 | 176 | 18.970 |
| CX 20 4-Gang | 09 MP 2001 | 829 A 5 / Reihe / 4 | 106 / 5500 | 88 x 82 | 1981** (1995*) | 4665 x 1755 x 1360 | 176 | 22.890 |
| CX Pallas | 09 MP 2001 | 829 A 5 / Reihe / 4 | 106 / 5500 | 88 x 82 | 1981** (1995*) | 4960 x 1755 x 1465 | 176 | 24.780 |
| CX Pallas IE 5-G. 7/81 bis 7/1983 | 03 MT 0001 | M23/622 / Reihe / 4 | 128 / 4800 | 93,5 x 85,5 | 2332** (2350*) | 4960 x 1755 x 1465 | 176 | 28.650 |
| CX Gti 5-Gang 7/81 bis 7/1983 | 01 NA 4001 | M23/622/ Reihe / 4 | 128 / 4800 | 93,5 x 85,5 | 2332** (2350*) | 4960 x 1755 x 1465 | 194 | 29.250 |
| CX CX Prestige 5-Gang ab 07/1981 | 00 NE 2901 | M23/622 / Reihe / 4 | 128 / 4800 | 93,5 x 85,5 | 2332** (2350*) | 4659 x 1755 x 1360 | 191 | 37.620 |
| CX 25 D 5-Gang | 18 MM 1601 | M 25/629 / Diesel / 4 | 75 / 4250 | 93 x 92 | 2482** (2500*) | 4659 x 1755 x 1360 | 156 | 25.880 |
| CX Pallas D 5-Gang | 18 MM 1601 | M 25/629 / Diesel / 4 | 75 / 4250 | 93 x 92 | 2482** (2500*) | 4916 x 1755 x 1375 | 156 | 28.950 |
| CX 25 lang 5-G 12/1979 bis 7/1983 | 01 MS 1501 | M 25/629 / Diesel / 4 | 75 / 5500 | 93 x 92 | 2482** (2500*) | 4960 x 1755 x 1465 | 156 | 29.850 |
| CX 25 RD Turbo 5-Gang ab 7/1983 | | M25/648 / Diesel / 4 | 95 / 3700 | 93 x 92 | 2482** (2500*) | 4665 x 1755 x 1360 | 182 | 27.900 |
| CX 25 TRD Turbo 5-G. ab 7/1983 | | M25/648 / Diesel / 4 | 95 / 3700 | 93 x 92 | 2482** (2500*) | 4665 x 1755 x 1360 | 175 | 30.930 |
| CX Break D 5-Gang | 04 MN 0001 | M 25/629 / Diesel / 4 | 75 / 4250 | 93 x 92 | 2482** (2500*) | 4665 x 1755 x 1360 | 151 | 26.470 |
| CX Break IE 5-G. 7/81 bis 7/1983 | | M23/622 / Reihe / 4 | 128 / 4800 | 93,5 x 85,5 | 2332** (2350*) | 4665 x 1755 x 1360 | 182 | 28.240 |
| CX Break D | 04 MN 0001 | M 25/629 / Diesel / 4 | 75 / 4250 | 93 x 92 | 2482** (2500*) | 4665 x 1755 x 1360 | 151 | 29.210 |
| CX Familiale 5-G | 01 MR 2701 | 829 A 5 / Reihe / 4 | 106 / 5500 | 88 x 82 | 1981** (1995*) | 4915 x 1755 x 1375 | 165 | 27.430 |
| CX Familiale IE 1/1982 bis 7/1983 | MA MX | M23/622 / Reihe / 4 | 128 / 4800 | 93,5 x 85,5 | 2332** (2350*) | 4960 x 1755 x 1465 | 182 | 29.860 |
| CX Famiale D | 04 MN 0001 | M 25/629 / Diesel / 4 | 75 / 4250 | 93 x 92 | 2482** (2500*) | 4960 x 1755 x 1465 | 151 | 30.760 |

CX in D. verkauft: 6.092
GS-GSA in D verkauft: 5.183
Visa in D verk: 8.374
in D. verk. BX: 7.728
Dyane in d verk: 92
LNA in D verkauft:934
2CV in D verk.: 13.150
BX in D verk: 7.728
Ges.-Zul. Nur Pkw in D: 41.749 (1,72 %)

CX D Turbo

# 1984

## Das

CX 25 Turbo D

BX 16 TRS

Das Angebot der Marke scheint seinen Rhythmus gefunden zu haben und umfasst nun sechs verschiedene Modelle: 2 CV, Méhari, LNA, GSA, BX und CX, die von nun an Verbundglas-Windschutzscheiben besitzen.

Der 2 CV verändert sich, abgesehen davon, dass die Ausführung 2 CV E aus dem Programm genommen worden ist, nicht. Der Erfolg der Sonderserie France 3 veranlasst das Unternehmen zu einer zweiten Auflage von 2000 Exemplaren, die im März zu den Kunden rollen.

Vom Visa kommen gleich zwei Sondermodelle im Oktober 1983 auf den Markt: Der Visa Tonic, der vom Visa Chrono beeinflusst ist und von einem 80 PS starken Motor angetrieben wird, und der Visa Platine. Von beiden Typen werden 2000 Exemplare hergestellt. Die Visa-Vierzylinder übernehmen die Typenbezeichnung der anderen Modelle: 11 E und 11 RE lösen L und Super E ab. Doch die große Neuheit ist die Vorstellung des Visa-Cabriolets im Juni 1983, das von Heuliez gebaut wird und nach dem Pariser Automobilsalon im Oktober auf den Markt rollt.

Im April kündigt Citroën Dieselvarianten des Visa an. Als Antrieb dient ein 1769 cm³ großer Selbstzünder, der 60 PS leistet. Der Visa 17 D kommt mit einem Vierganggetriebe zu den Kunden, während der 17 RD über fünf Gänge verfügt. Im März startet zudem die Sonderserie Olympique, die sich lediglich durch die Dekoration vom 11 RE unterscheidet.

Im Oktober kommt vom GSA-Kombi das Sondermodell Cottage mit einer Innenausstattung aus schottischem Tweed, Alufelgen und einer Beigemetallic-Lackierung zu den Händlern. Gleichzeitig werden die letzten GSA mit dem 1130 cm³ großen

CX 25 TRD Turbo

GSA X3

# 1984

Der neue Zweitürer Axel

BX 14 RE

2 CV Charleston

Triebwerk abgesetzt. Nur noch der 1300er bleibt im Lieferprogramm.

Das Unternehmen nutzt den Erfolg des BX, um die beiden Dieselvarianten BX 19D und 19 TRD nachzuschieben. Der Motor mit 1905 cm³ leistet 65 PS, die über ein Fünfganggetriebe an die Vorderräder gebracht werden.

Im Frühjahr sorgt ein Turbolader bei den CX-Dieselmodellen für zusätzlichen Schub. Die Leistung wächst von 75 auf 95 PS. Das 2400-Aggregat wächst auf 2500 cm³, um möglichst viele Teile vom Dieselmotor übernehmen zu können. Dadurch sinkt die Zahl der CX-Motoren auf zwei: der Zweiliter im 20 und 20 TRE sowie die 2,5-Liter-Aggregate 25 D, 25 RD turbo, 25 TRD turbo als Diesel und 25 IE, 25 GTI sowie 25 TRI als Ottomotoren.

Das Visa-Cabriolet

Axel

Visa Diesel

2 CV Charleston

| Typ - Modelljahr: 1984<br>September 1983 bis August 1984<br>*Produktion, insgesamt: 551.691 | Fgst-Nr. Serie | Mot.-Typcode /<br>Bauart / Zylinder | PS / min | Bohr. x Hub<br>in mm | Hubraum cm³<br>**fiskalisch D.<br>*Werksangabe | Dimensionen<br>L x B x H in mm | Vmax<br>km/h | Preise ab<br>Köln inkl.<br>MwSt in DM |
|---|---|---|---|---|---|---|---|---|
| Nun folgend ausschließlich deutsche Modelle: | | | | | | | | |
| 2 CV 6 Club ab 10/1983: | KA000 001 | A 06/635 M28/1 / Boxer / 2 | 29 / 5750 | 74 x 70 | 597** (602*) | 3780 x 1480 x 1600 | 113 | 8.150 |
| 2 CV Charleston, | KA000 001 | A 06/635 M28/1 / Boxer / 2 | 29 / 5750 | 74 x 70 | 597** (602*) | 3780 x 1480 x 1600 | 113 | 8.820 |
| **Dyane in D verkauft: 50 | | | | | | | | |
| LNA 11 E ab /1982 | 03 RG 5001 | 109 / 5F XW7 / Reihe / 4 | 50 / 5500 | 72 x 69 | 1116** (1124*) | 3430 x 1550 x 1391 | 140 | 10.690 |
| LNA 11RE | 03 RG 5001 | 109 / 5F XW7 / Reihe / 4 | 50 / 5500 | 72 x 69 | 1116** (1124*) | 3430 x 1550 x 1391 | 140 | 11.530 |
| Acadiane von 2/1978 - | | AM2A M28/1 / Boxer / 2 | 30 / 5750 | 74 x 70 | 597** (602*) | 4030 x 1500 x 1825 | 103 | 10.810 |
| Visa ab 3/1981 | 07 VF 5001 | V 06/ 644 / Boxer / 2 | 34 / 5500 | 77 x 70 | 652 | 3690 x 1510 x 1415 | 124 | 10.290 |
| Visa Club | 07 VF 5001 | V 06/ 644 / Boxer / 2 | 34 / 5500 | 77 x 70 | 652 | 3690 x 1510 x 1415 | 124 | 11.190 |
| Visa E ab 7/1982 | 25 VG 0001 | 109/5FXW 7 / Reihe / 4 | 50 / 5500 | 72 x 69 | 1116** (1124*) | 3690 x 1510 x 1415 | 142 | 11.890 |
| Visa RE ab 7/1982 | 25 VG 0001 | 109/5FXW 7 / Reihe / 4 | 50 / 5500 | 72 x 69 | 1116** (1124*) | 3690 x 1534 x 1415 | 142 | 12.310 |
| Visa Plein Air ab 9/1983 | 25 VG 0001 | 109/5FXW 7 / Reihe / 4 | 50 / 5500 | 72 x 69 | 1116** (1124*) | 3690 x 1534 x 1415 | 137 | 16.940 |
| Visa GT 5-Gang ab 7/1982 | 04 VS 0001 | 150 B/XY8 / Reihe / 4 | 80 / 5800 | 75 x 77 | 1351** (1360*) | 3690 x 1534 x 1415 | 170 | 15.440 |
| Visa Chrono, 1984 auch in D, 3/82 | 04 VS 0001 | 150 B / Reihe / 4 | 93 / 5800 | 75 x 77 | 1351** (1360*) | 3690 x 1534 x 1415 | 170 | |
| GSA Spécial 4-Gang 7/80- | 39 YL 0001 | G13/ 625 / Boxer / 4 | 65 / 5500 | 79,4 x 65,4 | 1275** (1299*) | 4181 x 1648 x 1349 | 158 | 13.820 |
| GSA Spécial Break 4-G, 7/80- | 08 YS 0001 | G13/ 625 / Boxer / 4 | 65 / 5500 | 79,4 x 65,4 | 1275** (1299*) | 4181 x 1648 x 1349 | 155 | 14.990 |
| GSA X1 5-Gang | 39 YL 0001 | G13/ 625/ Boxer / 4 | 65 / 5500 | 79,4 x 65,4 | 1275** (1299*) | 4181 x 1648 x 1349 | 164 | 15.480 |
| GSA Pallas 5-Gang | 39 YL 0001 | G13/ 625/ Boxer / 4 | 65 / 5500 | 79,4 x 65,4 | 1275** (1299*) | 4143 x 1626 x 1349 | 160 | 15.650 |
| BX 14 4-Gang ab 9/1982 | 01 XA 0001 | 150 A / Reihe / 4 | 62 / 5500 | 75 x 77 | 1351** (1360*) | 4230 x 1660 x 1361 | 155 | 15.550 |
| BX 14E 5-G | 03 XD 7001 | 150 C / Reihe / 4 | 72 / 5750 | 75 x 77 | 1351** (1360*) | 4230 x 1660 x 1361 | 163 | 16.790 |
| BX 14 RE 5-Gang ab 9/1982 | 03 XD 7001 | 150 C / Reihe / 4 | 72 / 5750 | 75 x 77 | 1351** (1360*) | 4230 x 1660 x 1361 | 163 | 17.690 |
| BX 16 RS 5-Gang ab 9/1982 | 06 XB 2001 | 171 A / Reihe / 4 | 90 / 6000 | 83 x 73 | 1569** (1580*) | 4230 x 1660 x 1361 | 176 | 18.970 |
| BX 16 TRS 5-Gang ab 9/1982 | 06 XB 2001 | 171 A / Reihe / 4 | 90 / 6000 | 83 x 73 | 1569** (1580*) | 4230 x 1660 x 1361 | 176 | 19.930 |
| B 19 RD 5-Gang ab 9/1983 | 00 XC 0001 | 162 / Diesel / 4 | 65 / 4600 | 83 x 88 | 1891** (1905*) | 4230 x 1660 x 1361 | 157 | 19.990 |
| BX TRD 5-Gang ab 9/1983 | 00 XC 0001 | 162 / Diesel / 4 | 65 / 4600 | 83 x 88 | 1891** (1905*) | 4230 x 1660 x 1361 | 157 | 21.690 |
| CX 20 4-Gang | 12 MP 5001 | 829 A 5 / Reihe / 4 | 106 / 5500 | 88 x 82 | 1981** (1995*) | 4665 x 1755 x 1360 | 176 | 24.330 |
| CX Pallas | 12 MP 5001 | 829 A 5 / Reihe / 4 | 106 / 5500 | 88 x 82 | 1981** (1995*) | 4665 x 1755 x 1360 | 176 | 26.410 |
| CX 20 5-Gang Break ab 7/1982 | 01 MR 9001 | 829 A 5 / Reihe / 4 | 106 / 5500 | 88 x 82 | 1981** (1995*) | 4960 x 1755 x 1465 | 165 | 28.280 |
| CX Pallas 25 IE 5-G ab 7/1983 | 00 NG 0051 | M25/659 / Reihe / 4 | 138 / 5000 | 93 x 92 | 2482** (2500*) | 4665 x 1755 x 1360 | 200 | 30.880 |
| CX 25 Gti 5-Gang ab 7/1983 | 00 NG 0051 | M25/659 / Reihe / 4 | 138 / 5000 | 93 x 92 | 2482** (2500*) | 4665 x 1755 x 1360 | 201 | 31.570 |
| CX CX Prestige 5-Gang ab 07/1981 | 00 NH 0051 | M25/659 / Reihe / 4 | 138 / 5000 | 93 x 92 | 2482** (2500*) | 4659 x 1755 x 1360 | 200 | 40.350 |
| CX 25 Tri Break 5-Gang ab 7/1983 | 00 NJ 0051 | M25/659 / Reihe / 4 | 138 / 5000 | 93 x 92 | 2482** (2500*) | 4960 x 1755 x 1465 | 194 | 32.790 |
| CX 25 IE Familiale 5-G ab 7/1983 | 00 NJ 0051 | M25/659 / Reihe / 4 | 138 / 5000 | 93 x 92 | 2482** (2500*) | 4960 x 1755 x 1465 | 194 | 32.230 |
| CX 25 D 5-Gang ab 2/1978 | 20 MM 9501 | M 25/629 / Diesel / 4 | 75 / 5500 | 93 x 92 | 2482** (2500*) | 4665 x 1755 x 1360 | 156 | 27.520 |
| CX 25 D 5-G Break ab 2/1978 | 20 MM 9501 | M 25/629 / Diesel / 4 | 75 / 5500 | 93 x 92 | 2482** (2500*) | 4960 x 1755 x 1465 | 151 | 31.190 |
| CX 25 D 5-G Familiale ab 2/1978 | 05 MN 8001 | M 25/629 / Diesel / 4 | 75 / 5500 | 93 x 92 | 2482** (2500*) | 4960 x 1755 x 1465 | 151 | 32.790 |
| CX 25 RD Turbo 5-Gang ab 4/1983 | 00 NB 8001 | M25/648 / Diesel / 4 | 95 / 3700 | 93 x 92 | 2482** (2500*) | 4665 x 1755 x 1360 | 175 | 29.530 |
| CX 25 TRD Turbo 5-G. ab 4/1983 | 00 NB 8001 | M25/648 / Diesel / 4 | 95 / 3700 | 93 x 92 | 2482** (2500*) | 4665 x 1755 x 1360 | 175 | 32.190 |
| CX 25 D Lang Turbo 5-G ab 7/1983 | 00 ND 0051 | M25/648 / Diesel / 4 | 95 / 3700 | 93 x 92 | 2482** (2500*) | 4960 x 1755 x 1465 | 151 | 33.480 |
| CX 25 Break TRD Turbo ab 7/1983 | 00 NC 0051 | M25/648 / Diesel / 4 | 95 / 3700 | 93 x 92 | 2482** (2500*) | 4960 x 1755 x 1465 | 182 | 35.690 |

CX in D. verkauft: 5.567
LNA in D verkauft: 555
GS-GSA in D verkaufte: 2.228
Visa in D verkaufte: 6.121
BX in D verk: 11.870
Dyane in D verk: 50
2 CV in D verk: 11.207
Ges.-Zul. Nur Pkw in D: 37.744 (1,58 %)

# 1985 Dolly greift an.

Die Palette der Zweizylinder bleibt in diesem Jahr unverändert. Dafür sorgt ein Sondermodell im März für einen Paukenschlag und ein Festival der Farben. Der 2 CV Dolly ist ein 2 CV 6, der die Kunden mittels dreier lieferbarer Zweifarb-Lackierungen anziehen soll: rot-grau, grau-gelb und weiß-grau. 3000 Exemplare werden produziert. Der LNA 11 RE wird durch den 11 RS abgelöst, der dank eines verbesserten Drehmoments an Beschleunigung zugelegt hat.
Alle Visa bekommen ein neues Armaturenbrett ohne Satelliten sowie einen abschließbaren Tankdeckel. Als neue Variante vervollständigt der Visa 14 TRS das Lieferprogramm. Der TRS besitzt den Motor des GTi, ist allerdings weniger sportlich ausgelegt. Im Oktober schließlich kommt der Visa GTi mit dem 1,6-Liter-Antrieb aus dem Peugeot 205 GTi zu den Händlern. Das rollende Kraftpaket kommt dank 105 PS auf eine Höchstgeschwindigkeit von 190 km/h. Seine sportliche Ausrichtung wird durch Alufelgen, verbreiterte Kotflügel, einen Spoiler und speziellen Kühlergrill unterstrichen.
Trotz seines Charmes hat das Visa-Cabriolet keine ausreichende Zahl an Käufern gefunden. Am Ende des Modelljahres wird es daher aus dem Programm genommen.
Die Neuheit des Jahres ist der Citroën Axel. Der an den Visa erinnernde Wagen ist die für den westeuropäischen Markt überarbeitete Version des Oltcit, der seit 1983 in Rumänien produziert wird. Nachdem sich der Wagen in seiner Heimat nur schleppend verkauft, fühlt sich Citroën verpflichtet, das Modell nun auch im westlichen Europa anzubieten.

Visa GT

Sondermodell Dolly

Axel 12 TRS

# Los geht's!

## 1985

Die Autos werden aus Rumänien importiert und in Frankreich überarbeitet. In Rumänien nur als Zweizylinder oder mit dem alten GS-Motor (1130 $cm^3$) erhältlich, wird der Axel in Frankreich ausschließlich als Vierzylinder angeboten. Zwei Ausführungen stehen zur Wahl: 11 R mit dem 1130 $cm^3$ großen Antrieb und als 12 TRS mit dem 1300er aus dem GSA. Der GSA wird in diesem Jahr nicht weiter entwickelt.

BX RS und TRS gewinnen ein paar Pferdestärken.

SONDERMODELL BX SPORT

# 1985

Aus dem Dieselmotor wird ein 1900er-Ottomotor entwickelt, der von Oktober an den BX 19 GT antreibt, der damit zum ersten Mal einen Hauch Sportlichkeit in die Modellreihe bringt.
Zuvor hatte das Unternehmen bereits im März als Sondermodell den BX 19 Sport produziert. Der 1905 cm³ große Motor war vom Spezialunternehmen Danielson getunt worden. Im Innenraum und auf der Blechhülle wurde das Thema Sportlichkeit fortgesetzt. Dazu gehörten entsprechende Seitenschweller, verbreiterte Kotflügel und zweifarbiger Velours im Interieur. Die paar hundert hergestellten Exemplare waren innerhalb weniger Tage verkauft.
Im Mai 1985 stellt das Unternehmen die Kombiversionen des BX mit drei Motorisierungen vor: 14, 16 und 19.
In der Top-Etage bekommt der CX 25 GTi einen Turbolader, der die Leistung auf 168 PS und die Höchstgeschwindigkeit auf 220 km/h anwachsen lässt. Gleichzeitig kommt eine leicht abgemagerte GTi-Variante als CX 25 Ri ins Lieferprogramm. Schließlich werden dem Prestige die Ausführungen GTi und GTi Turbo zur Seite gestellt.

GSA Pallas

Sondermodell BX Sport

CX 25 GTi Turbo

CX 25 GTi Turbo

# 1985

Visa Challenger

Visa-Cabriolet

Sondermodell GSA Chic

Visa GTi

| **Typ - Modelljahr: 1985** September 1984 bis August 1985 *Produktion, insgesamt: 597.582 | Fgst-Nr. Serie 1. Nr. in 1985 | Mot.-Typcode / Bauart / Zylinder | PS / min | Bohr. x Hub in mm | Hubraum cm³ **fiskalisch D. *Werksangabe | Dimensionen L x B x H in mm | Vmax km/h | Preise ab Köln inkl. MwSt in DM |
|---|---|---|---|---|---|---|---|---|
| Nun folgend ausschließlich deutsche Modelle: | | | | | | | | |
| 2CV 6 Club ab 10/1983: | KA038501 | A 06/664 M28/1 / Boxer / 2 | 28 / 5750 | 74 x 70 | 597** (602*) | 3780 x 1480 x 1600 | 110 | 8.440 |
| 2CV Charleston, | KA038501 | A 06/664 M28/1 / Boxer / 2 | 28 / 5750 | 74 x 70 | 597** (602*) | 3780 x 1480 x 1600 | 110 | 9.160 |
| C 15 E 4-Gang ab 10/1984 | VD PF | B 1 / Reihe / 4 | 48 / 5750 | 72 x 69 | 1116** (1124*) | 3995 x 1636 x 1801 | 126 | 13.390 |
| C 15 D 4-Gang ab 9/1985 | VD PG | 161A XUD / Diesel / 4 | 60 / 4600 | 80 x 88 | 1757** | 3995 x 1636 x 1801 | 134 | 15.970 |
| Axel Limousine & 11 R ab 6/1984 | 00 TB 0001 | G11/631 / Boxer / 4 | 57,4 /6250 | 74 x 65,6 | 1121** (1129*) | 3725 x 1542 x 1417 | 150 | nicht in D. |
| Axel Limousine 12 TRS ab 6/1984 | 00 TF 0001 | T13 / 653/ Boxer / 4 | 61,5 / 5500 | 79,4 x 65,6 | 1275** (1299*) | 3725 x 1542 x 1417 | 157 | nicht in D. |
| Visa 4-Gang ab 7/1985 | 12 VF 0001 | V 06/ 665 / Boxer / 2 | 33 / 5500 | 77 x 70 | 647** (652*) | 3690 x 1510 x 1415 | 125 | 10.670 |
| Visa Club | 12 VF 0001 | V 06/ 665/ Boxer / 2 | 33 / 5500 | 77 x 70 | 647** (652*) | 3690 x 1510 x 1415 | 125 | 11.825 |
| Visa 11 RE 4-Gang ab 2/1985 | 34 VG 0001 | 109 K / Reihe / 4 | 48 / 5500 | 72 x 69 | 1116** (1124*) | 3690 x 1510 x 1415 | 140 | 12.845 |
| Visa Plein Air 4-Gang ab 9/1983 | | 109/5FXW 7 / Reihe / 4 | 50 / 5500 | 72 x 69 | 1116** (1124*) | 3690 x 1534 x 1415 | 137 | 17.600 |
| Visa Gti 5-Gang ab 12/1984 | 00 PD 0001 | 180 A XU5J / Reihe / 4 | 105 / 6250 | 83 x 73 | 1569** | 3690 x 1534 x 1415 | 188 | 18.900 |
| Visa TRS ab 7/1984 | 00 PE 0001 | 150D XY7 / Reihe / 4 | 60 / 5000 | 75 x 77 | 1351** (1360*) | 3690 x 1534 x 1415 | 153 | 14.780 |
| Visa 17 D 4-Gang | 00 VT 7001 | 161A XUD / Diesel / 4 | 60 / 4600 | 80 x 88 | 1757** | 3690 x 1534 x 1415 | 152 | 14.655 |
| Visa 17RD 5-Gang | 00 VT 7001 | 161A XUD / Diesel / 4 | 60 / 4600 | 80 x 88 | 1757** | 3690 x 1534 x 1415 | 154 | 15.760 |
| GSA Spécial Break 4-G, 7/80- | 09 YS 7001 | G13/ 625 / Boxer / 4 | 65 / 5500 | 79,4 x 65,4 | 1275** (1299*) | 4181 x 1648 x 1349 | 155 | 15.090 |
| BX 14 4-Gang ab 9/1982 | 02 XA 3001 | 150 A / Reihe / 4 | 62 / 5500 | 75 x 77 | 1351** (1360*) | 4230 x 1660 x 1361 | 155 | 16.320 |
| BX 14E 5-G | XB XD 7501 | 150 F / Reihe / 4 | 68 / 5750 | 75 x 77 | 1351** (1360*) | 4230 x 1660 x 1361 | 160 | 17.550 |
| BX 14 RE 5-Gang ab 4/1985 | XB XD 7501 | 150 F / Reihe / 4 | 68 / 5750 | 75 x 77 | 1351** (1360*) | 4230 x 1660 x 1361 | 160 | 18.190 |
| BX 16 RS 5-Gang ab 4/1985 | XB XK | 171 D / Reihe / 4 | 89 / 6000 | 83 x 73 | 1569** (1580*) | 4230 x 1660 x 1361 | 173 | 19.550 |
| BX 16 TRS 5-Gang ab 2/1985 | XB XK | 171 D / Reihe / 4 | 89 / 6000 | 83 x 73 | 1569** (1580*) | 4230 x 1660 x 1361 | 173 | 20.550 |
| BX 16 RS Automatik ab 4/1985 | XB | 171C / Reihe / 4 | 90 / 6000 | 83 x 73 | 1569** (1580*) | 4230 x 1660 x 1361 | 170 | 21.500 |
| BX 16 TRS Automatik | XB | 171C / Reihe / 4 | 90 / 6000 | 83 x 73 | 1569** (1580*) | 4230 x 1660 x 1361 | 170 | 22.500 |
| BX 16 RS Break | XB XS | 171 D / Reihe / 4 | 89 / 6000 | 83 x 73 | 1569** (1580*) | 4399 x 1660 x 1431 | 167 | 21.750 |
| BX 19 RD Break | XB XF | 162 / Diesel / 4 | 65 / 4600 | 83 x 88 | 1891** (1905*) | 4399 x 1660 x 1431 | 155 | 22.700 |
| BX 19 GT 5-Gang ab 9/1984 | XB XG 0001 | 159 A / Reihe / 4 | 105 / 5600 | 83 x 88 | 1891** (1905*) | 4230 x 1660 x 1361 | 185 | 22.230 |
| B 19 RD 5-Gang ab 9/1983 | XB XC 0001 | 162 / Diesel / 4 | 65 / 4600 | 83 x 88 | 1891** (1905*) | 4230 x 1660 x 1361 | 157 | 20.590 |
| BX 19 TRD 5-Gang ab 9/1983 | XB XC 0001 | 162 / Diesel / 4 | 65 / 4600 | 83 x 88 | 1891** (1905*) | 4230 x 1660 x 1361 | 157 | 22.400 |
| CX 20 4-Gang | 14 MP 1001 | 829 A 5 / Reihe / 4 | 106 / 5500 | 88 x 82 | 1981** (1995*) | 4665 x 1755 x 1360 | 176 | 25.330 |
| CX 20 Break 5-Gang | 02 MR 2621 | 829 A 5 / Reihe / 4 | 106 / 5500 | 88 x 82 | 1981** (1995*) | 4665 x 1755 x 1360 | 165 | 29.470 |
| CX 22 TRS | | J6 TA500 / Reihe / 4 | 115 / 5600 | 88 x 89 | 2150** | 4665 x 1755 x 1360 | 176 | 27.640 |
| CX 25 Ri 5-Gang ab 7/1984 | 01 NG 8001 | M25/659 / Reihe / 4 | 138 / 5000 | 93 x 92 | 2482** (2500*) | 4665 x 1755 x 1360 | 201 | 30.310 |
| CX 25 Gti 5-Gang ab 7/1983 | 01 NG 8001 | M25/659 / Reihe / 4 | 138 / 5000 | 93 x 92 | 2482** (2500*) | 4665 x 1755 x 1360 | 201 | 32.390 |
| CX 25 GTi Turbo 5-Gang | 00 NK 0001 | M25/666 / Reihe / 4 | 168 / 5000 | 93 x 92 | 2482** (2500*) | 4665 x 1755 x 1360 | 220 | 40.540 |
| CX 25 Prestige Automatic | 00 NH 2001 | M25/659 / Reihe / 4 | 138 / 5000 | 93 x 92 | 2482** (2500*) | 4659 x 1755 x 1360 | 194 | 46.300 |
| CX CX Prestige Turbo | 00 NH 2001 | M25/666 / Reihe / 4 | 168 / 5000 | 93 x 92 | 2482** (2500*) | 4659 x 1755 x 1360 | 220 | 48.800 |
| CX 25 Tri Break 5-Gang ab 7/1983 | 00 NJ 5001 | M25/659 / Reihe / 4 | 138 / 5000 | 93 x 92 | 2482** (2500*) | 4960 x 1755 x 1465 | 194 | 34.430 |
| CX 25 Ri Familiale 5-G ab 7/1983 | 00 NJ 5001 | M25/659 / Reihe / 4 | 138 / 5000 | 93 x 92 | 2482** (2500*) | 4960 x 1755 x 1465 | 194 | 33.790 |
| CX 25 RD 5-Gang | 22 MM 7001 | M 25/629 / Diesel / 4 | 75 / 5500 | 93 x 92 | 2482** (2500*) | 4665 x 1755 x 1360 | 156 | 28.540 |
| CX 25 RD 5-G Break | 06 MN 6001 | M 25/629 / Diesel / 4 | 75 / 5500 | 93 x 92 | 2482** (2500*) | 4960 x 1755 x 1465 | 151 | 32.330 |
| CX 25 RD Turbo 5-Gang | 03 NB 3001 | M25/648 / Diesel / 4 | 95 / 3700 | 93 x 92 | 2482** (2500*) | 4665 x 1755 x 1360 | 175 | 31.090 |
| CX 25 TRD Turbo 5-G. ab 4/1983 | 03 NB 3001 | M25/648 / Diesel / 4 | 95 / 3700 | 93 x 92 | 2482** (2500*) | 4665 x 1755 x 1360 | 175 | 33.870 |
| CX 25 D Lang Turbo 5-G ab 7/1983 | 00 ND 2001 | M25/648 / Diesel / 4 | 95 / 3700 | 93 x 92 | 2482** (2500*) | 4960 x 1755 x 1465 | 175 | 35.230 |
| CX 25 Break TRD Turbo ab 7/1983 | 00 NC 3401 | M25/648 / Diesel / 4 | 95 / 3700 | 93 x 92 | 2482** (2500*) | 4960 x 1755 x 1465 | 182 | 37.560 |

**CX in D. verkauft: 4.891
in D verk BX: 13.188
in D verk 2CV: 11.908
in D verk GSA: 765
in D verk Visa: 6.174
Ges.-Zul.nur Pkw in D: 37.038 (1,56 %)
Axel von 1984 bis 1986: 52.624 Stück

# 1986

# Was für eine

2 CV Dolly

Das neue Gesicht des CX

Dolly fährt weiter auf der Erfolgsspur. Im Oktober 1985 beschließt das Unternehmen daher, eine zweite Auflage zu bringen, reserviert aber lediglich 600 Exemplare für Frankreich und ändert auch die Farbgebung: rot-weiß, dunkelrot-gelb und grün-weiß. Doch nachdem die Kundschaft offensichtlich vom Dolly-Fieber gepackt ist, kommt im März 1986 eine dritte Serie, bei der allerdings die Lackierung in grün-weiß durch marineblau-gelb ersetzt wird.

Der Erfolg der Serie Méhari Azur veranlasst die Marke außerdem dazu, diese Ausführung von September 1985 an als ständiges Modell ins Lieferprogramm aufzunehmen. Im Frühjahr verschwindet der LNA aus den Katalogen, um für den neuen AX, der nach den Sommerferien vorgestellt werden soll, Platz zu machen.

Die Visa 17 D werden mit einem Temperaturmesser für den Treibstoff ausgerüstet. Im September kommt das Sondermodell Visa Leader mit grauer Lackierung, den Kunststoff-Radkappen des Axel 12 TRS und einem speziellen Innenraum auf den Markt. Im März wird der Visa Challenger angeboten, der auf dem 11 E aufbaut, aber vom GTi-Motor angetrieben wird und über eine weiße Lackierung sowie einen Spoiler verfügt.

Nach 16 Jahren verabschiedet sich am Ende des Jahres der GSA von der automobilen Bühne. Nicht zuletzt dank seiner mehr als zwei Millionen produzierten Exemplare konnte sich Citroën über Wasser halten.

Der sich gut verkaufende BX wird nicht verändert. Allerdings wird der BX Sport nun mit einigen zusätzlichen Lackierungen ins Lieferprogramm aufgenommen.

Der BX 4 TC (Gruppe B) wurde bei Heuliez gebaut

Prototyp BX 4 TC, Gruppe B

# wilde Schönheit

## 1986

Dolly auf dem Band

CX 25 TRI als Kombi der Serie II

CX 22 TRS der Serie II

# 1986

CX Serie II – eine wilde Schönheit

Der CX macht dem CX Série II Platz. Der im Oktober 1985 vorgestellte Wagen unterscheidet sich von seinem Vorgänger durch ein moderneres Armaturenbrett und neue Stoßstangen. Die Veränderungen betreffen zunächst ausschließlich die Limousinen. Erst im Mai werden auch die Kombis entsprechend umgestaltet. Bei den 2500er-Varianten wird nun auch ABS gegen Aufpreis angeboten. Wieder einmal verändern sich die Typenbezeichnungen: Der 20 RE ersetzt den 20; der 20 TRE wird vom 22 TRS abgelöst, dessen Hubraum auf 2165 $cm^3$ angehoben wird, was wiederum die Leistung auf 115 und die Höchstgeschwindigkeit auf 186 km/h steigen lässt. Aus dem 25 D wird der 25 RD, und die 25 D Pallas verwandelt sich in den 25 TRD. Der 25 IE Pallas verschwindet ganz aus dem Programm. Der Prestige 25 hat nun serienmäßig ein Automatikgetriebe.
Die langen Kombi- und Familialeausführungen 20 übernehmen die Bezeichnung 20 RE, während aus dem 25 D der 25 RD wird.

Der Prototyp Xanthia zeigt in Richtung AX

# 1986

BX als Kombi

Der BX Sport geht in Serie

| Typ - Modelljahr: 1986 | Fgst-Nr. Serie | Mot.-Typcode / | PS / min | Bohr. x Hub | Hubraum cm³ | Dimensionen | Vmax | Preise ab |
|---|---|---|---|---|---|---|---|---|
| September 1985 bis August 1986 | | | | in mm | **fiskalisch D. | L x B x H in mm | km/h | Köln inkl. |
| *Produktion, insgesamt: 626.057 | | | | | *Werksangabe | | MwSt in DM | |
| Nun folgend ausschließlich deutsche Modelle: | | | | | | | | |
| 2 CV 6 Club ab 10/1983: | KA 110001 | A 06/664 M28/1 / Boxer / 2 | 28 / 5750 | 74 x 70 | 597** (602*). | 3780 x 1480 x 1600 | 110 | 8.690 |
| 2 CV Charleston, in D verk.: 15806 | KA 110001 | A 06/664 M28/1 / Boxer / 2 | 28 / 5750 | 74 x 70 | 597** (602*) | 3780 x 1480 x 1600 | 110 | 9.450 |
| C 15 E 4-Gang ab 10/1984 | 02 PA 0001 | 109 K / Reihe / 4 | 48 / 5750 | 72 x 69 | 1116** (1124*) | 3995 x 1636 x 1801 | 126 | 13.390 |
| C 15 D 4-Gang ab 9/1985 | 02 PB 0001 | 161A XUD / Diesel / 4 | 60 / 4600 | 80 x 88 | 1757** (1769*) | 3995 x 1636 x 1801 | 134 | 15.970 |
| Visa 4-Gang ab 7/1985 | 18 VF 0001 | V 06/ 665 / Boxer / 2 | 33 / 5500 | 77 x 70 | 647** (652*) | 3690 x 1510 x 1415 | 125 | 10.760 |
| Visa Club **Visa in D verk: 6863 | 18 VF 0001 | V 06/ 665 / Boxer / 2 | 33 / 5500 | 77 x 70 | 647** (652*) | 3690 x 1510 x 1415 | 125 | 11.825 |
| Visa 11 RE 4-Gang ab 2/1985 | 11 VK 0001 | 109 K / Reihe / 4 | 50 / 5500 | 72 x 69 | 1116** (1124*) | 3690 x 1510 x 1415 | 140 | 13.250 |
| Visa Gti 5-Gang ab 12/1984 | 02 PD 0001 | 180 A XU5J / Reihe / 4 | 105 / 6250 | 83 x 73 | 1569** (1580*) | 3690 x 1534 x 1415 | 188 | 18.900 |
| Visa TRS ab 7/1984 | 03 PE 0001 | 150D XY7 / Reihe / 4 | 60 / 5000 | 75 x 77 | 1351** (1360*) | 3690 x 1534 x 1415 | 153 | 15.200 |
| Visa 17 D 4-Gang | 07 VT 5001 | 161A XUD/ Diesel / 4 | 60 / 4600 | 80 x 88 | 1757** (1769*) | 3690 x 1534 x 1415 | 152 | 14.655 |
| Visa 17RD 5-Gang | 07 VT 5001 | 161A XUD / Diesel / 4 | 60 / 4600 | 80 x 88 | 1757** (1769*) | 3690 x 1534 x 1415 | 154 | 15.760 |
| GSA Spécial Break 4-G, 7/80- | 10 YS 9001 | G13/ 646 / Boxer / 4 | 65 / 5500 | 79,4 x 65,4 | 1275** (1299*) | 4181 x 1648 x 1349 | 155 | 15.090 |
| BX 14 4-Gang ab 9/1982 | 07 XA 0001 | 150 A / Reihe / 4 | 62 / 5500 | 75 x 77 | 1351** (1360*) | 4230 x 1660 x 1361 | 155 | 16.320 |
| BX 14E 5-G, in D verk. BX: 18254 | 14 XD 5001 | 150 F / Reihe / 4 | 68 / 5750 | 75 x 77 | 1351** (1360*) | 4230 x 1660 x 1361 | 160 | 18.000 |
| BX 14 RE 5-Gang ab 4/1985 | 14 XD 5001 | 150 F / Reihe / 4 | 68 / 5750 | 75 x 77 | 1351** (1360*) | 4230 x 1660 x 1361 | 160 | 18.600 |
| BX 16 RS 5-Gang ab 4/1985 | 00 XK 5001 | 171 D / Reihe / 4 | 89 / 6000 | 83 x 73 | 1569** (1580*) | 4230 x 1660 x 1361 | 173 | 19.550 |
| BX 16 TRS 5-Gang ab 2/1985 | 00 XK 5001 | 171 D / Reihe / 4 | 89 / 6000 | 83 x 73 | 1569** (1580*) | 4230 x 1660 x 1361 | 173 | 20.550 |
| BX 16 RS Automatik ab 4/1985 | XB | 171C / Reihe / 4 | 90 / 6000 | 83 x 73 | 1569** (1580*) | 4230 x 1660 x 1361 | 170 | 21.500 |
| BX 16 TRS Automatik | XB | 171C / Reihe / 4 | 90 / 6000 | 83 x 73 | 1569** (1580*) | 4230 x 1660 x 1361 | 170 | 22.500 |
| BX 16 RS Break 5-Gang | 00 XS 0001 | 171 D / Reihe / 4 | 89 / 6000 | 83 x 73 | 1569** (1580*) | 4399 x 1660 x 1431 | 166 | 21.750 |
| BX 19 RD Break 5-Gang | 00 XF 0001 | 162 / Diesel / 4 | 65 / 4600 | 83 x 88 | 1891** (1905*) | 4399 x 1660 x 1431 | 155 | 22.700 |
| BX 19 GT 5-Gang ab 9/1984 | 04 XG 5001 | 159 A / Reihe / 4 | 105 / 5600 | 83 x 88 | 1891** (1905*) | 4230 x 1660 x 1361 | 185 | 24.600 |
| B 19 RD 5-Gang ab 9/1983 | 16 XC 5001 | 162 / Diesel / 4 | 65 / 4600 | 83 x 88 | 1891** (1905*) | 4230 x 1660 x 1361 | 157 | 20.590 |
| BX 19 TRD 5-Gang ab 9/1983 | 16 XC 5001 | 162 / Diesel / 4 | 65 / 4600 | 83 x 88 | 1891** (1905*) | 4230 x 1660 x 1361 | 157 | 22.400 |
| CX 20 RE 4-Gang | 02 MP 2621 | 829 A 5 / Reihe / 4 | 106 / 5500 | 88 x 82 | 1981** (1995*) | 4665 x 1755 x 1360 | 176 | 25.330 |
| CX 20 Break 5-Gang | MA MR | 829 A 5 / Reihe / 4 | 106 / 5500 | 88 x 82 | 1981** (1995*) | 4665 x 1755 x 1360 | 165 | 29.470 |
| CX 22 TRS 5-Gang | 00 NR 0001 | J6 TA500 / Reihe / 4 | 115 / 5600 | 88 x 89 | 2150** (2165*( | 4665 x 1755 x 1360 | 186 | 27.640 |
| CX 25 Ri 5-Gang ab 7/1984 | 03 NG 4501 | M25/659 / Reihe / 4 | 138 / 5000 | 93 x 92 | 2482** (2500*) | 4665 x 1755 x 1360 | 201 | 30.310 |
| CX 25 Gti 5-Gang ab 7/1983 | MA NK | M25/659 / Reihe / 4 | 138 / 5000 | 93 x 92 | 2482** (2500*) | 4665 x 1755 x 1360 | 201 | 32.290 |
| CX 25 GTi Turbo 5-Gang | 00 NK 0001 | M25/666 / Reihe / 4 | 168 / 5000 | 93 x 92 | 2482** (2500*) | 4665 x 1755 x 1360 | 220 | 40.540 |
| CX 25 Prestige Automatic | MA NH | M25/659 / Reihe / 4 | 138 / 5000 | 93 x 92 | 2482** (2500*) | 4659 x 1755 x 1360 | 194 | 46.300 |
| CX CX Prestige Turbo | 00 NP 0001 | M25/666 / Reihe / 4 | 168 / 5000 | 93 x 92 | 2482** (2500*) | 4659 x 1755 x 1360 | 220 | 48.800 |
| CX 25 Tri Break 5-Gang ab 7/1983 | 00 NJ 5001 | M25/659 / Reihe / 4 | 138 / 5000 | 93 x 92 | 2482** (2500*) | 4960 x 1755 x 1465 | 194 | 34.430 |
| CX 25 Ri Familiale 5-G ab 7/1983 | 00 NJ 5001 | M25/659 / Reihe / 4 | 138 / 5000 | 93 x 92 | 2482** (2500*) | 4960 x 1755 x 1465 | 194 | 33.790 |
| CX 25 RD 5-Gang | 23 MM 9001 | M 25/629 / Diesel / 4 | 75 / 5500 | 93 x 92 | 2482** (2500*) | 4665 x 1755 x 1360 | 156 | 28.540 |
| CX 25 RD 5-G Break | 08 MN 0001 | M 25/629 / Diesel / 4 | 75 / 5500 | 93 x 92 | 2482** (2500*) | 4960 x 1755 x 1465 | 151 | 32.330 |
| CX 25 RD Turbo 5-Gang | 04 NB 9001 | M25/648 / Diesel / 4 | 95 / 3700 | 93 x 92 | 2482** (2500*) | 4665 x 1755 x 1360 | 175 | 31.090 |
| CX 25 TRD Turbo 5-G. ab 4/1983 | 04 NB 9001 | M25/648 / Diesel / 4 | 95 / 3700 | 93 x 92 | 2482** (2500*) | 4665 x 1755 x 1360 | 175 | 33.870 |
| CX 25 D Lang Turbo 5-G ab 7/1983 | 00 ND 2001 | M25/648 / Diesel / 4 | 95 / 3700 | 93 x 92 | 2482** (2500*) | 4960 x 1755 x 1465 | 175 | 35.230 |
| CX 25 Break TRD Turbo ab 7/1983 | 00 NC 3401 | M25/648 / Diesel / 4 | 95 / 3700 | 93 x 92 | 2482** (2500*) | 4960 x 1755 x 1465 | 182 | 37.560 |

CX in D. verkauft: 5.481
GS-GSA in D verk: 60
Visa in D verk: 6.789
BX in D verk: 18.138
Ges.-Zul. Pkw & Lkw in D: 47.480 (1,63%)

BX 4 TC bei Heuliez

Visa 11 RE

BX 19 GT

Méhari mit vier Sitzen

# 1987 Revolution!

WERBUNG FÜR DEN NEUEN AX

DER AX SPORT – EINE KLEINE BOMBE

Bei den Zweizylindern, die einfach nicht klein zu kriegen sind, ändert sich nicht viel. Im Oktober 1986 wird das Sondermodell Cocorico, das eigentlich den Sieg der französischen Fußballer bei der Weltmeisterschaft feiern sollte, auf den Markt gebracht, obwohl die französischen Kicker von der deutschen Mannschaft aus dem Turnier geworfen worden waren. Das kann den Erfolg des Modells aber nicht bremsen. Die auf 1000 Exemplare beschränkte Serie ist innerhalb weniger Tage ausverkauft.

Im Juli 1987 wird der 2 CV 6 Club wie der Méhari aus dem Programm genommen. Der Axel bekommt einen grauen Kühlergrill.

Doch die große Neuheit ist der neue kleine Citroën, der auf dem Stand des Unternehmens beim Pariser Automobilsalon im Oktober für besonders ausgeprägte Aktivität sorgt: Der Kompaktwagen wird vor dem Hintergrund der chinesischen Mauer in einem revolutionären Rot vorgestellt. Alles ist darauf ausgerichtet, dass der AX mit seinen modernen und innovativen Lösungen eine marktbeherrschende Rolle übernehmen kann. Daher ist die Zahl der Ausführungen bereits bei der Einführung ungewöhnlich groß. Anfangs wird der AX ausschließlich als Dreitürer mit drei Motorisierungen verkauft: 954, 1124 und 1360 cm³. Die 45 PS starken 10 E und 10 RE sind zwar keine Kraftbolzen, erlauben aber einen wirtschaftlichen Einstieg in die neue Modellreihe. Die Varianten 11 RE und 11 TRE werden vom 1124 cm³ großen Aggregat aus Visa und LNA angetrieben. Die beiden Topversionen AX 14 TRS und 14 TZS vertrauen dem 1400er aus dem Visa.

DER NEUE AX 11 RE

# 1987

2 CV Cocorico

Der Visa bei der Rallye Monte Carlo

CX 25 Prestige Turbo 2

AX 14 TZS

# 1987

CX 25 TRD Turbo 2 als Kombi

BX 14 E Evasion als Kombi

Im Januar 1987 kommt der AX Sport zu den Händlern. Angetrieben wird das Federgewicht vom 1,3-Liter-Motor aus dem Peugeot-Teileregal, der bereits im BX eingesetzt wird. Das Kraftpaket erreicht so 186 km/h. Der Wagen sorgt in den ersten Monaten für zahlreiche Diskussionen, weil sich vor allem junge Fahrer den preiswerten Renner leisten können, und nicht selten ihre rasante Fahrt im Straßengraben beenden.

Der Visa bekommt mit dem 10 E eine wirtschaftliche Ausführung, die den neuen 954 cm³ großen Motor aus dem AX 10 E als Antrieb nutzt. Auf der anderen Seite der Palette verfügt der Visa GTi nun über 115 statt 105 PS, was ihn 192 km/h schnell macht. Der stärkere Motor stammt aus dem Peugeot 205 GTi. Im März wird die Leader-Serie mit einem Spoiler und Radio neu aufgelegt.

Das Äußere des BX wird in diesem Jahr überarbeitet. Neue, weiße Blinker, weniger geometrisch gestaltete Stoßstangen und neue Radausschnitte reichen, um die Verkaufszahlen des Modells wieder anziehen zu lassen. Zusätzlich kommen einige neue Varianten in den Katalog. Der 16 S ist eine abgemilderte Ausführung des 16 RS. Der BX 19 TRS löst den BX 19 GTi ab. Der BX Sport verschwindet zu Gunsten des BX 19 GTi. Schließlich wird die Dieselfraktion durch eine wirtschaftliche Variante verstärkt. Der 1769 cm³ große Peugeot-Motor leistet bescheidene 60 PS.

Beim CX verändert sich nach der visuellen Überarbeitung so gut wie nichts. Die Turbo-Diesel-Versionen entwickeln sich dank eines den Benzinverbrauchs bei hoher Geschwindigkeit senkenden Ladeluftkühlers zum Diesel Turbo 2.

Der AX der Patrouille de France

# 1987

BX 19 TRD

Der CX überschreitet die erste Million

Fließband des AX

| Typ - Modelljahr: 1987 | Fgst-Nr. | Mot.-Typcode / | PS / min | Bohr. x Hub | Hubraum cm³ | Dimensionen | Vmax | Preise ab |
|---|---|---|---|---|---|---|---|---|
| September 1986 bis August 1987 | Serie | Bauart / Zylinder | | in mm | **fiskalisch D. | L x B x H in mm | km/h | Köln inkl. |
| *Produktion, insgesamt: 769.252 | | | | | *Werksangabe | | MwSt in DM | |
| Nun folgend ausschließlich deutsche Modelle: | | | | | | | | |
| 2 CV 6 Club ab 10/1983: | KA 110001 | A 06/664 M28/1 / Boxer / 2 | 28 / 5750 | 74 x 70 | 597** (602*) | 3780 x 1480 x 1600 | 110 | 8.950 |
| 2 CV Charleston, | KA 110001 | A 06/664 M28/1 / Boxer / 2 | 28 / 5750 | 74 x 70 | 597** (602*) | 3780 x 1480 x 1600 | 110 | 9.750 |
| C 15 E 4-Gang ab 10/1984 | 02 PA 0001 | 109 K / Reihe / 4 | 48 / 5750 | 72 x 69 | 1116** (1124*) | 3995 x 1636 x 1801 | 126 | 14.790 |
| C 15 D 4-Gang ab 9/1985 | 02 PB 0001 | 161A XUD / Diesel / 4 | 60 / 4600 | 80 x 88 | 1757** (1769*) | 3995 x 1636 x 1801 | 134 | 16.430 |
| C 15 D Familiale 4-G | 01 PG 0001 | 161A XUD / Diesel / 4 | 60 / 4600 | 80 x 88 | 1757** (1769*) | 3995 x 1636 x 1801 | 134 | 17.450 |
| Visa 4-Gang ab 7/1985 | 18 VF 0001 | V 06/ 665 / Boxer / 2 | 33 / 5500 | 77 x 70 | 647** (652*) | 3690 x 1510 x 1415 | 125 | 11.280 |
| Visa Club **Visa in D verk: 3.700 | 18 VF 0001 | V 06/ 665 / Boxer / 2 | 33 / 5500 | 77 x 70 | 647** (652*) | 3690 x 1510 x 1415 | 125 | 12.490 |
| Visa 11 RE 4-Gang ab 2/1985 | 11 VK 0001 | 109 K / Reihe / 4 | 50 / 5500 | 72 x 69 | 1116** (1124*) | 3690 x 1510 x 1415 | 140 | 13.650 |
| Visa RS | VD PE | 150D XY7 / Reihe / 4 | 60 / 5000 | 75 x 77 | 1351** (1360*) | 3690 x 1534 x 1415 | 153 | 14.550 |
| Visa 17 D 4-Gang | 07 VT 5001 | 161A XUD / Diesel / 4 | 60 / 4600 | 80 x 88 | 1757** (1769*) | 3690 x 1534 x 1415 | 152 | 15.400 |
| Visa 17RD 5-Gang | 07 VT 5001 | 161A XUD / Diesel / 4 | 60 / 4600 | 80 x 88 | 1757** (1769*) | 3690 x 1534 x 1415 | 154 | 16.250 |
| AX 10 E, 3-Tür. | 06 ZA 1001 | C 3 A / Reihe / 4 | 42 / 5200 | 70 x 62 | 947** (954*) | 3495 x 1555 x 1355 | 140 | 11.900 |
| AX 11E 3-Türen ab: 9/1987 | 06 ZB 0001 | H 1 B / Reihe / 4 | 55 / 5800 | 72 x 69 | 1116** (1124*) | 3495 x 1555 x 1355 | 158 | 12.950 |
| AX 11 RE 4/ 5-G 3-T. ab 7/1987 | 06 ZJ 0001 | H 1 B / Reihe / 4 | 55 / 5800 | 72 x 69 | 1116** (1124*) | 3495 x 1555 x 1355 | 158/161 | 13.400 |
| AX 11 TRE 4/5-G. 5-T. ab 9/1987 | 00 ZS 0001 | H 1 B / Reihe / 4 | 55 / 5800 | 72 x 69 | 1116** (1124*) | 3495 x 1555 x 1355 | 158/161 | 14.400 |
| AX 14 TZS 5-G. 3 Türen ab 9/1986 | 03 ZC 2001 | K 1 B / Reihe / 4 | 61 / 5200 | 75 x 77 | 1351** (1360*) | 3495 x 1555 x 1355 | 168 | 15.900 |
| AX 14 TRS 5-G. 5-Tü. ab 9/1987 | 00 ZK 0001 | K 1 A / Reihe / 4 | 61 / 5200 | 75 x 77 | 1351** (1360*) | 3495 x 1555 x 1355 | 168 | 15.400 |
| AX 14 TZS 5-Türen ab 9/1987 | 00 ZN 0001 | K A Y / Reihe / 4 | 61 / 5200 | 75 x 77 | 1351** (1360*) | 3495 x 1555 x 1355 | 168 | 15.900 |
| BX 14 4-Gang ab 9/1982 | 07 XA 0001 | 150 A / Reihe / 4 | 62 / 5500 | 75 x 77 | 1351** (1360*) | 4230 x 1660 x 1361 | 155 | 16.650 |
| BX 14 RE 5-Gang ab 4/1985 | 14 XD 5001 | 150 F / Reihe / 4 | 68 / 5750 | 75 x 77 | 1351** (1360*) | 4230 x 1660 x 1361 | 160 | 17.990 |
| BX 16 Tri 5-Gang ab 3/1986 | 01 EA 4501 | 180 Z / Reihe / 4 | 105 / 6250 | 83 x 73 | 1569** (1580*) | 4230 x 1660 x 1361 | 185 | 23.800 |
| BX 16 Tri Break 5-Gang | XB XB | 180 Z / Reihe / 4 | 105 / 6250 | 83 x 73 | 1569** (1580*) | 4399 x 1660 x 1431 | 180 | 25.800 |
| BX 16 TRS Automatik | XB XB | 171C / Reihe / 4 | 90 / 6000 | 83 x 73 | 1569** (1580*) | 4230 x 1660 x 1361 | 170 | 23.720 |
| BX 19 RD Break 5-Gang | 00 XF 0001 | 162 / Diesel / 4 | 65 / 4600 | 83 x 88 | 1891** (1905*) | 4399 x 1660 x 1431 | 155 | 23.300 |
| BX 19 TRS Kat | XB XM | DFZ / Reihe / 4 | 105 / 5600 | 83 x 88 | 1891** (1905*) | 4230 x 1660 x 1361 | 187 | 25.750 |
| BX 19 TRS Automatic | XB | D 2 A / Reihe / 4 | 105 / 5600 | 83 x 88 | 1891** (1905*) | 4230 x 1660 x 1361 | 180 | 25.700 |
| BX 19 TRS Automatic Break | XB | D 2 A / Reihe / 4 | 105 / 5600 | 83 x 88 | 1891** (1905*) | 4399 x 1660 x 1431 | 177 | 27.380 |
| BX 19 TRS Break Kat. | XB | D 2 A / Reihe / 4 | 105 / 5600 | 83 x 88 | 1891** (1905*) | 4399 x 1660 x 1431 | 182 | 27.390 |
| BX 19 Gti | XB EG | D 6 A / Reihe / 4 | 125 / 5500 | 83 x 88 | 1891** (1905*) | 4230 x 1660 x 1361 | 198 | 26.000 |
| BX 19 RD 5-Gang ab 9/1983 | 16 XC 5001 | 162 / Diesel / 4 | 65 / 4600 | 83 x 88 | 1891** (1905*) | 4230 x 1660 x 1361 | 157 | 21.250 |
| BX 19 TRD 5-Gang ab 9/1983 | 16 XC 5001 | 162 / Diesel / 4 | 65 / 4600 | 83 x 88 | 1891** (1905*) | 4230 x 1660 x 1361 | 157 | 23.340 |
| CX 22 TRS 5-Gang | 01 NR 2501 | J6 TA500 / Reihe 4 | 115 / 5600 | 88 x 89 | 2150** (2165*( | 4665 x 1755 x 1360 | 186 | 29.070 |
| CX 25 Gti 5-Gang Kat. | MA NG | M25/659 / Reihe / 4 | 122 / 5000 | 93 x 92 | 2482** (2500*) | 4665 x 1755 x 1360 | 195 | 36.040 |
| CX 25 GTi Turbo 2, 5-Gang | 03 NK 2001 | M25/666 / Reihe / 4 | 168 / 5000 | 93 x 92 | 2482** (2500*) | 4665 x 1755 x 1360 | 223 | 42.940 |
| CX 25 GTi Turbo 2, 5-G. ab 9/1984 | MA NP | M25/667 / Reihe / 4 | 160 / 4750 | 93 x 92 | 2482** (2500*) | 4665 x 1755 x 1360 | 215 | 44.900 |
| CX 25 Prestige Automatic Kat. | MA NH | M25/659 / Reihe / 4 | 122 / 5000 | 93 x 92 | 2482** (2500*) | 4659 x 1755 x 1360 | 187 | 50.700 |
| CX 25 Prestige Turbo 2 ab 7/1985 | 00 NP 7001 | M25/666 / Reihe / 4 | 168 / 5000 | 93 x 92 | 2482** (2500*) | 4659 x 1755 x 1360 | 223 | 51.720 |
| CX 25 Prest.Turbo2 Kat ab 7/1985 | 00 NP | M25/667 / Reihe / 4 | 160 / 4750 | 93 x 92 | 2482** (2500*) | 4659 x 1755 x 1360 | 215 | 53.760 |
| CX 25 Tri Break 5-G Kata b 7/1983 | 02 NJ 1001 | M25/668 / Reihe / 4 | 122 / 5000 | 93 x 92 | 2482** (2500*) | 4960 x 1755 x 1465 | 190 | 38.250 |
| CX 25 Ri Familiale 5-G ab 7/1983 | 02 NJ 1001 | M25/668 / Reihe / 4 | 122 / 5000 | 93 x 92 | 2482** (2500*) | 4960 x 1755 x 1465 | 190 | 37.540 |
| CX 25 RD 5-Gang | 23 MM 9001 | M 25/629 / Diesel / 4 | 75 / 5500 | 93 x 92 | 2482** (2500*) | 4665 x 1755 x 1360 | 156 | 29.990 |
| CX 25 RD 5-G Break | 08 MN 0001 | M 25/629 / Diesel / 4 | 75 / 5500 | 93 x 92 | 2482** (2500*) | 4960 x 1755 x 1465 | 151 | 33.970 |
| CX 25 RD Turbo 5-Gang | 04 NB 9001 | M25/669 / Diesel / 4 | 95 / 3700 | 93 x 92 | 2482** (2500*) | 4665 x 1755 x 1360 | 175 | 33.090 |
| CX 25 TRD Turbo 2, 5-G ab 4/1983 | 07 NB 7001 | M25/669 / Diesel / 4 | 120 / 3900 | 93 x 92 | 2482** (2500*) | 4665 x 1755 x 1360 | 192 | 36.040 |
| CX 25 D Lang Turbo 5-G ab 7/1983 | 00 ND 2001 | M25/669 / Diesel / 4 | 120 / 3900 | 93 x 92 | 2482** (2500*) | 4960 x 1755 x 1465 | 192 | 33.970 |
| CX 25 Break TRD Turbo 2 | MA NV | M25/669 / Diesel / 4 | 120 / 3900 | 93 x 92 | 2482** (2500*) | 4960 x 1755 x 1465 | 185 | 39.990 |

**CX in D. verkauft: 4.348

in D verk.: 12.564

AX in D verk: 6.262

Visa in D verk: 3.678

BX in D verk: 16.150

Ges.-Zul. Pkw & Lkw in D: 44.233 (1,47 %)

# 1988

# Der 2 CV

Sondermodell AX Hit FM

BX Olympique

Der unverwüstliche 2 CV wird nur noch in zwei Versionen, 2 CV 6 spécial und Charleston, produziert. Im September bekommen alle 2 CV eine Nebelschlussleuchte unterhalb der Stoßstange.
Citroën stürzt die Nation mit der Ankündigung, den 2 CV vom 29. Februar an in der portugiesischen Fabrik in Mangualde bauen zu lassen, in eine gewisse Schwermut. An jenem Tag verlässt der letzte in Frankreich gebaute 2 CV die Fabrik in Levallois. Nun ist Platz für gründliche Immobilienentwicklungen.

Prototyp Activa

# geht ins Exil

DER PROTOTYP ACTIVA MACHT HOFFNUNG AUF EIN ECHTES TOP-MODELL

„OPERATION DRACHEN“ IN CHINA

DIE NEUEN AX-VIERTÜRER

# 1988

Das Angebot des Visa wird in seinem letzten Jahr reduziert. Die Ausführungen Club, 11 E und 14 TRS werden gestrichen. Trotz seiner Probleme am Anfang seiner Produktion hat sich der Kompaktwagen schließlich doch wacker geschlagen. Der Axel wird in diesem Jahr nicht weiter entwickelt.

Nach der Vorstellung des AX als Dreitürer reicht das Unternehmen nun den Fünftürer nach, der die Motorisierungen und die Ausstattungsversionen des Dreitürers übernimmt. Lediglich der GT ist ausschließlich mit drei Türen lieferbar. Beim BX vergrößert die Version 19 GTi 16-Ventiler das Angebot am oberen Ende der Palette.

Der CX erlebt sein letztes Baujahr. Sein Nachfolger wartet bereits hinter den Kulissen auf seinen Auftritt. Zwar sind einige Ausführungen bereits gestrichen, doch im Großen und Ganzen bleibt das Angebot im Vergleich zum Vorjahr unverändert.

Der 2 CV verlässt Levallois

Der AX als Wettbewerbsfahrzeug

BX als Allradler

# 1988

Der neue AX Sport

Levallois wird abgerissen

Die Tage des CX sind gezählt

Für alle Fälle: BX als Allradler

| Typ - Modelljahr: 1988<br>September 1987 bis August 1988<br>*Produktion, insgesamt: 803.145 | Fgst-Nr.<br>Serie | Mot.-Typcode /<br>Bauart / Zylinder | PS / min | Bohr. x Hub<br>in mm | Hubraum cm³<br>**fiskalisch D.<br>*Werksangabe | Dimensionen<br>L x B x H in mm | Vmax<br>km/h | Preise ab<br>Köln inkl.<br>MwSt in DM |
|---|---|---|---|---|---|---|---|---|
| Nun folgend ausschließlich deutsche Modelle: | | | | | | | | |
| 2CV 6 Club ab 10/1983: | AZ-KA | A 06/664 M28/1 / Boxer / 2 | 28 / 5750 | 74 x 70 | 597** (602*) | 3780 x 1480 x 1600 | 110 | 9.150 |
| 2CV Charleston, | AZ-KA | A 06/664 M28/1 / Boxer / 2 | 28 / 5750 | 74 x 70 | 597** (602*) | 3780 x 1480 x 1600 | 110 | 9.970 |
| C 15 E Familiale 4-G. ab 10/1984 | VD PK | 150 D / Reihe / 4 | 60 / 5000 | 75 x 77 | 1351 | 3995 x 1636 x 1801 | | 15.190 |
| C 15 D 4-Gang ab 9/1985 | VD-VT | 161A XUD / Diesel / 4 | 60 / 4600 | 80 x 88 | 1757** (1769*) | 3995 x 1636 x 1801 | 152 | 16.830 |
| C 15 D Familiale 4-G | VD-PG | 161A XUD / Diesel / 4 | 60 / 4600 | 80 x 88 | 1757** (1769*) | 3995 x 1636 x 1801 | 154 | 17.850 |
| Visa 17 D 4-G. ** in D verk: 1.183 | VD-VT | 161A XUD / Diesel / 4 | 60 / 4600 | 80 x 88 | 1757** (1769*) | 3690 x 1534 x 1415 | 152 | 15.400 |
| Visa 17RD 5-Gang | VD-VT | 161A XUD / Diesel / 4 | 60 / 4600 | 80 x 88 | 1757** (1769*) | 3690 x 1534 x 1415 | 154 | 16.250 |
| AX 10 E, 3-Tür. AX | ZA-ZA | C 3 A / Reihe / 4 | 42 / 5200 | 70 x 62 | 947** (954*) | 3495 x 1555 x 1355 | 140 | 11.900 |
| AX 11E 3-Türen ab: 9/1987 | ZA-ZB | H 1 B / Reihe / 4 | 55 / 5800 | 72 x 69 | 1116** (1124*) | 3495 x 1555 x 1355 | 158 | 12.590 |
| AX 11 RE 4/ 5-G 3-T. ab 7/1987 | ZA-ZJ | H 1 B / Reihe / 4 | 55 / 5800 | 72 x 69 | 1116** (1124*) | 3495 x 1555 x 1355 | 158/161 | 13.400 |
| AX 11 RE 4/5-G. 5-T. | ZA-ZJ | H 1 B / Reihe / 4 | 55 / 5800 | 72 x 69 | 1116** (1124*) | 3495 x 1555 x 1355 | 158/161 | 13.980 |
| AX 11 TRE 4/5-G. 3-T. ab 9/1987 | ZA-ZJ | H 1 B / Reihe / 4 | 55 / 5800 | 72 x 69 | 1116** (1124*) | 3495 x 1555 x 1355 | 158/161 | 14.400 |
| AX 11 TRE 4/5-G. 5-T. ab 9/1987 | ZA-ZJ | H 1 B / Reihe / 4 | 55 / 5800 | 72 x 69 | 1116** (1124*) | 3495 x 1555 x 1355 | 158/151 | 14.980 |
| AX 14 TRS 5-Gang 3 Türen | ZA-ZC | K 1 B / Reihe / 4 | 61 / 5200 | 75 x 77 | 1351** (1360*) | 3495 x 1555 x 1355 | 168 | 15.400 |
| AX 14 TRS 5-G. 5-Tü. ab 9/1987 | ZA-ZK | K 1 A / Reihe / 4 | 61 / 5200 | 75 x 77 | 1351** (1360*) | 3495 x 1555 x 1355 | 168 | 15.980 |
| AX 14 TZS 3-Türen ab 5/1987 | ZA-ZC | K 1 A / Reihe / 4 | 61 / 5200 | 75 x 77 | 1351** (1360*) | 3495 x 1555 x 1355 | 168 | 15.900 |
| AX 14 TZS 5-Türen ab 9/1987 | ZA-ZK | K A Y / Reihe / 4 | 61 / 5200 | 75 x 77 | 1351** (1360*) | 3495 x 1555 x 1355 | 168 | 16.480 |
| AX GT 3-Türen ab Oktober 1987 | ZA-ZA | K 2 B / Reihe / 4 | 85 / 6400 | 75 x 77 | 1351** (1360*) | 3495 x 1555 x 1355 | 180 | 16.900 |
| BX 14 4-Gang ab 9/1982 | XB-XA | 150 A / Reihe / 4 | 62 / 5500 | 75 x 77 | 1351** (1360*) | 4230 x 1660 x 1361 | 155 | 16.650 |
| BX 14 E 5-G, | XB-XD | 150 J / Reihe / 4 | 72 / 5750 | 75 x 77 | 1351** (1360*) | 4230 x 1660 x 1361 | 160 | 18.400 |
| BX 14 TRE 5-Gang | XB-XD | 150 J / Reihe / 4 | 68 / 5750 | 75 x 77 | 1351** (1360*) | 4230 x 1660 x 1361 | 160 | 19.980 |
| BX 16 Ri 5-Gang | XB-XB | 171 C / Reihe / 4 | 90 / 6000 | 83 x 73 | 1569** (1580*) | 4230 x 1660 x 1361 | 173 | 21.900 |
| BX 16 Tri 5-Gang ab 3/1986 | XB-EA | 180 Z / Reihe / 4 | 105 / 6250 | 83 x 73 | 1569** (1580*) | 4230 x 1660 x 1361 | 185 | 23.800 |
| BX 16 Tri Break 5-Gang | XB XB | 180 Z / Reihe / 4 | 105 / 6250 | 83 x 73 | 1569** (1580*) | 4399 x 1660 x 1431 | 180 | 25.800 |
| BX 16 TRS Automatik | XB XB | 171C / Reihe / 4 | 90 / 6000 | 83 x 73 | 1569** (1580*) | 4230 x 1660 x 1361 | 170 | 23.720 |
| BX 19 RD Break 5-Gang | XB-XF | 162 / Diesel / 4 | 65 / 4600 | 83 x 88 | 1891** (1905*) | 4399 x 1660 x 1431 | 155 | 23.650 |
| BX 19 TRS Kat | XB-XM | DFZ / Reihe / 4 | 105 / 5600 | 83 x 88 | 1891** (1905*) | 4230 x 1660 x 1361 | 187 | 23.800 |
| BX 19 TRS Break Kat. | XB-XW | D 2 A / Reihe / 4 | 105 / 5600 | 83 x 88 | 1891** (1905*) | 4399 x 1660 x 1431 | 182 | 25.800 |
| BX 19 GTi | XB-EG | D 6 A / Reihe / 4 | 125 / 5500 | 83 x 88 | 1891** (1905*) | 4230 x 1660 x 1361 | 198 | 26.500 |
| BX 19 Gti 16 V Kat | XB-EJ | D 6 C / Reihe / 4 | 160 / 6500 | 83 x 88 | 1891** (1905*) | 4230 x 1660 x 1361 | 215 | 32.700 |
| BX 19 RD 5-Gang ab 9/1983 | XB-RC | D 9 B / Diesel / 4 | 71 / 4600 | 83 x 88 | 1891** (1905*) | 4230 x 1660 x 1361 | 165 | 21.650 |
| BX 19 TRD 5-Gang ab 9/1983 | XB-XC | 162 / Diesel / 4 | 71 / 4600 | 83 x 88 | 1891** (1905*) | 4230 x 1660 x 1361 | 165 | 23.780 |
| BX 19 TRD Turbo | XB-EL | A 8 A / Diesel / 4 | 90 / 4300 | 80 x 88 | 1757** (1769) | 4230 x 1660 x 1361 | 178 | 26.500 |
| BX 19 TRD Turbo Break | XB-EL | A 8 A / Diesel / 4 | 90 / 4300 | 80 x 88 | 1757** (1769) | 4399 x 1660 x 1431 | 170 | 23.650 |
| CX 22 TRS 5-Gang | MA-NR | J6 TA500 / Reihe / 4 | 115 / 5600 | 88 x 89 | 2150** (2165*( | 4665 x 1755 x 1360 | 186 | 29.630 |
| CX 25 Gti 5-Gang Kat. | MA-NG | M25/659 / Reihe / 4 | 122 / 5000 | 93 x 92 | 2482** (2500*) | 4665 x 1755 x 1360 | 195 | 36.740 |
| CX 25 GTi Turbo 2, 5-Gang | MA-NK | M25/666 / Reihe / 4 | 168 / 5000 | 93 x 92 | 2482** (2500*) | 4665 x 1755 x 1360 | 223 | 43.770 |
| CX 25 GTi Turbo 2 Kat 5-G | MA-NK | M25/667 / Reihe / 4 | 160 / 4750 | 93 x 92 | 2482** (2500*) | 4665 x 1755 x 1360 | 215 | 45.770 |
| CX 25 Prestige Automatic Kat. | MA-NP | M25/659 / Reihe / 4 | 122 / 5000 | 93 x 92 | 2482** (2500*) | 4659 x 1755 x 1360 | 187 | 51.680 |
| CX 25 Prest.Turbo2 Kat ab 7/1985 | MA-NP | M25/667 / Reihe / 4 | 160 / 4750 | 93 x 92 | 2482** (2500*) | 4659 x 1755 x 1360 | 215 | 54.800 |
| CX 25 Tri Break 5-G Kata b 7/1983 | MA-NJ | M25/668 / Reihe / 4 | 122 / 5000 | 93 x 92 | 2482** (2500*) | 4960 x 1755 x 1465 | 190 | 38.990 |
| CX 25 Ri Familiale 5-G ab 7/1983 | MA-NJ | M25/668 / Reihe / 4 | 122 / 5000 | 93 x 92 | 2482** (2500*) | 4960 x 1755 x 1465 | 190 | 38.270 |
| CX 25 RD 5-Gang | MA-MM | M 25/629 / Diesel / 4 | 75 / 5500 | 93 x 92 | 2482** (2500*) | 4665 x 1755 x 1360 | 156 | 30.570 |
| CX 25 RD 5-G Break | MA-MN | M 25/629 / Diesel / 4 | 75 / 5500 | 93 x 92 | 2482** (2500*) | 4960 x 1755 x 1465 | 151 | 34.630 |
| CX 25 TRD Turbo 2, 5-G ab 4/1983 | MA-NT | M25/669 / Diesel / 4 | 120 / 3900 | 93 x 92 | 2482** (2500*) | 4665 x 1755 x 1360 | 192 | 36.740 |
| CX 25 D Lang Turbo 5-G ab 7/1983 | MA-NU | M25/669 / Diesel / 4 | 120 / 3900 | 93 x 92 | 2482** (2500*) | 4960 x 1755 x 1465 | 192 | 39.140 |
| CX 25 Break TRD Turbo 2 | MA NV | M25/669 / Diesel / 4 | 120 / 3900 | 93 x 92 | 2482** (2500*) | 4960 x 1755 x 1465 | 185 | 40.760 |

**CX in D. verkauft: 3.019
in D verk 2CV: 8.078
in D verk.AX: 10.266
in D verk. BX: 15.154
in D verk Visa: 1.183
Ges.-Zul. Pkw & Lkw in D: 39.144 (1,35 %)

# 1989 XM, oder die Probleme

Die Benziner-Versionen des AX werden lediglich in einigen Details überarbeitet. Dafür wird die Modellfamilie im September um eine Dieselvariante erweitert. Der 1,4 Liter große Selbstzünder treibt die Ausführungen, D, RD und TRD an. Im gleichen Monat kommt das Sondermodell Air France Madame mit schwarzer Lackierung und einem verchromten Kühlergrill auf den Markt. Im März folgt das Sondermodell AX Tonic, das vom 1,1-Liter-Motor angetrieben wird.

Die Baureihe BX erlebt einige Modifikationen. Im Juli ersetzt der TU-Motor mit 72 PS das Aggregat XB bei den Basismodellen BX 14 und Evasion. Beim BX 16 RS und TRS löst der Motor XUB2C den alten Antrieb XUS ab. Die Variante BX 16 S verschwindet aus dem Programm, um Verwechslungen mit dem BX 16-Ventiler zu vermeiden. Als Sondermodell kommt der BX Olympique mit weißer Lackierung und den Sitzen aus dem BX GTi zu den Händlern.

Im Februar rollt der Allrad-BX 4 x 4 zu den Kunden. Gleichzeitig werden wieder einmal die Typenbezeichnungen aktualisiert: 14 TE/TGE ersetzen 14 E/RE und

BX 19 TGD Evasion

Sondermodell AX Tonic

AX Cup

BX GTi 4 x 4

BX 16-Ventiler

# des Nachfolgers

Der XM löst den CX ab

15 TGE/16 GTS die Bezeichnungen 15 RE sowie 16 RS/TRS. Von März an rollt der BX 16-Ventiler auf zweifarbigen Felgen. Gleichzeitig bietet das Unternehmen das Sondermodell Tonic auf Basis des BX 15 mit der Ausstattung des Olympique an. Im Mai schließlich rollt der neue große Citroën XM zu den Händlern. Seine Linie verdankt die Limousine dem italienischen Designer Bertone, der mit seiner eigenwilligen Schöpfung den alten Geist der Marke wieder belebt und zugleich ausgetretene Pfade verlässt. Die Form verursacht ebenso viel Lob wie Kritik. Auf jeden Fall lässt der neue große Citroën niemanden unberührt. Die Gürtellinie samt „Hüftschwung", seine aggressive Front und der großzügige Einsatz von Glasflächen geben der Fachpresse reichlich Gelegenheit, sich mit der Limousine zu beschäftigen.

In den ersten Monaten beschränkt sich das Angebot auf drei Motoren und ebenso viele Ausführungen. Der Basismotor hat vier Zylinder und einen Hubraum von zwei Litern, es gibt ihn in Vergaser- oder Einspritzversion. Das Topmodell wird von einem Dreiliter-Sechszylinder angetrieben, mit dem die Marke an die

Sondermodell AX Air France Madame

# 1989

Tradition des SM anknüpft. Der Diesel als Sauger oder Turbo hat einen Hubraum von 2,1 Litern. Drei Ausführungen stehen zur Verfügung: Séduction, Harmonie und Ambiance. Das Basismodell Séduction ist ausschließlich mit dem Vergasermotor und dem Diesel ohne Aufladung lieferbar. Zur Serienausstattung gehören getönte Scheiben, Heckscheibenwischer, Doppelscheinwerfer, elektrische Fensterheber vorne, Zentralverriegelung und verstellbares Lenkrad.
Die Ausführung Harmonie wird vom Einspritzer oder Diesel angetrieben. Sie besitzt einen Heckspoiler, Fernbedienung für die Zentralverriegelung, Mittelarmlehne, Ablageflächen, Drehzahlmesser und einen in der Höhe verstellbaren Fahrersitz.
In der Topversion Ambiance arbeitet der Zweiliter-Einspritzer, der V6 oder der Turbodiesel unter der Haube. Metalliclackierung, ABS-Bremsen, Nebelscheinwerfer, elektronische Instrumente, elektrisch verstellbare Vordersitze, hydraktive Federung, elektrische Seitenspiegel und elektrische Fensterheber hinten gehören zum Serienumfang.
Der neue XM ist der Star des Pariser Automobilsalons im Oktober. Die Presse trägt das Ihrige dazu bei, obwohl die ersten Kunden bereits seit Mai 1989 die ersten Modelle auf den Straßen bewegen.

Der XM im Windkanal

CX-Kombi Evasion

Das neue Top-Modell

Der XM auf dem Stand des Unternehmens in Frankfurt

Der Versuchsträger des XM

CX 25 Prestige mit Automatik

Sondermodell BX Tonic

| **Typ - Modelljahr: 1989** September 1988 bis August 1989 *Produktion, insgesamt: 905.118 | Fgst-Nr. Serie | Mot.-Typcode / Bauart / Zylinder | PS / min | Bohr. x Hub in mm | Hubraum cm³ **fiskalisch D. *Werksangabe | Dimensionen L x B x H in mm | Vmax km/h | Preise ab Köln inkl. MwSt in DM |
|---|---|---|---|---|---|---|---|---|
| Nun folgend ausschließlich deutsche Modelle: | | | | | | | | |
| 2 CV 6 Club ab 10/1983: | AZ-KA | A 06/664 M28/1 / Boxer / 2 | 23 / 5750 | 74 x 70 | 597** (602*) | 3780 x 1480 x 1600 | 110 | 9.990 |
| 2 CV Charleston, | AZ-KA | A 06/664 M28/1 / Boxer / 2 | 23 / 5750 | 74 x 70 | 597** (602*) | 3780 x 1480 x 1600 | 110 | 10.590 |
| C 15 E | VD PK | 150 D / Reihe / 4 | 67 / 5000 | 75 x 77 | 1351 | 3995 x 1636 x 1801 | 145 | 14.695 |
| C 15 E Familiale 4-G. ab 10/1984 | VD PK | 150 D / Reihe / 4 | 67 / 5000 | 75 x 77 | 1351 | 3995 x 1636 x 1801 | 145 | 15.755 |
| C 15 D 4-Gang ab 9/1985 | VD-VT | 161A XUD / Diesel / 4 | 60 / 4600 | 80 x 88 | 1757** (1769*) | 3995 x 1636 x 1801 | 136 | 17.460 |
| C 15 D Familiale 4-G | VD-PG | 161A XUD / Diesel / 4 | 60 / 4600 | 80 x 88 | 1757** (1769*) | 3995 x 1636 x 1801 | 136 | 18.520 |
| Visa 17 D 4-G. ** in D verk: 83 | VD-VT | 161A XUD / Diesel / 4 | 60 / 4600 | 80 x 88 | 1757** (1769*) | 3690 x 1534 x 1415 | 152 | 15.400 |
| Visa 17RD 5-Gang | VD-VT | 161A XUD / Diesel / 4 | 60 / 4600 | 80 x 88 | 1757** (1769*) | 3690 x 1534 x 1415 | 154 | 16.250 |
| AX Monpti | ZA-ZB | H 1 B / Reihe / 4 | 54 / 5800 | 72 x 69 | 1116** (1124*) | 3495 x 1555 x 1355 | 158 | 13.170 |
| AX 11 TRE 4/ 5-G 3-T. | ZA-ZB | H 1 B / Reihe / 4 | 55 / 5800 | 72 x 69 | 1116** (1124*) | 3495 x 1555 x 1355 | 158/161 | 14.645 |
| AX 11 TRE 4/5-G. 5-T. | ZA-DB | H 1 B / Reihe / 4 | 55 / 5800 | 72 x 69 | 1116** (1124*) | 3495 x 1555 x 1355 | 158/161 | 15.255 |
| AX 11 TRE 4/5-G. 3-T. | ZA-DA | H 1 B / Reihe / 4 | 54 / 5800 | 72 x 69 | 1116** (1124*) | 3495 x 1555 x 1355 | 161 | 16.475 |
| AX 14 TRS Classic 5-G. 3 Türen | ZA-ZC | K 1 B / Reihe / 4 | 67 / 5200 | 75 x 77 | 1351** (1360*) | 3495 x 1555 x 1355 | 170 | 15.660 |
| AX GT 3-Türen ab Oktober 1987 | ZA-ZW | K 2 B / Reihe / 4 | 84 / 6400 | 75 x 77 | 1351** (1360*) | 3495 x 1555 x 1355 | 180 | 17.535 |
| AX GT 3-Türen ger. Kat | ZA-DD | KDY / Reihe / 4 | 75 / 6200 | 75 x 77 | 1351** (1360*) | 3495 x 1555 x 1355 | 176 | 18.970 |
| AX 14 RD | ZA-ZD | K 9 A / Diesel / 4 | 52 / 5000 | 75 x 77 | 1351** (1360*) | 3495 x 1555 x 1355 | 155 | 16.620 |
| AX 14 TRD Tecnic ab 9/1988 | ZA-ZD | K 9 A / Diesel / 4 | 52 / 5000 | 75 x 77 | 1351** (1360*) | 3495 x 1555 x 1355 | 170 | 16.870 |
| BX 14 RE 5-G. Classic Kat unger. | XB-XA | 150 A / Reihe / 4 | 64 / 5500 | 75 x 77 | 1351** (1360*) | 4230 x 1660 x 1361 | 163 | 19.070 |
| BX 14 RE, ger.Kat verk.BX: 14700 | XB-XD | KDY / Reihe / 4 | 75 / 6200 | 75 x 77 | 1351** (1360*) | 4230 x 1660 x 1361 | 168 | 20.595 |
| BX 16 RE Kat Classic 5-G. | XB-XB | BDZ / Reihe / 4 | 72 / 5600 | 83 x 73 | 1569** (1580*) | 4230 x 1660 x 1361 | 165 | 20.185 |
| BX 15 RE unger.Kat Break 5-G. | XB XB | B 1 E / Reihe / 4 | 72 / 5600 | 83 x 73 | 1569** (1580*) | 4399 x 1660 x 1431 | 161 | 22.220 |
| BX 19 TRi ger. Kat Tecnic | XB XB | DDZ / Reihe / 4 | 109 / 6000 | 83 x 88 | 1891** (1905*) | 4230 x 1660 x 1361 | 189 | 25.830 |
| BX 19 RD Break 5-Gang | XB-XV | D 9 B / Diesel / 4 | 69 / 4600 | 83 x 88 | 1891** (1905*) | 4399 x 1660 x 1431 | 162 | 24.510 |
| BX 19 TRS unger. Kat Automatic | XB-XM A | D2C / Reihe / 4 | 95 / 5750 | 83 x 88 | 1891** (1905*) | 4230 x 1660 x 1361 | 174 | 27.155 |
| BX 19 Tri 5-G Break ger.Kat. Tec. | XB-XW | D K Z / Reihe / 4 | 120 / 6000 | 83 x 88 | 1891** (1905*) | 4399 x 1660 x 1431 | 189 | 28.325 |
| BX 19 Tri Aut. Break ger.Kat. Tec. | XB-XW A | D K Z / Reihe / 4 | 120 / 6000 | 83 x 88 | 1891** (1905*) | 4399 x 1660 x 1431 | 187 | 28.325 |
| BX 19 GTi ger. Kat 5-Gang | XB-EY | D K Z / Reihe / 4 | 120 / 6000 | 83 x 88 | 1891** (1905*) | 4230 x 1660 x 1361 | 196 | 28.020 |
| BX 19 GTi ger. Kat Automatic | XB-EY A | D K Z / Reihe / 4 | 120 / 6000 | 83 x 88 | 1891** (1905*) | 4230 x 1660 x 1361 | 193 | 28.020 |
| BX 19 Gti 16 V ger.Kat | XB-FC | D F W / Reihe / 4 | 147 / 6000 | 83 x 88 | 1891** (1905*) | 4230 x 1660 x 1361 | 213 | 33.915 |
| BX 19 RD Classic 5-G. ab 9/1983 | XB-RC | D 9 B / Diesel / 4 | 69 / 4600 | 83 x 88 | 1891** (1905*) | 4230 x 1660 x 1361 | 165 | 22.475 |
| BX 19 TRD Tecnic 5-G. ab 9/1983 | XB-XC | D 9 B / Diesel / 4 | 69 / 4600 | 83 x 88 | 1891** (1905*) | 4230 x 1660 x 1361 | 165 | 25.450 |
| BX 19 TRD Tecnic Automatic | XB XC A | D 9 B / Diesel / 4 | 69 / 4600 | 83 x 88 | 1891** (1905*) | 4230 x 1660 x 1361 | 163 | 25.450 |
| BX 19 TRD Turbo Tecnic | XB-EL | A 8 A / Diesel / 4 | 90 / 4300 | 80 x 88 | 1757** (1769) | 4230 x 1660 x 1361 | 178 | 28.335 |
| BX 19 TRD Turbo Break | XB-EL | A 8 A / Diesel / 4 | 90 / 4300 | 80 x 88 | 1757** (1769) | 4399 x 1660 x 1431 | 170 | 30.500 |
| CX 22 TRS 5-Gang | MA-NR | J6 TA500 / Reihe / 4 | 113 / 5600 | 88 x 89 | 2150** (2165*( | 4665 x 1755 x 1360 | 186 | 30.745 |
| CX 25 Gti 5-Gang Kat. | MA-NG | M25/659 / Reihe / 4 | 122 / 5000 | 93 x 92 | 2482** (2500*) | 4665 x 1755 x 1360 | 195 | 38.120 |
| CX 25 GTi Turbo 2 Kat 5-G | MA-NK | M25/667 / Reihe / 4 | 156 / 4750 | 93 x 92 | 2482** (2500*) | 4665 x 1755 x 1360 | 215 | 47.485 |
| CX 25 Prestige Automatic ger.Kat. | MA-NP | M25/659 / Reihe / 4 | 122 / 5000 | 93 x 92 | 2482** (2500*) | 4659 x 1755 x 1360 | 187 | 53.615 |
| CX 25 Prest.Turbo2 5-G Kat | MA-NP | M25/667 / Reihe / 4 | 160 / 4750 | 93 x 92 | 2482** (2500*) | 4659 x 1755 x 1360 | 215 | 56.850 |
| CX 25 Tri Break 5-G Kat ab 7/1983 | MA-NJ | M25/668 / Reihe / 4 | 122 / 5000 | 93 x 92 | 2482** (2500*) | 4960 x 1755 x 1465 | 190 | 40.445 |
| CX 25 Ri Familiale 5-G ab 7/1983 | MA-NJ | M25/668 / Reihe / 4 | 122 / 5000 | 93 x 92 | 2482** (2500*) | 4960 x 1755 x 1465 | 190 | 39.705 |
| CX 25 RD 5-Gang | MA-MM | M 25/629 / Diesel / 4 | 73 / 5500 | 93 x 92 | 2482** (2500*) | 4665 x 1755 x 1360 | 156 | 31.720 |
| CX 25 RD 5-G Break | MA-MN | M 25/629 / Diesel / 4 | 73 / 5500 | 93 x 92 | 2482** (2500*) | 4960 x 1755 x 1465 | 151 | 35.930 |
| CX 25 RD Turbo 2, 5-G ab 4/1983 | MA-NT | M25/669 / Diesel / 4 | 120 / 3900 | 93 x 92 | 2482** (2500*) | 4665 x 1755 x 1360 | 192 | 34.995 |
| CX 25 TRD Turbo 2, 5-G ab 4/1983 | MA-NT | M25/669 / Diesel / 4 | 120 / 3900 | 93 x 92 | 2482** (2500*) | 4665 x 1755 x 1360 | 192 | 38.120 |
| CX 25 D Lang Turbo 5-G ab 7/1983 | MA-NU | M25/669 / Diesel / 4 | 120 / 3900 | 93 x 92 | 2482** (2500*) | 4960 x 1755 x 1465 | 192 | 40.610 |
| CX 25 Break TRD Turbo 2 | MA NV | M25/669 / Diesel / 4 | 120 / 3900 | 93 x 92 | 2482** (2500*) | 4960 x 1755 x 1465 | 185 | 42.290 |

**CX in D. verkauft: 1.732
Visa in D verk: 83
2CV in D verk: 7.865
AX in D verk:13.836
BX in D verk: 14.700
XM in D verk: 1.838
Ges.-Zul. Pkw & Lkw in D: 42.059 (1,43 %)

# 1990

# Der 2 CV

Im Juli verliert Frankreich eine seiner automobilen Legenden. Ohne großen Trommelwirbel und vor allem ziemlich mutlos haben die Verantwortlichen der PSA-Gruppe das Ende des unverwüstlichen 2 CV beschlossen. Am 27. Juli rollt das letzte Modell von den Bändern der Fabrik in Mangualde und befördert damit den Wagen, der nicht zuletzt in Deutschland als „Ente" bekannt und heiß geliebt war, zu einem automobilen Mythos.

Die Baureihe AX wird leicht überarbeitet. Im Juli 1989 rollt der AX 11 TGE mit einem neuen Motor zu den Händlern. Ausgerüstet mit einem Fünfganggetriebe wird aus dem TGE der 11 TRS. Den AX GT gibt es von nun an auch als Viertürer. Die Ausführungen 10 E mit fünf und RE mit drei Türen verschwinden ebenso wie der 14 TZS aus den Preislisten.

Im Oktober kommt der TE mit einem neuen 1,1-Liter-Motor und 55 PS in die Kataloge. Nachdem die Serie Air France Madame erfolgreich war, wird im Oktober eine zweite Serie auf Basis des 10 RE aufgelegt. Aufbauend auf den AX K-Way bringt das

Der XM geht in Produktion

Ein XM in Las Vegas

# wird liquidiert



**1990**

*BX Calanque*

*XM V6 und BX 19 GTi*

*AX Thalassa*

# 1990

Unternehmen den AX Tonic auf den Markt. Der Benzinversion folgt bald darauf die Dieselausführung. Als dritte Sonderserie schließlich präsentiert das Unternehmen den AX Image auf Basis des 11 TGE mit Metalliclackierung, getönten Scheiben und einigen anderen Details.
Der BX entwickelt sich in diesem Jahr kaum weiter. Im Juli wächst die Leistung des 19 TRS von 105 auf 107 PS. Als einzig neues Modell kommt der BX GTi 4 x 4 mit serienmäßigem ABS auf den Markt. Im November folgt wieder einmal eine Umbenennung der einzelnen Typen, um das Angebot zu vereinfachen. Freilich macht das Ergebnis die Identifizierung noch komplizierter: Die Basisversionen markieren TE, TD und TS. Darüber angesiedelt sind TGE, TGS, 4 x 4 und TGD. Noch höher rangieren TZS, TZD, TZi und 4 x 4 Evasion. GTi und GTi 16S bilden schließlich die Spitzenmodelle.
Der XM überrascht seine ersten Kunden mit zahlreichen ernsthaften Pannen. Die Garantiezahlungen sind beträchtlich und beginnen zudem, den Ruf des Modells zu schaden. Von April 1990 an gibt es für die Zweiliter-Einspritzer und den V6 ein Automatikgetriebe.

BX 4 x 4

totyp Coupé Activa

| **Typ - Modelljahr: 1990** Juli 1989 bis Juni 1990 *Produktion, insgesamt: 812.373 | Fgst-Nr. Serie | Mot.-Typcode / Bauart / Zylinder | PS / min | Bohr. x Hub in mm | Hubraum cm³ **fiskalisch D. *Werksangabe | Dimensionen L x B x H in mm | Vmax km/h | Preise ab Köln inkl. MwSt in DM |
|---|---|---|---|---|---|---|---|---|
| Nun folgend ausschließlich deutsche Modelle: | | | | | | | | |
| 2 CV 6 Club ab 10/1983: | AZ-KA | A 06/664 M28/1 / Boxer / 2 | 28 / 5750 | 74 x 70 | 597** (602*) | 3780 x 1480 x 1600 | 110 | 9.990 |
| C 15 E | VD PA | 150 D / Reihe / 4 | 67 / 5000 | 75 x 77 | 1351 | 3995 x 1636 x 1801 | 145 | 15.090 |
| C 15 E Familiale 4-G. ab 10/1984 | VD PK | 150 D / Reihe / 4 | 67 / 5000 | 75 x 77 | 1351 | 3995 x 1636 x 1801 | 145 | 16.160 |
| C 15 D 4-Gang ab 9/1985 | VD-VT | 161A XUD / Diesel / 4 | 60 / 4600 | 80 x 88 | 1757** (1769*) | 3995 x 1636 x 1801 | 136 | 17.820 |
| C 15 D Familiale 4-G | VD-PG | 161A XUD / Diesel / 4 | 60 / 4600 | 80 x 88 | 1757** (1769*) | 3995 x 1636 x 1801 | 136 | 18.890 |
| AX 11 Monpti 3-Türen | ZA-DA | HDZ / Reihe / 4 | 60 / 6200 | 72 x 69 | 1116** (1124*) | 3495 x 1555 x 1355 | 167 | 14.950 |
| AX 11 TRE 4/5-G. 3-T. | ZA-DA | HDZ / Reihe / 4 | 60 / 6200 | 72 x 69 | 1116** (1124*) | 3495 x 1555 x 1355 | 167 | 16.420 |
| AX 11 TRE 4/5-G. 5-T. | ZA-DB | HDZ / Reihe / 4 | 60 / 6200 | 72 x 69 | 1116** (1124*) | 3495 x 1555 x 1355 | 167 | 17.120 |
| AX 14 TRS 5-G. 5-Tü. | ZA-ZK | KDY / Reihe / 4 | 75 / 6200 | 75 x 77 | 1351** (1360*) | 3495 x 1555 x 1355 | 173 | 18.640 |
| AX 14 RD 3-Türen | ZA-ZU | K9A / Diesel / 4 | 52 / 5000 | 75 x 77 | 1351** (1360*) | 3495 x 1555 x 1355 | 155 | 16.600 |
| AX 14 RD 5-Türen | ZA-ZD | K9A / Diesel / 4 | 52 / 5000 | 75 x 77 | 1351** (1360*) | 3495 x 1555 x 1355 | 155 | 17.300 |
| AX GT 3-Türen | ZA-ZW | K 2 B / Reihe / 4 | 75 / 6400 | 75 x 77 | 1351** (1360*) | 3495 x 1555 x 1355 | 176 | 19.380 |
| BX 14 TGE Classic 5-G. ger. Kat | XB-HC | KDY / Reihe / 4 | 75 / 6200 | 75 x 77 | 1351** (1360*) | 4230 x 1660 x 1361 | 170 | 20.390 |
| BX 14 TGE Tecnic 5-G. ger. Kat | XB-XD | KDY / Reihe / 4 | 75 / 6200 | 75 x 77 | 1351** (1360*) | 4230 x 1660 x 1361 | 170 | 21.190 |
| BX 16 TGi Classic 5-G. ger. Kat | XB-FV | BDZ / Reihe / 4 | 88 / 6000 | 83 x 73 | 1569** (1580*) | 4230 x 1660 x 1361 | 174 | 22.400 |
| BX 16 TZi Tecnic 5-G. ger. Kat | XB-HY | BDY / Reihe / 4 | 88 / 6250 | 83 x 73 | 1569** (1580*) | 4230 x 1660 x 1361 | 174 | 25.460 |
| BX 16 TGi Break Classic -Gang | XB-HZ | BDY / Reihe / 4 | 88 / 6250 | 83 x 73 | 1569** (1580*) | 4399 x 1660 x 1431 | 170 | 24.435 |
| BX 19 Gti 4WD ger. Kat ab 9/1989 | XB-FX | DKZ / Reihe / 4 | 120 / 6000 | 83 x 88 | 1891** (1905*) | 4230 x 1660 x 1361 | 188 | 36.795 |
| BX 19 GTi 5-G. ger. Kat | XB-HY | DKZ / Reihe / 4 | 120 / 6000 | 83 x 88 | 1891** (1905*) | 4230 x 1660 x 1361 | 196 | 28.690 |
| BX 19 Gti Automatic ger. Kat | XB-HYiA | DKZ / Reihe / 4 | 120 / 6000 | 83 x 88 | 1891** (1905*) | 4230 x 1660 x 1431 | 193 | 28.690 |
| BX 16V ger. Kat ab2/1988 | XB-FC | DFW / Reihe / 4 | 147 / 7200 | 83 x 88 | 1891** (1905*) | 4230 x 1660 x 1431 | 215 | 35.390 |
| BX 19 TZi Tecnic ger. Kat | XB-HY | DDZ / Reihe / 4 | 109 / 6000 | 83 x 88 | 1891** (1905*) | 4230 x 1660 x 1361 | 189 | 26.540 |
| BX 19 TZD Turbo ab: 10/1990 | XB-HS | AJS / Diesel / 4 | 90 / 4300 | 80 x 88 | 1757**(1769**) | 4399 x 1660 x 1431 | 180 | 29.600 |
| BX 19 TZD Automatic | XB-EG | D9B / Diesel / 4 | 69 / 4600 | 83 x 88 | 1891** (1905*) | 4230 x 1660 x 1361 | 163 | 28.580 |
| BX 19 TZD EGR | XB-XV | DJZ / Diesel / 4 | 64 / 4600 | 83 x 88 | 1891** (1905*) | 4230 x 1660 x 1361 | 156 | 27.250 |
| BX 19 TGD Classic 5-G. EGR | XB-XU | DJZ / Diesel / 4 | 69 / 4600 | 83 x 88 | 1891** (1905*) | 4230 x 1660 x 1361 | 156 | 24.190 |
| BX 19 TRD Break Classic 5-Gang | XB-XV | 162 / Diesel / 4 | 64 / 4600 | 83 x 88 | 1891** (1905*) | 4230 x 1660 x 1361 | 154 | 25.850 |
| BX 19 TZi Break ger. Kat 5-G. | XB-EZ | DKZ / Reihe / 4 | 120 / 6000 | 83 x 88 | 1891** (1905*) | 4399 x 1660 x 1431 | 189 | 28.900 |
| BX 19 TZi Break ger. Kat Automat. | XB-EZIA | DKZ / Reihe / 4 | 120 / 6000 | 83 x 88 | 1891** (1905*) | 4399 x 1660 x 1431 | 187 | 28.900 |
| BX 19 4WD Break ger. Kat 5-Gang | XP-FP | DDZ / Reihe / 4 | 109 / 6000 | 83 x 88 | 1891** (1905*) | 4399 x 1660 x 1431 | 178 | 36.490 |
| BX 19 TZD Turbo Break Tecnic | XB-HS | AJZ / Diesel / 4 | 90 / 4300 | 80 x 88 | 1757**(1769**) | 4399 x 1660 x 1361 | 174 | 31.270 |
| CX 25 TGi Break 5-G Kat | MA-NJ | M25/668 / Reihe / 4 | 121 / 5000 | 93 x 92 | 2482** (2500*) | 4960 x 1755 x 1465 | 190 | 41.350 |
| CX 25 TGi Familiale 5-G | MA-NJ | M25/668 / Reihe / 4 | 121 / 5000 | 93 x 92 | 2482** (2500*) | 4960 x 1755 x 1465 | 190 | 40.650 |
| CX 25 TGD 5-Gang | MA-MM | M 25/629 / Diesel / 4 | 74 / 5500 | 93 x 92 | 2482** (2500*) | 4665 x 1755 x 1360 | 151 | 36.750 |
| CX 25 Break TGD Turbo | MA NV | M25/669 / Diesel / 4 | 120 / 3900 | 93 x 92 | 2482** (2500*) | 4960 x 1755 x 1465 | 185 | 43.150 |
| XM Inj. 2.0 L Classic ab 7/1989 | Y3-AH | RFZ / Reihe / 4 | 121 / 5600 | 86 x 86 | 1998 | 4708 x 1794 x 1382 | 201 | 37.000 |
| XM Inj. 2.0 L Tecnic ab 7/1989 | Y3-AH | RFZ / Reihe / 4 | 121 / 5600 | 86 x 86 | 1998 | 4708 x 1794 x 1382 | 201 | 40.800 |
| XM D12 Classic 5-Gang ab 5/1990 | Y3-AE | P9A / Diesel / 4 | 82 / 4600 | 86 x 92 | 2138 | 4708 x 1794 x 1382 | 173 | 38.100 |
| XM Turbo D12 Classic ab 5/1990 | Y3-AK | PHZ / Diesel / 4 | 109 / 4300 | 85 x 92 | 2088 | 4708 x 1794 x 1382 | 192 | 41.000 |
| XM Turbo D12 Tecnic ab 5/1990 | Y3-AK | PHZ / Diesel / 4 | 109 / 4300 | 85 x 92 | 2088 | 4708 x 1794 x 1382 | 192 | 44.800 |
| XM 3.0 L V6 Tecnic ab 3/1990 | Y3-AG | SFZ / Reihe 4 | 167 / 5600 | 93 x 73 | 2975 | 4708 x 1794 x 1382 | 222 | 50.400 |

XM in D verk: 8.686
CX in D. verk: 477
AX in D verk: 16.754
BX in D verk: 15.927
Ges.-Zul. in D: 38.077

# 1991 ZX oder der Aufbruch

ZX Réflex

Der AX bekommt wieder einmal neue Ausführungen. Im Juli wird aus dem 14 TRS der 14 TZX, der nun auf Alufelgen rollt und außerdem über seitliche Schutzleisten, ein Velours-Interieur und getönte Scheiben verfügt. Aus dem AX 14 RD wird nun der durch einige Details aufgewertete 14 GTD. In diesem Jahr ersetzt Citroën die in begrenzter Auflage produzierten Sonderserien durch mit Namen personalisierte Modelle. Auf Basis des 10 E kommt daher der AX Spot auf den Markt, während der AX Thalassa auf dem 11 E mit Fünfganggetriebe aufbaut. Beim AX Volcane handelt es sich um einen GT mit schwarzer Frontpartie und verchromtem Kühlergrill. Der AX Saxo schließlich ist ein TGE mit schwarzem Interieur und dreispeichigem Lenkrad. Die einstigen Sondermodelle K-Way und Image sind von nun an reguläre Modelle.

Der neue ZX soll die Lücke zwischen AX und BX schließen und hat zugleich die Aufgabe, verlorene Marktanteile zurück zu gewinnen. Doch in diesen schwierigen Zeiten spiegelt der neue kompakte Citroën weder Geniales noch Eleganz, sondern lediglich die eher biedere Ausstrahlung von Peugeot wieder. Die außerordentlich banale Ästhetik des ZX ist angeblich das Ergebnis einer Konsultation mit Bertone. Davon ist allerdings wenig zu sehen. Wenn schon nicht elegant in der Erscheinung, hätte der ZX wenigstens auf Technologie setzen können, was ja stets ein Symbol der Marke war. Doch offensichtlich war es inzwischen beschlossene Sache, Citroën nach unten zu nivellieren. Daher gab es auch keine hydropneumatische Federung. Der ZX kommt in zwei Ausführungen ohne besondere technologische Neuerungen auf den Markt. Um die bittere Pille bes-

ZX Diesel

# in eine neue Klasse

AX 4 x 4

ser schlucken zu können, erfinden die Vertriebs-Verantwortlichen die mitlenkende Hinterachse, bei der es sich um zwei gewöhnliche Gummiklötze handelt, die zwischen Karosserie und Aufhängung montiert und um einige Millimeter flexibel sind...
Dafür ist die ZX-Baureihe mit vier Motorisierungen und vier Ausstattungsniveaus sehr übersichtlich gestaltet. Die Vergasermotoren haben einen Hubraum von jeweils 1124 und 1360 $cm^3$. Die Einspritzer sind 1580 beziehungsweise 1905 $cm^3$ groß. Die drei Ausführungen tragen fast schon poetische Bezeichnungen. Reflex steht für die Basisversion. Avantage besitzt seitliche Schutzleisten, eine umlegbare Rückbank, hintere Kopfstützen, Drehzahlmesser, Digitaluhr, regelbare Innenbeleuchtung, Heckscheibenwischer und ein Handschuhfach mit Klappe. Die Ausführung Aura besitzt Doppelscheinwerfer, getönte Scheiben, hintere Sonnenblende, zweifarbige Gurte, Zentralverriegelung, rechten Außenspiegel, elektrische Fensterheber, Fahrersitz mit Lordosenstütze, drei hintere Lehnen und Radkappen mit sechs Reliefs. Die Version Volcane schließlich vertritt das sportliche Lager mit Öldruckmesser, Servolenkung, in Wagenfarbe lackierten Stoßfängern, Nebelscheinwerfern und anderem.

AX 4 x 4 Piste Rouge

# 1991

Beim BX wechseln unterdes laufend die Typenbezeichnungen, was jedoch nichts an den Ausführungen ändert. Im Juli kommt die Serie Calanque auf Basis des 14 TS und TD auf den Markt, die einheitlich weiß lackiert ist und getönte Scheiben, einen hinteren Blendschutz und Heckscheibenwischer besitzt. Die Sonderserie Image wird in das offizielle Programm aufgenommen. Schließlich kommt noch die Ausführung Millésime für die Modelle 16 und 19 GTS sowie 19 GTD auf den Markt. Sie besitzt Metalliclackierung, Heckspoiler, die GTi-Ausstattung, ein dreispeichiges Lenkrad, Servolenkung, getönte Scheiben und Zentralverriegelung. Im September werden die Allradversionen durch eine Dieselvariante bereichert.

Die XM-Modelle werden in diesem Jahr überarbeitet. Alle Modelle erhalten seitliche Blinker, ein Lenkrad mit Pralltopf und eine Innenraumbeleuchtung mit Dimmer. Das neue Topmodell ist der XM V6 Exclusive mit 24 Ventilen, der auf speziellen Felgen rollt. Im Innenraum dominiert Leder, das Radio verfügt über Fernbedienung und sechs Lautsprecher sowie eine zweite Antenne in der Heckklappe, Holzeinlagen und mehr.

XM-Kombi

# 1991

AX Thalassa

AX GT

| **Typ - Modelljahr: 1991**<br>Juli 1991 bis Juni 1991<br>*Produktion, insgesamt: 811.892 | Fgst-Nr.<br>Serie | Mot.-Typcode /<br>Bauart / Zylinder | PS / min | Bohr. x Hub<br>in mm | Hubraum cm³<br>**fiskalisch D.<br>*Werksangabe | Dimensionen<br>L x B x H in mm | Vmax<br>km/h | Preise ab<br>Köln inkl.<br>MwSt in DM |
|---|---|---|---|---|---|---|---|---|
| Nun folgend ausschließlich deutsche Pkw-Modelle: | | | | | | | | |
| AX 11 Monpti 3-Türen | ZA-DA | HDZ / Reihe / 4 | 60 / 6200 | 72 x 69 | 1116** (1124*) | 3495 x 1555 x 1355 | 168 | 15.790 |
| AX 11 Monpti 5-Türen | ZA-DB | HDZ / Reihe / 4 | 60 / 6200 | 72 x 69 | 1116** (1124*) | 3495 x 1555 x 1355 | 168 | 16.540 |
| AX Monpti D 3-Türen | ZA-ZU | K9A / Diesel / 4 | 52 / 5000 | 75 x 77 | 1351** (1360*) | 3495 x 1555 x 1355 | 155 | 15.590 |
| AX 11 TRE 4/5-G. ger. Kat 3-T. | ZA-DA | HDZ / Reihe / 4 | 60 / 6200 | 72 x 69 | 1116** (1124*) | 3495 x 1555 x 1355 | 167 | 17.350 |
| AX 11 TRE 4/5-G. ger. Kat 5-T. | ZA-DB | HDZ / Reihe / 4 | 60 / 6200 | 72 x 69 | 1116** (1124*) | 3495 x 1555 x 1355 | 167 | 18.100 |
| AX 14 TRS 5-G. 5-Tü. | ZA-ZK | KDY / Reihe / 4 | 75 / 6200 | 75 x 77 | 1351** (1360*) | 3495 x 1555 x 1355 | 173 | 19.550 |
| AX 14 TGD 3-Türen | ZA-ZU | K9A / Diesel / 4 | 52 / 5000 | 75 x 77 | 1351** (1360*) | 3495 x 1555 x 1355 | 155 | 17.240 |
| AX 14 TGD 5-Türen | ZA-ZD | K9A / Diesel / 4 | 52 / 5000 | 75 x 77 | 1351** (1360*) | 3495 x 1555 x 1355 | 155 | 17.990 |
| AX GT 3-Türen | ZA-ZW | K 2 B / Reihe / 4 | 75 / 6400 | 75 x 77 | 1351** (1360*) | 3495 x 1555 x 1355 | 176 | 20.490 |
| BX 14 TGE Classic 5-G. ger. Kat | XB-HC | KDY / Reihe / 4 | 75 / 6200 | 75 x 77 | 1351** (1360*) | 4230 x 1660 x 1361 | 170 | 21.290 |
| BX 14 TGE Tecnic 5-G. ger. Kat | XB-XD | KDY / Reihe / 4 | 75 / 6200 | 75 x 77 | 1351** (1360*) | 4230 x 1660 x 1361 | 170 | 21.990 |
| BX 16 TGi Classic 5-G. ger. Kat | XB-FV | BDZ / Reihe / 4 | 88 / 6000 | 83 x 73 | 1569** (1580*) | 4230 x 1660 x 1361 | 174 | 23.790 |
| BX 16 TZi Tecnic 5-G. ger. Kat | XB-HY | BDY / Reihe / 4 | 88 / 6250 | 83 x 73 | 1569** (1580*) | 4230 x 1660 x 1361 | 174 | 26.990 |
| BX 16 TGi Break Classic -Gang | XB-HZ | BDY / Reihe / 4 | 88 / 6250 | 83 x 73 | 1569** (1580*) | 4399 x 1660 x 1431 | 170 | 25.790 |
| BX 19 Gti 4WD ger. Kat ab 9/1989 | XB-FX | DKZ / Reihe / 4 | 120 / 6000 | 83 x 88 | 1891** (1905*) | 4230 x 1660 x 1361 | 188 | 39.000 |
| BX 19 GTi 5-G. ger. Kat | XB-HY | DKZ / Reihe / 4 | 120 / 6000 | 83 x 88 | 1891** (1905*) | 4230 x 1660 x 1361 | 196 | 30.500 |
| BX 19 Gti Automatic ger. Kat | XB-HYiA | DKZ / Reihe / 4 | 120 / 6000 | 83 x 88 | 1891** (1905*) | 4230 x 1660 x 1431 | 193 | 30.500 |
| BX 16V ger. Kat ab2/1988 | XB-FC | DFW / Reihe / 4 | 147 / 7200 | 83 x 88 | 1891** (1905*) | 4230 x 1660 x 1431 | 215 | 37.500 |
| BX 19 TZi Tecnic ger. Kat | XB-HY | DDZ / Reihe / 4 | 109 / 6000 | 83 x 88 | 1891** (1905*) | 4230 x 1660 x 1361 | 189 | 28.100 |
| BX 19 TZD Turbo O-Kat ab:10/1990 | XB-HS | AJS / Diesel / 4 | 90 / 4300 | 80 x 88 | 1757**(1769**) | 4399 x 1660 x 1431 | 180 | 32.250 |
| BX 19 TZD Automatic | XB-EG | D9B / Diesel / 4 | 69 / 4600 | 83 x 88 | 1891** (1905*) | 4230 x 1660 x 1361 | 163 | 30.400 |
| BX 19 TZD EGR Tecnic | XB-XV | DJZ / Diesel / 4 | 64 / 4600 | 83 x 88 | 1891** (1905*) | 4230 x 1660 x 1361 | 156 | 28.990 |
| BX 19 TGD Break Classic 5-Gang | XB-XV | 162 / Diesel / 4 | 64 / 4600 | 83 x 88 | 1891** (1905*) | 4230 x 1660 x 1361 | 154 | 27.490 |
| BX 19 TZi Break ger. Kat 5-G. | XB-EZ | DKZ / Reihe / 4 | 120 / 6000 | 83 x 88 | 1891** (1905*) | 4399 x 1660 x 1431 | 189 | 30.700 |
| BX 19 TZi Break ger. Kat Automat. | XB-EZIA | DKZ / Reihe / 4 | 120 / 6000 | 83 x 88 | 1891** (1905*) | 4399 x 1660 x 1431 | 187 | 30.700 |
| BX 19 4WD Break ger. Kat 5-Gang | XP-FP | DDZ / Reihe / 4 | 109 / 6000 | 83 x 88 | 1891** (1905*) | 4399 x 1660 x 1431 | 178 | 38.700 |
| BX 19 TZD Turbo Br. O-Kat Tecnic | XB-HS | AJZ / Diesel / 4 | 90 / 4300 | 80 x 88 | 1757**(1769**) | 4399 x 1660 x 1361 | 174 | 33.950 |
| XM Inj. 2.0 L 5-G Classic ab 7/89 | Y3-AH | RFZ / Reihe / 4 | 121 / 5600 | 86 x 86 | 1998 | 4708 x 1794 x 1382 | 201 | 38.950 |
| XM Inj. 2.0 L Automatic Classic | Y3-AH | RFZ / Reihe / 4 | 121 / 5600 | 86 x 86 | 1998 | 4708 x 1794 x 1382 | 201 | 38.950 |
| XM D12 Classic 5-Gang ab 5/1990 | Y3-AE | P9A / Diesel / 4 | 82 / 4600 | 86 x 92 | 2138 | 4708 x 1794 x 1382 | 173 | 39.950 |
| XM Turbo D12 Classic ab 5/1990 | Y3-AK | PHZ / Diesel / 4 | 109 / 4300 | 85 x 92 | 2088 | 4708 x 1794 x 1382 | 192 | 43.500 |
| XM Turbo D12 Classic ab 5/1990 | Y3-AK A | PHZ / Diesel / 4 | 109 / 4300 | 85 x 92 | 2088 | 4708 x 1794 x 1382 | 190 | 43.500 |
| XM Inj. 2.0 L 5-G Tecnic ab 7/89 | Y3-AH | RFZ / Reihe / 4 | 121 / 5600 | 86 x 86 | 1998 | 4708 x 1794 x 1382 | 201 | 44.600 |
| XM Inj. 2.0 L Autom. Tecnic | Y3-AH A | RFZ / Reihe / 4 | 121 / 5600 | 86 x 86 | 1998 | 4708 x 1794 x 1382 | 197 | 44.600 |
| XM 3.0 L V6 Tecnic 5-G. ab 10/91 | Y3-AW | SFZ / Reihe / 4 | 167 / 5600 | 93 x 73 | 2975 | 4708 x 1794 x 1382 | 222 | 53.300 |
| XM 3.0 L V6 Tec. Autom.ab 10/91 | Y3-AW A | SFZ / Reihe / 4 | 167 / 5600 | 93 x 73 | 2975 | 4708 x 1794 x 1382 | 220 | 53.300 |
| XM Turbo D12 Tecnic ab 5/1990 | Y3-AK | PHZ / Diesel / 4 | 109 / 4300 | 85 x 92 | 2088 | 4708 x 1794 x 1382 | 192 | 49.200 |
| XM Turbo D12 Tecnic ab 4/1991 | Y3-AK A | PHZ / Diesel / 4 | 109 / 4300 | 85 x 92 | 2088 | 4708 x 1794 x 1382 | 190 | 49.200 |
| XM Pallas V6.24 ab 5/1990 | Y3-AL | SKZ / Reihe / 4 | 200 / 5600 | 93 x 73 | 2975 | 4708 x 1794 x 1382 | 235 | 66.500 |

in D XM verk: 8.942

in D verk. BX: 16.072

in D verk Saxo: 27.162

in D verk Saxo: 27.162

in D verk Visa: 3

in D verk ZX: 6.662

in D verk CX: 211

Ges.-Zul. Pkw & Lkw in D: 63.645 (1,46 %)

# 1992 Der XM-Kombi –

XM Turbo Diesel

Französische Rallyemeisterschaft 1992

Der AX bekommt 1992 eine neues Äußeres. Dazu gehören ein neuer Kühlergrill, Sicherheitsgurte, Klarglas-Blinker, ein Heckspoiler und im Innenraum ein neuer Tachometer.

Wieder einmal kommen neue Typenbezeichnungen. Lediglich der 10 E bleibt im Katalog. Die Ausführung Ten verfügt über einen 954 cm³ großen Benziner oder einen 53 PS starken Diesel. Die Ausführung wird mit einem 1124 cm³ großen Benziner mit Vier- oder Fünfganggetriebe ausgeliefert. Die gleiche Mechanik kommt auch beim Caban oder Allure 1,1 zum Einsatz. Der Allure ist auch als 1,4-Liter lieferbar.

Der AX Sport macht dem AX GTi Platz, der ebenfalls von dem 100 PS starken Motor angetrieben wird. Als bemerkenswerte Neuheit kommt der AX 4 x 4 auf Basis des Allure 1,4 als Drei- oder Fünftürer zu den Händlern.

Das Dieselangebot umfasst drei Ausführungen: Ten mit drei oder fünf Türen, Caban als Drei- oder Fünftürer und Allure mit fünf Türen.

Im Dezember bringt das Unternehmen die Sonderserie Piste rouge auf Basis des AX 4 x 4 auf den Markt. Im März folgt die Serie Mutine, die auf dem Ten aufbaut, mit getönten Scheiben und Radiovorbereitung als Benziner und Diesel.

Der ZX wird ohne Modifikationen weitergeführt.

AX 4 x 4

XM Turbo

# ein rollender Frachter

# 1992

| **Typ - Modelljahr: 1992**<br>Juli 1991 bis Juni 1992<br>*Produktion, insgesamt: 790.249 | Fgst-Serie | Mot.-Typcode / Bauart / Zylinder | PS / min | Bohr. x Hub in mm | Hubraum cm³ **fiskalisch D. *Werksangabe | Dimensionen L x B x H in mm | Vmax km/h | Preise ab Köln inkl. MwSt in DM |
|---|---|---|---|---|---|---|---|---|
| Nun folgend ausschließlich deutsche Pkw-Modelle: | | | | | | | | |
| AX 11 First 3-Türen 5-G. ab 5/1991 | ZA-DA | HDZ / Reihe / 4 | 60 / 6200 | 72 x 69 | 1116** (1124*) | 3495 x 1555 x 1355 | 167 | 15.890 |
| AX 11 First 5-Türen 5-G. ab 5/1991 | ZA-DB | HDZ / Reihe / 4 | 60 / 6200 | 72 x 69 | 1116** (1124*) | 3495 x 1555 x 1355 | 167 | 16.690 |
| AX First D 3-Türen ab 1/1991 | ZA-DF | K9A / Diesel / 4 | 52 / 5000 | 75 x 77 | 1351** (1360*) | 3495 x 1555 x 1355 | 155 | 15.990 |
| AX 11 TRS 5-G. ger. Kat 3-T. | ZA-DA | HDZ / Reihe / 4 | 60 / 6200 | 72 x 69 | 1116** (1124*) | 3495 x 1555 x 1355 | 167 | 17.490 |
| AX 11 TRS 5-G. ger. Kat 5-T. | ZA-DB | HDZ / Reihe / 4 | 60 / 6200 | 72 x 69 | 1116** (1124*) | 3495 x 1555 x 1355 | 167 | 18.290 |
| AX 14 TZX 5-G. 5-Tü. ab 5/1991 | ZA-ZD | KDY / Reihe / 4 | 75 / 6200 | 75 x 77 | 1351** (1360*) | 3495 x 1555 x 1355 | 173 | 19.750 |
| AX 14 TGD 5-Türen ab 5/1991 | ZA-DG | K9A / Diesel / 4 | 52 / 5000 | 75 x 77 | 1351** (1360*) | 3495 x 1555 x 1355 | 155 | 18.350 |
| AX GT 3-Türen 5-Gang ab 5/1991 | ZA-DD/B | K D Y / Reihe / 4 | 75 / 6400 | 75 x 77 | 1351** (1360*) | 3495 x 1555 x 1355 | 176 | 20.590 |
| AX GTi 3-Türen 5-Gang ab 6/1991 | ZA-DM | K F Y / Reihe / 4 | 90 / 6600 | 75 x 77 | 1351** (1360*) | 3495 x 1555 x 1355 | 186 | 22.990 |
| AX 4X4 3-Türen 5-Gang ab 7/1991 | ZA-LF | K D Y / Reihe / 4 | 75 / 6400 | 75 x 77 | 1351** (1360*) | 3495 x 1555 x 1355 | 165 | 20.690 |
| ZX Reflex ger. Kat ab 5/1991 | N2-A9 | K D Y / Reihe / 4 | 75 / 6400 | 75 x 77 | 1351** (1360*) | 4085 x 1718 x 1375 | 172 | 19.990 |
| ZX Avantage 1,4 ger. K. ab 5/1991 | N2-B1 | K D Y / Reihe / 4 | 75 / 6400 | 75 x 77 | 1351** (1360*) | 4085 x 1718 x 1375 | 172 | 21.500 |
| ZX Avantage 1,6 ger. K. ab 5/1991 | N2-B4 | B D Y / Reihe / 4 | 88 / 6400 | 83 x 73 | 1569** (1580* | 4085 x 1718 x 1375 | 177 | 22.400 |
| ZX Aura ger. Kat ab 5 / 1991 | N2-B4 | B D Y / Reihe / 4 | 88 / 6400 | 83 x 73 | 1569** (1580* | 4085 x 1718 x 1375 | 177 | 24.600 |
| ZX Volcane ger. Kat ab 5 / 1991 | N2-B8 | DKZ / Reihe / 4 | 120 / 6000 | 83 x 88 | 1891** (1905*) | 4085 x 1718 x 1375 | 201 | 31.500 |
| BX 14 TGE Tecnic 5-G. ger. Kat | XB-XD | KDY / Reihe / 4 | 75 / 6200 | 75 x 77 | 1351** (1360*) | 4230 x 1660 x 1361 | 170 | 22.440 |
| BX 14 TGE Classic 5-G. ger. Kat | XB-XD | KDY / Reihe / 4 | 75 / 6200 | 75 x 77 | 1351** (1360*) | 4230 x 1660 x 1361 | 170 | 21.290 |
| BX 16 TGi Classic 5-G. ger. Kat | XB-FV | BDZ / Reihe / 4 | 88 / 6000 | 83 x 73 | 1569** (1580*) | 4230 x 1660 x 1361 | 174 | 23.790 |
| BX 16 TZi Tecnic 5-G. ger. Kat | XB-HY | BDY / Reihe / 4 | 88 / 6250 | 83 x 73 | 1569** (1580*) | 4230 x 1660 x 1361 | 174 | 26.990 |
| BX 16 TGi Break Classic -Gang | XB-HZ | BDY / Reihe / 4 | 88 / 6250 | 83 x 73 | 1569** (1580*) | 4399 x 1660 x 1431 | 170 | 25.790 |
| BX 19 Gti 4WD ger. Kat ab 9/1989 | XB-FX | DKZ / Reihe / 4 | 120 / 6000 | 83 x 88 | 1891** (1905*) | 4230 x 1660 x 1361 | 188 | 39.000 |
| BX 19 GTi 5-G. ger. Kat | XB-HY | DKZ / Reihe / 4 | 120 / 6000 | 83 x 88 | 1891** (1905*) | 4230 x 1660 x 1361 | 196 | 30.500 |
| BX 19 Gti Automatic ger. Kat | XB-HY A | DKZ / Reihe / 4 | 120 / 6000 | 83 x 88 | 1891** (1905*) | 4230 x 1660 x 1431 | 193 | 30.500 |
| BX 16V ger. Kat ab2/1988 | XB-FC | DFW / Reihe / 4 | 147 / 7200 | 83 x 88 | 1891** (1905*) | 4230 x 1660 x 1431 | 215 | 37.500 |
| BX 19 TZi Tecnic ger. Kat | XB-HY | DDZ / Reihe / 4 | 109 / 6000 | 83 x 88 | 1891** (1905*) | 4230 x 1660 x 1361 | 189 | 28.100 |
| BX 19 TZD Turbo O-Kat ab:10/1990 | XB-HS | AJS / Diesel / 4 | 90 / 4300 | 80 x 88 | 1757**(1769**) | 4399 x 1660 x 1431 | 180 | 32.250 |
| BX 19 TZD Automatic | XB-EG A | D9B / Diesel / 4 | 69 / 4600 | 83 x 88 | 1891** (1905*) | 4230 x 1660 x 1361 | 163 | 30.400 |
| BX 19 TZD EGR Tecnic 5-G. | XB-XV | DJZ / Diesel / 4 | 64 / 4600 | 83 x 88 | 1891** (1905*) | 4230 x 1660 x 1361 | 156 | 28.990 |
| BX 19 TZD EGR Classic | XB-XV | DJZ / Diesel / 4 | 64 / 4600 | 83 x 88 | 1891** (1905*) | 4230 x 1660 x 1361 | 156 | 25.790 |
| BX 19 TGD Break Classic 5-G. | XB-XV | 162 / Diesel / 4 | 64 / 4600 | 83 x 88 | 1891** (1905*) | 4230 x 1660 x 1361 | 154 | 27.490 |
| BX 19 TZi Break ger. Kat 5-G. | XB-EZ | DKZ / Reihe / 4 | 120 / 6000 | 83 x 88 | 1891** (1905*) | 4399 x 1660 x 1431 | 189 | 30.700 |
| BX 19 TZi Break ger. Kat Automat. | XB-EZ A | DKZ / Reihe / 4 | 120 / 6000 | 83 x 88 | 1891** (1905*) | 4399 x 1660 x 1431 | 187 | 30.700 |
| BX 19 4WD Break ger. Kat 5-G. | XP-FP | DDZ / Reihe / 4 | 109 / 6000 | 83 x 88 | 1891** (1905*) | 4399 x 1660 x 1431 | 178 | 38.700 |
| BX 19 TZD Turbo Br. O-Kat Tecnic | XB-HS | AJZ / Diesel / 4 | 90 / 4300 | 80 x 88 | 1757**(1769**) | 4399 x 1660 x 1361 | 174 | 33.950 |
| XM Inj. 2.0 L 5-G Classic ab 7/89 | Y3-AH | RFZ / Reihe / 4 | 121 / 5600 | 86 x 86 | 1998 | 4708 x 1794 x 1382 | 201 | 38.950 |
| XM Inj. 2.0 L Automatic Classic | Y3-AH | RFZ / Reihe / 4 | 121 / 5600 | 86 x 86 | 1998 | 4708 x 1794 x 1382 | 201 | 38.950 |
| XM D12 Classic 5-Gang ab 5/1990 | Y3-AE | P9A / Diesel / 4 | 82 / 4600 | 86 x 92 | 2138 | 4708 x 1794 x 1382 | 173 | 39.950 |
| XM Turbo D12 Classic ab 5/1990 | Y3-AK | PHZ / Diesel / 4 | 109 / 4300 | 85 x 92 | 2088 | 4708 x 1794 x 1382 | 192 | 43.500 |
| XM Turbo D12 Classic ab 5/1990 | Y3-AK A | PHZ / Diesel / 4 | 109 / 4300 | 85 x 92 | 2088 | 4708 x 1794 x 1382 | 190 | 43.500 |
| XM Inj. 2.0 L 5-G Tecnic ab 7/89 | Y3-AH | RFZ / Reihe / 4 | 121 / 5600 | 86 x 86 | 1998 | 4708 x 1794 x 1382 | 201 | 44.600 |
| XM Inj. 2.0 L Autom. Tecnic | Y3-AH A | RFZ / Reihe / 4 | 121 / 5600 | 86 x 86 | 1998 | 4708 x 1794 x 1382 | 197 | 44.600 |
| XM 3.0 L V6 Tecnic 5-G. ab 10/91 | Y3-AW | SFZ / Reihe / 4 | 167 / 5600 | 93 x 73 | 2975 | 4708 x 1794 x 1382 | 222 | 53.500 |
| XM 3.0 L V6 Tec. Autom.ab 10/91 | Y3-AW A | SFZ / Reihe / 4 | 167 / 5600 | 93 x 73 | 2975 | 4708 x 1794 x 1382 | 220 | 53.500 |
| XM Turbo D12 Tecnic ab 5/1990 | Y3-AK | PHZ / Diesel / 4 | 109 / 4300 | 85 x 92 | 2088 | 4708 x 1794 x 1382 | 192 | 49.200 |
| XM Turbo D12 Tecnic ab 4/1991 | Y3-AK A | PHZ / Diesel / 4 | 109 / 4300 | 85 x 92 | 2088 | 4708 x 1794 x 1382 | 190 | 49.200 |
| XM Pallas V6.24 ab 5/1990 | Y3-AL | SKZ / Reihe / 4 | 200 / 5600 | 93 x 73 | 2975 | 4708 x 1794 x 1382 | 235 | 66.500 |
| XM Pallas V6.24 ab 5/1990 | Y3-AG | SFZ / Reihe / 4 | 167 / 5600 | 93 x 73 | 2975 | 4708 x 1794 x 1382 | 222 | 62.400 |
| XM Pallas V6.24 ab 5/1990 | Y3-AG A | SFZ / Reihe / 4 | 167 / 5600 | 93 x 73 | 2975 | 4708 x 1794 x 1382 | 220 | 62.400 |

in D verk XM: 6.636
in D verk. BX: 16.072
in D verk. AX: 24.893
in D verk. ZX: 23.856
in D verk. 2CV: 42
Ges.-Zul. Pkw & Lkw in D: 63..991 (1,6 %)

# 1992

Sämtliche Motorisierungsvarianten gibt es nun auch in Verbindung mit der Ausführung Aura, während der 1,6-Liter-Antrieb fortan auch als Avantage angeboten wird. Im September kommt der ZX-Diesel mit dem bekannten 1,9-Liter-Triebwerk in den Handel, das 71 PS leistet. Den Selbstzünder gibt es in drei Ausstattungsvarianten: Reflex, Avantage und Aura. Im Dezember legt das Unternehmen eine Sonderserie Rallye Raid auf, um so von der Berichterstattung über die ersten Erfolge des Modells im Sport zu profitieren. Das Modell wird ausschließlich gelb lackiert, auf Basis des Reflex mit Alufelgen, Heckscheibenwischer, gelben Stoßfängern, ausgestellten Kotflügeln und Heckspoiler ausgeliefert.
Im März erhalten ZX 1,6 Aura, 1,9 Volcane und Avantage D gegen Aufpreis eine Viergangautomatik. Der BX befindet sich unterdessen auf dem Weg auf sein Altenteil, so dass das Angebot in diesem Jahr deutlich verkleinert wird. Die Versionen TE, TG, TGS und TGD werden gestrichen. Von Juli an verschwinden bei allen Modellen die hinteren Seitenfenster und die Türeinfassungen werden schwarz lackiert. Im September kommt die Sonderserie Ourane in Grünmetallic mit getönten Scheiben, ABS, Alufelgen, Nebelscheinwerfern, Stoßfängern aus dem GTi und dem Heckspoiler des 16s auf den Markt. Sie ist als 19 Benziner oder 19 Turbo D lieferbar.
Der XM bleibt bis September ohne Veränderungen. In diesem Monat kommen neue Ausstattungsversionen auf den Markt. Séduction wird durch Présence

ZX Furio

Xantia VSX 16V

ZX Volcane

Paris-Moskau-Peking

und Harmonie durch Sensation abgelöst. Der XM Exclusive ist nun als Vierventiler mit dem 170 PS leistenden V6 lieferbar.
Im Oktober schließlich erneuert der große Kombi als Nachfolger des CX-Kombi Evasion das Interesse an der Baureihe. Die Kombis werden von den gleichen Antriebsaggregaten wie die Limousinen, mit Ausnahme des 24-Ventilers, angetrieben. Zwei Ausführungen sind lieferbar: Détente und Ambiance. Der XM-Kombi ist ein veritabler Frachter, nachdem sich die Entwicklungsmannschaft vor allem auf die Größe des Laderaums konzentriert hat. Er kann es aber dennoch nicht mit dem bei Handwerkern besonders beliebten CX Break aufnehmen. Das neue Modell wird von Heuliez in Cerizay produziert.

Xantia VSX 16V

AX mit Elektroantrieb

ZX 16V

# 1993 Xantia –

Xantia VSX Turbo D

Die Modelle der AX-Palette übernehmen nach und nach Katalysatormotoren mit Einspritzung, was wiederum neue Bezeichnungen zur Folge hat. So kommt die Ausführung Club mit 1,1 Litern. Die Varianten GT, GTi und 4 x 4 werden alle mit Katalysator ausgerüstet. Aus dem AX Ten Diesel wird der AX 14 D. Zudem werden immer mehr Modelle mit Fünfganggetriebe ausgerüstet. Im Juli rollt die Variante Exclusive mit dem 75 PS leistenden 1,4-Liter-Einspritzer und Alufelgen, elektrischen Fensterhebern und Zentralverriegelung in die Verkaufsräume.

Im Dezember schließlich bietet das Unternehmen die Sonderserie Escapade auf Basis des 0,9-Liter an. Und im April folgt das Sondermodell Audace mit der Mechanik des Einliter-Einspritzers.

Die Baureihe ZX wird durch die Markteinführung der Dreitürer und neue Motoren mit 1,8 und zwei Litern sowie einem Turbodiesel gestärkt. Die Ausführung Volcane wird nun von einem Zweiliter angetrieben.

Der BX verliert weitere Versionen. Die Benziner 16 TZS und 19 TZS verschwinden ebenso aus dem Programm wie die Diesel 4 x 4, Evasion 4 x 4 und Image Turbodiesel. Einige Monate später fliegen 15 TGE, Image 15, 16 Millésime-Vergaser und GTi bva aus der Preisliste. Die Interieurs bei allen Modellen sind nun schwarz, und der Tank wird auf 66 Liter vergrößert. Die Benziner 16 und 19 sind nun auch mit Katalysator lieferbar. Die Versionen 16S GTi, GTi 4 x 4 und Ourane erhalten eine serienmäßige Klimaanlage. Im März schließlich kommt die Sonderserie Evasion D Cottage auf den Markt, mit deren Hilfe die Lagerbestände abgebaut werden sollen.

Der in die Jahre gekommene BX wird nun vom

ZX Rallye-Raid

# die Entladung

# 1993

Xantia VSX Turbo D

AX GTi

| Typ - Modelljahr: 1993<br>Juli 1992 bis Juni 1993<br>*Produktion, insgesamt: 691.504<br>Nun folgend ausschließlich deutsche Pkw-Modelle: | Fgst-Serie | Mot.-Typcode /<br>Bauart / Zylinder | PS / min | Bohr. x Hub<br>in mm | Hubraum cm³<br>**fiskalisch C.<br>*Werksangabe | Dimensionen<br>L x B x H in mm | Vmax<br>km/h | Preise ab<br>Köln inkl.<br>MwSt in DM |
|---|---|---|---|---|---|---|---|---|
| AX Teen ger. Kat 4-G. 3-T ab 1/93 | ZA-LH | C D Y / Reihe / 4 | 45 / 6000 | 70 x 62 | 954 | 3495 x 1555 x 1355 | 146 | 15.120 |
| AX Teen ger. Kat 4-G. 3-T ab 1/93 | ZA-LJ | C D Y / Reihe / 4 | 45 / 6000 | 70 x 62 | 954 | 3495 x 1555 x 1355 | 146 | 16.130 |
| AX 11 First 3-Türen 5-G. ab 5/1991 | ZA-DA | HDZ / Reihe / 4 | 60 / 6200 | 72 x 69 | 1116** (1124*) | 3495 x 1555 x 1355 | 167 | 16.634 |
| AX 11 First 5-Türen 5-G. ab 5/1991 | ZA-DB | HDZ / Reihe / 4 | 60 / 6200 | 72 x 69 | 1116** (1124*) | 3495 x 1555 x 1355 | 167 | 17.441 |
| AX First D 3-T. Oxy-Kat ab 1/1991 | ZA-DF | K9Y / Diesel / 4 | 52 / 5000 | 75 x 77 | 1351** (1360*) | 3495 x 1555 x 1355 | 152 | 17.345 |
| AX First D 5-T. Oxy-Kat ab 1/1991 | ZA-DG | K9Y / Diesel / 4 | 52 / 5000 | 75 x 77 | 1351** (1360*) | 3495 x 1555 x 1355 | 152 | 18.152 |
| AX 11 Fashion 5-G. ger. Kat 3-T. | ZA-DA | HDZ / Reihe / 4 | 60 / 6200 | 72 x 69 | 1116** (1124*) | 3495 x 1555 x 1355 | 167 | 17.845 |
| AX 11 Fashion 5-G. ger. Kat 5-T. | ZA-DB | HDZ / Reihe / 4 | 60 / 6200 | 72 x 69 | 1116** (1124*) | 3495 x 1555 x 1355 | 167 | 18.652 |
| AX 14 Fashion 5-G. 5-Tü ab 5/91 | ZA-ZD | KDY / Reihe / 4 | 75 / 6200 | 75 x 77 | 1351** (1360*) | 3495 x 1555 x 1355 | 173 | 19.660 |
| AX GT 3-Türen 5-Gang ab 5/1991 | ZA-DD/B | K D Y / Reihe / 4 | 75 / 6400 | 75 x 77 | 1351** (1360*) | 3495 x 1555 x 1355 | 176 | 21.678 |
| AX GTi 3-Türen 5-Gang ab 6/1991 | ZA-DM | K F Y / Reihe / 4 | 90 / 6600 | 75 x 77 | 1351** (1360*) | 3495 x 1555 x 1355 | 186 | 24.160 |
| AX 4X4 3-Türen 5-Gang ab 7/1991 | ZA-LF | K D Y / Reihe / 4 | 75 / 6400 | 75 x 77 | 1351** (1360*) | 3495 x 1555 x 1355 | 165 | 23.151 |
| ZX 1,4i Reflex ger. Kat ab 5/1991 | N2-A9 | K D Y / Reihe / 4 | 75 / 6400 | 75 x 77 | 1351** (1360*) | 4085 x 1718 x 1375 | 172 | 20.821 |
| ZX Avantage 1,4 ger. Kat ab 5/1991 | N2-B1 | K D Y / Reihe / 4 | 75 / 6400 | 75 x 77 | 1351** (1360*) | 4085 x 1718 x 1375 | 172 | 22.535 |
| ZX Avantage 1,6 ger. Kat ab 5/1991 | N2-B4 | B D Y / Reihe / 4 | 88 / 6400 | 83 x 73 | 1569** (1580* | 4085 x 1718 x 1375 | 177 | 23.645 |
| ZX 1,9 D Avantage Oxy-Kat & EGR | N2-C5 | DJZ / Diesel / 4 | 64 / 4600 | 83 x 88 | 1891** (1905*) | 4085 x 1718 x 1375 | 161 | 23.645 |
| ZX Aura ger. Kat ab 5 / 1991 | N2-B4 | B D Y / Reihe / 4 | 88 / 6400 | 83 x 73 | 1569** (1580* | 4085 x 1718 x 1375 | 177 | 25.965 |
| ZX 1,8i Aura ger. Kat ab 7/1992 | N2-E4 | LFZ / Reihe / 4 | 101 / 6000 | 83 x 81,4 | 1761 | 4085 x 1718 x 1375 | 188 | 27.226 |
| ZX 1,9 D Aura Oxy-Kat & EGR | N2-C5 | DJZ / Diesel / 4 | 64 / 4600 | 83 x 88 | 1891** (1905*) | 4085 x 1718 x 1375 | 161 | 25.965 |
| ZX 1,9 TD Aura Oxy-Kat | N2-C5 | DHY/ Diesel / 4 | 90 / 4000 | 83 x 88 | 1891** (1905*) | 4085 x 1718 x 1375 | 183 | 27.791 |
| ZX Volcane ger. Kat ab 5 / 1991 | N2-B8 | DKZ / Reihe / 4 | 120 / 6000 | 83 x 88 | 1891** (1905*) | 4085 x 1718 x 1375 | 200 | 35.407 |
| ZX Volcane ger. Kat ab 7 / 1992 | N2-B8 | RFX / Reihe / 4 | 121 / 5750 | 86 x 86 | 1998 | 4085 x 1718 x 1375 | 201 | 33.289 |
| BX 14 TGE Tecnic 5-G. ger. Kat | XB-XD | KDY / Reihe / 4 | 75 / 6200 | 75 x 77 | 1351** (1360*) | 4230 x 1660 x 1361 | 170 | 23.769 |
| BX 14 TGE Classic 5-G. ger. Kat | XB-XD | KDY / Reihe / 4 | 75 / 6200 | 75 x 77 | 1351** (1360*) | 4230 x 1660 x 1361 | 170 | 23.180 |
| BX 16 TGi Classic 5-G. ger. Kat | XB-FV | BDZ / Reihe / 4 | 88 / 6000 | 83 x 73 | 1569** (1580*) | 4230 x 1660 x 1361 | 174 | 25.168 |
| BX 16 Top 5-G. ger. Kat | XB-FV | BDZ / Reihe / 4 | 88 / 6000 | 83 x 73 | 1569** (1580*) | 4230 x 1660 x 1361 | 174 | 27.630 |
| BX 19 Top 5-G. ger. Kat | XB-HY | DDZ / Reihe / 4 | 109 / 6000 | 83 x 88 | 1891** (1905*) | 4230 x 1660 x 1361 | 189 | 28.639 |
| BX 16 TZi Tecnic Automatic ger. Kat | XB-HY A | BDY / Reihe / 4 | 88 / 6250 | 83 x 73 | 1569** (1580*) | 4230 x 1660 x 1361 | 170 | 31.110 |
| BX 16 TGi Break Classic -Gang | XB-HZ | BDY / Reihe / 4 | 88 / 6250 | 83 x 73 | 1569** (1580*) | 4399 x 1660 x 1431 | 170 | 27.226 |

# 1993

Xantia abgelöst, dessen Karosserie vollständig mit der Erscheinung seines Vorgängers bricht. Die Linie ist zwar elegant, aber wenig neuartig. Die hydropneumatische Federung wird beibehalten, und Citroën präsentiert in der Ausführung VSX sogar eine „intelligente" Form dieser Federung als Hydractive. Der Xantia zeichnet sich vor allem durch eine wesentlich bessere Verarbeitung aus, mit der die Marke langsam Kunden zurückerobert, die von der schlechten Qualität der Fahrzeuge und ihrer Mittelmäßigkeit demotiviert sind.

Zum Auftakt verfügt die viertürige Limousine über drei Motorisierungen – 1,8i, 2,0i und 2,0 16v – und drei Ausstattungsversionen: X, SX und VSX. Die Basisausführung X bietet ein verstellbares Lenkrad, heizbare Heckscheibe mit Scheibenwischer und einstellbare Sicherheitsgurte vorne. Die Ausführung SX verfügt über Servolenkung, zweifarbige Stoßfänger, Drehzahlmesser, Uhr, Doppelscheinwerfer, seitliche Schutzleisten, Zentralverriegelung, elektrische Fensterheber vorne und eine umklappbare Rücklehne.

In der Ausführung VSX gibt es zudem eine Ölstandsanzeige, Thermometer, ABS, hydraktive Federung, Nebelscheinwerfer, getönte Scheiben, Sonnenrollo hinten, Lederlenkrad, elektrische Rückspiegel, Metallic- oder Perleffektlackierung und einen in der Höhe verstellbaren Fahrersitz. Einen Monat später wird ein Automatikgetriebe beim Zweiliter (in den Versionen SX und VSX) lie-

Prototyp AX Eco

ZX als Kombi

ZX Réflex

# 1993

ZX als Kombi

ferbar. Im Juli 1992 erhalten alle XM-Benziner Katalysatoren und die Diesel Abgasrückführung. Dennoch bleiben die nicht entgifteten Motoren vorerst noch im Lieferprogramm. In den Innenraum kommt ein Zweispeichenlenkrad. Zudem wird die Blinkerschaltung im Lichthebel integriert. Der Innenraum wird schwarz und die Rückbank erhält einen dritten Sicherheitsgurt. Die Ausführung Présence bekommt einen Heckspoiler und die Radkappen der Variante Sensation, die wiederum mit der Hydractive-Federung ausgerüstet wird. Der Ambiance wird nun von einem Zweiliter-Turbomotor mit 145 PS und Katalysator angetrieben. Außerdem erhält die Version einen Bordcomputer mit Autonomiefunktion, der auch in den XM Exclusive montiert wird. Zusätzlich freuen sich die Besitzer des Topmodells über einen Tempomaten. Von diesem Baujahr an scheinen die Verarbeitungsprobleme endlich gelöst zu sein. Der XM macht sich auf, die Kundschaft wieder für sich zu gewinnen.

# 1994

## Der BX

Für den AX ist es ein Jahr des Übergangs von den alten Motorisierungen zu den neuen Katalysator-Triebwerken, die sich immer weiter ausbreiten. Im Oktober werden die Typenbezeichnungen aufs Neue überarbeitet: Es gibt nun X, SX, VSX sowie die Varianten Exclusive, GTi und 4 x 4. Der AX GT wird durch den AX Furio abgelöst, der allerdings einfacher ausgestattet ist. Die Ausführungen First, Club 4-Gang und Escapade verschwinden. Im Dezember kommt die Sonderserie Spot, gefolgt vom Sondermodell Thalassa, im Februar 1994 mit den Motorisierungen 1,1 und 1,4 D auf den Markt.
Die ZX-Limousinen verändern sich kaum. Alle Modelle bekommen zusätzliche vordere Ablagen. Die Sonderserie Flash nutzt den ZX Reflex als Basis, besitzt aber ein dreispeichiges Lenkrad und getönte Scheiben. Im Januar vervollständigt die Sonderserie Fugue das Angebot der Limousinen 1,6i, 1,9 D und 1,9 D Turbo. Das Modell ist ausgestattet mit einer Fernbedienung für die Zentralverriegelung, elektrischen Fensterhebern vorne und elektrisch einstellbaren Rückspiegeln, einer umklappbaren Rückbank sowie den Radkappen des Furio. Im Februar 1994 rollen die Kombiversionen zu den Händlern. Zwei Ausstattungsvarianten – Flash und Fugue – sowie vier Motorisierungen stehen zur Wahl: 1,4i, 1,6i, 1,9 D und 1,9 D Turbo.
Die wachsenden Absatzzahlen der Xantia beschleunigen die Produktionseinstellung des BX. Im Juli werden BX GTi, die Benziner-Kombis und die Allradler von den Bändern genommen. Die Sonderserie des Kombis Cottage soll die verbliebenen Lager-

DER NEUE MINIVAN EVASION KOMMT GEGEN ENDE DES JAHRES AUF DEN MARKT

XANTIA 16V

# verabschiedet sich

# 1994

| Typ - Modelljahr: 1994<br>Juli. 1993 bis Juni 1994<br>*Produktion, insgesamt: 789.625<br>Nun folgend ausschließlich deutsche Pkw-Modelle: | Fgst-<br>Serie | Mot.-Typcode /<br>Bauart / Zylinder | PS / min | Bohr. x Hub<br>in mm | Hubraum cm³<br>**fiskalisch D.<br>*Werksangabe | Dimensionen<br>L x B x H in mm | Vmax<br>km/h | Preise ab<br>Köln inkl.<br>MwSt in DM |
|---|---|---|---|---|---|---|---|---|
| AX Teen ger. Kat 4-G. 3-T ab 1/93 | ZA-LH | C D Y / Reihe / 4 | 45 / 6000 | 70 x 62 | 954 | 3495 x 1555 x 1355 | 146 | 15.590 |
| AX Teen ger. Kat 4-G. 3-T ab 1/93 | ZA-LJ | C D Y / Reihe / 4 | 45 / 6000 | 70 x 62 | 954 | 3495 x 1555 x 1355 | 146 | 16.580 |
| AX 11 First 3-Türen 5-G. ab 5/1991 | ZA-DA | HDZ / Reihe / 4 | 60 / 6200 | 72 x 69 | 1116** (1124*) | 3495 x 1555 x 1355 | 167 | 16.990 |
| AX 11 First 5-Türen 5-G. ab 5/1991 | ZA-DB | HDZ / Reihe / 4 | 60 / 6200 | 72 x 69 | 1116** (1124*) | 3495 x 1555 x 1355 | 167 | 17.980 |
| AX Teen D 3-T. Oxy-Kat ab 7/1994 | ZA-KH | VJY / Diesel / 4 | 52 / 5000 | 77 x 82 | 1527 | 3495 x 1555 x 1355 | 158 | 17.540 |
| AX Teen D 5-T. Oxy-Kat ab 7/1994 | ZA-KJ | VJY / Diesel / 4 | 52 / 5000 | 77 x 82 | 1527 | 3495 x 1555 x 1355 | 158 | 18.530 |
| AX 11 Fashion 5-G. ger. Kat 3-T. | ZA-DA | HDZ / Reihe / 4 | 60 / 6200 | 72 x 69 | 1116** (1124*) | 3495 x 1555 x 1355 | 167 | 18.900 |
| AX 11 Fashion 5-G. ger. Kat 5-T. | ZA-DB | HDZ / Reihe / 4 | 60 / 6200 | 72 x 69 | 1116** (1124*) | 3495 x 1555 x 1355 | 167 | 19.980 |
| AX Furio 3-Türen 5-Gang ab 5/1991 | ZA-DD/B | K D Y / Reihe / 4 | 75 / 6400 | 75 x 77 | 1351** (1360*) | 3495 x 1555 x 1355 | 176 | 22.390 |
| ZX 1,4i Reflex ger. Kat | N2-B1 | KDX / Reihe / 4 | 75 / 5800 | 75 x 77 | 1351** (1360*) | 4085 x 1718 x 1375 | 172 | 21.620 |
| ZX 1,4i Reflex ger. Kat | N2-A9 | KDX / Reihe / 4 | 75 / 5800 | 75 x 77 | 1351** (1360*) | 4085 x 1718 x 1375 | 172 | 22.610 |
| ZX 1,4 Avantage ger. Kat | N2-B1 | KDX / Reihe / 4 | 75 / 5800 | 75 x 77 | 1351** (1360*) | 4085 x 1718 x 1375 | 172 | 23.620 |
| ZX 1,4 Avantage ger. Kat | N2-B1 | KDX / Reihe / 4 | 75 / 5800 | 75 x 77 | 1351** (1360*) | 4085 x 1718 x 1375 | 172 | 24.610 |
| ZX 1,6 Avantage ger. Kat 3-Türer | N2-B4 | BFZ / Reihe / 4 | 88 / 6000 | 83 x 73 | 1569** (1580* | 4085 x 1718 x 1375 | 177 | 24.780 |
| ZX 1,6 Avantage ger. Kat 5-Türer | N2-B4 | BFZ / Reihe / 4 | 88 / 6000 | 83 x 73 | 1569** (1580*) | 4085 x 1718 x 1375 | 177 | 25.770 |
| ZX 1,9 Reflex D Oxy-Kat & EGR 3-T. | N2-C5 | DJY / Diesel / 4 | 68 / 4600 | 83 x 88 | 1891** (1905*) | 4085 x 1718 x 1375 | 160 | 22.820 |
| ZX 1,9 Reflex D Oxy-Kat & EGR 5-T. | N2-C5 | DJY / Diesel / 4 | 68 / 4600 | 83 x 88 | 1891** (1905*) | 4085 x 1718 x 1375 | 160 | 23.810 |
| ZX 1,9 Avant. D Oxy-Kat & EGR 5-T. | N2-C5 | DJY / Diesel / 4 | 68 / 4600 | 83 x 88 | 1891** (1905*) | 4085 x 1718 x 1375 | 160 | 26.120 |
| ZX 1,9 TD Avantage Oxy-Kat 3-Tür. | N2-C5 | DHY/ Diesel / 4 | 90 / 4000 | 83 x 88 | 1891** (1905*) | 4085 x 1718 x 1375 | 183 | 26.810 |
| ZX 1,9 TD Avantage Oxy-Kat 5-Tür. | N2-C5 | DHY/ Diesel / 4 | 90 / 4000 | 83 x 88 | 1891** (1905*) | 4085 x 1718 x 1375 | 183 | 27.800 |
| ZX 1,6i Aura ger. Kat 3-Türer | N2-F9 | BFZ / Reihe / 4 | 88 / 6400 | 83 x 73 | 1569** (1580* | 4085 x 1718 x 1375 | 177 | 27.170 |
| ZX 1,6i Aura ger. Kat 5-Türer | N2-G1 | BFZ / Reihe / 4 | 88 / 6400 | 83 x 73 | 1569** (1580* | 4085 x 1718 x 1375 | 177 | 28.160 |
| ZX 1,8i Aura ger. Kat ab 7/1992 | N2-E3 A | LFZ / Reihe / 4 | 101 / 6000 | 83 x 81,4 | 1761 | 4085 x 1718 x 1375 | 176 | 31.530 |
| ZX 1,9 D Aura Oxy-Kat & EGR | N2-H8 | DJY / Diesel / 4 | 68 / 4600 | 83 x 88 | 1891** (1905*) | 4085 x 1718 x 1375 | 161 | 28.520 |
| ZX 1,9 TD Aura Oxy-Kat | N2-C8 | DHY/ Diesel / 4 | 90 / 4000 | 83 x 88 | 1891** (1905*) | 4085 x 1718 x 1375 | 183 | 29.130 |
| ZX 1,8i Aura ger. Kat | N2-E3 | LFZ / Reihe / 4 | 101 / 6000 | 83 x 81,4 | 1761 | 4085 x 1718 x 1375 | 188 | 27.820 |
| ZX 2.0i 16V Volcane ger. Kat | N2-J9 | RFT / Reihe / 4 | 150 / 6500 | 86 x 86 | 1998 | 4085 x 1718 x 1375 | 220 | 37.720 |
| ZX 1,4i Avantage Break ger. Kat | N2-D7 | KDX / Reihe / 4 | 75 / 5800 | 75 x 77 | 1351** (1360*) | 4085 x 1718 x 1375 | 165 | 26.610 |
| ZX 1,6i Avantage Break ger. Kat | N2-G2 | BFZ / Reihe / 4 | 88 / 6400 | 83 x 73 | 1569** (1580* | 4085 x 1718 x 1375 | 172 | 27.770 |
| ZX 1,9 Avant. D Break O.-Kat & EGR | N2-J1 | DJY / Diesel / 4 | 68 / 4600 | 83 x 88 | 1891** (1905*) | 4085 x 1718 x 1375 | 155 | 28.120 |
| ZX 1,9 TD Avantage Break O.-K. | N2-D9 | DHY/ Diesel / 4 | 90 / 4000 | 83 x 88 | 1891** (1905*) | 4085 x 1718 x 1375 | 177 | 29.800 |
| ZX 1,6i Aura Break ger. Kat | N2-G2 | BFZ / Reihe / 4 | 88 / 6400 | 83 x 73 | 1569** (1580* | 4085 x 1718 x 1375 | 177 | 30.160 |
| ZX 1,8i Aura Break ger. Kat | N2-F2 | LFZ / Reihe / 4 | 101 / 6000 | 83 x 81,4 | 1761 | 4085 x 1718 x 1375 | 175 | 33.580 |
| Xantia 1,6i x ger. Kat | X1-1A | BFZ / Reihe / 4 | 88 / 6400 | 83 x 73 | 1569** (1580* | 4524 x 1755 x 1420 | 175 | 31.100 |
| Xantia 1,8i x ger. Kat | X1-1A | LFZ / Reihe / 4 | 101 / 6000 | 83 x 81,4 | 1761 | 4524 x 1755 x 1420 | 187 | 33.000 |
| Xantia 1,9 D x Oxy-Kat & EGR | X1-5B | DJY / Diesel / 4 | 68 / 4600 | 83 x 88 | 1891** (1905*) | 4524 x 1755 x 1420 | 158 | 33.370 |
| Xantia 1,9 TD x Oxy-Kat + EGR | X1-4B | DHY/ Diesel / 4 | 90 / 4000 | 83 x 88 | 1891** (1905*) | 4524 x 1755 x 1420 | 177 | 36.000 |
| Xantia 1,6i SX ger. Kat | X1-2B | BFZ / Reihe / 4 | 88 / 6000 | 83 x 73 | 1569** (1580* | 4524 x 1755 x 1420 | 175 | 34.200 |
| Xantia 1,8i SX ger. Kat | X1-1A | LFZ / Reihe / 4 | 101 / 6000 | 83 x 81,4 | 1761 | 4524 x 1755 x 1420 | 187 | 35.600 |
| Xantia 1,9 TD SX Oxy-Kat + EGR | X1-4B | DHY/ Diesel / 4 | 90 / 4000 | 83 x 88 | 1891** (1905*) | 4524 x 1755 x 1420 | 177 | 40.600 |
| Xantia 2.0i SX ger. Kat | X1-A4 | RFX / Reihe / 4 | 121 / 5750 | 86 x 86 | 1998 | 4524 x 1755 x 1420 | 198 | 39.000 |
| Xantia 2.0i VSX ger. Kat | X1-A4 | RFX / Reihe / 4 | 121 / 5750 | 86 x 86 | 1998 | 4524 x 1755 x 1420 | 198 | 42.300 |
| Xantia 2.0i 16V ger. Kat | X1-5F | RFT / Reihe / 4 | 150 / 6500 | 86 x 86 | 1998 | 4524 x 1755 x 1420 | 213 | 45.900 |
| Evasion 2.0 x ger. Kat ab 7/1994 | U6-UB | RFU / Reihe / 4 | 121 / 5750 | 86 x 86 | 1998 | 4452 x 1812 x 1710 | 177 | 40.450 |
| Evasion 2.0 SX ger. Kat ab 7/1994 | U6-UB | RFU / Reihe / 4 | 121 / 5750 | 86 x 86 | 1998 | 4452 x 1812 x 1710 | 177 | 47.400 |
| Evasion Turbo CT SX ger. Kat | U6-UA | RGX / Reihe / 4 | 146 / 5300 | 86 x 86 | 1998 | 4452 x 1812 x 1710 | 195 | 50.500 |
| Evasion Turbo CT VSX ger. Kat | U6-UA | RGX / Reihe / 4 | 146 / 5300 | 86 x 86 | 1998 | 4452 x 1812 x 1710 | 195 | 54.650 |
| Evasion Turbo CT VSX Pallas g. Kat | U6-UA | RGX / Reihe / 4 | 146 / 5300 | 86 x 86 | 1998 | 4452 x 1812 x 1710 | 195 | 56.350 |

bestände verringern. Im Januar 1994 schließlich wird die Produktion der Limousine eingestellt. Die letzten Kombis rollen im Juni von den Bändern.
Zwei neue Antriebe vergrößern das Xantia-Angebot: 1,6i und 1,9 D Turbo. Nun ist das Automatikgetriebe auch beim 1,8-Liter lieferbar. Die Ausführung VSX bekommt eine codierte Wegfahrsperre. Im Januar wird bei allen Benzinern die Servolenkung serienmäßig montiert. Im gleichen Monat kommt die Sonderserie Anniversaire mit Perleffektlackierung, getönten Scheiben, hinterem Rollo und einem Fahrersitz mit Lendenwirbelunterstützung auf Basis des SX auf den Markt.
Zwar bleibt der Absatz des XM hinter den Erwartungen zurück, doch der Wagen hat seinen Produktionstakt gefunden. In diesem Jahr wird er allerdings kaum verändert. Das Kombi Sensation wird

Xantia

Xantia Activa

im Juli aus dem Programm genommen. Die Topversionen V6 24 und V6 Exclusive erhalten eine Alarmanlage. Die Benziner sind von nun an gegen Aufpreis mit einer codierten Wegfahrsperre ausgerüstet. Im September kommt die Sonderserie Pallas auf Basis der Turbodieselversionen auf den Markt, gefolgt von der Serie Onyx mit Holzeinlagen.

AX Allure

| | | | | | | | | |
|---|---|---|---|---|---|---|---|---|
| XM Inj. 2.0 L SX | Y4-CZ | RFV / Reihe / 4 | 132 / 5600 | 86 x 86 | 1998 | 4708 x 1794 x 1382 | 201 | 46.530 |
| XM Inj. 2.0 L SX Break | Y4-GB | RFZ / Reihe / 4 | 132 / 5600 | 86 x 86 | 1998 | 4963 x 1794 x 1464 | 198 | 50.530 |
| XM Turbo C.T. ger. Kat Classic | Y4-GG | RGX / Reihe / 4 | 147 / 5300 | 86 x 88 | 1998 | 4708 x 1794 x 1382 | 215 | 50.530 |
| XM Turbo C.T. ger. Kat Tec. Break | Y4-GM | RGX / Reihe / 4 | 147 / 5300 | 86 x 86 | 1998 | 4963 x 1794 x 1464 | 204 | 54.530 |
| XM Turbo D12 SX ab 5/1990 | Y4-NF | PHZ / Diesel / 4 | 109 / 4300 | 85 x 92 | 2088 | 4708 x 1794 x 1382 | 192 | 51.030 |
| XM Turbo D12 VSX ab 5/1990 | Y4-NF | PHZ / Diesel / 4 | 109 / 4300 | 85 x 92 | 2088 | 4708 x 1794 x 1382 | 192 | 52.530 |
| XM 2,5 Turbo D VSX O.-Kat + EGR | Y4-NX | THY / Diesel / 4 | 129 / 4300 | 92 x 92 | 2446 | 4708 x 1794 x 1382 | 201 | 56.530 |
| XM 2,5 Turbo D Excl. O-Kat + EGR | Y4-NX | THY / Diesel / 4 | 129 / 4300 | 92 x 92 | 2446 | 4708 x 1794 x 1382 | 201 | 66.530 |
| XM 2,5 Turbo D VSX Br. O.-K.+EGR | Y4-NY | THY / Diesel / 4 | 129 / 4300 | 92 x 92 | 2446 | 4708 x 1794 x 1382 | 192 | 60.530 |
| XM Turbo D12 Classic Break | Y4-NM | PHZ / Diesel / 4 | 109 / 4300 | 85 x 92 | 2088 | 4963 x 1794 x 1464 | 184 | 56.530 |
| XM 3.0 L V6 VSX 5-G. ab 10/91 | Y4-GN | UFZ / Reihe / 4 | 167 / 5600 | 93 x 72,5 | 2963 | 4708 x 1794 x 1382 | 222 | 57.530 |
| XM 3.0 L V6 Exclusive 5-G. | Y4-GN | UFZ / Reihe / 4 | 167 / 5600 | 93 x 72,5 | 2963 | 4708 x 1794 x 1382 | 222 | 68.030 |
| XM 3.0 L V6 Tec. Break | Y4-GN | UFZ / Reihe / 4 | 167 / 5600 | 93 x 72,5 | 2963 | 4963 x 1794 x 1464 | 167 | 61.530 |
| XM Turbo D12 Tecnic Break | Y4-NM | PHZ / Diesel / 4 | 109 / 4300 | 85 x 92 | 2088 | 4963 x 1794 x 1464 | 184 | 55.030 |
| XM Pallas V6.24 Exclusive ger. Kat | Y4-GU | UKZ / Reihe / 4 | 200 / 6000 | 93 x 73 | 2963 | 4708 x 1794 x 1382 | 235 | 77.530 |

XM in D verk: 3.846
in D. verk. Evasion: 502
in D verk. ZX: 18.576
in D verk. BX: 500
in D verk. Xantia: 10.983
in D verk. AX: 14.947
Ges.-Zul. Pkw & Lkw in D: 52.314 (1,54 %)

ZX 16V als Gruppe-A-Fahrzeug

# 1995

# Später

Saxo 16i VTL

Die AX-Palette entwickelt sich kaum weiter. Die Basisversion X erfährt einige Aufräumarbeiten, während dem SX Veloursitze und eine Klappe für das Handschuhfach spendiert werden. Im September weicht der 1,4-Liter-Diesel einem 1,5 Liter großen Antrieb mit 58 PS. Die Sonderserie Prestige versucht die Kundschaft mit Metalliclackierung, Felgen und Radkappen des ZX, einem grauen Velours-Interieur sowie einem dreispeichigen Lenkrad zu überzeugen. Im Dezember übernimmt das Sondermodell AX Spot mit 1,0-Liter-Motor die Rolle des Basismodells der Palette.

Das Design des ZX wird leicht überarbeitet. Dazu gehören ein neuer Kühlergrill und eine überarbeitete Motorhaube. Die Sonderserie Prestige verfügt über Metalliclackierung, in Wagenfarbe lackierte Stoßfänger, Nebelscheinwerfer und besondere Sitze. Das Modell ist als Benziner mit 1,4-Liter-Triebwerk und als Diesel lieferbar. Der ZX Flash, der im Januar auf den Markt kommt, soll helfen, die Lagerbestände abzubauen.

Der Xantia übernimmt in diesem Jahr einen neuen Kühlergrill mit integriertem Markenzeichen. Von nun an ist auch für den 1,9-Liter-Diesel ein Automatikgetriebe lieferbar. Im September kommt die Sonderserie Prestige mit dem 1,6-Liter-Basismotor zu den Kunden. Der Xantia Activa mit einem aktiven Fahrwerk folgt im Januar. Das Modell Tentation ist für alle Motorisierungen mit Ausnahme des Zweiliters lieferbar.

Das Topmodell XM verändert sein Aussehen leicht.

Die Modellpalette 1995

# 1995

ZX 16V

Der Kühlergrill wird samt Markenzeichen angehoben. Im Innenraum bekommt der XM ein neues Armaturenbrett und ein vierspeichiges Lenkrad. Die Rückspiegel werden überarbeitet und ein diskreterer Heckspoiler wird montiert. Wegen dieser Veränderungen wechselt die Fahrgestellnummer Code von Y3 zu Y4.

Unter der Haube sorgt ein neuer 2,5-Liter-Diesel mit 130 PS für Vortrieb. Der Zweiliter-Benziner mit 122 PS wird von einem Zweiliter-16-Ventiler mit 135 PS abgelöst. Der Benziner-Turbo CT steigt in der Leistung von 145 auf 150 PS.

Die Ausführungen Pallas und Onyx werden aus dem Programm genommen. Im September kommt

| **Typ - Modelljahr: 1995** | Fgst-Serie | Mot.-Typcode / | PS / min | Bohr. x Hub | Hubraum cm³ | Dimensionen | Vmax | Preise ab |
|---|---|---|---|---|---|---|---|---|
| Juli 1994 bis Juni 1995 | | Bauart / Zylinder | | in mm | **fiskalisch D. | L x B x H in mm | km/h | Köln inkl. |
| *Produktion, insgesamt: 746.501 | | | | | *Werksangabe | | | MwSt in DM |
| Nun folgend ausschließlich deutsche Pkw-Modelle: | | | | | | | | |
| AX Top ger. Kat 4-G. 3-T | ZA-LH | C D Y / Reihe / 4 | 45 / 6000 | 70 x 62 | 954 | 3495 x 1555 x 1355 | 146 | 15.590 |
| AX Top ger. Kat 4-G. 5-T | ZA-LJ | C D Y / Reihe / 4 | 45 / 6000 | 70 x 62 | 954 | 3495 x 1555 x 1355 | 146 | 16.580 |
| AX 11i Fashion 3-Türen 5-G. | ZA-DA | HDZ / Reihe / 4 | 60 / 6200 | 72 x 69 | 1116** (1124*) | 3495 x 1555 x 1355 | 167 | 18.900 |
| AX 11i Fashion 5-Türen 5-G. | ZA-DB | HDZ / Reihe / 4 | 60 / 6200 | 72 x 69 | 1116** (1124*) | 3495 x 1555 x 1355 | 167 | 19.890 |
| AX Top D 3-T. Oxy-Kat | ZA-KH | VJY / Diesel / 4 | 52 / 5000 | 77 x 82 | 1527 | 3495 x 1555 x 1355 | 158 | 17.540 |
| AX Top D 5-T. Oxy-Kat | ZA-KJ | VJY / Diesel / 4 | 52 / 5000 | 77 x 82 | 1527 | 3495 x 1555 x 1355 | 158 | 18.530 |
| ZX 1,4i Reflex 3-Türer ger. Kat | N2-B1 | KDX / Reihe / 4 | 75 / 5800 | 75 x 77 | 1351** (1360*) | 4085 x 1718 x 1375 | 172 | 21.620 |
| ZX 1,4i Reflex 5-Türer ger. Kat | N2-A9 | KDX / Reihe / 4 | 75 / 5800 | 75 x 77 | 1351** (1360*) | 4085 x 1718 x 1375 | 172 | 22.610 |
| ZX 1,4i Avantage 3-Türer ger. Kat | N2-B1 | KDX / Reihe / 4 | 75 / 5800 | 75 x 77 | 1351** (1360*) | 4085 x 1718 x 1375 | 172 | 23.620 |
| ZX 1,4i Avantage 5-Türer ger. Kat | N2-A9 | KDX / Reihe / 4 | 75 / 5800 | 75 x 77 | 1351** (1360*) | 4085 x 1718 x 1375 | 172 | 24.610 |
| ZX 1,6i Avantage ger. Kat 3-Türer | N2-F9 | BFZ / Reihe / 4 | 88 / 6000 | 83 x 73 | 1569** (1580* | 4085 x 1718 x 1375 | 177 | 25.080 |
| ZX 1,6i Avantage ger. Kat 5-Türer | N2-G1 | BFZ / Reihe / 4 | 88 / 6000 | 83 x 73 | 1569** (1580*) | 4085 x 1718 x 1375 | 177 | 26.070 |
| ZX 1,9 Reflex D Oxy-Kat & EGR 3-T. | N2-H8 | DJY / Diesel / 4 | 68 / 4600 | 83 x 88 | 1891** (1905*) | 4085 x 1718 x 1375 | 165 | 22.940 |
| ZX 1,9 Reflex D Oxy-Kat & EGR 5-T. | N2-H9 | DJY / Diesel / 4 | 68 / 4600 | 83 x 88 | 1891** (1905*) | 4085 x 1718 x 1375 | 165 | 23.930 |
| ZX 1,9 Avant. D Oxy-Kat & EGR 5-T. | N2-H8 | DJY / Diesel / 4 | 68 / 4600 | 83 x 88 | 1891** (1905*) | 4085 x 1718 x 1375 | 165 | 26.240 |
| ZX 1,9 TD Avantage Oxy-Kat 3-Türen | N2-C8 | DHY/ Diesel / 4 | 90 / 4000 | 83 x 88 | 1891** (1905*) | 4085 x 1718 x 1375 | 183 | 27.230 |
| ZX 1,9 TD Avantage Oxy-Kat 5-Türen | N2-C8 | DHY/ Diesel / 4 | 90 / 4000 | 83 x 88 | 1891** (1905*) | 4085 x 1718 x 1375 | 183 | 28.220 |
| ZX 1,8i Aura 5-T Automatik ger. Kat | N2-E3 A | LFZ / Reihe / 4 | 101 / 6000 | 83 x 81,4 | 1761 | 4085 x 1718 x 1375 | 176 | 31.530 |
| ZX 1,9 TD Aura 3-Türer Oxy-Kat | N2-C8 | DHY/ Diesel / 4 | 90 / 4000 | 83 x 88 | 1891** (1905*) | 4085 x 1718 x 1375 | 183 | 29.250 |
| ZX 1,9 TD Aura 5-Türer Oxy-Kat | N2-C8 | DHY/ Diesel / 4 | 90 / 4000 | 83 x 88 | 1891** (1905*) | 4085 x 1718 x 1375 | 183 | 30.240 |
| ZX 1,8i Aura5-Türer ger. Kat | N2-E4 | LFZ / Reihe / 4 | 101 / 6000 | 83 x 81,4 | 1761 | 4085 x 1718 x 1375 | 176 | 31.530 |
| ZX 2.0i 16V 3-Türer ger. Kat | N2-J9 | RFT / Reihe / 4 | 150 / 6500 | 86 x 86 | 1998 | 4085 x 1718 x 1375 | 220 | 38.000 |
| ZX 1,4i Avantage Break ger. Kat | N2-D7 | KDX / Reihe / 4 | 75 / 5800 | 75 x 77 | 1351** (1360*) | 4260 x 1718 x 1415 | 165 | 25.610 |
| ZX 1,6i Avantage Break ger. Kat | N2-G2 | BFZ / Reihe / 4 | 88 / 6400 | 83 x 73 | 1569** (1580* | 4260 x 1718 x 1415 | 172 | 27.070 |
| ZX 1,9 Avant. D Break O.-Kat & EGR | N2-J1 | DJY / Diesel / 4 | 68 / 4600 | 83 x 88 | 1891** (1905*) | 4260 x 1718 x 1415 | 160 | 27.240 |
| ZX 1,9 TD Avantage Break Oxy-Kat | N2-D9 | DHY/ Diesel / 4 | 90 / 4000 | 83 x 88 | 1891** (1905*) | 4260 x 1718 x 1415 | 177 | 29.220 |
| ZX 1,8i Aura Break ger. Kat | N2-F2 | LFZ / Reihe / 4 | 101 / 6000 | 83 x 81,4 | 1761 | 4260 x 1718 x 1415 | 175 | 32.580 |
| Xantia 1,6i x ger. Kat 5-Gang | X1-1A | BFZ / Reihe / 4 | 88 / 6400 | 83 x 73 | 1569** (1580* | 4524 x 1755 x 1420 | 175 | 29.950 |
| Xantia 1,6i SX ger. Kat 5-Gang | X1-1A | BFZ / Reihe / 4 | 88 / 6400 | 83 x 73 | 1569** (1580* | 4524 x 1755 x 1420 | 175 | 31.550 |
| Xantia 1,8i x ger. Kat | X1-6C | LFY / Reihe / 4 | 110 / 5500 | 83 x 81,4 | 1761 | 4524 x 1755 x 1420 | 194 | 33.250 |
| Xantia 1,8i SX ger. Kat | X1-6C | LFY / Reihe / 4 | 110 / 5500 | 83 x 81,4 | 1761 | 4524 x 1755 x 1420 | 194 | 34.850 |
| Xantia 1,9 D x Oxy-Kat & EGR 5-G. | X1-5B | DJY / Diesel / 4 | 68 / 4600 | 83 x 88 | 1891** (1905*) | 4524 x 1755 x 1420 | 158 | 33.520 |
| Xantia 1,9 D x O.-Kat & EGR Autom. | X1-9B | DJY / Diesel / 4 | 68 / 4600 | 83 x 88 | 1891** (1905*) | 4524 x 1755 x 1420 | 154 | 35.820 |
| Xantia 1,9 TD x O.-Kat + EGR 5-G. | X1-4B | DHY/ Diesel / 4 | 90 / 4000 | 83 x 88 | 1891** (1905*) | 4524 x 1755 x 1420 | 177 | 35.825 |
| Xantia 1,8i SX ger. Kat Automatic | X1-1A | LFZ / Reihe / 4 | 101 / 6000 | 83 x 81,4 | 1761 | 4524 x 1755 x 1420 | 179 | 37.300 |
| Xantia 1,9 TD SX Oxy-Kat + EGR | X1-4B | DHY/ Diesel / 4 | 90 / 4000 | 83 x 88 | 1891** (1905*) | 4524 x 1755 x 1420 | 177 | 36.925 |
| Xantia 2.0i SX 16V ger. Kat 5-Gang | X1-9C | RFV / Reihe / 4 | 132 / 5500 | 86 x 86 | 1998 | 4524 x 1755 x 1420 | 203 | 37.300 |
| Xantia 2.0i SX ger. Kat Automatic | X1-7B | RFX / Reihe / 4 | 121 / 5750 | 86 x 86 | 1998 | 4524 x 1755 x 1420 | 195 | 39.750 |
| Xantia Turbo D12 SX O-Kat & EGR | X1-8D | P8C / Diesel / 4 | 109 / 4300 | 85 x 92 | 2088 | 4524 x 1755 x 1420 | 190 | 40.070 |
| Xantia 2.0i VSX 16V ger. Kat | X1-9C | RFV / Reihe / 4 | 150 / 6500 | 86 x 86 | 1998 | 4524 x 1755 x 1420 | 203 | 42.800 |
| Xantia 2.0i VSX ger. Kat Automatic | X1-7B | RFX / Reihe / 4 | 121 / 5750 | 86 x 86 | 1998 | 4524 x 1755 x 1420 | 195 | 45.250 |
| Xantia Turbo CT VSX ger. Kat 5-Gang | X1-1F | RGX / Reihe / 4 | 147 / 5300 | 86 x 86 | 1998 | 4524 x 1755 x 1420 | 213 | 43.900 |
| Xantia Turbo D12 VSX O-Kat & EGR | X1-8D | P8C(L3) / Reihe 4 | 109 / 4300 | 85 x 92 | 2088 | 4524 x 1755 x 1420 | 190 | 44.850 |
| Xantia 2.0i Activa 16V ger. Kat 5-G. | X1-9E | RFV / Reihe / 4 | 132 / 5500 | 86 x 86 | 1998 | 4524 x 1755 x 1420 | 203 | 44.400 |
| Xantia Turbo CT Activa ger. Kat 5-G. | X1-1F | RGX / Reihe / 4 | 147 / 5300 | 86 x 86 | 1998 | 4524 x 1755 x 1420 | 213 | 44.900 |
| Xantia Break 1,8i x ger. Kat | X1-2E | LFZ / Reihe / 4 | 101 / 6000 | 83 x 81,4 | 1761 | 4712 x 1755 x 1420 | 178 | 33.250 |
| Xantia 1,9 TD Break x O-Kat EGR | X1-7E | DHY / Diesel / 4 | 90 / 4000 | 83 x 88 | 1891** (1905*) | 4712 x 1755 x 1420 | 174 | 37.625 |
| Xantia Break 1,8i x ger. Kat | X1-2E | LFZ / Reihe / 4 | 101 / 6000 | 83 x 81,4 | 1761 | 4712 x 1755 x 1420 | 174 | 34.850 |
| Xantia 1,9 TD Break SX O-Kat EGR | X1-7E | DHY / Diesel / 4 | 90 / 4000 | 83 x 88 | 1891** (1905*) | 4712 x 1755 x 1420 | 174 | 39.225 |
| Xantia 2.0i SX 16VBreak ger Kat 5-G | X1-3E | RFV / Reihe / 4 | 132 / 5500 | 86 x 86 | 1998 | 4712 x 1755 x 1420 | 198 | 39.200 |
| Xantia 2.0i SX Break ger K. Aut. | X1-5E | RFX / Reihe / 4 | 121 / 5500 | 86 x 86 | 1998 | 4712 x 1755 x 1420 | 193 | 41.650 |
| Xantia 2.0i VSX 16V Br. ger Kat 5-G | X1-3E | RFV / Reihe / 4 | 132 / 5500 | 86 x 86 | 1998 | 4712 x 1755 x 1420 | 198 | 44.400 |
| Xantia 2.0i VSX Break ger K. Aut. | X1-5E | RFX / Reihe / 4 | 121 / 5500 | 86 x 86 | 1998 | 4712 x 1755 x 1420 | 193 | 46.850 |
| Xantia Turbo CT VSX Br.ger. Kat 5-G. | X1-6E | RGX / Reihe / 4 | 147 / 5300 | 86 x 86 | 1998 | 4712 x 1755 x 1420 | 205 | 44.900 |
| Evasion 2.0 x ger. Kat ab 7/1994 | U6-UB | RFU / Reihe / 4 | 121 / 5750 | 86 x 86 | 1998 | 4452 x 1812 x 1710 | 177 | 41.850 |
| Evasion 2.0 SX ger. Kat ab 7/1994 | U6-UB | RFU / Reihe / 4 | 121 / 5750 | 86 x 86 | 1998 | 4452 x 1812 x 1710 | 177 | 49.000 |
| Evasion 1,9 TD x Oxy-Kat & EGR | U6-UC | DHX / Diesel / 4 | 90 / 4000 | 83 x 88 | 1905 | 4452 x 1812 x 1710 | 160 | 44.795 |
| Evasion 1,9 TD SX Oxy-Kat & EGR | U6-UC | DHX / Diesel / 4 | 90 / 4000 | 83 x 88 | 1905 | 4452 x 1812 x 1710 | 160 | 51.945 |
| Evasion Turbo CT SX ger. Kat | U6-UA | RGX / Reihe / 4 | 147 / 5300 | 86 x 86 | 1998 | 4452 x 1812 x 1710 | 195 | 52.200 |
| Evasion Turbo CT VSX ger. Kat | U6-UA | RGX / Reihe / 4 | 147 / 5300 | 86 x 86 | 1998 | 4452 x 1812 x 1710 | 195 | 56.555 |
| Evasion Turbo CT VSX Pallas ger. Kat | U6-UA | RGX / Reihe / 4 | 147 / 5300 | 86 x 86 | 1998 | 4452 x 1812 x 1710 | 195 | 58.305 |
| XM Inj. 2.0 L SX | Y4-CZ | RFV / Reihe / 4 | 132 / 5600 | 86 x 86 | 1998 | 4708 x 1794 x 1382 | 205 | 45.100 |
| XM Inj. 2.0 L SX Break 5-Gang | Y4-GB | RFZ / Reihe / 4 | 132 / 5600 | 86 x 86 | 1998 | 4963 x 1794 x 1464 | 198 | 49.100 |

# 1995

dafür die Sonderserie Prestige für die Zweiliter-16-Ventiler und 2,1 D Turbo auf den Markt.
Seit zehn Jahren erleben Peugeot und Citroën, wie Renault mit dem Familienvan Espace, den Peugeot vor Jahren abgelehnt hatte, gutes Geld verdient. Aus Mangel an Weitsicht und Mut hat das Unternehmen eine große Chance verspielt. Erst in diesem Jahr wagt man sich in Zusammenarbeit mit dem Fiat-Konzern in dieses Segment, so dass der neue Van gleich vier Markennamen trägt: Peugeot 806, Citroën Evasion, Fiat Ulysse und Lancia Zeta. Der wenig zukunftsweisende Wagen leidet unter seinem Ruf als Luxusnutzfahrzeug, was auch daran liegt, dass Citroën, um die Verkäufe anzukurbeln, sich veranlasst sieht, den parallel entwickelten Lieferwagen auf den Markt zu bringen, was wiederum dem Absatz des Evasion schadet...

ZX Exclusive

Der Messestand der Marke

Timo Salonen bei der Rallye Paris-Dakar

Saxo 14i VSX

# 1995

Xantia-Kombi Turbo CT VSX

| | | | | | | | | |
|---|---|---|---|---|---|---|---|---|
| XM Turbo C.T. VSX ger. Kat 5-Gang | Y4-GG | RGX / Reihe / 4 | 147 / 5300 | 86 x 88 | 1998 | 4708 x 1794 x 1382 | 215 | 48.800 |
| XM Turbo C.T. SX ger. Kat Break | Y4-GM | RGX / Reihe / 4 | 147 / 5300 | 86 x 86 | 1998 | 4963 x 1794 x 1464 | 204 | 52.800 |
| XM Turbo D12 SX ab 5/1990 | Y4-WC | PHZ / Diesel / 4 | 109 / 4300 | 85 x 92 | 2088 | 4708 x 1794 x 1382 | 192 | 48.530 |
| XM Turbo D12 VSX ab 5/1990 | Y4-WC | PHZ / Diesel / 4 | 109 / 4300 | 85 x 92 | 2088 | 4708 x 1794 x 1382 | 192 | 49.530 |
| XM 2,5 Turbo D VSX Oxy-Kat + EGR | Y4-NX | THY / Diesel / 4 | 129 / 4300 | 92 x 92 | 2446 | 4708 x 1794 x 1382 | 201 | 56.530 |
| XM 2,5 Turbo D Excl. O-Kat + EGR | Y4-NX | THY / Diesel / 4 | 129 / 4300 | 92 x 92 | 2446 | 4708 x 1794 x 1382 | 201 | 62.530 |
| XM 2,5 Turbo D VSX Br. O.-Kat+EGR | Y4-NY | THY / Diesel / 4 | 129 / 4300 | 92 x 92 | 2446 | 4708 x 1794 x 1382 | 192 | 60.530 |
| XM Turbo D12 SX Break 5-Gang | Y4-NM | PHZ / Diesel / 4 | 109 / 4300 | 85 x 92 | 2088 | 4963 x 1794 x 1464 | 184 | 52.530 |
| XM 3.0 L V6 VSX 5-G. ab 10/91 | Y4-GN | UFZ / Reihe / 4 | 167 / 5600 | 93 x 72,5 | 2963 | 4708 x 1794 x 1382 | 222 | 57.000 |
| XM 3.0 L V6 Exclusive 5-Gang | Y4-GN | UFZ / Reihe / 4 | 167 / 5600 | 93 x 72,5 | 2963 | 4708 x 1794 x 1382 | 222 | 65.200 |
| XM 3.0 L V6 VSX Break 5-Gang | Y4-GR | UFZ / Reihe / 4 | 167 / 5600 | 93 x 72,5 | 2963 | 4963 x 1794 x 1464 | 217 | 61.000 |
| XM Turbo D12 VSX Break 5-Gang | Y4-NM | PHZ / Diesel / 4 | 109 / 4300 | 85 x 92 | 2088 | 4963 x 1794 x 1464 | 184 | 53.530 |
| XM Pallas V6.24 Exclusive ger. Kat | Y4-GU | UKZ / Reihe / 4 | 200 / 6000 | 93 x 73 | 2963 | 4708 x 1794 x 1382 | 235 | 75.100 |

XM in D verk: 2.545
in D. verk. Evasion: 1.758
in D verk. Xantia: 11.133
in D verk. ZX: 14.431
in D verk. BX: 500
in D verk. AX: 17.026
Ges.-Zul. Pkw & Lkw in D: 49.986 (1,43 %)

Der Evasion ist anfangs mit drei Motorisierungen lieferbar: 2,0i, 2,0i turbo CT und 1,9 D turbo. Die Kundschaft kann zwischen drei Ausstattungen wählen: X, SX und VSX. Bei den Turbovarianten kommt die Version VSX mit einem sogenannten Captain Chair zu den Kunden, der den Van in eine Luxus-Familiale verwandelt. Bereits im September beginnt die Marke mit der ersten Sonderserie. Der Evasion ist mit Metalliclackierung, Nebelscheinwerfern, drehbaren Frontsitzen, Veloursitzen, Dachreling und einem in der Höhe verstellbaren Fahrersitz lieferbar. Bereits in den ersten Monaten wird allerdings klar, dass der 806/Evasion dem Erfolg des Espace hinterher fährt.

Evasion

Saxo 10i X

XM-Kombi 25 Turbo D

# 1996

# Saxo – oder wie

Saxo Electrique

Saxo als Spassmobil

Zum ersten Mal verzeichnet der AX kurz vor der Markteinführung des neuen Saxo einen Abschwung. Die Versionen GTi und Furio werden gestrichen. Die Politik der Sondermodelle und neuen Typenbezeichnungen wird weiter fortgesetzt, was die Kundschaft in einer kaum noch zu unterscheidenden Flut von Versionen schier ertrinken lässt. Spot und Image kehren an die Basis der Baureihe zurück. Im November kommt die Ausführung Miami auf Basis des 1,0i und 1,5 D. Im Februar folgt auf der gleichen Basis das Modell Harmonie. Den 1,4-Liter gibt es nur noch in Verbindung mit dem 4 x 4.

Citroën steckt in der Klemme. Zwar geht es den Finanzen der Gruppe Peugeot inzwischen wieder besser, doch Citroën verliert konstant Marktanteile. Die von Peugeot-Chef Calvet unterstützte Politik der Sondermodelle war eine gute, aber letztlich falsche Idee: Die Kundschaft ist irritiert und die Modellpalette kaum mehr überschaubar. Der AX ist inzwischen veraltet, und eine Ablösung dringend notwendig. Dem stehen allerdings die fehlenden Finanzen entgegen. Daher muss der bereits 1992 auf den Markt gerollte Peugeot 106 in Citroën-Verkleidung die Rolle des Nachfolgers übernehmen. Lediglich die Frontpartie und das Heck werden verändert und das neue Modell als Saxo vorgestellt. Der Name war bereits bei einer AX-Sonderserie eingesetzt worden. In dieser Zeit fehlt es bei Citroën an Inspiration und Vorstellungskraft.

Vier Einspritzer stehen im Lieferprogramm: 1,0, 1,1, 1,4 und 1,6. Ebenso viele Ausstattungsversionen sind lieferbar: X, SX, VSX, VTL. Der ZX wird ohne Veränderungen weiter gebaut. Allerdings erhalten alle Modelle ein Lenkrad mit vier Speichen. Wieder gibt es Sondermodelle: Image, Miami und Harmonie. Seit dem Verschwinden des BX wird das Angebot beim Xantia deutlich ausgebaut. Dazu gehören die

Die Modellpalette 1996

# man Reste verwertet

## 1996

| Typ - Modelljahr: 1996<br>Juli 1995 bis Juni 1996<br>*Produktion, insgesamt: 836.543<br>Nun folgend ausschließlich deutsche Pkw-Modelle: | Fgst-Serie | Mot.-Typcode / Bauart / Zylinder | PS / min | Bohr. x Hub in mm | Hubraum cm³ **fiskalisch D. *Werksangabe | Dimensionen L x B x H in mm | Vmax km/h | Preise ab Köln inkl. MwSt in DM |
|---|---|---|---|---|---|---|---|---|
| AX Top ger. Kat . 3-Türen 4-Gang | ZA-LH | C D Y / Reihe / 4 | 45 / 6000 | 70 x 62 | 954 | 3495 x 1555 x 1355 | 146 | 15.990 |
| AX Top ger. Kat . 5-Türen 4-Gang | ZA-LJ | C D Y / Reihe / 4 | 45 / 6000 | 70 x 62 | 954 | 3495 x 1555 x 1355 | 146 | 17.090 |
| AX 11i Fashion 3-Türen 5-G. | ZA-DA | HDZ / Reihe / 4 | 60 / 6200 | 72 x 69 | 1116** (1124*) | 3495 x 1555 x 1355 | 167 | 19.290 |
| AX 11i Fashion 5-Türen 5-G. | ZA-DB | HDZ / Reihe / 4 | 60 / 6200 | 72 x 69 | 1116** (1124*) | 3495 x 1555 x 1355 | 167 | 20.290 |
| AX Top D 3-T. Oxy-Kat | ZA-KH | VJY / Diesel / 4 | 54 / 5000 | 77 x 82 | 1527 | 3495 x 1555 x 1355 | 158 | 18.290 |
| AX Top D 5-T. Oxy-Kat | ZA-KJ | VJY / Diesel / 4 | 54 / 5000 | 77 x 82 | 1527 | 3495 x 1555 x 1355 | 158 | 19.290 |
| Saxo 1.0 x 5-Gang ab 7/1996 | SOCDYF | CDY / Reihe / 4 | 45 / 6000 | 70 x 62 | 954 | 3718 x 1595 x 1368 | 149 | 17.600 |
| Saxo 1.1 x 5-Gang ab 7/1996 | S1HDYF | HDY / Reihe / 4 | 54 / 6200 | 72 x 69 | 1124 | 3718 x 1595 x 1368 | 162 | 18.300 |
| Saxo 1.1 SX 5-Gang ab 7/1996 | S1HDYF | HDY / Reihe / 4 | 54 / 6200 | 72 x 69 | 1124 | 3718 x 1595 x 1368 | 162 | 19.100 |
| Saxo 1.4 SX 5-Gang ab 7/1996 | SOKFXF | KFX / Reihe / 4 | 75 / 5000 | 75 / 77 | 1361 | 3718 x 1595 x 1368 | 175 | 20.900 |
| Saxo 1.6 VTL 5-Gang ab 7/1996 | S1NFZD | NFZ / Reihe / 4 | 88 / 5600 | 78,5 x 82 | 1588 | 3718 x 1595 x 1368 | 185 | 24.400 |
| Saxo 1.6 VTR 5-Gang ab 7/1996 | S1NFZD | NFZ / Reihe / 4 | 88 / 5600 | 78,5 x 82 | 1588 | 3718 x 1595 x 1368 | 185 | 25.500 |
| Saxo 1.6 VTS 5-Gang ab 7/1996 | S1NFZD | NFZ / Reihe / 4 | 88 / 5600 | 78,5 x 82 | 1588 | 3718 x 1595 x 1368 | 185 | 31.000 |
| ZX 1,4i Reflex 3-Türer ger. Kat | N2-L7 | KDX / Reihe / 4 | 75 / 5800 | 75 x 77 | 1351** (1360*) | 4085 x 1718 x 1375 | 172 | 21.950 |
| ZX 1,4i Reflex 5-Türer ger. Kat | N2-L7 | KDX / Reihe / 4 | 75 / 5800 | 75 x 77 | 1351** (1360*) | 4085 x 1718 x 1375 | 172 | 22.940 |
| ZX 1,4i Avantage 3-Türer ger. Kat | N2-L7 | KDX / Reihe / 4 | 75 / 5800 | 75 x 77 | 1351** (1360*) | 4085 x 1718 x 1375 | 172 | 24.350 |
| ZX 1,4i Avantage 5-Türer ger. Kat | N2-M1 | KDX / Reihe / 4 | 75 / 5800 | 75 x 77 | 1351** (1360*) | 4085 x 1718 x 1375 | 172 | 25.340 |
| ZX 1,6i Avantage ger. Kat 3-Türer | N2-G1 | BFZ / Reihe / 4 | 88 / 6000 | 83 x 73 | 1569** (1580* | 4085 x 1718 x 1375 | 177 | 25.800 |
| ZX 1,6i Avantage ger. Kat 5-Türer | N2-G2 | BFZ / Reihe / 4 | 88 / 6000 | 83 x 73 | 1569** (1580*) | 4085 x 1718 x 1375 | 177 | 26.790 |
| ZX 1,9 Reflex D O.-Kat & EGR 3-T. | N2-H8 | DJY / Diesel / 4 | 68 / 4600 | 83 x 88 | 1891** (1905*) | 4085 x 1718 x 1375 | 165 | 23.490 |
| ZX 1,9 Reflex D O.-Kat & EGR 5-T. | N2-H9 | DJY / Diesel / 4 | 68 / 4600 | 83 x 88 | 1891** (1905*) | 4085 x 1718 x 1375 | 165 | 24.480 |
| ZX 1,9 Avant. D O.-Kat & EGR 5-T. | N2-H9 | DJY / Diesel / 4 | 68 / 4600 | 83 x 88 | 1891** (1905*) | 4085 x 1718 x 1375 | 165 | 26.700 |
| ZX 1,9 TD Avantage Oxy-Kat 3-Tür. | N2-D9 | DHY / Diesel / 4 | 90 / 4000 | 83 x 88 | 1891** (1905*) | 4085 x 1718 x 1375 | 183 | 27.650 |
| ZX 1,9 TD Avantage Oxy-Kat 5-Tür. | N2-D9 | DHY / Diesel / 4 | 90 / 4000 | 83 x 88 | 1891** (1905*) | 4085 x 1718 x 1375 | 183 | 28.640 |
| ZX 1,8i Aura 5-T Automatik g. K. | N2-E4 A | LFZ / Reihe / 4 | 101 / 6000 | 83 x 81,4 | 1761 | 4085 x 1718 x 1375 | 176 | 32.390 |
| ZX 1,9 TD Aura 3-Türer Oxy-Kat | N2-C8 | DHY / Diesel / 4 | 90 / 4000 | 83 x 88 | 1891** (1905*) | 4085 x 1718 x 1375 | 183 | 29.550 |
| ZX 1,9 TD Aura 5-Türer Oxy-Kat | N2-C8 | DHY / Diesel / 4 | 90 / 4000 | 83 x 88 | 1891** (1905*) | 4085 x 1718 x 1375 | 183 | 29.550 |
| ZX 2.0i 16V 3-Türer ger. Kat | N2-J9 | RFT / Reihe / 4 | 150 / 6500 | 86 x 86 | 1998 | 4085 x 1718 x 1375 | 220 | 38.800 |
| ZX 1,4i Avantage Break ger. Kat | N2-M1 | KDX / Reihe / 4 | 75 / 5800 | 75 x 77 | 1351** (1360*) | 4260 x 1718 x 1415 | 165 | 26.340 |
| ZX 1,6i Avantage Break ger. Kat | N2-G2 | BFZ / Reihe / 4 | 88 / 6400 | 83 x 73 | 1569** (1580* | 4260 x 1718 x 1415 | 172 | 27.790 |
| ZX 1,9 Avant. D Break O.-K.& EGR | N2-J1 | DJY / Diesel / 4 | 68 / 4600 | 83 x 88 | 1891** (1905*) | 4260 x 1718 x 1415 | 160 | 27.700 |
| ZX 1,9 TD Avantage Break Oxy-Kat | N2-D9 | DHY / Diesel / 4 | 90 / 4000 | 83 x 88 | 1891** (1905*) | 4260 x 1718 x 1415 | 177 | 29.640 |
| ZX 1,8i Aura Break g. K. Automatic | N2-H4 | LFZ / Reihe / 4 | 101 / 6000 | 83 x 81,4 | 1761 | 4260 x 1718 x 1415 | 175 | 33.390 |
| Xantia 1,6i x ger. Kat 5-Gang | X1-2B | BFZ / Reihe / 4 | 88 / 6400 | 83 x 73 | 1569** (1580* | 4524 x 1755 x 1420 | 175 | 30.700 |
| Xantia 1,6i SX ger. Kat 5-Gang | X1-2B | BFZ / Reihe / 4 | 88 / 6400 | 83 x 73 | 1569** (1580* | 4524 x 1755 x 1420 | 175 | 32.150 |
| Xantia 1,8i x ger. Kat | X1-6C | LFY / Reihe / 4 | 110 / 5500 | 83 x 81,4 | 1761 | 4524 x 1755 x 1420 | 194 | 34.000 |
| Xantia 1,8i SX ger. Kat | X1-6C | LFY / Reihe / 4 | 110 / 5500 | 83 x 81,4 | 1761 | 4524 x 1755 x 1420 | 194 | 35.450 |
| Xantia 1,9 D x Oxy-K. & EGR 5-G. | X1-2D | DHW / Diesel / 4 | 68 / 4600 | 83 x 88 | 1891** (1905*) | 4524 x 1755 x 1420 | 158 | 34.450 |
| Xantia 1,9 D x O.-K.& EGR Autom. | X1-9B | DJY / Diesel / 4 | 69 / 4600 | 83 x 88 | 1891** (1905*) | 4524 x 1755 x 1420 | 154 | 36.750 |
| Xantia 1,9 TD x O.-K.+ EGR 5-G. | X1-B1 | DHX / Diesel / 4 | 90 / 4000 | 83 x 88 | 1891** (1905*) | 4524 x 1755 x 1420 | 177 | 36.400 |
| Xantia 1,8i SX ger. Kat Automatic | X1-9B | LFZ / Reihe / 4 | 101 / 6000 | 83 x 81,4 | 1761 | 4524 x 1755 x 1420 | 179 | 37.900 |
| Xantia 1,9 TD SX Oxy-Kat + EGR | X1-8E | DHX / Diesel / 4 | 90 / 4000 | 83 x 88 | 1891** (1905*) | 4524 x 1755 x 1420 | 177 | 37.590 |
| Xantia 2.0i SX 16V ger. Kat 5-G. | X1-9C | RFV / Reihe / 4 | 132 / 5500 | 86 x 86 | 1998 | 4524 x 1755 x 1420 | 203 | 37.850 |
| Xantia 2.0i SX ger. Kat Automatic | X1-7B | RFX / Reihe / 4 | 121 / 5750 | 86 x 86 | 1998 | 4524 x 1755 x 1420 | 195 | 40.300 |
| Xantia Turbo D12 SX O-K. & EGR | X1-8D | P8C / Diesel / 4 | 109 / 4300 | 85 x 92 | 2088 | 4524 x 1755 x 1420 | 190 | 40.650 |
| Xantia 2.0i VSX 16V g. K. 5-G. | X1-9C | RFV / Reihe / 4 | 132 / 5500 | 86 x 86 | 1998 | 4524 x 1755 x 1420 | 203 | 43.990 |
| Xantia 2.0i VSX ger. Kat Automatic | X1-7B | RFX / Reihe / 4 | 121 / 5750 | 86 x 86 | 1998 | 4524 x 1755 x 1420 | 195 | 46.440 |
| Xantia Turbo CT VSX g. K. 5-Gang | X1-1F | RGX / Reihe / 4 | 147 / 5300 | 86 x 86 | 1998 | 4524 x 1755 x 1420 | 213 | 45.300 |
| Xantia Turbo D12 VSX O-K. & EGR | X1-8D | P8C / Diesel / 4 | 109 / 4300 | 85 x 92 | 2088 | 4524 x 1755 x 1420 | 190 | 45.500 |
| Xantia 2.0i Activa 16V g. K. 5-G. | X1-9E | RFV / Reihe / 4 | 132 / 5500 | 86 x 86 | 1998 | 4524 x 1755 x 1420 | 203 | 46.000 |
| Xantia Turbo CT Activa g. K. 5-G. | X1-1F | RGX / Reihe / 4 | 147 / 5300 | 86 x 86 | 1998 | 4524 x 1755 x 1420 | 213 | 46.500 |
| Xantia Break 1,8i x ger. Kat | X1-2E | LFZ / Reihe / 4 | 101 / 6000 | 83 x 81,4 | 1761 | 4712 x 1755 x 1420 | 178 | 34.500 |
| Xantia 1,9 TD Break x O-K. EGR | X1-7E | DHY / Diesel / 4 | 90 / 4000 | 83 x 88 | 1891** (1905*) | 4712 x 1755 x 1420 | 174 | 37.400 |
| Xantia Break 1,8i SX ger. Kat | X1-2E | LFZ / Reihe / 4 | 101 / 6000 | 83 x 81,4 | 1761 | 4712 x 1755 x 1420 | 178 | 35.450 |
| Xantia 1,9 TD Break SX O-K. EGR | X1-7E | DHX / Diesel / 4 | 90 / 4000 | 83 x 88 | 1891** (1905*) | 4712 x 1755 x 1420 | 174 | 38.590 |
| Xantia 2.0i SX 16V Break g.K. 5-G | X1-3E | RFV / Reihe / 4 | 132 / 5500 | 86 x 86 | 1998 | 4712 x 1755 x 1420 | 198 | 38.850 |
| Xantia 2.0i SX Break ger Kat Aut. | X1-5E | RFX / Reihe / 4 | 121 / 5500 | 86 x 86 | 1998 | 4712 x 1755 x 1420 | 193 | 41.300 |
| Xantia 2.0i VSX 16V Br. G. K. 5-G | X1-3E | RFV / Reihe / 4 | 132 / 5500 | 86 x 86 | 1998 | 4712 x 1755 x 1420 | 198 | 44.990 |
| Xantia 2.0i VSX Break ger K. Aut. | X1-5E | RFX / Reihe / 4 | 121 / 5500 | 86 x 86 | 1998 | 4712 x 1755 x 1420 | 193 | 47.440 |
| Xantia Turbo CT VSX Br.g. K. 5-G. | X1-6E | RGX / Reihe / 4 | 147 / 5300 | 86 x 86 | 1998 | 4712 x 1755 x 1420 | 205 | 46.300 |
| Evasion 2.0 x ger. Kat 5-G ab 7/94 | U6-UB | RFU / Reihe / 4 | 121 / 5750 | 86 x 86 | 1998 | 4452 x 1812 x 1710 | 177 | 41.900 |
| Evasion 2.0 SX ger. Kat ab 7/94 | U6-UB | RFU / Reihe / 4 | 121 / 5750 | 86 x 86 | 1998 | 4452 x 1812 x 1710 | 177 | 46.200 |
| Evasion 1,9 TD x Oxy-Kat & EGR | U6-UC | DHX / Diesel / 4 | 90 / 4000 | 83 x 88 | 1905 | 4452 x 1812 x 1710 | 160 | 44.100 |
| Evasion 1,9 TD SX Oxy-Kat & EGR | U6-UC | DHX / Diesel / 4 | 90 / 4000 | 83 x 88 | 1905 | 4452 x 1812 x 1710 | 160 | 48.400 |

# 1996

XANTIA V6 ACTIVA

ZX 18I SX

neuen Motorisierungen 1,8 16-Ventiler mit 112 PS, 2,0 16-Ventiler mit 135 PS, 2,0 Turbo CT mit 150 PS und schließlich der 2,1-Liter-Turbodiesel, der es auf 110 PS bringt. Die Serie Sensation kommt im Januar mit Fahrer-Airbag und einem Elektropaket zu den Händlern. Doch die große Neuheit ist die Markteinführung des Xantia-Kombi, der fast alle Motorisierungen der Limousine übernimmt. Mit seiner Eleganz und seinem großzügigen Raumangebot erneuert er den Ruf, den Citroën seit langer Zeit im Segment der Kombis hatte. Wie der XM-Kombi wird auch der Xantia-Kombi beim bewährten Partner Heuliez in Cerizay gebaut. Im Februar 1996 ergänzt die Serie Harmonie die bereits existierenden Varianten.

Beim XM verändert sich kaum etwas. Alle Versionen erhalten nun eine codierte Wegfahrsperre. Der 2,1-Liter-Turbodiesel XUD 11 ATE wird durch den XUD 11 BTE ersetzt. Im Januar wird der XM zum zweiten Mal überarbeitet. Der SX bekommt nun eine Klimaanlage, der VSX elektrische Fensterheber im Fond und Nebelscheinwerfer, während der Exclusive das Radio 4040 sowie einen CD-Wechsler erhält. Die Ausführung Harmonie mit einem Lederlenkrad und Holzeinlagen kommt im Februar zu den Händlern.

Auch beim Evasion gibt es keine bedeutende Veränderungen. Alle Modelle bekommen eine Wegfahrsperre. Zusätzlich werden einige Ausstattungsdetails in das Lieferprogramm aufgenommen. Dazu gehören Beifahrerairbag, Klimaautomatik und eine Rückbank mit drei Sitzplätzen. Die Sonderserie Harmonie mit integriertem Kindersitz im Fond wird im Februar angeboten und im Juni wieder aus dem Programm genommen.

DER SAXO AUF DEM GENFER SALON

SAXO CUP 1996

# 1996

| | | | | | | | | |
|---|---|---|---|---|---|---|---|---|
| Evasion Turbo CT SX ger. Kat | U6-UA | RGX / Reihe / 4 | 147 / 5300 | 86 x 86 | 1998 | 4452 x 1812 x 1710 | 195 | 51.250 |
| Evasion Turbo CT VSX ger. Kat | U6-UA | RGX / Reihe / 4 | 147 / 5300 | 86 x 86 | 1998 | 4452 x 1812 x 1710 | 195 | 54.000 |
| Evasion Turbo CT VSX Pallas g. K. | U6-UA | RGX / Reihe / 4 | 147 / 5300 | 86 x 86 | 1998 | 4452 x 1812 x 1710 | 195 | 55.800 |
| XM Inj. 2.0 L SX 5-Gang | Y4-CZ | RFV / Reihe / 4 | 132 / 5600 | 86 x 86 | 1998 | 4708 x 1794 x 1382 | 205 | 45.900 |
| XM Inj. 2.0 L SX Break 5-Gang | Y4-GB | RFV / Reihe / 4 | 132 / 5600 | 86 x 86 | 1998 | 4963 x 1794 x 1464 | 198 | 49.900 |
| XM Turbo C.T. VSX ger. Kat 5-Gang | Y4-GG | RGX / Reihe / 4 | 147 / 5300 | 86 x 88 | 1998 | 4708 x 1794 x 1382 | 215 | 49.900 |
| XM Turbo C.T. SX ger. Kat 5-G. Bre. | Y4-GM | RGX / Reihe / 4 | 147 / 5300 | 86 x 86 | 1998 | 4963 x 1794 x 1464 | 204 | 53.900 |
| XM Turbo D12 SX 5-G. ab 5/1990 | Y4-WC | P8C / Diesel / 4 | 109 / 4300 | 85 x 92 | 2088 | 4708 x 1794 x 1382 | 192 | 49.500 |
| XM Turbo D12 VSX 5-G. ab 5/1990 | Y4-WC | P8C / Diesel / 4 | 109 / 4300 | 85 x 92 | 2088 | 4708 x 1794 x 1382 | 192 | 50.700 |
| XM 2,5 Turbo D VSX O.-Kat + EGR | Y4-NX | THY / Diesel / 4 | 129 / 4300 | 92 x 92 | 2446 | 4708 x 1794 x 1382 | 201 | 57.500 |
| XM 2,5 Turbo D Excl. O-Kat + EGR | Y4-NX | THY / Diesel / 4 | 129 / 4300 | 92 x 92 | 2446 | 4708 x 1794 x 1382 | 201 | 63.900 |
| XM 2,5 Turbo D VSX Br. O.-K.+EGR | Y4-NY | THY / Diesel / 4 | 129 / 4300 | 92 x 92 | 2446 | 4708 x 1794 x 1382 | 192 | 61.500 |
| XM Turbo D12 SX Break 5-Gang | Y4-MZ | P8C / Diesel / 4 | 109 / 4300 | 85 x 92 | 2088 | 4963 x 1794 x 1464 | 184 | 53.500 |
| XM 3.0 L V6 VSX 5-G. ab 10/91 | Y4-GN | UFZ / Reihe / 4 | 167 / 5600 | 93 x 72,5 | 2963 | 4708 x 1794 x 1382 | 222 | 58.500 |
| XM 3.0 L V6 Exclusive 5-Gang | Y4-GN | UFZ / Reihe / 4 | 167 / 5600 | 93 x 72,5 | 2963 | 4708 x 1794 x 1382 | 222 | 66.900 |
| XM 3.0 L V6 VSX Break 5-Gang | Y4-GR | UFZ / Reihe / 4 | 167 / 5600 | 93 x 72,5 | 2963 | 4963 x 1794 x 1464 | 217 | 62.500 |
| XM Turbo D12 VSX Break 5-Gang | Y4-NM | P8C / Diesel / 4 | 109 / 4300 | 85 x 92 | 2088 | 4963 x 1794 x 1464 | 184 | 54.700 |
| XM Pallas V6.24 Exclusive ger. Kat | Y4-GU | UKZ / Reihe / 4 | 200 / 6000 | 93 x 73 | 2963 | 4708 x 1794 x 1382 | 235 | 76.900 |

XM in D verk: 2.217
in D. verk. Evasion: 1.365
in D verk. Xantia: 12.514
in D verk. ZX: 10.047
in D verk. BX: 500
in D verk. Saxo: 10.907
in D verk. AX: 5.893
Ges.-Zul. Pkw & Lkw in D: 46.210 (1,26 %)

Das Saxo-Fliessband

# Folz oder

Xantia Exclusive

Am 30. September wechselt Jacques Calvet von der PSA-Spitze in den Ruhestand. Mit ihm geht eine 20-jährige Epoche zu Ende, die die Marke mit dem Doppelwinkel nicht gerade nach vorne gebracht hat. 20 Jahre lang wurden ständig Marktanteile verloren, was jeden anderen Patron in Probleme gebracht hätte – nur nicht bei Peugeot. Ein Vierteljahrhundert nach der Übernahme ist Citroën nur noch ein Schatten seiner selbst. Der Geist, der einst in der Entwicklungsabteilung herrschte, scheint endgültig verflogen.

Glücklicherweise stammt der Nachfolger an der Spitze des Konzerns nicht aus Calvets Umfeld. Jean-Martin Folz ist Ingenieur und bringt eine neue Dynamik und eine Offenheit, die bei PSA Fenster für neue Ideen öffnet. Er beginnt direkt nach seinem Antritt damit, ehemalige enge Mitarbeiter Calvets aus wichtigen Positionen zu entfernen. Die Methoden wechseln, und auch der Stellenwert der Marke wird neu überdacht. Citroën ist wieder eine eigenständige Marke und keine Unterabteilung von Peugeot. Ein Anfang ist gemacht. Darf man auf mehr hoffen?

Seit einigen Jahren ist der französische Automobilmarkt durch die Politik der Regierung mehr oder weniger streng reglementiert. Davon haben vor allem Importmarken profitiert: Fiat, Ford und auch Toyota. Glücklicherweise neigen sich diese Belastungen ihrem Ende zu, so dass der Markt wieder nach seinen eigenen Gesetzen zu funktionieren beginnt.

Für das Modelljahr 1997 verringert sich die Zahl der AX-Versionen ein weiteres Mal. Die Ausführungen X, SX, Miami, Harmonie und 4 x 4 werden aus dem Angebot genommen. Von nun an besteht die Baureihe nur noch aus drei Varianten: Spot, Image und Audace. Im Oktober spielt Citroën die grüne Karte, indem man den AX mit einem elf Kilowatt leistenden Elektromotor vorstellt. Doch weil es dem Dreitürer zum einen an Reichweite fehlt, zum anderen eine entsprechende Infrastruktur noch nicht vorhanden ist und zudem der Preis fantastische Höhen erreicht, wird dem Wagen kein nennenswerter Erfolg zuteil.

Der neue Saxo vergrößert seine Palette durch die Markteinführung der Viertürer und der Dieselversionen. Gleichzeitig wird ein Automatikgetriebe für

ZX-Kombi Exclusive

Saxo 16i Exclusive

# die letzte Hoffnung... 1997

Der neue Berlingo

Xantia-Kombi SX

| Typ - Modelljahr: 1997<br>1. Jan. 1997 bis 31. Dez. 1997<br>*Produktion, insgesamt: 890.644<br>Nun folgend ausschließlich deutsche Pkw-Modelle: | Fgst-Serie | Mot.-Typcode / Bauart / Zylinder | PS / min | Bohr. x Hub in mm | Hubraum in cm³ | Dimensionen L x B x H in mm | Vmax km/h | Preise ab Köln inkl. MwSt in DM |
|---|---|---|---|---|---|---|---|---|
| Berlingo Kombi 1,4i x 5-Gang | MF KFX F | KFX / Reihe / 4 | 75 / 5000 | 75 x 77 | 1361 | 4108 x 1719 x 1802 | 150 | 23.506 |
| Berlingo Kombi 1,4i SX 5-Gang | MF KFX F | KFX / Reihe / 4 | 75 / 5000 | 75 x 77 | 1361 | 4108 x 1719 x 1802 | 150 | 26.070 |
| Berlingo Kombi 1,9 D x 5-Gang | MW WJZ F | DJY / Diesel / 4 | 70 / 4600 | 83 x 88 | 1905 | 4108 x 1719 x 1802 | 142 | 25.380 |
| Berlingo Kombi 1,9 D SX 5-Gang | MW WJZ F | DJY / Diesel / 4 | 70 / 4600 | 83 x 88 | 1905 | 4108 x 1719 x 1802 | 142 | 27.013 |
| Berlingo Kombi 1,8i SX 5-Gang | MF LFX F | LFX / Reihe / 4 | 90 / 5000 | 83 x 81,4 | 1761 | 4108 x 1719 x 1802 | 160 | 27.094 |
| Berlingo Multispace 1,4i 5-Gang | MF KFX F | KFX / Reihe / 4 | 75 / 5000 | 75 x 77 | 1361 | 4108 x 1719 x 1802 | 150 | 25.484 |
| Berlingo Multispace 1,8i 5-Gang | MF LFX F | LFX / Reihe / 4 | 90 / 5000 | 83 x 81,4 | 1761 | 4108 x 1719 x 1802 | 160 | 26.507 |
| Berlingo Multispace 1,9 D 5-Gang | MW WJZ F | WJZ / Diesel / 4 | 70 / 4600 | 83 x 88 | 1905 | 4108 x 1719 x 1802 | 142 | 26.427 |
| Saxo 1.0 x 5-Gang 3-Türer ab 7/1996 | SOCDZF | CDZ / Reihe / 4 | 45 / 6000 | 70 x 62 | 954 | 3718 x 1595 x 1368 | 149 | 17.940 |
| Saxo 1.0 x 5-Gang 5-Türer ab | S1CDZF | CDZ / Reihe / 4 | 45 / 6000 | 70 x 62 | 954 | 3718 x 1595 x 1368 | 149 | 18.940 |
| Saxo 1.1 x 5-Gang ab 7/1996 | SOHDCZ | HDZ / Reihe / 4 | 54 / 6200 | 72 x 69 | 1124 | 3718 x 1595 x 1368 | 162 | 18.640 |
| Saxo 1.1 x 5-Gang 3-Türen ab 7/1996 | SOHDCZ | HDZ / Reihe / 4 | 54 / 6200 | 72 x 69 | 1124 | 3718 x 1595 x 1368 | 162 | 18.640 |
| Saxo 1.1 SX 5-Gang 5-Türen | S1HDZF | HDY / Reihe / 4 | 54 / 6200 | 72 x 69 | 1124 | 3718 x 1595 x 1368 | 162 | 19.640 |
| Saxo 1.1S x 5-Gang 3-Türen ab 7/1996 | SOHDCZ | HDZ / Reihe / 4 | 54 / 6200 | 72 x 69 | 1124 | 3718 x 1595 x 1368 | 162 | 19.490 |
| Saxo 1.1 SX 5-Gang 5-Türen | S1HDZF | HDY / Reihe / 4 | 54 / 6200 | 72 x 69 | 1124 | 3718 x 1595 x 1368 | 162 | 20.490 |
| Saxo 1,5 D x 3-Türen | SOVJZF | VJZ / Diesel / 4 | 54 / 5000 | 77 x 82 | 1527 | 3718 x 1595 x 1368 | 158 | 19.990 |
| Saxo 1,5 D x 5-Türen | S1VJZF | VJZ / Diesel / 4 | 54 / 5000 | 77 x 82 | 1527 | 3718 x 1595 x 1368 | 158 | 20.990 |
| Saxo 1,5 D x 3-Türen | SOVJZF | VJZ / Diesel / 4 | 54 / 5000 | 77 x 82 | 1527 | 3718 x 1595 x 1368 | 158 | 21.740 |
| Saxo 1,5 D x 5-Türen | S1VJZF | VJZ / Diesel / 4 | 54 / 5000 | 77 x 82 | 1527 | 3718 x 1595 x 1368 | 158 | 22.740 |
| Saxo 1.4 SX 5-Gang 3-Türer ab 7/1996 | SOKFXF | KFX / Reihe / 4 | 75 / 5000 | 75 x 77 | 1361 | 3718 x 1595 x 1368 | 175 | 21.290 |
| Saxo 1.4 SX 5-Gang 5-Türer | S1KFXF | KFX / Reihe / 4 | 75 / 5000 | 75 x 77 | 1361 | 3718 x 1595 x 1368 | 175 | 22.290 |
| Saxo 1.4 SX 5-Gang 3-Türer Automatik | SOKFXD | KFX / Reihe / 4 | 75 / 5000 | 75 x 77 | 1361 | 3718 x 1595 x 1368 | 166 | 23.600 |
| Saxo 1.4 SX 5-Gang 3-Türer Automatik | S1KFXD | KFX / Reihe / 4 | 75 / 5000 | 75 x 77 | 1361 | 3718 x 1595 x 1368 | 166 | 24.600 |
| Saxo 1.4 VTL 5-Gang 3-Türer | SOKFXF | KFX / Reihe / 4 | 75 / 5000 | 75 x 77 | 1361 | 3718 x 1595 x 1368 | 185 | 25.990 |
| Saxo 1.6 VTR 5-Gang 3-Tür.ab 7/1996 | S1NFZD | NFZ / Reihe / 4 | 88 / 5600 | 78,5 x 82 | 1588 | 3718 x 1595 x 1368 | 185 | 25.990 |
| Saxo 1.6 16V VTS 5-G. 3-Türer | S1NFZD | NFX / Reihe / 4 | 88 / 6600 | 78,5 x 82 | 1588 | 3718 x 1595 x 1368 | 185 | 31.000 |
| ZX 1,4i x 3-Türer ger. Kat | N2-L7 | KDX / Reihe / 4 | 75 / 5800 | 75 x 77 | 1360 | 4085 x 1718 x 1375 | 174 | 23.340 |
| ZX 1,4i x 5-Türer ger. Kat | N2-L7 | KDX / Reihe / 4 | 75 / 5800 | 75 x 77 | 1360 | 4085 x 1718 x 1375 | 174 | 24.340 |
| ZX 1,4i x Kombi ger. Kat | N2-M1 | KDX / Reihe / 4 | 75 / 5800 | 75 x 77 | 1360 | 4260 x 1718 x 1415 | 174 | 24.340 |
| ZX 1,4i SX 3-Türer ger. Kat | N2-L7 | KDX / Reihe / 4 | 75 / 5800 | 75 x 77 | 1360 | 4085 x 1718 x 1375 | 174 | 24.840 |
| ZX 1,4i SX 5-Türer ger. Kat | N2-M1 | KDX / Reihe / 4 | 75 / 5800 | 75 x 77 | 1360 | 4085 x 1718 x 1375 | 174 | 25.840 |
| ZX 1,4i SX Kombi ger. Kat | N2-M1 | KDX / Reihe / 4 | 75 / 5800 | 75 x 77 | 1360 | 4260 x 1718 x 1415 | 174 | 25.840 |
| ZX 1,4i SX Tonic Kombi ger. Kat | N2-M1 | KDX / Reihe / 4 | 75 / 5800 | 75 x 77 | 1360 | 4260 x 1718 x 1415 | 174 | 26.290 |
| ZX 1,6i SX ger. Kat 3-Türer | N2-G1 | BFZ / Reihe / 4 | 88 / 6000 | 83 x 73 | 1580 | 4085 x 1718 x 1375 | 177 | 25.890 |
| ZX 1,6i SX ger. Kat 5-Türer | N2-G2 | BFZ / Reihe / 4 | 88 / 6000 | 83 x 73 | 1580 | 4085 x 1718 x 1375 | 177 | 26.890 |
| ZX 1,6i SX ger. Kat Kombi | N2-G2 | BFZ / Reihe / 4 | 88 / 6000 | 83 x 73 | 1580 | 4260 x 1718 x 1415 | 177 | 26.890 |
| ZX 1,6i Tonic ger. Kat Kombi | N2-G2 | BFZ / Reihe / 4 | 88 / 6000 | 83 x 73 | 1580 | 4260 x 1718 x 1415 | 177 | 27.290 |
| ZX 1,9 x D Oxy-Kat & EGR 3-T. | N2-H8 | DJY / Diesel / 4 | 68 / 4600 | 83 x 88 | 1905 | 4085 x 1718 x 1375 | 160 | 25.340 |
| ZX 1,9 x D Oxy-Kat & EGR 5-T. | N2-H8 | DJY / Diesel / 4 | 68 / 4600 | 83 x 88 | 1905 | 4085 x 1718 x 1375 | 160 | 26.340 |
| ZX 1,9 x D Oxy-Kat & EGR Kombi | N2-J1 | DJY / Diesel / 4 | 68 / 4600 | 83 x 88 | 1905 | 4260 x 1718 x 1415 | 160 | 26.340 |
| ZX 1,9 x D Tonic O-Kat & EGR Kombi | N2-J1 | DJY / Diesel / 4 | 68 / 4600 | 83 x 88 | 1905 | 4260 x 1718 x 1415 | 160 | 28.290 |
| ZX 1,9 TD SX Oxy-Kat 3-Türen | N2-D9 | DHY / Diesel / 4 | 90 / 4000 | 83 x 88 | 1905 | 4085 x 1718 x 1375 | 183 | 28.890 |
| ZX 1,9 TD SX Oxy-Kat 5-Türen | N2-D9 | DHY / Diesel / 4 | 90 / 4000 | 83 x 88 | 1905 | 4085 x 1718 x 1375 | 183 | 29.890 |
| ZX 1,9 TD SX Oxy-Kat Kombi | N2-D9 | DHY / Diesel / 4 | 90 / 4000 | 83 x 88 | 1905 | 4260 x 1718 x 1415 | 183 | 29.890 |
| ZX 1,9 TD Tonic Oxy-Kat Kombi | N2-D9 | DHY / Diesel / 4 | 90 / 4000 | 83 x 88 | 1905 | 4260 x 1718 x 1415 | 183 | 30.290 |
| ZX 1,8i SX 5-T 4-G-Autom. 3-T. ger. K. | N2-E4 A | LFZ / Reihe / 4 | 101 / 6000 | 83 x 81,4 | 1761 | 4085 x 1718 x 1375 | 176 | 28.390 |
| ZX 1,8i SX 5-T 4-G-Autom. 5-T. ger. K. | N2-E4 A | LFZ / Reihe / 4 | 101 / 6000 | 83 x 81,4 | 1761 | 4085 x 1718 x 1375 | 176 | 29.390 |
| ZX 1,8i SX 5-T 4-G-Autom. Kombi g.K. | N2-E4 A | LFZ / Reihe / 4 | 101 / 6000 | 83 x 81,4 | 1761 | 4260 x 1718 x 1415 | 176 | 29.390 |
| Xsara 1,8i x 5-Gang | NOLFXF | LFX / Reihe / 4 | 90 / 5000 | 83 x 81,4 | 1761 | 4167 x 1698 x 1364 | 182 | 26.990 |
| Xsara 1,8i x 4-Gang-Automatic | NOLFZM | LFZ / Reihe / 4 | 101 / 6000 | 83 x 81,4 | 1761 | 4167 x 1698 x 1364 | 177 | 29.550 |
| Xsara 1,9 x Turbo D 5-Gang | NODHYF | DHY / Diesel / 4 | 90 / 4000 | 83 x 88 | 1905 | 4167 x 1698 x 1364 | 178 | 29.140 |
| Xsara 1,8i PX 5-Gang | NOLFXF | LFX / Reihe / 4 | 90 / 5000 | 83 x 81,4 | 1761 | 4167 x 1698 x 1364 | 182 | 27.800 |
| Xsara 1,8i PX 4-Gang-Automatic | NOLFZM | LFZ / Reihe / 4 | 101 / 6000 | 83 x 81,4 | 1761 | 4167 x 1698 x 1364 | 177 | 30.050 |
| Xsara 1,8i PX 1,9 Turbo D 5-Gang | NODHYF | DHY / Diesel / 4 | 90 / 4000 | 83 x 88 | 1905 | 4167 x 1698 x 1364 | 178 | 29.640 |
| Xsara 1,8i SX 5-Gang | NOLFXF | LFX / Reihe / 4 | 90 / 5000 | 83 x 81,4 | 1761 | 4167 x 1698 x 1364 | 182 | 28.300 |
| Xsara 1,8i SX 4-Gang-Automatic | NOLFZM | LFZ / Reihe / 4 | 101 / 6000 | 83 x 81,4 | 1761 | 4167 x 1698 x 1364 | 177 | 30.550 |
| Xsara 1,8i SX 1,9 Turbo D 5-Gang | NODHYF | DHY / Diesel / 4 | 90 / 4000 | 83 x 88 | 1905 | 4167 x 1698 x 1364 | 178 | 30.140 |
| Xsara 1,8i Exclusiv 5-Gang | NOLFXF | LFX / Reihe / 4 | 90 / 5000 | 83 x 81,4 | 1761 | 4167 x 1698 x 1364 | 182 | 30.900 |
| Xsara 1,8i Exclusive 4-G.-Automatic | NOLFZM | LFZ / Reihe / 4 | 101 / 6000 | 83 x 81,4 | 1761 | 4167 x 1698 x 1364 | 177 | 33.150 |
| Xsara 1,8i 16V Exclusive | N6LFYF | LFY / Reihe / 4 | 110 / 5500 | 83 x 81,4 | 1761 | 4167 x 1698 x 1364 | 195 | 33.000 |
| Xantia 1,8i x ger. Kat 5-Gang | X1-LFXF | LFX / Reihe / 4 | 90 / 5000 | 83 x 81,4 | 1761 | 4524 x 1755 x 1420 | 180 | 31.000 |
| Xantia 1,8i SX ger. Kat 5-Gang | X1-LFXF | LFX / Reihe / 4 | 90 / 5000 | 83 x 81,4 | 1761 | 4524 x 1755 x 1420 | 180 | 32.490 |
| Xantia 1,8i SX 16V ger. Kat | X1-LFYC | LFY / Reihe / 4 | 110 / 5500 | 83 x 81,4 | 1761 | 4524 x 1755 x 1420 | 194 | 35.800 |
| Xantia 1,9 TD x O.-Kat + EGR 5-G. | X1-DHXF | DHX / Diesel / 4 | 90 / 4000 | 83 x 88 | 1905 | 4524 x 1755 x 1420 | 177 | 37.065 |
| Xantia 1,8i SX ger. Kat Automatic | X1-LFZM | LFZ / Reihe / 4 | 101 / 6000 | 83 x 81,4 | 1761 | 4524 x 1755 x 1420 | 179 | 38.250 |
| Xantia 2.0i SX 16V ger. Kat 5-Gang | X1-RFVF | RFV / Reihe / 4 | 132 / 5500 | 86 x 86 | 1998 | 4524 x 1755 x 1420 | 203 | 38.230 |
| Xantia 2.0i SX ger. Kat Automatic | X1-RFXF | RFX / Reihe / 4 | 121 / 5750 | 86 x 86 | 1998 | 4524 x 1755 x 1420 | 195 | 40.680 |
| Xantia Turbo D12 SX O-Kat & EGR | X1-P8CF | P8C / Diesel / 4 | 109 / 4300 | 85 x 92 | 2088 | 4524 x 1755 x 1420 | 190 | 39.795 |
| Xantia 2.0i VSX 16V ger. Kat 5-Gang | X1-RFVF | RFV / Reihe / 4 | 132 / 5500 | 86 x 86 | 1998 | 4524 x 1755 x 1420 | 203 | 44.430 |
| Xantia 2.0i VSX ger. Kat Automatic | X1-RFXM | RFX / Reihe / 4 | 121 / 5750 | 86 x 86 | 1998 | 4524 x 1755 x 1420 | 195 | 46.880 |

# 1997

Saxo VTS

die 1,6-Liter-Ausführungen und die Versionen VTR und VTS 16V lieferbar. Im Oktober kommt die Serie Audace mit elektrischen Fensterhebern vorne, Zentralverriegelung, Servolenkung, einem Lenkrad mit drei Speichen und einem Radio auf den Markt. Im Februar rollt die Serie Athéna (wie kreativ...) mit einem Velours-Interieur auf Basis des Audace zu den Händlern. Und dank einer staatlichen Prämie vergrößert der Elektro-Saxo mit einem 20 Kilowatt starken Elektromotor das alternative Antriebsangebot. Das Modell wird in kleinsten Stückzahlen bei Heuliez gebaut.

Der ZX rollt ohne großen Veränderungen weiter von den Produktionsbändern. Im September allerdings wird dem Kompaktmodell ein Facelift zuteil. Er betrifft vor allem die beiden Ausführungen X und SX und lässt die Varianten Volcane, 16V und Exclusive aus. Der 1,8-Liter-Motor bekommt eine Leistungsspritze von 102 auf 112 PS, während die Leistung des 16-Ventilers von 150 auf 167 PS steigt. Gleichzeitig kommen zwei weitere Serien zu den Händlern: Audace im Oktober und Tentation im März.

Der Xantia läuft wie geschmiert, so dass man keine Notwendigkeit zu tief greifenden Veränderungen sieht. Lediglich zwei neue Ausführungen erreichen den Katalog: Audace im Oktober und Tentation im März.

Beim XM hingegen laufen die Geschäfte schlecht. Die Vertriebsabteilung hat zudem nie an den XM-Kombi geglaubt, der sich offensichtlich nur schleppend verkauft. Die Zahlen sind im Vergleich zum CX-Kombi katastrophal. Auch die Limousine bietet nicht gerade ein strahlendes Bild und das Händlernetz beginnt langsam aber sicher, das Interesse an dem Modell zu verlieren und sich stattdessen ganz auf den Xantia zu konzentrieren. Zudem wird die Palette in diesem Jahr deutlich reduziert. Die Ausführungen Harmonie sowie der Diesel D12 verschwinden ganz und beim Exclusive wird das Angebot vereinfacht. Der im Jahr zuvor angekündigte 2,5-Liter-Diesel konnte zudem bisher wegen mechanischer Probleme noch nicht ausgeliefert werden. Die ersten Kunden können sich erst im Oktober 1996 über den neuen Antrieb freuen. Daher fällt er in das Modelljahr 1997.

Die Baureihe Evasion wird in diesem Jahr durch zwei weitere Motorisierungen vergrößert. Bei den Dieseltriebwerken sorgt der 2,1 Liter große Turbo-

Xsara 18i SX

Xantia V6 Activa

Xsara 19 D SX

Xsara VTS

motor für Vortrieb, der in allen Ausführungen bestellt werden kann. Am unteren Ende der Palette übernimmt ein 1,8-Liter-Benziner ausschließlich in der Basisversion X den Antrieb. Alle anderen Motoren erfüllen nun die europäischen Lärm- und Umweltvorschriften. Die gesamte Palette erhält außerdem einen Hebel, mit dem das Licht und die Nebelscheinwerfer eingeschaltet werden können.

| | | | | | | | | |
|---|---|---|---|---|---|---|---|---|
| Xantia Turbo D12 Activa O-Kat & EGR | X7-P8CF | P8C / Diesel / 4 | 109 / 4300 | 85 x 92 | 2088 | 4524 x 1755 x 1420 | 190 | 46.370 |
| Xantia Turbo D12 VSX O-Kat & EGR | X1-P8CF | P8C / Diesel / 4 | 109 / 4300 | 85 x 92 | 2088 | 4524 x 1755 x 1420 | 190 | 44.340 |
| Xantia Kombi Turbo D12 SX 5-Gang | X2-P8CF | P8C / Diesel / 4 | 109 / 4300 | 85 x 92 | 2088 | 4712 x 1755 x 1420 | 185 | 39.795 |
| Xantia Kombi Turbo D12 VSX 5-Gang | X2-P8CF | P8C / Diesel / 4 | 109 / 4300 | 85 x 92 | 2088 | 4712 x 1755 x 1420 | 185 | 44.340 |
| Xantia 2.0i Activa 16V ger. Kat 5-G. | X1-RFVF | RFV / Reihe / 4 | 132 / 5500 | 86 x 86 | 1998 | 4524 x 1755 x 1420 | 203 | 46.460 |
| Xantia Turbo CT Activa ger. Kat 5-G. | X1-RGXF | RGX / Reihe / 4 | 147 / 5300 | 86 x 86 | 1998 | 4524 x 1755 x 1420 | 213 | 46.965 |
| Xantia Kombi 1,8i SX ger. Kat | X2-LFYF | LFY / Reihe / 4 | 110 / 5500 | 83 x 81,4 | 1761 | 4712 x 1755 x 1420 | 187 | 35.800 |
| Xantia 1,9 TD Break SX O-Kat EGR | X2-DHXF | DHX / Diesel / 4 | 90 / 4000 | 83 x 88 | 1905 | 4712 x 1755 x 1420 | 174 | 37.065 |
| Xantia 2.0i SX 16V Kombi ger Kat 5-G | X2-RFVF | RFV / Reihe / 4 | 132 / 5500 | 86 x 86 | 1998 | 4712 x 1755 x 1420 | 198 | 38.230 |
| Xantia 2.0i SX Kombi ger. Kat Aut. | X2-RFXF | RFX / Reihe / 4 | 121 / 5500 | 86 x 86 | 1998 | 4712 x 1755 x 1420 | 193 | 40.680 |
| Xantia 2.0i VSX 16V Kombi g. Kat 5-G | X2-RFVF | RFV / Reihe / 4 | 132 / 5500 | 86 x 86 | 1998 | 4712 x 1755 x 1420 | 198 | 44.430 |
| Xantia 2.0i VSX Kombi ger K. Aut. | X2-RFXF | RFX / Reihe / 4 | 121 / 5500 | 86 x 86 | 1998 | 4712 x 1755 x 1420 | 193 | 46.880 |
| Xantia Turbo CT VSX Kombi g. Kat 5-G. | X2-RGXF | RGX / Reihe / 4 | 147 / 5300 | 86 x 86 | 1998 | 4712 x 1755 x 1420 | 205 | 45.750 |
| Xantia V6 Activa Kat 5-G. | X7-XFZF | XFZ / V / 6 | 190 / 5750 | 87 x 82,6 | 2946 | 4524 x 1755 x 1420 | 230 | 51.990 |
| Xantia V6 Exclusive Kat Automatik | X7-XFZM | XFZ / V / 6 | 190 / 5750 | 87 x 82,6 | 2946 | 4524 x 1755 x 1420 | 225 | 51.990 |
| Evasion 2.0 x ger. Kat 5-G ab 7/1994 | U6-UB | RFU / Reihe / 4 | 121 / 5750 | 86 x 86 | 1998 | 4452 x 1812 x 1710 | 177 | 39.990 |
| Evasion 2.0 SX ger. Kat ab 7/1994 | U6-UB | RFU / Reihe / 4 | 121 / 5750 | 86 x 86 | 1998 | 4452 x 1812 x 1710 | 177 | 46.750 |
| Evasion 1,9 TD x Oxy-Kat & EGR | U6-UC | DHX / Diesel / 4 | 90 / 4000 | 83 x 88 | 1905 | 4452 x 1812 x 1710 | 160 | 41.890 |
| Evasion 1,9 TD SX Oxy-Kat & EGR | U6-UC | DHX / Diesel / 4 | 90 / 4000 | 83 x 88 | 1905 | 4452 x 1812 x 1710 | 160 | 48.650 |
| Evasion D12 SX 5-Gang | U6-UW | P8C / Diesel / 4 | 109 / 4300 | 85 x 92 | 2088 | 4452 x 1812 x 1710 | 175 | 51.050 |
| Evasion D12 VSX 5-Gang | U6-UW | P8C / Diesel / 4 | 109 / 4300 | 85 x 92 | 2088 | 4452 x 1812 x 1710 | 175 | 52.815 |
| Evasion Turbo CT SX ger. Kat | U6-UA | RGX / Reihe / 4 | 147 / 5300 | 86 x 86 | 1998 | 4452 x 1812 x 1710 | 195 | 50.750 |
| Evasion Turbo CT VSX ger. Kat | U6-UA | RGX / Reihe / 4 | 147 / 5300 | 86 x 86 | 1998 | 4452 x 1812 x 1710 | 195 | 52.515 |
| Evasion D12 VSX Pallas 5-Gang | U6-UW | P8C / Diesel / 4 | 109 / 4300 | 85 x 92 | 2088 | 4452 x 1812 x 1710 | 175 | 54.140 |
| Evasion Turbo CT VSX Pallas ger. Kat | U6-UA | RGX / Reihe / 4 | 147 / 5300 | 86 x 86 | 1998 | 4452 x 1812 x 1710 | 195 | 53.840 |
| XM Inj. 2.0 L SX 5-Gang | Y4-CZ | RFV / Reihe / 4 | 132 / 5600 | 86 x 86 | 1998 | 4708 x 1794 x 1382 | 205 | 46.400 |
| XM Inj. 2.0 L SX Kombi 5-Gang | Y4-GB | RFV / Reihe / 4 | 132 / 5600 | 86 x 86 | 1998 | 4963 x 1794 x 1464 | 198 | 48.400 |
| XM Turbo C.T. VSX ger. Kat 5-Gang | Y4-GG | RGX / Reihe / 4 | 147 / 5300 | 86 x 88 | 1998 | 4708 x 1794 x 1382 | 215 | 50.400 |
| XM Turbo C.T. SX ger. Kat 5-G. Break | Y4-GM | RGX / Reihe / 4 | 147 / 5300 | 86 x 86 | 1998 | 4963 x 1794 x 1464 | 204 | 52.400 |
| XM Turbo D12 SX 5-Gang ab 5/1990 | Y4-GZ | P8C / Diesel / 4 | 109 / 4300 | 85 x 92 | 2088 | 4708 x 1794 x 1382 | 192 | 49.400 |
| XM 2,5 Turbo D SX Oxy-Kat + EGR | Y4-NZ | THY / Diesel / 4 | 129 / 4300 | 92 x 92 | 2446 | 4708 x 1794 x 1382 | 201 | 53.000 |
| XM 2,5 Turbo D Excl. O-Kat + EGR | Y4-NZ | THY / Diesel / 4 | 129 / 4300 | 92 x 92 | 2446 | 4708 x 1794 x 1382 | 201 | 60.500 |
| XM 2,5 Turbo D VSX Br. O.-Kat+EGR | Y4-NY | THY / Diesel / 4 | 129 / 4300 | 92 x 92 | 2446 | 4708 x 1794 x 1382 | 192 | 55.000 |
| XM 3.0 L V6 VSX 5-G. | Y4-WG | XFZ / Reihe / 4 | 190 / 5600 | 87 x 82,6 | 2946 | 4708 x 1794 x 1382 | 233 | 59.100 |
| XM 3.0 L V6 Exclusive 5-Gang | Y4-WG | XFZ / Reihe / 4 | 190 / 5600 | 87 x 82,6 | 2946 | 4708 x 1794 x 1382 | 233 | 67.600 |
| XM 3.0 L V6 SX Kombi 5-Gang | Y4-GR | XFZ / Reihe / 4 | 190 / 5600 | 87 x 82,6 | 2946 | 4963 x 1794 x 1464 | 228 | 61.100 |
| XM Turbo D12 VSX Kombi 5-Gang | Y4-MZ | P8C / Diesel / 4 | 109 / 4300 | 85 x 92 | 2088 | 4963 x 1794 x 1464 | 184 | 51.400 |

G-Zul. Pkw & Lkw in D: 43.078 (1,16%)
in D verk. AX: 158
in D verk. Berlingo: 4.350
in D verk. Saxo: 12.531
in D verk. Xsara: 4.178
in D verk. ZX: 5.117
in D verk. Xantia: 8.963
in D. verk. Evasion: 1.767
XM in D verk: 1.570

XM SX

# 1998

# Xsara,

Der AX geht in die endgültig letzte Runde. Die Modellpalette beschränkt sich nur noch auf zwei Ausführungen – Spot und Audace – und den bewährten Einlitermotor. Die Modelle gibt es als Drei- und Viertürer. Im Juni 1998 wird die Produktion eingestellt.

Der Saxo hat seinen Produktionstakt gefunden. Im November werden die Versionen VSX, VTL und Athéna aus dem Programm genommen. Gleichzeitig überarbeitet man die Karosserie, indem der Wagen einen neuen höheren Kühlergrill und hintere Blinker unter Klarglas bekommt. Außerdem verfügt der Zündschlüssel jetzt über einen Transponder und die Leuchtweite der Scheinwerfer lässt sich nun elektrisch regulieren. Im Januar kommt die Sonderserie Nouvelles Frontières mit elektrischen Fensterhebern vorne, Zentralverriegelung und einem speziellen Interieur auf den Markt. Einen Monat später folgt das Sondermodell K-Way mit speziellem Zubehör und Ablagen.

In diesem Jahr integriert die Marke die ersten „zivilen" Versionen des kleinen Nutzfahrzeugs Berlingo in die Modellpalette. Der Berlingo Multispace, ein Mittelding zwischen Kleintransporter und Freizeitmobil, verzeichnet auf Anhieb Erfolge. Der Zweitürer besitzt eine riesige Heckklappe und ein Schiebedach. Drei Motorisierungen stehen zur Wahl: 1360 cm³, 1761 cm³ und der Diesel mit 1905 cm³.

Im Oktober wird der unscheinbare ZX durch den Xsara abgelöst. Zwar bietet der neue Wagen wie sein Vorgänger ebenfalls keine technischen Innovationen, doch sein Äußeres erlaubt es wenigstens einigen Kunden, die Bande mit Citroën neu zu knüpfen. Von Beginn an stehen zahlreiche Motori-

XANTIA EXCLUSIVE

PROTOTYP C3

XSARA KOMBI

**Typ - Modelljahr: 1998**
Juli 1997 bis Juni 1998
*Produktion, insgesamt: 959.000
Nun folgend ausschließlich deutsche Pkw-Modelle:

| Typ | Fgst-Serie | Mot.-Typcode / Bauart / Zylinder | PS / min | Bohr. x Hub in mm | Hubraum in cm³ | Dimensionen L x B x H in mm | Vmax km/h | Preise ab Köln inkl. MwSt in DM |
|---|---|---|---|---|---|---|---|---|
| Berlingo Kombi 1,4i x 5-Gang | MF KFX F | KFX / Reihe / 4 | 75 / 5000 | 75 x 77 | 1361 | 4108 x 1719 x 1802 | 150 | 23.710 |
| Berlingo Kombi 1,4i SX 5-Gang | MF KFX F | KFX / Reihe / 4 | 75 / 5000 | 75 x 77 | 1361 | 4108 x 1719 x 1802 | 150 | 26.297 |
| Berlingo Kombi 1,9 D x 5-Gang | MW WJZ F | DJY / Diesel / 4 | 70 / 4600 | 83 x 88 | 1905 | 4108 x 1719 x 1802 | 142 | 25.601 |
| Berlingo Kombi 1,9 D SX 5-Gang | MW WJZ F | DJY / Diesel / 4 | 70 / 4600 | 83 x 88 | 1905 | 4108 x 1719 x 1802 | 142 | 27.248 |
| Berlingo Kombi 1,8i SX 5-Gang | MF LFX F | LFX / Reihe / 4 | 90 / 5000 | 83 x 81,4 | 1761 | 4108 x 1719 x 1802 | 160 | 27.329 |
| Berlingo Multispace 1,4i 5-Gang | MF KFX F | KFX / Reihe / 4 | 75 / 5000 | 75 x 77 | 1361 | 4108 x 1719 x 1802 | 150 | 25.705 |
| Berlingo Multispace 1,8i 5-Gang | MF LFX F | LFX / Reihe / 4 | 90 / 5000 | 83 x 81,4 | 1761 | 4108 x 1719 x 1802 | 160 | 26.738 |
| Berlingo Multispace 1,9 D 5-Gang | MW WJZ F | WJZ / Diesel / 4 | 70 / 4600 | 83 x 88 | 1905 | 4108 x 1719 x 1802 | 142 | 26.656 |
| Saxo 1.0 x 5-Gang 3-Türer ab 7/1996 | S0 CDZ F | CDZ / Reihe / 4 | 45 / 6000 | 70 x 62 | 954 | 3718 x 1595 x 1368 | 149 | 17.753 |
| Saxo 1.0 x 5-Gang 5-Türer ab | S1 CDZ F | CDZ / Reihe / 4 | 45 / 6000 | 70 x 62 | 954 | 3718 x 1595 x 1368 | 149 | 18.761 |
| Saxo 1.1 x 5-Gang ab 7/1996 | S0 HDC Z | HDZ / Reihe / 4 | 54 / 6200 | 72 x 69 | 1124 | 3718 x 1595 x 1368 | 162 | 19.720 |
| Saxo 1.1 x 5-Gang 3-Türen ab 7/1996 | S0 HDC Z | HDZ / Reihe / 4 | 54 / 6200 | 72 x 69 | 1124 | 3718 x 1595 x 1368 | 162 | 20.728 |
| Saxo 1.1 SX 5-Gang 3-Türen | S1 HDZ F | HDY / Reihe / 4 | 54 / 6200 | 72 x 69 | 1124 | 3718 x 1595 x 1368 | 162 | 21.031 |
| Saxo 1.1 SX 5-Gang 5-Türen ab 7/1996 | S0 HDC Z | HDZ / Reihe / 4 | 54 / 6200 | 72 x 69 | 1124 | 3718 x 1595 x 1368 | 162 | 22.040 |
| Saxo 1,5 D x 3-Türen | S0 VJZ F | VJZ / Diesel / 4 | 54 / 5000 | 77 x 82 | 1527 | 3718 x 1595 x 1368 | 158 | 21.031 |
| Saxo 1,5 D SX 5-Türen | S1 VJZ F | VJZ / Diesel / 4 | 54 / 5000 | 77 x 82 | 1527 | 3718 x 1595 x 1368 | 158 | 22.947 |
| Saxo 1,5 D SX 3-Türen | S0 VJZ F | VJZ / Diesel / 4 | 54 / 5000 | 77 x 82 | 1527 | 3718 x 1595 x 1368 | 158 | 23.956 |
| Saxo 1.4 SX 5-Gang 3-Türer ab 7/1996 | S0 KFX F | KFX / Reihe / 4 | 75 / 5000 | 75 x 77 | 1361 | 3718 x 1595 x 1368 | 175 | 22.040 |
| Saxo 1.4 SX 5-Gang 5-Türer | S1 KFX F | KFX / Reihe / 4 | 75 / 5000 | 75 x 77 | 1361 | 3718 x 1595 x 1368 | 175 | 23.048 |
| Saxo 1.4 SX 5-Gang 3-Türer Automatik | S0 KFX D | KFX / Reihe / 4 | 75 / 5000 | 75 x 77 | 1361 | 3718 x 1595 x 1368 | 166 | 23.734 |
| Saxo 1.4 SX 5-Gang 5-Türer Automatik | S1 KFX D | KFX / Reihe / 4 | 75 / 5000 | 75 x 77 | 1361 | 3718 x 1595 x 1368 | 166 | 24.743 |
| Saxo 1.4 VTS 5-Gang 3-Türer | S0 KFX F | KFX / Reihe / 4 | 75 / 5000 | 75 x 77 | 1361 | 3718 x 1595 x 1368 | 175 | 24.259 |
| Saxo 1.6 16V VTS 5-G. 3-Türer | S1 NFZ D | NFX / Reihe / 4 | 88 / 6600 | 78,5 x 82 | 1588 | 3718 x 1595 x 1368 | 185 | 29.756 |
| Xsara 1,4i x Coupé 3-Türer 5-Gang | N0 KFX F | KFX / Reihe / 4 | 75 / 5000 | 75 x 77 | 1361 | 4167 x 1698 x 1364 | 175 | 24.299 |
| Xsara 1,4i x Limousine 5-Türer 5-Gang | N1 KFX F | KFX / Reihe / 4 | 75 / 5000 | 75 x 77 | 1361 | 4167 x 1698 x 1364 | 175 | 25.822 |
| Xsara 1,4i x Kombi 5-Gang | N2 KFX F | KFX / Reihe / 4 | 75 / 5000 | 75 x 77 | 1361 | 4369 x 1698 x 1420 | 175 | 26.730 |
| Xsara 1,8i x Coupé 3-Türer 5-Gang | N0 LFX F | LFX / Reihe / 4 | 90 / 5000 | 83 x 81,4 | 1761 | 4167 x 1698 x 1364 | 182 | 26.427 |
| Xsara 1,8i x Limousine 5-Türer 5-Gang | N1 LFX F | LFX / Reihe / 4 | 90 / 5000 | 83 x 81,4 | 1761 | 4167 x 1698 x 1364 | 182 | 27.537 |
| Xsara 1,8i x Kombi 5-Gang | N2 LFX F | LFX / Reihe / 4 | 90 / 5000 | 83 x 81,4 | 1761 | 4369 x 1698 x 1420 | 182 | 28.445 |
| Xsara 1,8i x Coupé 3-T 4-G.-Automatic | N0 LFZ F | LFZ / Reihe / 4 | 101 / 6000 | 83 x 81,4 | 1761 | 4167 x 1698 x 1364 | 177 | 28.697 |
| Xsara 1,8i x Limousine 4-G.-Automatic | N1 LFZ M | LFZ / Reihe / 4 | 101 / 6000 | 83 x 81,4 | 1761 | 4167 x 1698 x 1364 | 177 | 29.806 |
| Xsara 1,8i x Kombi 4-Gang-Automatic | N2 LFZ M | LFZ / Reihe / 4 | 101 / 6000 | 83 x 81,4 | 1761 | 4369 x 1698 x 1420 | 177 | 30.714 |
| Xsara 1,8i x 1,9 Turbo D Coupé 5-G. | N0 DHY F | DHY/ Diesel / 4 | 90 / 4000 | 83 x 88 | 1905 | 4167 x 1698 x 1364 | 178 | 28.525 |
| Xsara 1,8i x 1,9 Turbo D Limous. 5-G. | N1 DHY F | DHY/ Diesel / 4 | 90 / 4000 | 83 x 88 | 1905 | 4167 x 1698 x 1364 | 178 | 29.635 |
| Xsara 1,8i x 1,9 Turbo D Kombi 5-G. | N2 DHY F | DHY/ Diesel / 4 | 90 / 4000 | 83 x 88 | 1905 | 4369 x 1698 x 1420 | 178 | 30.543 |
| Xsara 1,4i SX Coupé 3-Türer 5-Gang | N0 KFX F | KFX / Reihe / 4 | 75 / 5000 | 75 x 77 | 1361 | 4167 x 1698 x 1364 | 175 | 26.115 |
| Xsara 1,4i S x Limousine 5-Türer 5-G. | N1 KFX F | KFX / Reihe / 4 | 75 / 5000 | 75 x 77 | 1361 | 4167 x 1698 x 1364 | 175 | 27.224 |
| Xsara 1,4i S x Kombi 5-Gang | N2 KFX F | KFX / Reihe / 4 | 75 / 5000 | 75 x 77 | 1361 | 4369 x 1698 x 1420 | 175 | 28.132 |
| Xsara 1,8i SX Coupé 3-Türer 5-Gang | N0 LFX F | LFX / Reihe / 4 | 90 / 5000 | 83 x 81,4 | 1761 | 4167 x 1698 x 1364 | 182 | 27.678 |
| Xsara 1,8i SX Limousine 5-Türer 5-G. | N1 LFX F | LFX / Reihe / 4 | 90 / 5000 | 83 x 81,4 | 1761 | 4167 x 1698 x 1364 | 182 | 28.788 |
| Xsara 1,8i SX Kombi 5-Gang | N2 LFX F | LFX / Reihe / 4 | 90 / 5000 | 83 x 81,4 | 1761 | 4369 x 1698 x 1420 | 182 | 29.696 |
| Xsara 1,8i SX Coupé 3-T 4-G.-Autom. | N0 LFZ F | LFZ / Reihe / 4 | 101 / 6000 | 83 x 81,4 | 1761 | 4167 x 1698 x 1364 | 177 | 29.948 |
| Xsara 1,8i SX Limousine 4-G.-Autom. | N1 LFZ M | LFZ / Reihe / 4 | 101 / 6000 | 83 x 81,4 | 1761 | 4167 x 1698 x 1364 | 177 | 31.057 |

# 1998

sierungen zur Wahl: 1,4 mit 75 PS, 1,8 mit 90 oder 103 PS, 1,8 16V mit 112 PS, 2,0 16V mit 167 PS, 1,9 D mit 66 PS und ein Turbodiesel mit 90 PS. Von Februar an vervollständigt eine Flüssiggasalternative für den 1,8-Liter das Programm. Den Xsara gibt es in zwei Ausstattungsvarianten: X und SX.
Die Dreitürer folgen im Januar und vergrößern das Angebot weiter. Gerade einen Monat später bringt das Unternehmen die Kombiversionen auf den Markt. Innerhalb eines knappen halben Jahres hat Citroën eine Modelloffensive in der kompakten Klasse gestartet.
Der Xantia zieht unverdrossen weiter seine Kreise. Das Angebot konzentriert sich auf die beiden Ausführungen Tentation und Athéna. Die getönten Scheiben werden jetzt bei allen Modellen Standard. Der 1,6-Liter-Benziner wird durch einen 1,8-Liter mit 90 PS abgelöst, für den auch eine Flüssiggasalternative bereit gestellt wird. Im Dezember schließlich wird die Frontpartie des Modells überarbeitet und außerdem die Ausführungen SX, Exclusive und Activa nach vorne gestellt.

Saxo 1,6i 16V VTS

XM-Kombi 20i 16V SX

Berlingo mit Schiebedach

| | | | | | | | | |
|---|---|---|---|---|---|---|---|---|
| Xsara 1,8i SX Kombi 4-Gang-Autom. | N2 LFZ M | LFZ / Reihe / 4 | 101 / 6000 | 83 x 81,4 | 1761 | 4369 x 1698 x 1420 | 177 | 31.965 |
| Xsara 1,8i SX 1,9 Turbo D Coupé 5-G. | N0 DHY F | DHY/ Diesel / 4 | 90 / 4000 | 83 x 88 | 1905 | 4167 x 1698 x 1364 | 178 | 29.534 |
| Xsara 1,8i SX 1,9 Turbo D Limous. 5-G. | N1 DHY F | DHY / Diesel / 4 | 90 / 4000 | 83 x 88 | 1905 | 4167 x 1698 x 1364 | 178 | 30.644 |
| Xsara 1,8i SX 1,9 Turbo D Kombi 5-G. | N2 DHY F | DHY / Diesel / 4 | 90 / 4000 | 83 x 88 | 1905 | 4369 x 1698 x 1420 | 178 | 31.552 |
| Xsara 1,8i 16V VTS Coupé 3-Türer 5-G | N0 LFY F | LFY / Reihe / 4 | 110 / 5500 | 83 x 81,4 | 1761 | 4167 x 1698 x 1364 | 195 | 32.137 |
| Xsara 1,8i Exclusiv 5-Gang | N0 LFX F | LFX / Reihe / 4 | 90 / 5000 | 83 x 81,4 | 1761 | 4167 x 1698 x 1364 | 182 | 31.410 |
| Xsara 1,8i Exclusive 4-G.-Automatic | N0 LFZ M | LFZ / Reihe / 4 | 101 / 6000 | 83 x 81,4 | 1761 | 4167 x 1698 x 1364 | 177 | 33.680 |
| Xsara 1,8i 16V Exclusive Lim. 5-Türer | N1 LFY F | LFY / Reihe / 4 | 110 / 5500 | 83 x 81,4 | 1761 | 4167 x 1698 x 1364 | 195 | 33.529 |
| Xsara 1,8i 16V Exclusive Kombi | N2 LFY F | LFY / Reihe / 4 | 110 / 5500 | 83 x 81,4 | 1761 | 4369 x 1698 x 1420 | 195 | 34.436 |
| Xsara 1,9 Turbo D Excl. Lim. 5-Gang | N1 DHY F | DHY/ Diesel / 4 | 90 / 4000 | 83 x 88 | 1905 | 4167 x 1698 x 1364 | 178 | 33.266 |
| Xsara 2,0i 16V VTS Coupé 5-Gang | N6 RFS F | RFS / Reihe / 4 | 163 / 6500 | 86 x 86 | 1998 | 4167 x 1698 x 1364 | 220 | 377.866 |
| Xantia 1,8i SX ger. Kat 5-Gang | X1LFX F | LFX / Reihe / 4 | 90 / 5000 | 83 x 81,4 | 1761 | 4524 x 1755 x 1420 | 180 | 32.177 |
| Xantia 1,8i 16V SX ger. Kat | X1 LFY C | LFY / Reihe / 4 | 110 / 5500 | 83 x 81,4 | 1761 | 4524 x 1755 x 1420 | 194 | 34.285 |
| Xantia 1,8i 16V Exclusive ger. Kat 5.-G | X1 LFY C | LFY / Reihe / 4 | 110 / 5500 | 83 x 81,4 | 1761 | 4524 x 1755 x 1420 | 194 | 37.220 |
| Xantia 1,9 TD x O.-Kat + EGR 5-G. | X1 DHX F | DHX / Diesel / 4 | 90 / 4000 | 83 x 88 | 1905 | 4524 x 1755 x 1420 | 177 | 35.561 |
| Xantia 1,9 TD Excl. O.-Kat+EGR 5-G. | X1 DHX F | DHX / Diesel / 4 | 90 / 4000 | 83 x 88 | 1905 | 4524 x 1755 x 1420 | 177 | 38.496 |
| Xantia 2.0i SX 16V ger. Kat 5-Gang | X1 RFV F | RFV / Reihe / 4 | 132 / 5500 | 86 x 86 | 1998 | 4524 x 1755 x 1420 | 203 | 37.220 |
| Xantia 2.0i SX 16V ger. Kat 5-Gang | X1 RFV F | RFV / Reihe / 4 | 132 / 5500 | 86 x 86 | 1998 | 4524 x 1755 x 1420 | 203 | 42.264 |
| Xantia Turbo D12 SX O-Kat & EGR | X1 P8C F | P8C / Diesel / 4 | 109 / 4300 | 85 x 92 | 2088 | 4524 x 1755 x 1420 | 190 | 38.829 |
| Xantia Turbo D12 Excl. O-Kat & EGR | X1 P8C F | P8C / Diesel / 4 | 109 / 4300 | 85 x 92 | 2088 | 4524 x 1755 x 1420 | 190 | 43.873 |
| Xantia 1,8i SX Kombi ger. Kat 5-Gang | X2 LFX F | LFX / Reihe / 4 | 90 / 5000 | 83 x 81,4 | 1761 | 4712 x 1755 x 1420 | 177 | 33.186 |
| Xantia 1,8i 16V SX ger. Kat | X2 LFY F | LFY / Reihe / 4 | 110 / 5500 | 83 x 81,4 | 1761 | 4712 x 1755 x 1420 | 189 | 35.294 |
| Xantia Kombi Turbo D12 SX 5-Gang | X2 P8C F | P8C / Diesel / 4 | 109 / 4300 | 85 x 92 | 2088 | 4712 x 1755 x 1420 | 185 | 39.838 |
| Xantia Kombi Turbo D12 Excl. 5-Gang | X2 P8C F | P8C / Diesel / 4 | 109 / 4300 | 85 x 92 | 2088 | 4712 x 1755 x 1420 | 185 | 44.881 |
| Xantia Kombi 1,8i Excl. ger. Kat 5.-G. | X2 LFY F | LFY / Reihe / 4 | 110 / 5500 | 83 x 81,4 | 1761 | 4712 x 1755 x 1420 | 189 | 38.229 |
| Xantia 1,9 TD Kombi SX O-Kat EGR | X2 DHX F | DHX / Diesel / 4 | 90 / 4000 | 83 x 88 | 1905 | 4712 x 1755 x 1420 | 174 | 36.570 |
| Xantia 2.0i SX 16V Kombi ger Kat 5-G | X2 RFV F | RFV / Reihe / 4 | 132 / 5500 | 86 x 86 | 1998 | 4712 x 1755 x 1420 | 198 | 38.229 |
| Xantia 2.0i 16V Excl. Kombi g.Kat 5-G | X2 RFV F | RFV / Reihe / 4 | 132 / 5500 | 86 x 86 | 1998 | 4712 x 1755 x 1420 | 198 | 43.273 |
| Xantia V6 Activa Kat 5-Gang | X7 XFZ F | XFZ / Otto / V 6 | 190 / 5750 | 87 x 82,6 | 2946 | 4524 x 1755 x 1420 | 230 | 52.442 |
| Xantia V6 Exclusive Kat Automatik | X7 XFZ M | XFZ / Otto / V 6 | 190 / 5750 | 87 x 82,6 | 2946 | 4524 x 1755 x 1420 | 225 | 52.442 |
| Xantia V6 Exclusive Kat 5-Gang | X7 XFZ F | XFZ / Otto / V 6 | 190 / 5750 | 87 x 82,6 | 2946 | 4712 x 1755 x 1420 | 227 | 50.979 |
| Evasion 2.0 x ger. Kat 5-G ab 7/1994 | U6-UB | RFU / Reihe / 4 | 121 / 5750 | 86 x 86 | 1998 | 4452 x 1812 x 1710 | 177 | 40.337 |
| Evasion 2.0 SX ger. Kat ab 7/1994 | U6-UB | RFU / Reihe / 4 | 121 / 5750 | 86 x 86 | 1998 | 4452 x 1812 x 1710 | 177 | 47.156 |
| Evasion 1,9 TD x Oxy-Kat & EGR | U6-UC | DHX / Diesel / 4 | 90 / 4000 | 83 x 88 | 1905 | 4452 x 1812 x 1710 | 160 | 42.254 |
| Evasion 1,9 TD SX Oxy-Kat & EGR | U6-UC | DHX / Diesel / 4 | 90 / 4000 | 83 x 88 | 1905 | 4452 x 1812 x 1710 | 160 | 49.073 |
| Evasion D12 SX 5-Gang | U6-UW | P8C / Diesel / 4 | 109 / 4300 | 85 x 92 | 2088 | 4452 x 1812 x 1710 | 175 | 51.493 |
| Evasion D12 VSX 5-Gang | U6-UW | P8C / Diesel / 4 | 109 / 4300 | 85 x 92 | 2088 | 4452 x 1812 x 1710 | 175 | 53.274 |
| Evasion Turbo CT SX ger. Kat | U6-UA | RGX / Reihe / 4 | 147 / 5300 | 86 x 86 | 1998 | 4452 x 1812 x 1710 | 195 | 51.191 |
| Evasion Turbo CT VSX ger. Kat | U6-UA | RGX / Reihe / 4 | 147 / 5300 | 86 x 86 | 1998 | 4452 x 1812 x 1710 | 195 | 52.971 |
| Evasion D12 VSX Pallas 5-Gang | U6-UW | P8C / Diesel / 4 | 109 / 4300 | 85 x 92 | 2088 | 4452 x 1812 x 1710 | 175 | 54.610 |
| Evasion Turbo CT VSX Pallas ger. Kat | U6-UA | RGX / Reihe / 4 | 147 / 5300 | 86 x 86 | 1998 | 4452 x 1812 x 1710 | 195 | 54.308 |
| XM Inj. 2.0 L SX 5-Gang | Y4-CZ | RFV / Reihe / 4 | 132 / 5600 | 86 x 86 | 1998 | 4708 x 1794 x 1382 | 205 | 46.803 |
| XM Inj. 2.0 L SX Kombi 5-Gang | Y4-GB | RFV / Reihe / 4 | 132 / 5600 | 86 x 86 | 1998 | 4963 x 1794 x 1464 | 198 | 48.820 |
| XM Turbo C.T. VSX ger. Kat 5-Gang | Y4-GG | RGX / Reihe / 4 | 147 / 5300 | 86 x 88 | 1998 | 4708 x 1794 x 1382 | 215 | 50.838XM |
| Turbo C.T. SX ger. Kat 5-G. Kombi | Y4-GM | RGX / Reihe / 4 | 147 / 5300 | 86 x 86 | 1998 | 4963 x 1794 x 1464 | 204 | 52.855 |
| XM Turbo D12 SX 5-Gang ab 5/1990 | Y4-GZ | P8C / Diesel / 4 | 109 / 4300 | 85 x 92 | 2088 | 4708 x 1794 x 1382 | 192 | 49.829 |
| XM 2,5 Turbo D SX Oxy-Kat + EGR | Y4-NZ | THY / Diesel / 4 | 129 / 4300 | 92 x 92 | 2446 | 4708 x 1794 x 1382 | 201 | 53.460 |
| XM 2,5 Turbo D Excl. O-Kat + EGR | Y4-NZ | THY / Diesel / 4 | 129 / 4300 | 92 x 92 | 2446 | 4708 x 1794 x 1382 | 201 | 61.026 |

# 1998

EVASION 18I

SAXO 14I EXCLUSIVE

| | | | | | | | | |
|---|---|---|---|---|---|---|---|---|
| XM 2,5 Turbo D SX Kombi O.-Kat+EGR | Y4-NY | THY / Diesel / 4 | 129 / 4300 | 92 x 92 | 2446 | 4708 x 1794 x 1382 | 192 | 55.478 |
| XM 3.0 L V6 SX 5-G. | Y4-WG | XFZ / Reihe / 4 | 190 / 5600 | 87 x 82,6 | 2946 | 4708 x 1794 x 1382 | 233 | 59.613 |
| XM 3.0 L V6 Exclusive 5-Gang | Y4-WG | XFZ / Reihe / 4 | 190 / 5600 | 87 x 82,6 | 2946 | 4708 x 1794 x 1382 | 233 | 68.187 |
| XM 3.0 L V6 SX Kombi 5-Gang | Y4-GR | XFZ / Reihe / 4 | 190 / 5600 | 87 x 82,6 | 2946 | 4963 x 1794 x 1464 | 228 | 61.631 |
| XM Turbo D12 VSX Kombi 5-Gang | Y4-MZ | P8C / Diesel / 4 | 109 / 4300 | 85 x 92 | 2088 | 4963 x 1794 x 1464 | 184 | 51.846 |

G-Zul. in D Pkw & Lkw: 46.676 (1,19 %)

in D verk. AX: 16

in D verk. Berlingo: 4.516

in D verk. Saxo: 10.742

in D verk. Xsara: 14.855

in D verk. ZX: 5.117

in D verk. Xantia: 8.020

in D. verk. Evasion: 1.855

XM in D verk: 1.625

Der XM nimmt eigentlich nur noch eine symbolische Rolle im Katalog ein. Im Juli erhalten alle Ausführungen ein drittes Bremslicht. Die Baureihe konzentriert sich auf die Versionen SX und Exclusive bei den Limousinen und SX beim Kombi. Der XM V6 bekommt den neuen Motor ES9J4 mit 2946 $cm^3$ und 194 PS.
Beim Evasion löst ein Transponderschlüssel die lästige Codierung als Diebstahlschutz ab. Außerdem kommt ein ABS der jüngsten Generation und ein neues Autoradio in die Ausstattung. Zu einem günstigen Preis wird die Sonderserie Harmonie als Fünfsitzer auf den Markt gerollt. Im Januar 1998 kommt die Sonderserie Nouvelles Frontières.

XANTIA 20I EXCLUSIVE

# 1999 Langsam aber sicher

DER NEUE XSARA PICASSO

Der Saxo ist nun das Basismodell der Marke. Dem dreitürigen Elektromodell wird ein Viertürer zur Seite gestellt. Alle Modelle erhalten zudem Blinker hinter Klarglas. Der August ist der Monat der Sondermodelle: Bic, K-Way und Clim. Im Februar folgt Nouvelles Frontières.

Der Berlingo ist ein echter Erfolg. Allerdings hat Renault ebenfalls diese Lücke erkannt und den Kangoo ins Programm aufgenommen. Und weil der Kangoo eine seitliche Schiebetür besitzt, die das Einsteigen entscheidend erleichtert und bei den Kunden sehr gut ankommt, sieht sich Citroën gezwungen, in aller Eile nachzuziehen. Im Januar 2000 schließlich steht der Dreitürer bei den Händlern. Ansonsten wird das Modell nicht weiter entwickelt. Lediglich eine codierte Wegfahrsperre kommt im Juli 1998.

Der neue Xsara ist ein großer Erfolg. Von der Presse und den Kunden freundlich begrüßt, spült er dringend benötigte Finanzen in die Kasse des Unternehmens. Dennoch ist man noch weit von einer perfekten Situation entfernt. Die Baureihe wird mit Ausnahme des Sondermodells Clim, das im August auf den Markt kommt, nicht weiter entwickelt.

Endlich einmal ist die Tatsache, dass die PSA Peugeot bevorzugt, ein echter Glücksfall für Citroën. Peugeot hatte im November den neuen Common-Rail-Diesel HDi beim 406 eingeführt. Der zu früh in die Serie übernommene Antrieb erwies sich allerdings als unzuverlässig, weil die Hochdruckdüsen Probleme in der Fabrikation bereiteten. Die verspätete Übernahme des Motors erspart den Citroën-Kunden daher einigen Ärger. Der Xsara übernimmt den HDi-Motor im Mai 1999.

Der Xantia wird ohne Modifikationen weiter gebaut. Im Oktober löst der HDi-Diesel den 2,1 D Turbo ab. Alle Versionen besitzen nun zwei Front- und Seitenairbags.

PROTOTYP DES PLURIEL

SAXO 16I 16V VTS

BERLINGO PLC

# nach oben

## 1999

| Typ - Modelljahr: 1999<br>1. Juli 1998 bis Juni 1999<br>*Produktion, insgesamt: 999.200<br>Nun folgend ausschließlich deutsche Pkw-Modelle: | Fgst-Serie | Mot.-Typcode / Bauart / Zylinder | PS / min | Bohr. x Hub in mm | Hubr. cm³ | Dimensionen L x B x H in mm | Vmax km/h | Preise ab Köln inkl. MwSt in € |
|---|---|---|---|---|---|---|---|---|
| Berlingo 1,4i x 5-Gang | MF KFX F | KFX / Reihe / 4 | 75 / 5000 | 75 x 77 | 1361 | 4108 x 1719 x 1802 | 150 | 11.611 |
| Berlingo 1,4i SX 5-Gang | MF KFX F | KFX / Reihe / 4 | 75 / 5000 | 75 x 77 | 1361 | 4108 x 1719 x 1802 | 150 | 13.513 |
| Berlingo 1,9 D x 5-Gang | MW WJZ F | WJZ / Diesel / 4 | 70 / 4600 | 82,2 x 88 | 1868 | 4108 x 1719 x 1802 | 142 | 12.521 |
| Berlingo 1,9 D SX 5-Gang | MW WJZ F | WJZ / Diesel / 4 | 70 / 4600 | 82,2 x 88 | 1868 | 4108 x 1719 x 1802 | 142 | 13.912 |
| Berlingo 1,8i SX 5-Gang | MF LFX F | LFX / Reihe / 4 | 90 / 5000 | 83 x 81,4 | 1761 | 4108 x 1719 x 1802 | 160 | 13.912 |
| Berlingo HDi SX 5-Gang | MW RHY B | RHY / Diesel / 4 | 90 / 4600 | 85 x 88 | 1997 | 4108 x 1719 x 1802 | 159 | 15.078 |
| Berlingo Multispace 1,4i 5-Gang | MF KFX F | KFX / Reihe / 4 | 75 / 5000 | 75 x 77 | 1361 | 4108 x 1719 x 1802 | 150 | 13.651 |
| Berlingo Multispace 1,8i 5-Gang | MF LFX F | LFX / Reihe / 4 | 90 / 5000 | 83 x 81,4 | 1761 | 4108 x 1719 x 1802 | 160 | 14.050 |
| Berlingo Multispace 1,9 D 5-Gang | MW WJZ F | WJZ / Diesel / 4 | 70 / 4600 | 83 x 88 | 1905 | 4108 x 1719 x 1802 | 142 | 14.050 |
| Berlingo Multispace HDi 5-Gang | MW RHY B | RHY / Diesel / 4 | 90 / 4600 | 85 x 88 | 1997 | 4108 x 1719 x 1802 | 159 | 15.216 |
| Saxo 1.0 x 5-Gang 3-Türer ab 7/1996 | S0 CDZ F | CDZ / Reihe / 4 | 45 / 6000 | 70 x 62 | 954 | 3718 x 1595 x 1368 | 149 | 8.743 |
| Saxo 1.1 x 5-Gang 5-Türen ab 7/1996 | S1 HDC F | HDZ / Reihe / 4 | 60 / 6200 | 72 x 69 | 1124 | 3718 x 1595 x 1368 | 162 | 9.203 |
| Saxo 1.1 x 5-Gang 3-Türen | S1 HDZ F | HDY / Reihe / 4 | 60 / 6200 | 72 x 69 | 1124 | 3718 x 1595 x 1368 | 162 | 9.714 |
| Saxo 1.1 SX 5-Gang 3-Türen | S1 HDZ F | HDY / Reihe / 4 | 60 / 6200 | 72 x 69 | 1124 | 3718 x 1595 x 1368 | 162 | 10.251 |
| Saxo 1.1 SX 5-Gang 5-Türen | S0 HDC Z | HDZ / Reihe / 4 | 60 / 6200 | 72 x 69 | 1124 | 3718 x 1595 x 1368 | 162 | 10.762 |
| Saxo 1,5 D x 3-Türen 5-Gang | S0 VJZ F | VJZ / Diesel / 4 | 54 / 5000 | 77 x 82 | 1527 | 3718 x 1595 x 1368 | 158 | 10.941 |
| Saxo 1,5 D x 5-Türen 5-Gang | S1 VJZ F | VJZ / Diesel / 4 | 54 / 5000 | 77 x 82 | 1527 | 3718 x 1595 x 1368 | 158 | 11.452 |
| Saxo 1.4 SX 5-Gang 3-Türer | S0 KFX F | KFX / Reihe / 4 | 75 / 5000 | 75 x 77 | 1361 | 3718 x 1595 x 1368 | 175 | 11.248 |
| Saxo 1.4 SX 5-Gang 5-Türer | S1 KFX F | KFX / Reihe / 4 | 75 / 5000 | 75 x 77 | 1361 | 3718 x 1595 x 1368 | 175 | 11.759 |
| Saxo 1.4 SX 5-Gang 3-Türer Automatik | S0 KFX D | KFX / Reihe / 4 | 75 / 5000 | 75 x 77 | 1361 | 3718 x 1595 x 1368 | 166 | 12.143 |
| Saxo 1.4 SX 5-Gang 5-Türer Automatik | S1 KFX D | KFX / Reihe / 4 | 75 / 5000 | 75 x 77 | 1361 | 3718 x 1595 x 1368 | 166 | 12.654 |
| Saxo 1.4 VTS 5-Gang 3-Türer | S0 KFX F | KFX / Reihe / 4 | 75 / 5000 | 75 x 77 | 1361 | 3718 x 1595 x 1368 | 175 | 11.964 |
| Saxo 1.6 16V VTS 5-Gang 3-Türer | S1 NFZ D | NFX / Reihe / 4 | 88 / 6600 | 78,5 x 82 | 1588 | 3718 x 1595 x 1368 | 185 | 15.696 |
| Xsara 1,4i x Coupé 5-Gang 3-Türer | N0 KFX F | KFX / Reihe / 4 | 75 / 5000 | 75 x 77 | 1361 | 4167 x 1698 x 1364 | 175 | 12.731 |
| Xsara 1,4i x Limousine 5-Türer 5-Gang | N1 KFX F | KFX / Reihe / 4 | 75 / 5000 | 75 x 77 | 1361 | 4167 x 1698 x 1364 | 175 | 13.907 |
| Xsara 1,4i SX Kombi 5-Gang | N2 KFX F | KFX / Reihe / 4 | 75 / 5000 | 75 x 77 | 1361 | 4369 x 1698 x 1420 | 175 | 14.418 |
| Xsara 1,4i VTR Coupé 3-Türer 5-Gang | N0 KFX F | KFX / Reihe / 4 | 75 / 5000 | 75 x 77 | 1361 | 4167 x 1698 x 1364 | 175 | 13.344 |
| Xsara 1,6i Automatik x Coupé | N0 NFZ N | NFZ / Reihe / 4 | 88 / 5800 | 78,5 x 82 | 1587 | 4167 x 1698 x 1364 | 179 | 14.622 |
| Xsara 1,6i Automatik SX Limousine | N1 NFZ U | NFZ / Reihe / 4 | 88 / 5800 | 78,5 x 82 | 1587 | 4167 x 1698 x 1364 | 179 | 15.798 |
| Xsara 1,6i Automatik SX Kombi | N2 NFZ N | NFZ / Reihe / 4 | 88 / 5800 | 78,5 x 82 | 1587 | 4167 x 1698 x 1364 | 179 | 16.310 |
| Xsara 1,6i Automatik Exclusive Limou. | N1 NFZ U | NFZ / Reihe / 4 | 88 / 5800 | 78,5 x 82 | 1587 | 4167 x 1698 x 1364 | 179 | 17.777 |
| Xsara 1,6i Automatik Exclusive Kombi | N2 NFZ N | NFZ / Reihe / 4 | 88 / 5800 | 78,5 x 82 | 1587 | 4369 x 1698 x 1420 | 179 | 18.288 |
| Xsara 1,9 D x Coupé 5-Gang | N0 WJZ B | WJZ / Diesel / 4 | 70 / 4600 | 82,2 x 88 | 1868 | 4167 x 1698 x 1364 | 162 | 13.395 |
| Xsara 1,9 D x Limousine 5-Gang | N1 WJZ B | WJZ / Diesel / 4 | 70 / 4600 | 82,2 x 88 | 1868 | 4167 x 1698 x 1364 | 162 | 13.958 |
| Xsara 1,9 D x Kombi 5-Gang | N2 WJZ B | WJZ / Diesel / 4 | 70 / 4600 | 82,2 x 88 | 1868 | 4369 x 1698 x 1420 | 162 | 14.469 |
| Xsara 2.0 HDi SX Limousine 5-T. 5-G. | N1 RHY B | RHY / Diesel / 4 | 90 / 4000 | 85 x 88 | 1997 | 4167 x 1698 x 1364 | 181 | 15.952 |
| Xsara 2.0 HDi SX Kombi 5-Gang | N2 RHY F | RHY / Diesel / 4 | 90 / 4000 | 85 x 88 | 1997 | 4369 x 1698 x 1420 | 181 | 16.463 |
| Xsara 2.0 HDi VTR Coupé 3-Türen 5-G. | N0 RHY F | RHY / Diesel / 4 | 90 / 4000 | 85 x 88 | 1997 | 4167 x 1698 x 1364 | 181 | 15.389 |
| Xsara 2.0 HDi SX Limousine 5-T. 5-G. | N1 RHY B | RHY / Diesel / 4 | 90 / 4000 | 85 x 88 | 1997 | 4167 x 1698 x 1364 | 181 | 17.879 |
| Xsara 2.0 HDi Exclusive Kombi 5-G. | N2 RHY F | RHY / Diesel / 4 | 90 / 4000 | 85 x 88 | 1997 | 4369 x 1698 x 1420 | 181 | 18.391 |
| Xsara 2.0 HDi VTS Coupé 3-Türen 5-G. | N0 RHY F | RHY / Diesel / 4 | 90 / 4000 | 85 x 88 | 1997 | 4167 x 1698 x 1364 | 181 | 17.394 |
| Xsara 1,8i Exclusive Limousine 5-T 5-G | N1 LFX F | LFX / Reihe / 4 | 90 / 5000 | 83 x 81,4 | 1761 | 4167 x 1698 x 1364 | 182 | 14.622 |
| Xsara 1,8i SX Kombi 5-Gang | N2 LFX F | LFX / Reihe / 4 | 90 / 5000 | 83 x 81,4 | 1761 | 4369 x 1698 x 1420 | 182 | 15.134 |
| Xsara 1,8i VTR Coupé 3-Türen | N0 LFX F | LFX / Reihe / 4 | 90 / 5000 | 83 x 81,4 | 1761 | 4167 x 1698 x 1364 | 182 | 14.060 |
| Xsara 1,8i Exclusive Limousine 5-T 5-G | N1 LFX F | LFX / Reihe / 4 | 90 / 5000 | 83 x 81,4 | 1761 | 4167 x 1698 x 1364 | 182 | 16.601 |
| Xsara 1,8i Exclusive Kombi 5-Gang | N2 LFX F | LFX / Reihe / 4 | 90 / 5000 | 83 x 81,4 | 1761 | 4369 x 1698 x 1420 | 182 | 17.112 |
| Xsara 1,8i 16V VTS Coupé 3-Türer 5-G | N0 LFY F | LFY / Reihe / 4 | 110 / 5500 | 83 x 81,4 | 1761 | 4167 x 1698 x 1364 | 195 | 16.985 |
| Xsara 1,8i 16V Exclusive Lim. 5-Türer | N1 LFY F | LFY / Reihe / 4 | 110 / 5500 | 83 x 81,4 | 1761 | 4167 x 1698 x 1364 | 195 | 17.624 |
| Xsara 1,8i 16V Exclusive Kombi | N2 LFY F | LFY / Reihe / 4 | 110 / 5500 | 83 x 81,4 | 1761 | 4369 x 1698 x 1420 | 195 | 18.135 |
| Xsara 2,0i 16V VTS Coupé 5-Gang | N6 RFS F | RFS / Reihe / 4 | 163 / 6500 | 86 x 86 | 1998 | 4167 x 1698 x 1364 | 220 | 19.633 |
| Xsara Picasso 1,8 16 SX 5-Gang | CH 6FZ | 6FZ / Reihe / 4 | 116 / 5500 | 82,7 x 81,4 | 1749 | 4276 x 1452 x 1637 | 190 | 16.719 |
| Xsara Picasso 2.0 HDi SX 5-Gang | CH RHY | RHY / Diesel / 4 | 90 / 4000 | 85 x 88 | 1997 | 4276 x 1452 x 1637 | 175 | 19.224 |
| Xsara Picasso 1,8 16 Exclusive 5-Gang | CH 6FZ | 6FZ / Reihe / 4 | 116 / 5500 | 82,7 x 81,4 | 1749 | 4276 x 1452 x 1637 | 190 | 18.186 |
| Xsara Picasso 2.0 HDi Exclusive 5-Gang | CH RHY | RHY / Diesel / 4 | 90 / 4000 | 85 x 88 | 1997 | 4276 x 1452 x 1637 | 175 | 20.691 |
| Xantia 1,8i SX ger. Kat 5-Gang | X1LFX F | LFX / Reihe / 4 | 90 / 5000 | 83 x 81,4 | 1761 | 4524 x 1755 x 1420 | 180 | 16.770 |
| Xantia 1,8i 16V SX Lim. 5-G. ger. Kat | X1 LFY C | LFY / Reihe / 4 | 110 / 5500 | 83 x 81,4 | 1761 | 4524 x 1755 x 1420 | 194 | 17.792 |
| Xantia 1,8i SX Kombi ger. Kat 5-Gang | X2 LFX F | LFX / Reihe / 4 | 90 / 5000 | 83 x 81,4 | 1761 | 4712 x 1755 x 1420 | 177 | 17.281 |
| Xantia 1,8i 16V SX Lim. Autom. g. Kat | X1 LFY M | LFY / Reihe / 4 | 110 / 5500 | 83 x 81,4 | 1761 | 4524 x 1755 x 1420 | 186 | 19.071 |
| Xantia 1,9 TD SX Kombi 4-G-Autom. | X2 DHX M | DHX / Diesel / 4 | 90 / 4000 | 83 x 88 | 1905 | 4712 x 1755 x 1420 | 177 | 20.707 |
| Xantia 2.0 HDi 90 SX Lim. 4-G-Autom. | X1 RHY F | RHY / Diesel / 4 | 90 / 4000 | 85 x 88 | 1997 | 4524 x 1755 x 1420 | 178 | 19.582 |

# 1999

Auch beim XM gibt es keine neuen Entwicklungen. Im Oktober 1998 wird das lang übersetzte Getriebe beim 2,0 16V aus dem Programm gestrichen. Zehn Jahre nach seinem Debüt spielt der XM in der Modellpalette nur noch eine symbolische Rolle. Der Wagen hatte sich nie von seinem beschwerlichen Einstand erholen können. Dabei ist der Wagen seit einigen Jahren zuverlässig, doch sein Ruf leidet noch immer unter der unglücklichen Markteinführung. Mit Ausnahme einiger kleiner Details entwickelt sich die Limousine in diesem Jahr nicht weiter.

Der Evasion verliert in diesem Jahr seine Ausführung Harmonie. Alle Modelle erhalten ein Kombiinstrument mit Wartungsanzeige. Im November wird die Serie Nouvelles Frontières eingestellt, um nur einen Monat später wieder im Katalog aufzutauchen. Allerdings fehlen einige Motorisierungsvarianten. Vom Oktober 1998 an übernimmt der Evasion den „lächelnden Kühlergrill" der anderen Modelle. Außerdem bekommt das Modell verlängerte Scheinwerfer, Rückleuchten hinter Klarglas und große seitliche Schutzleisten.

Schließlich löst die Ausführung Exclusive die Ausstattung VSX ab.

Berlingo Multispace PLC

Xsara 18i SX

Berlingo Millésime

Die Xsara-HDi-Modellpalette

Berlingo Multispace PLC

| | | | | | | | | |
|---|---|---|---|---|---|---|---|---|
| Xantia 2.0 HDi 90 SX Kombi 4-Gang | X2 RHY F | RHY / Diesel / 4 | 90 / 4000 | 85 x 88 | 1997 | 4712 x 1755 x 1420 | 175 | 20.093 |
| Xantia 2.0 HDi 109 SX Lim. 4-G-Autom. | X2 RHZ F | RHZ / Diesel / 4 | 109 / 4000 | 85 x 88 | 1997 | 4524 x 1755 x 1420 | 191 | 20.553 |
| Xantia 2.0 HDi 109 Excl. Lim. 5-G-mech. | X1 RHZ F | RHZ / Diesel / 4 | 109 / 4000 | 85 x 88 | 1997 | 4524 x 1755 x 1420 | 191 | 23.135 |
| Xantia 2.0 HDi 109 Excl. Kombi 5-G-me. | X2 RHZ F | RHZ / Diesel / 4 | 109 / 4000 | 85 x 88 | 1997 | 4524 x 1755 x 1420 | 186 | 23.647 |
| Xantia 2.0 HDi 109 Activa Lim. 5-G-me. | X1 RHZ F | RHZ / Diesel / 4 | 109 / 4000 | 85 x 88 | 1997 | 4524 x 1755 x 1420 | 191 | 24.311 |
| Xantia 2.0i Excl. 16V g. Lim. 4-G-mech | X1 RFV F | RFV / Reihe / 4 | 132 / 5500 | 86 x 86 | 1998 | 4524 x 1755 x 1420 | 203 | 21.653 |
| Xantia 2.0i Excl. 16V Lim. 4-G-Aut. | X1 RFV M | RFV / Reihe / 4 | 132 / 5500 | 86 x 86 | 1998 | 4524 x 1755 x 1420 | 203 | 22.931 |
| Xantia 2.0i Excl. 16V Kombi Kat 5-G-m | X2 RFV F | RFV / Reihe / 4 | 132 / 5500 | 86 x 86 | 1998 | 4712 x 1755 x 1420 | 198 | 22.164 |
| Xantia 2.0i Excl. 16V Kombi 4-G-Autom | X2 RFV M | RFV / Reihe / 4 | 132 / 5500 | 86 x 86 | 1998 | 4712 x 1755 x 1420 | 193 | 23.442 |
| Xantia V6 Activa 5-Gang-mech. g.-Kat | X7 XFZ F | XFZ / V / 6 | 190 / 5750 | 87 x 82,6 | 2946 | 4524 x 1755 x 1420 | 230 | 27.072 |
| Xantia V6 Exclusive Lim. 4-G-Automatik | X7 XFZ F | XFZ / V / 6 | 190 / 5750 | 87 x 82,6 | 2946 | 4524 x 1755 x 1420 | 225 | 27.584 |
| Xantia V6 Exclusive Kombi 5-G-mech. | X7 XFZ M | XFZ / V / 6 | 190 / 5750 | 87 x 82,6 | 2946 | 4712 x 1755 x 1420 | 227 | 26.817 |
| Xantia V6 Exclusive 4-G-Automatik | X7 XFZ F | XFZ / V / 6 | 190 / 5750 | 87 x 82,6 | 2946 | 4712 x 1755 x 1420 | 222 | 28.095 |
| Evasion 2.0 x ger. Kat 5-G ab 7/1994 | U6-UB | RFU / Reihe / 4 | 121 / 5750 | 86 x 86 | 1998 | 4452 x 1812 x 1710 | 177 | 21.423 |
| Evasion 2.0 SX ger. Kat ab 7/1994 | U6-UB | RFU / Reihe / 4 | 121 / 5750 | 86 x 86 | 1998 | 4452 x 1812 x 1710 | 177 | 23.775 |
| Evasion 1,9 TD x Oxy-Kat & EGR | U6-UC | DHX / Diesel / 4 | 90 / 4000 | 83 x 88 | 1905 | 4452 x 1812 x 1710 | 160 | 22.241 |
| Evasion 2.0 16V 5-Gang | AF RFV B | RFV / Reihe / 4 | 132 / 5500 | 86 x 86 | 1998 | 4452 x 1812 x 1710 | 186 | 24.797 |
| Evasion 2.0 SX HDi 5-Gang | AF RHZ A | RHZ / Diesel / 4 | 109 / 4000 | 85 x 86 | 1997 | 4452 x 1812 x 1710 | 173 | 25.769 |
| Evasion 2.0 HDi Exclusive 5-Gang | AF RHZ A | RHZ / Diesel / 4 | 109 / 4000 | 85 x 86 | 1997 | 4452 x 1812 x 1710 | 173 | 26.996 |
| Evasion Turbo CT Exclusive 5-G. g.Kat | U6-UA | RGX / Reihe / 4 | 147 / 5300 | 86 x 86 | 1998 | 4452 x 1812 x 1710 | 195 | 27.047 |
| XM Inj. 2.0 L SX 5-Gang | Y4-CZ | RFV / Reihe / 4 | 132 / 5600 | 86 x 86 | 1998 | 4708 x 1794 x 1382 | 205 | 25.467 |
| XM Turbo D12 SX 5-Gang ab 5/1990 | Y4-GZ | P8C / Diesel / 4 | 109 / 4300 | 85 x 92 | 2088 | 4708 x 1794 x 1382 | 192 | 27.078 |
| XM Turbo D12 SX 5-Gang ab 5/1990 | Y4-CW | P8C / Diesel / 4 | 109 / 4300 | 85 x 92 | 2088 | 4708 x 1794 x 1382 | 188 | 28.611 |
| XM 2,5 Turbo D Excl. O-Kat + EGR | Y4-NZ | THY / Diesel / 4 | 129 / 4300 | 92 x 92 | 2446 | 4708 x 1794 x 1382 | 201 | 33.336 |
| XM 2,5 Turbo D SX Kombi O.-Kat+EGR | Y4-NY | THY / Diesel / 4 | 129 / 4300 | 92 x 92 | 2446 | 4708 x 1794 x 1382 | 192 | 30.094 |
| XM 3.0 L V6 SX 5-G. | Y4-WG | XFZ / Reihe / 4 | 190 / 5600 | 87 x 82,6 | 2946 | 4708 x 1794 x 1382 | 233 | 32.242 |
| XM 3.0 L V6 SX Automatik | Y4-WH | XFZ / Reihe / 4 | 190 / 5600 | 87 x 82,6 | 2946 | 4708 x 1794 x 1382 | 230 | 33.775 |
| XM 3.0 L V6 Exclusive Automatik | Y4-WG | XFZ / Reihe / 4 | 190 / 5600 | 87 x 82,6 | 2946 | 4708 x 1794 x 1382 | 233 | 38.704 |
| XM 3.0 L V6 Exclusive 5-Gang | Y4-WG | XFZ / Reihe / 4 | 190 / 5600 | 87 x 82,6 | 2946 | 4708 x 1794 x 1382 | 233 | 37.170 |
| XM 3.0 L V6 SX Kombi 5-Gang | Y4-GR | XFZ / Reihe / 4 | 190 / 5600 | 87 x 82,6 | 2946 | 4963 x 1794 x 1464 | 228 | 33.366 |
| XM 3.0 L V6 SX Kombi Automatik | Y4-GR | XFZ / Reihe / 4 | 190 / 5600 | 87 x 82,6 | 2946 | 4963 x 1794 x 1464 | 225 | 34.900 |
| XM Turbo D12 VSX Kombi 5-Gang | Y4-MZ | P8C / Diesel / 4 | 109 / 4300 | 85 x 92 | 2088 | 4963 x 1794 x 1464 | 184 | 28.202 |
| XM Turbo D12 VSX Kombi Automatik | Y4-CW | P8C / Diesel / 4 | 109 / 4300 | 85 x 92 | 2088 | 4963 x 1794 x 1464 | 180 | 29.736 |

G-Zul. in D Pkw & Lkw: 51.595 (1,28 %)

in D verk. AX: 1

in D verk. Berlingo: 9.755

in D verk. Saxo: 11.283

in D verk. Xsara: 14.334

in D verk. ZX: 2

in D verk. Xantia: 7.827

in D. verk. Evasion: 2.113

XM in D verk: 1.307

Prototyp C6 Lignage

# 2000 Picasso

PICASSO 20 HDI

Das Modelljahr 2000 ist ein seltsames Jahr. Schließlich dauert es 18 Monate lang. Um die Baujahre unter den europäischen Herstellern anzugleichen, beginnen die Modelljahre nun am 1. Januar und enden am 31. Dezember. Das Baujahr 2000 dauert demnach bis zum 31. Dezember 2000.

Beim Saxo verändert sich das Aussehen deutlich. Als Vorgriff auf den neuen Citroën-Stil übernimmt der Kleinwagen die bis in die Kotflügel reichenden Scheinwerfer und eine rundere Motorhaube. Rückleuchten wie Interieur werden ebenfalls überarbeitet. Die Sonderserie Bic wird neu aufgelegt, und im Juni 2000 kommt der Saxo Pack auf Basis des Dreitürers 1,1 mit zwei Airbags, CD-Radio, Servolenkung und Zentralverriegelung zu den Kunden. Im Juli 2000 wird eine athermische Windschutzscheibe lieferbar.

Beim Berlingo, der inzwischen auf der rechten Seite über eine zusätzliche Schiebetür verfügt, verändert sich nichts.

Auch der Xsara geht ohne besondere Veränderungen in das neue Modelljahr. Alle Versionen verfügen von nun an über ABS-Bremsen. Der neue Dreitürer VTR nutzt den SX als Basis, besitzt aber Nebelscheinwerfer, eine Frontschürze, Heckspoiler und Alufelgen. Das Automatikgetriebe gibt es in Verbindung mit dem 1600er. Im Juni kommen die Sonderserien Pack und Millésime auf den Markt.

Im Juli bietet Citroën auf Xsara-Basis den Kompaktvan Picasso an, der zugleich auch ein Zeichen für sie so lange erwartete Erneuerung der Marke ist. Der bereits zwei Jahre zuvor als Studie gezeigte Picasso hebt sich durch seinen Stil und sein besonders rundliches Äußeres vom Rest der automobilen Welt ab. Während die Frontpartie durchaus die Anstrengungen in Richtung Erneuerung widerspiegelt, lässt die Heckgestaltung wiederum Zweifel daran entstehen. Vom Picasso hängt nichts weniger als die Zukunft der Marke ab. Glücklicherweise greift die Kundschaft zu.

Der Picasso wird in drei Motorisierungen angeboten: 1,6, 1,8 16V und HDi. In den ersten Monaten wird er lediglich in einer Ausführung angeboten. Zum Serienumfang gehören vier Airbags, ABS, Servolenkung, Radio mit CD-Spieler, elektrische Fensterheber vorne, elektrische Außenspiegel, Bordcomputer, Fernbedienung für die Zentralverriegelung sowie verstellbares Lenkrad und vieles mehr.

Der Xantia setzt seine Erfolgsfahrt ohne große Veränderungen weiter fort. Im Juni 1999 wird das HDi-Angebot durch einen 110 PS starken Motor vergrößert, und im September verlängert das Unternehmen die Rostschutzgarantie auf zwölf Jahre. Die Serie Millésime bekommt eine Metallilackierung und Holzeinlagen spendiert. Im Juli

PLURIEL

BERLINGO MULTISPACE

Der XM auf dem Salon von Barcelona

| Typ - Modelljahr: 2000<br>1. Juli 1999 bis Dezember 2000<br>*Produktion, insgesamt: 1.168.500<br>Nun folgend ausschließlich deutsche Pkw-Modelle: | Fgst-Serie | Mot.-Typcode / Bauart / Zylinder | PS / min | Bohr. x Hub in mm | Hubraum cm³ | Dimensionen L x B x H in mm | Vmax km/h | Preise ab Köln inkl. MwSt in € |
|---|---|---|---|---|---|---|---|---|
| Berlingo 1,1i Kastenwagen-zu 600 5-G | MF KFX F | HDZ / Reihe / 4 | 60 / 6200 | 72 x 69 | 1124 | 4108 x 1719 x 1802 | 140 | 10.580 |
| Berlingo 1,4i Kastenwagen-zu 600 5-G | MF KFX F | KFX / Reihe / 4 | 75 / 5000 | 75 x 77 | 1361 | 4108 x 1719 x 1802 | 150 | 11.173 |
| Berlingo 1,4i Kastenwagen-zu 800 5-G | MF KFX F | KFX / Reihe / 4 | 75 / 5000 | 75 x 77 | 1361 | 4108 x 1719 x 1802 | 150 | 11.885 |
| Berlingo 1,9 D K.-wagen 600-N-A 5-Gang | MW WJZ F | WJZ / Diesel / 4 | 70 / 4600 | 82,2 x 88 | 1868 | 4108 x 1719 x 1802 | 142 | 11.440 |
| Berlingo 1,9 D Kastenwagen 600 5-Gang | MW WJZ F | WJZ / Diesel / 4 | 70 / 4600 | 82,2 x 88 | 1868 | 4108 x 1719 x 1802 | 142 | 11.707 |
| Berlingo 1,9 D K.-wagen 800-N-A 5-Gang | MW WJZ F | WJZ / Diesel / 4 | 70 / 4600 | 82,2 x 88 | 1868 | 4108 x 1719 x 1802 | 142 | 12.419 |
| Berlingo HDi Kastenwagen 600 5-Gang | MW RHY B | RHY / Diesel / 4 | 90 / 4600 | 85 x 88 | 1997 | 4108 x 1719 x 1802 | 159 | 13.561 |
| Berlingo HDi Kastenwagen 600 5-Gang | MW RHY B | RHY / Diesel / 4 | 90 / 4600 | 85 x 88 | 1997 | 4108 x 1719 x 1802 | 159 | 13.798 |
| Berlingo Multispace 1,4i 5-Gang | MF KFX F | KFX / Reihe / 4 | 75 / 5000 | 75 x 77 | 1361 | 4108 x 1719 x 1802 | 150 | 13.702 |
| Berlingo Multispace 1,6 16V 5-Gang | MF NFU F | NFU / Reihe / 4 | 109 / 5800 | 78,5 x 82 | 1587 | 4108 x 1719 x 1802 | 172 | 14.597 |
| Berlingo Multispace 1,9 D 5-Gang | MW WJZ F | WJZ / Diesel / 4 | 70 / 4600 | 83 x 88 | 1905 | 4108 x 1719 x 1802 | 142 | 4.101 |
| Berlingo Multispace HDi 5-Gang | MW RHY B | RHY / Diesel / 4 | 90 / 4600 | 85 x 88 | 1997 | 4108 x 1719 x 1802 | 159 | 15.267 |
| Saxo 1.1 x 5-Gang 3-Türen | S1 HDZ F | HDY / Reihe / 4 | 60 / 6200 | 72 x 69 | 1124 | 3718 x 1595 x 1368 | 162 | 9.356 |
| Saxo 1.1 SX 5-Gang 3-Türen | S1 HDZ F | HDY / Reihe / 4 | 60 / 6200 | 72 x 69 | 1124 | 3718 x 1595 x 1368 | 162 | 10.583 |
| Saxo 1.1 SX 5-Gang 5-Türen | S0 HDC Z | HDZ / Reihe / 4 | 60 / 6200 | 72 x 69 | 1124 | 3718 x 1595 x 1368 | 162 | 11.095 |
| Saxo 1,5 D x 5-Gang 3-Türen | S0 VJZ F | VJZ / Diesel / 4 | 54 / 5000 | 77 x 82 | 1527 | 3718 x 1595 x 1368 | 158 | 11.299 |
| Saxo 1,5 D SX 5-Gang 5-Türen | S1 VJZ F | VJZ / Diesel / 4 | 54 / 5000 | 77 x 82 | 1527 | 3718 x 1595 x 1368 | 158 | 12.628 |
| Saxo 1.4 SX 5-Gang 3-Türer | S0 KFX F | KFX / Reihe / 4 | 75 / 5000 | 75 x 77 | 1361 | 3718 x 1595 x 1368 | 175 | 11.606 |
| Saxo 1.4 SX 5-Gang 5-Türer | S1 KFX F | KFX / Reihe / 4 | 75 / 5000 | 75 x 77 | 1361 | 3718 x 1595 x 1368 | 175 | 12.117 |
| Saxo 1.4 SX 5-Gang 3-Türer Automatik | S0 KFX D | KFX / Reihe / 4 | 75 / 5000 | 75 x 77 | 1361 | 3718 x 1595 x 1368 | 166 | 12.501 |
| Saxo 1.4 SX 5-Gang 5-Türer Automatik | S1 KFX D | KFX / Reihe / 4 | 75 / 5000 | 75 x 77 | 1361 | 3718 x 1595 x 1368 | 166 | 13.012 |
| Saxo 1.4 VTS 5-Gang 3-Türer | S6 NFX F | NFX / Reihe / 4 | 118 / 6600 | 78,5 x 82 | 1588 | 3718 x 1595 x 1368 | 205 | 12.322 |
| Saxo 1.6 16V VTS 5-Gang 3-Türer | S1 NFZ D | NFX / Reihe / 4 | 88 / 6600 | 78,5 x 82 | 1588 | 3718 x 1595 x 1368 | 185 | 16.105 |
| Xsara 1,4i x Coupé 5-Gang 3-Türer | N0 KFX F | KFX / Reihe / 4 | 75 / 5000 | 75 x 77 | 1361 | 4167 x 1698 x 1364 | 175 | 13.370 |
| Xsara 1,4i SX Limousine 5-Türer 5-Gang | N1 KFX F | KFX / Reihe / 4 | 75 / 5000 | 75 x 77 | 1361 | 4167 x 1698 x 1364 | 175 | 14.341 |
| Xsara 1,4i SX Kombi 5-Gang | N2 KFX F | KFX / Reihe / 4 | 75 / 5000 | 75 x 77 | 1361 | 4369 x 1698 x 1420 | 175 | 14.853 |
| Xsara 1,4i VTR Coupé 3-Türer 5-Gang | N0 KFX F | KFX / Reihe / 4 | 75 / 5000 | 75 x 77 | 1361 | 4167 x 1698 x 1364 | 175 | 13.779 |
| Xsara 1,6 16V 4-G-Autom.Excl. Lim. 5-G | N1 NFU U | NFU / Reihe / 4 | 109 / 5800 | 78,5 x 82 | 1587 | 4167 x 1698 x 1364 | 192 | 18.585 |
| Xsara 1,6 16V VTR Coupé 5-G.-mech. | N1 NFU G | NFU / Reihe / 4 | 109 / 5800 | 78,5 x 82 | 1587 | 4167 x 1698 x 1364 | 195 | 14.648 |
| Xsara 1,6 16V VTS Coupé | N0 NFU B | NFU / Reihe / 4 | 109 / 5800 | 78,5 x 82 | 1587 | 4167 x 1698 x 1364 | 197 | 17.358 |
| Xsara 1,6 16V SX Lim. 5-G-mech. | N1 NFU G | NFU / Reihe / 4 | 109 / 5800 | 78,5 x 82 | 1587 | 4167 x 1698 x 1364 | 197 | 15.210 |
| Xsara 1,6 16V Excl. Lim. 5-G-mech. | N1 NFU N | NFU / Reihe / 4 | 109 / 5800 | 78,5 x 82 | 1587 | 4167 x 1698 x 1364 | 197 | 17.409 |
| Xsara 1,6 16V Autom. SX Kombi | N2 NFU B | NFU / Reihe / 4 | 109 / 5800 | 78,5 x 82 | 1587 | 4369 x 1698 x 1420 | 196 | 15.722 |
| Xsara 1,6 16V Exclusive Kombi | N2 NFU N | NFU / Reihe / 4 | 109 / 5800 | 78,5 x 82 | 1587 | 4369 x 1698 x 1420 | 196 | 17.920 |
| Xsara 1,6 16V Autom. Exclusive Kombi | N2 NFU N | NFU / Reihe / 4 | 109 / 5800 | 78,5 x 82 | 1587 | 4369 x 1698 x 1420 | 193 | 19.096 |
| Xsara 1,9 D SX Limousine 5-G-mech. | N1 WJZ B | WJZ / Diesel / 4 | 70 / 4600 | 82,2 x 88 | 1868 | 4167 x 1698 x 1364 | 162 | 14.955 |
| Xsara 2.0 HDi SX Limousine 5-G-mech. | N1 RHY B | RHY / Diesel / 4 | 90 / 4000 | 85 x 88 | 1997 | 4167 x 1698 x 1364 | 181 | 16.412 |
| Xsara 2.0 HDi Excl. Lim. 5-T. 5-G. | N1 RHY B | RHY / Diesel / 4 | 90 / 4000 | 85 x 88 | 1997 | 4167 x 1698 x 1364 | 181 | 18.611 |
| Xsara 2.0 HDi SX Kombi 5-Gang | N2 RHY F | RHY / Diesel / 4 | 90 / 4000 | 85 x 88 | 1997 | 4369 x 1698 x 1420 | 181 | 16.923 |
| Xsara 2.0 HDi VTR Coupé 3-Türen 5-G. | N0 RHY F | RHY / Diesel / 4 | 90 / 4000 | 85 x 88 | 1997 | 4167 x 1698 x 1364 | 181 | 16.003 |
| Xsara 2.0 HDi Exclusive Kombi 5-G. | N2 RHY F | RHY / Diesel / 4 | 90 / 4000 | 85 x 88 | 1997 | 4369 x 1698 x 1420 | 181 | 19.122 |
| Xsara 2,0i 16V VTS Coupé 5-Gang | N0 RFN 1 | RFS / Reihe / 4 | 136 / 6000 | 85 x 88 | 1998 | 4167 x 1698 x 1364 | 220 | 20.681 |
| Xsara 2,0i 16V Excl. Lim. 5-G-mech. | N1 RFN 1 | NFU / Reihe / 4 | 136 / 6000 | 85 x 88 | 1998 | 4167 x 1698 x 1364 | 220 | 18.534 |
| Xsara 2,0i 16V Excl. Kombi 5-G-mech. | N2 RFN 1 | RFN / Reihe / 4 | 136 / 6000 | 85 x 88 | 1997 | 4369 x 1698 x 1420 | 210 | 19.045 |
| Xsara Picasso 1,6 SX 5-Gang | CH NFZ | NFZ / Reihe / 4 | 95 / 5700 | 78,5 x 82 | 1587 | 4276 x 1452 x 1637 | 171 | 16.821 |
| Xsara Picasso 1,8 16 SX 5-Gang | CH 6FZ | 6FZ / Reihe / 4 | 116 / 5500 | 82,7 x 81,4 | 1749 | 4276 x 1452 x 1637 | 190 | 17.639 |
| Xsara Picasso 1,8 16 Exclusive 5-Gang | CH 6FZ | 6FZ / Reihe / 4 | 116 / 5500 | 82,7 x 81,4 | 1749 | 4276 x 1452 x 1637 | 190 | 19.147 |
| Xsara Picasso 2.0 HDi SX 5-Gang | CH RHY | RHY / Diesel / 4 | 90 / 4000 | 85 x 88 | 1997 | 4276 x 1452 x 1637 | 175 | 19.582 |
| Xsara Picasso 2.0 HDi Exclusive 5-Gang | CH RHY | RHY / Diesel / 4 | 90 / 4000 | 85 x 88 | 1997 | 4276 x 1452 x 1637 | 175 | 21.090 |
| Xantia 1,8i 16V SX Lim. 5-G. ger. Kat | X1 LFY C | LFY / Reihe / 4 | 110 / 5500 | 83 x 81,4 | 1761 | 4524 x 1755 x 1420 | 194 | 18.304 |
| Xantia 1,8i SX Kombi ger. Kat 5-Gang | X2 LFX F | LFX / Reihe / 4 | 90 / 5000 | 83 x 81,4 | 1761 | 4712 x 1755 x 1420 | 177 | 18.815 |
| Xantia 2.0 HDi 109 SX Lim. 5-G-mech. | X1 RHZ F | RHZ / Diesel / 4 | 109 / 4000 | 85 x 88 | 1997 | 4524 x 1755 x 1420 | 186 | 21.218 |
| Xantia 2.0 HDi 109 Excl. Lim. 5-G-mech. | X1 RHZ F | RHZ / Diesel / 4 | 109 / 4000 | 85 x 88 | 1997 | 4524 x 1755 x 1420 | 191 | 24.132 |
| Xantia 2.0 HDi 109 Excl. Kombi 5-G-me. | X2 RHZ F | RHZ / Diesel / 4 | 109 / 4000 | 85 x 88 | 1997 | 4524 x 1755 x 1420 | 186 | 24.644 |
| Evasion 2.0 16V x ger. Kat 5-G | U6-RFN C | RFN / Reihe / 4 | 136 / 6000 | 85 x 88 | 1997 | 4452 x 1812 x 1710 | 186 | 22.905 |
| Evasion 2.0 16V SX 5-Gang | AF RFN B | RFN / Reihe / 4 | 136 / 6000 | 85 x 88 | 1997 | 4452 x 1812 x 1710 | 186 | 25.257 |
| Evasion 2.0 16V SX 4-G-Automatik | AF RFN F | RFN / Reihe / 4 | 136 / 6000 | 85 x 88 | 1997 | 4452 x 1812 x 1710 | 183 | 26.536 |
| Evasion 2.0 16V Excl. 4-G-Automatik | AF RFN F | RFN / Reihe / 4 | 136 / 6000 | 85 x 88 | 1997 | 4452 x 1812 x 1710 | 183 | 27.763 |
| Evasion 2.0 x HDi 5-Gang | AF RHZ A | RHZ / Diesel / 4 | 109 / 4000 | 85 x 86 | 1997 | 4452 x 1812 x 1710 | 173 | 24.184 |
| Evasion 2.0 SX HDi 5-Gang | AF RHZ A | RHZ / Diesel / 4 | 109 / 4000 | 85 x 86 | 1997 | 4452 x 1812 x 1710 | 173 | 26.536 |

# 2000

Xantia-Kombi V6i Exlusive

2000 wird die athermische Windschutzscheibe beim SX lieferbar. Im November wird die Palette angesichts des kurzfristig erwarteten C5 deutlich gestrafft. Lediglich zwei Motorisierungen – 1,8 mit 112 PS und der HDi mit 90 oder 110 PS bleiben im Lieferprogramm. Die Ausführungen X und SX werden durch Tendance ersetzt.

In seinem letzten Baujahr erhält der XM endlich bei allen Modellen serienmäßig ABS. Im September 1999 wird auch hier die Rostschutzgarantie auf zwölf Jahre ausgedehnt. Doch das ist nur ein letztes Hurra. Im Oktober 2000 werden alle Benziner aus den Preislisten gestrichen. Im Dezember folgen die Dieselversionen. In seinen letzten Wochen läuft das XM-Band mit voller Auslastung, weil das Unternehmen die Kundschaft auch noch im Modelljahr 2001 bedienen will.

Der Evasion ist nur noch in drei Ausstattungen lieferbar: X, SX und Exclusive. Allerdings kommt eine neue Motorversion hinzu. Von September 1999 an löst der 2,0 HDi den 2,1 D turbo ab. Im November rollt die Sonderserie Millésime wieder zu den Händlern.

Im Juni 2000 bekommt der Evasion den Zweiliter-16-Ventiler mit 138 PS, der den alten Zweiliter mit 123 PS ablöst. Die Motorisierungen 1,8 und 2,0 CT werden eingestellt. Gleichzeitig wird eine neue Fünfgangautomatik gegen Aufpreis lieferbar. Der HDi-Motor bekommt eine Steuerung mit zwei oben liegenden Nockenwellen und vier Ventilen je Zylinder.

Saxo VTS

# 2000

Picasso

| | | | | | | | | |
|---|---|---|---|---|---|---|---|---|
| Evasion 2.0 HDi Exclusive 5-Gang | AF RHZ A | RHZ / Diesel / 4 | 109 / 4000 | 85 x 86 | 1997 | 4452 x 1812 x 1710 | 173 | 27.763 |
| XM Inj. 2.0 L SX 5-Gang | Y4-CZ | RFV / Reihe / 4 | 132 / 5600 | 86 x 86 | 1998 | 4708 x 1794 x 1382 | 205 | 25.467 |
| XM Turbo D12 SX 5-Gang ab 5/1990 | Y4-GZ | P8C / Diesel / 4 | 109 / 4300 | 85 x 92 | 2088 | 4708 x 1794 x 1382 | 192 | 27.078 |
| XM Turbo D12 SX 5-Gang ab 5/1990 | Y4-CW | P8C / Diesel / 4 | 109 / 4300 | 85 x 92 | 2088 | 4708 x 1794 x 1382 | 188 | 28.611 |
| XM 2,5 Turbo D Excl. O-Kat + EGR | Y4-NZ | THY / Diesel / 4 | 129 / 4300 | 92 x 92 | 2446 | 4708 x 1794 x 1382 | 201 | 33.336 |
| XM 2,5 Turbo D SX Kombi O.-Kat+EGR | Y4-NY | THY / Diesel / 4 | 129 / 4300 | 92 x 92 | 2446 | 4708 x 1794 x 1382 | 192 | 30.094 |
| XM 3.0 L V6 SX 5-G. | Y4-WG | XFZ / Reihe / 4 | 190 / 5600 | 87 x 82,6 | 2946 | 4708 x 1794 x 1382 | 233 | 32.242 |
| XM 3.0 L V6 SX Automatik | Y4-WH | XFZ / Reihe / 4 | 190 / 5600 | 87 x 82,6 | 2946 | 4708 x 1794 x 1382 | 230 | 33.775 |
| XM 3.0 L V6 Exclusive Automatik | Y4-WG | XFZ / Reihe / 4 | 190 / 5600 | 87 x 82,6 | 2946 | 4708 x 1794 x 1382 | 233 | 38.704 |
| XM 3.0 L V6 Exclusive 5-Gang | Y4-WG | XFZ / Reihe / 4 | 190 / 5600 | 87 x 82,6 | 2946 | 4708 x 1794 x 1382 | 233 | 37.170 |
| XM 3.0 L V6 SX Kombi 5-Gang | Y4-GR | XFZ / Reihe / 4 | 190 / 5600 | 87 x 82,6 | 2946 | 4963 x 1794 x 1464 | 228 | 33.366 |
| XM 3.0 L V6 SX Kombi Automatik | Y4-GR | XFZ / Reihe / 4 | 190 / 5600 | 87 x 82,6 | 2946 | 4963 x 1794 x 1464 | 225 | 34.900 |
| XM Turbo D12 VSX Kombi 5-Gang | Y4-MZ | P8C / Diesel / 4 | 109 / 4300 | 85 x 92 | 2088 | 4963 x 1794 x 1464 | 184 | 28.202 |
| XM Turbo D12 VSX Kombi Automatik | Y4-CW | P8C / Diesel / 4 | 109 / 4300 | 85 x 92 | 2088 | 4963 x 1794 x 1464 | 180 | 29.736 |

Gesamtzulassung in D: 50.108
in D verk. AX: 1
in D verk. Berlingo: 14.222
in D verk. Saxo: 9.024
in D verk. Xsara: 9.600
in D verk. Xsara Picasso: 8529
in D verk. Xantia: 5.112
in D verk. C5 1
in D. verk. Evasion: 2.209
in D verk XM: 679
in D verk Gesamt: 50.108

Der Picasso auf dem Genfer Salon

Das Picasso-Fliessband

# 2001

# Eine neue

Der kleine Saxo bekommt seine dritte Frontpartie seit Ende 1999. Alle Modelle verfügen nun über Fahrerairbags. Die Sonderserie Bic wird als reguläres Modell in den Katalog übernommen. Für den 1,1-Liter gibt es nun eine Flüssiggas-Alternative.

Der Berlingo fährt weiter auf der Erfolgsspur. Er ist eine echte Alternative für Familien, die sich den Picasso nicht leisten können. In diesem Jahr wird eine zweite Schiebetür gegen Aufpreis lieferbar und gleichzeitig der HDI-Motor mit 90 PS in den Katalog aufgenommen. Den Berlingo gibt es in drei Versionen: X, SX und Multispace.

Der Xsara erhält wie der Saxo eine neue Frontpartie mit verlängerten, bis in die Kotflügel reichenden Scheinwerfern sowie einen neuen Kühlergrill. Tatsächlich bietet die Marke damit einen Ausblick auf den neuen C5.

Der Picasso erreicht endlich die Händler, nachdem einige Probleme, die Serienreife zu erreichen, seine Markteinführung verzögert haben.

Die Xantia-Baureihe wird vor allem bei den Top-Modellen stark reduziert, um dort dem neuen C5 das Feld zu überlassen. Die neue Limousine wird der Öffentlichkeit auf dem Pariser Salon gezeigt, rollt aber erst Anfang 2001 zu den Händlern.

Die Neuheit des Jahres ist zweifellos der C5, der die Lücke zwischen Xantia und XM schließen soll.

SAXO VTS

DER NEUE C5

# Epoche? 2001

Xsara Phase II

Der C5-Kombi kam im März 2001 auf den Markt

# 2001

C5 als Kombi

C5

Xsara Phase II

Evasion Phase II

Natürlich verfügt die neue Limousine über die hydraktive Federung und ist mechanisch absolut auf der Höhe der Zeit. Ihre Linie ist elegant, ohne dabei revolutionär zu wirken. Das letzte Modell der Ära Calvet wurde im letzten Moment auf Verlangen von Jean-Martin Folz noch einmal gründlich überarbeitet, um dem Wagen ein offensiveres Aussehen zu verleihen. Schließlich soll die Stufenhecklimousine gegen Konkurrenten wie Volkswagen Passat und Ford Mondeo antreten. Die Verkäufe der ersten Monate bestätigen die Erwartungen des Unternehmens, das nun in eine neue Ära eintritt.

Im März stellt Citroën die Kombiversion auf dem Genfer Automobilsalon vor. Die ersten Exemplare gehen im Frühjahr in den Verkauf. Seine elegante Heckgestaltung und die riesige Ladefläche geben dem Wagen eine Persönlichkeit, von der sich die ersten Kunden gerne verführen lassen.

Obwohl die Produktion eingestellt ist, steht der XM noch immer im Katalog. Schließlich warten noch 5000 auf Lager stehende Exemplare auf Kunden.

Der Evasion, dessen Ablösung im Herbst 2001 bevorsteht, verliert zahlreiche Versionen in diesem Jahr. Dadurch will das Unternehmen zugleich die Produktion straffen. Nur noch zwei Motorisierungen stehen zur Wahl: ein 16-Ventiler mit 1997 $cm^3$ und ein Diesel mit ebenfalls 1997 $cm^3$. Die Zahl der Ausführungen hat sich auf drei reduziert: X, SX und Exclusive.

Berlingo Multispace

| Typ - Modelljahr: 2001<br>1. Januar 2001 bis Dezember 2001<br>*Produktion, insgesamt: 1.233.600<br>Nun folgend ausschließlich deutsche Pkw-Modelle: | Fgst-Serie | Mot.-Typcode / Bauart / Zylinder | PS / min | Bohr. x Hub in mm | Hubraum cm³ | Dimensionen L x B x H in mm | Vmax km/h | Preise ab Köln inkl. MwSt in € |
|---|---|---|---|---|---|---|---|---|
| Berlingo 1,1i Kastenwagen-zu 600 5-G | MF KFX F | HDZ / Reihe / 4 | 60 / 6200 | 72 x 69 | 1124 | 4108 x 1719 x 1802 | 140 | 10.672 |
| Berlingo 1,4i Kastenwagen-zu 600 5-G | MF KFX F | KFX / Reihe / 4 | 75 / 5000 | 75 x 77 | 1361 | 4108 x 1719 x 1802 | 150 | 11.739 |
| Berlingo 1,4i Kastenwagen-zu 800 5-G | MF KFX F | KFX / Reihe / 4 | 75 / 5000 | 75 x 77 | 1361 | 4108 x 1719 x 1802 | 150 | 11.977 |
| Berlingo 1,9 D K.-wagen 600-N-A 5-Gang | MW WJZ F | WJZ / Diesel / 4 | 70 / 4600 | 82,2 x 88 | 1868 | 4108 x 1719 x 1802 | 142 | 11.530 |
| Berlingo 1,9 D Kastenwagen 600 5-Gang | MW WJZ F | WJZ / Diesel / 4 | 70 / 4600 | 82,2 x 88 | 1868 | 4108 x 1719 x 1802 | 142 | 12.272 |
| Berlingo 1,9 D K.-wagen 800-N-A 5-Gang | MW WJZ F | WJZ / Diesel / 4 | 70 / 4600 | 82,2 x 88 | 1868 | 4108 x 1719 x 1802 | 142 | 12.510 |
| Berlingo HDi Kastenwagen 600 5-Gang | MW RHY B | RHY / Diesel / 4 | 90 / 4600 | 85 x 88 | 1997 | 4108 x 1719 x 1802 | 159 | 13.653 |
| Berlingo HDi Kastenwagen 600 5-Gang | MW RHY B | RHY / Diesel / 4 | 90 / 4600 | 85 x 88 | 1997 | 4108 x 1719 x 1802 | 159 | 13.891 |
| Berlingo x 1,4i 5-Gang | MF KFX F | KFX / Reihe / 4 | 75 / 5000 | 75 x 77 | 1361 | 4108 x 1719 x 1802 | 150 | 12.600 |
| Berlingo Multispace 1,4i 5-Gang | MF KFX F | KFX / Reihe / 4 | 75 / 5000 | 75 x 77 | 1361 | 4108 x 1719 x 1802 | 150 | 14.630 |
| Berlingo Multispace 1,6 16V 5-Gang | MF NFU F | NFU / Reihe / 4 | 109 / 5800 | 78,5 x 82 | 1587 | 4108 x 1719 x 1802 | 172 | 15.530 |
| Berlingo Multispace 1,9 D 5-Gang | MW WJZ F | WJZ / Diesel / 4 | 70 / 4600 | 83 x 88 | 1905 | 4108 x 1719 x 1802 | 142 | 15.030 |
| Berlingo Multispace HDi 5-Gang | MW RHY B | RHY / Diesel / 4 | 90 / 4600 | 85 x 88 | 1997 | 4108 x 1719 x 1802 | 159 | 16.230 |
| Berlingo Spacelight 1,4i 5-G m. 2-S-Tür | MF KFX F | KFX / Reihe / 4 | 75 / 5000 | 75 x 77 | 1361 | 4108 x 1719 x 1802 | 150 | 14.380 |
| Berlingo Spacelight 1,6 16V 5-G 2-S-Tür | MF NFU F | NFU / Reihe / 4 | 109 / 5800 | 78,5 x 82 | 1587 | 4108 x 1719 x 1802 | 172 | 15.280 |
| Berlingo Spacelight HDi 5-G 2-S-Tür | MW RHY B | RHY / Diesel / 4 | 90 / 4600 | 85 x 88 | 1997 | 4108 x 1719 x 1802 | 159 | 15.980 |
| Saxo 1.1 x 5-Gang 3-Türen | S1 HDZ F | HDY / Reihe / 4 | 60 / 6200 | 72 x 69 | 1124 | 3718 x 1595 x 1368 | 162 | 9.450 |
| Saxo 1.1 SX 5-Gang 3-Türen | S1 HDZ F | HDY / Reihe / 4 | 60 / 6200 | 72 x 69 | 1124 | 3718 x 1595 x 1368 | 162 | 11.750 |
| Saxo 1.1 SX 5-Gang 5-Türen | S0 HDC Z | HDZ / Reihe / 4 | 60 / 6200 | 72 x 69 | 1124 | 3718 x 1595 x 1368 | 162 | 12.300 |
| Saxo 1,5 D x 5-Gang 3-Türen | S0 VJZ F | VJZ / Diesel / 4 | 54 / 5000 | 77 x 82 | 1527 | 3718 x 1595 x 1368 | 158 | 11.440 |
| Saxo 1,5 D SX 5-Gang 3-Türen | S0 VJZ F | VJZ / Diesel / 4 | 54 / 5000 | 77 x 82 | 1527 | 3718 x 1595 x 1368 | 158 | 13.280 |
| Saxo 1,5 D SX 5-Gang 5-Türen | S1 VJZ F | VJZ / Diesel / 4 | 54 / 5000 | 77 x 82 | 1527 | 3718 x 1595 x 1368 | 158 | 13.830 |
| Saxo 1.4 SX 5-Gang 3-Türer | S0 KFX F | KFX / Reihe / 4 | 75 / 5000 | 75 x 77 | 1361 | 3718 x 1595 x 1368 | 175 | 12.850 |
| Saxo 1.4 SX 5-Gang 5-Türer | S1 KFX F | KFX / Reihe / 4 | 75 / 5000 | 75 x 77 | 1361 | 3718 x 1595 x 1368 | 175 | 13.400 |
| Saxo 1.4 SX 5-Gang 3-Türer Automatik | S0 KFX D | KFX / Reihe / 4 | 75 / 5000 | 75 x 77 | 1361 | 3718 x 1595 x 1368 | 166 | 13.850 |
| Saxo 1.4 SX 5-Gang 5-Türer Automatik | S1 KFX D | KFX / Reihe / 4 | 75 / 5000 | 75 x 77 | 1361 | 3718 x 1595 x 1368 | 166 | 14.400 |
| Saxo 1.4 VTS 5-Gang 3-Türer | S0 KFX F | KFX / Reihe / 4 | 75 / 5000 | 75 x 77 | 1361 | 3718 x 1595 x 1368 | 175 | 14.090 |
| Saxo 1.6 16V VTS 5-Gang 3-Türer | S6 NFX F | NFX / Reihe / 4 | 118 / 6600 | 78,5 x 82 | 1588 | 3718 x 1595 x 1368 | 205 | 17.400 |
| Xsara 1,4i x Coupé 5-Gang 3-Türer | N0 KFX F | KFX / Reihe / 4 | 75 / 5000 | 75 x 77 | 1361 | 4188 x 1705 x 1405 | 175 | 13.800 |
| Xsara 1,4i SX Limousine 5-Türer 5-Gang | N1 KFX F | KFX / Reihe / 4 | 75 / 5000 | 75 x 77 | 1361 | 4188 x 1705 x 1405 | 175 | 14.800 |
| Xsara 1,4i SX Kombi 5-Gang | N2 KFX F | KFX / Reihe / 4 | 75 / 5000 | 75 x 77 | 1361 | 4369 x 1705 x 1420 | 175 | 15.350 |
| Xsara 1,4i VTR Coupé 3-Türer 5-Gang | N0 KFX F | KFX / Reihe / 4 | 75 / 5000 | 75 x 77 | 1361 | 4188 x 1705 x 1405 | 175 | 14.200 |
| Xsara 1,6 16V VTR Coupé 5-G.-mech. | N1 NFU G | NFU / Reihe / 4 | 109 / 5800 | 78,5 x 82 | 1587 | 4188 x 1705 x 1405 | 195 | 15.100 |
| Xsara 1,6 16V VTS Coupé 5-G-mech. | N0 NFU B | NFU / Reihe / 4 | 109 / 5800 | 78,5 x 82 | 1587 | 4188 x 1705 x 1405 | 197 | 17.950 |
| Xsara 1,6 16V SX Lim. 5-G-mech. | N1 NFU G | NFU / Reihe / 4 | 109 / 5800 | 78,5 x 82 | 1587 | 4188 x 1705 x 1405 | 197 | 15.700 |
| Xsara 1,6 16V Excl. Lim. 5-G-mech. | N1 NFU B | NFU / Reihe / 4 | 109 / 5800 | 78,5 x 82 | 1587 | 4188 x 1705 x 1405 | 197 | 18.000 |
| Xsara 1,6 16V Excl. Lim. 4-G-Autom. | N1 NFU N | NFU / Reihe / 4 | 109 / 5800 | 78,5 x 82 | 1587 | 4188 x 1705 x 1405 | 193 | 19.200 |
| Xsara 1,6 16V Exclusive Kombi 5-G-mech | N2 NFU N | NFU / Reihe / 4 | 109 / 5800 | 78,5 x 82 | 1587 | 4369 x 1698 x 1420 | 196 | 18.550 |
| Xsara 1,6 16V Autom. Exclusive Kombi | N2 NFU N | NFU / Reihe / 4 | 109 / 5800 | 78,5 x 82 | 1587 | 4369 x 1698 x 1420 | 193 | 19.750 |
| Xsara 1,9 D SX Limousine 5-G-mech. | N1 WJZ B | WJZ / Diesel / 4 | 70 / 4600 | 82,2 x 88 | 1868 | 4188 x 1705 x 1405 | 162 | 15.550 |
| Xsara 2.0 HDi 90 SX Coupé 5-G-mech. | N1 RHY B | RHY / Diesel / 4 | 90 / 4000 | 85 x 88 | 1997 | 4188 x 1705 x 1405 | 181 | 17.050 |
| Xsara 2.0 HDi 90 SX Limous. 5-G-mech. | N1 RHY B | RHY / Diesel / 4 | 90 / 4000 | 85 x 88 | 1997 | 4188 x 1705 x 1405 | 181 | 17.050 |
| Xsara 2.0 HDi 90 Excl. Lim. 5-T. 5-G. | N1 RHY B | RHY / Diesel / 4 | 90 / 4000 | 85 x 88 | 1997 | 4188 x 1705 x 1405 | 181 | 19.350 |
| Xsara 2.0 HDi 90 SX Kombi 5-Gang | N2 RHY F | RHY / Diesel / 4 | 90 / 4000 | 85 x 88 | 1997 | 4369 x 1698 x 1420 | 181 | 17.600 |
| Xsara 2.0 HDi 90 VTR Coupé 3-Türen 5-G. | N0 RHY F | RHY / Diesel / 4 | 90 / 4000 | 85 x 88 | 1997 | 4188 x 1705 x 1405 | 181 | 16.450 |
| Xsara 2.0 HDi 90 Exclusive Kombi 5-G. | N2 RHY F | RHY / Diesel / 4 | 90 / 4000 | 85 x 88 | 1997 | 4369 x 1698 x 1420 | 181 | 19.900 |
| Xsara 2.0 HDi 109 Excl. Limo. 4-G-Autom. | N1 RHZ N | RHZ / Diesel / 4 | 109 / 4000 | 85 x 86 | 1997 | 4188 x 1705 x 1405 | 190 | 21.400 |
| Xsara 2.0 HDi 109 Excl. Limo. 5-G-mech. | N1 RHZ B | RHZ / Diesel / 4 | 109 / 4000 | 85 x 86 | 1997 | 4188 x 1705 x 1405 | 195 | 20.200 |
| Xsara 2.0 HDi 109 VTS Coupé 5-G-mech. | N0 RHZ B | RHZ / Diesel / 4 | 109 / 4000 | 85 x 86 | 1997 | 4188 x 1705 x 1405 | 195 | 20.250 |
| Xsara 2.0 HDi 109 Excl. Kombi 5-G-mech. | N2 RHZ F | RHZ / Diesel / 4 | 109 / 4000 | 85 x 86 | 1997 | 4188 x 1705 x 1405 | 194 | 20.750 |
| Xsara 2.0 HDi 109 Excl. Kombi 4-G-Autm. | N2 RHZ N | RHZ / Diesel / 4 | 109 / 4000 | 85 x 86 | 1997 | 4188 x 1705 x 1405 | 191 | 21.950 |
| Xsara 2,0i 16V VTS Coupé 5-Gang | N0 RFN 1 | RFS / Reihe / 4 | 136 / 6000 | 85 x 88 | 1998 | 4167 x 1698 x 1364 | 220 | 21.300 |
| Xsara 2,0i 16V Excl. Lim. 5-G-mech. | N1 RFN 1 | NFU / Reihe / 4 | 136 / 6000 | 85 x 88 | 1998 | 4167 x 1698 x 1364 | 220 | 19.200 |
| Xsara 2,0i 16V Excl. Kombi 5-G-mech. | N2 RFN 1 | RFN / Reihe / 4 | 136 / 6000 | 85 x 88 | 1997 | 4369 x 1698 x 1420 | 210 | 19.750 |
| Xsara Picasso 1,6 SX 5-Gang | CH NFZ | NFZ / Reihe / 4 | 95 / 5700 | 78,5 x 82 | 1587 | 4276 x 1452 x 1637 | 171 | 17.150 |
| Xsara Picasso 1,8 16 SX 5-Gang | CH 6FZ | 6FZ / Reihe / 4 | 116 / 5500 | 82,7 x 81,4 | 1749 | 4276 x 1452 x 1637 | 190 | 18.000 |
| Xsara Picasso 1,8 16 Exclusive 5-Gang | CH 6FZ | 6FZ / Reihe / 4 | 116 / 5500 | 82,7 x 81,4 | 1749 | 4276 x 1452 x 1637 | 190 | 20.300 |
| Xsara Picasso 2.0 HDi SX 5-Gang | CH RHY | RHY / Diesel / 4 | 90 / 4000 | 85 x 88 | 1997 | 4276 x 1452 x 1637 | 175 | 19.900 |
| Xsara Picasso 2.0 HDi Exclusive 5-Gang | CH RHY | RHY / Diesel / 4 | 90 / 4000 | 85 x 88 | 1997 | 4276 x 1452 x 1637 | 175 | 22.200 |
| Evasion 2.0 16V x ger. Kat 5-G | U6-RFN C | RFN / Reihe / 4 | 136 / 6000 | 85 x 88 | 1997 | 4452 x 1812 x 1710 | 186 | 23.450 |
| Evasion 2.0 16V SX 5-Gang | AF RFN B | RFN / Reihe / 4 | 136 / 6000 | 85 x 88 | 1997 | 4452 x 1812 x 1710 | 186 | 25.950 |
| Evasion 2.0 16V SX 4-G-Automatik | AF RFN F | RFN / Reihe / 4 | 136 / 6000 | 85 x 88 | 1997 | 4452 x 1812 x 1710 | 183 | 27.250 |
| Evasion 2.0 x HDi 5-Gang | AF RHZ A | RHZ / Diesel / 4 | 109 / 4000 | 85 x 86 | 1997 | 4452 x 1812 x 1710 | 173 | 24.750 |
| Evasion 2.0 SX HDi 5-Gang | AF RHZ A | RHZ / Diesel / 4 | 109 / 4000 | 85 x 86 | 1997 | 4452 x 1812 x 1710 | 173 | 27.250 |
| Evasion 2.0 HDi Exclusive 5-Gang | AF RHZ A | RHZ / Diesel / 4 | 109 / 4000 | 85 x 86 | 1997 | 4452 x 1812 x 1710 | 173 | 28.750 |
| C5 1,8 16V x Lim. 5-Türen 5-G-mech. | DC 6FZ C | 6FZ / Reihe / 4 | 116 / 5500 | 82,7 x 81,4 | 1749 | 4617 x 1770 x 1476 | 196 | 19.950 |
| C5 1,8 16V SX Lim. 5-Türen 5-G-mech. | DC 6FZ C | 6FZ / Reihe / 4 | 116 / 5500 | 82,7 x 81,4 | 1749 | 4617 x 1770 x 1476 | 196 | 21.700 |
| C5 1,8 16V SX Lim. 5-Türen 4-G-Autom. | DC 6FE E | 6FZ / Reihe / 4 | 116 / 5500 | 82,7 x 81,4 | 1749 | 4617 x 1770 x 1476 | 193 | 23.000 |
| C5 2.0 16V SX Lim. 5-Türen 5-G-mech. | DC RFNF C | RFN / Reihe / 4 | 136 / 6000 | 85 x 88 | 1997 | 4617 x 1770 x 1476 | 208 | 23.200 |
| C5 2.0 16V SX Lim. 5-Türen 4-G-Autom. | DC RFN F | RFN / Reihe / 4 | 136 / 6000 | 85 x 88 | 1997 | 4617 x 1770 x 1476 | 202 | 24.500 |
| C5 2.0 16V Excl. Lim. 5-Tür. 4-G-Autom. | DC RFN F | RFN / Reihe / 4 | 136 / 6000 | 85 x 88 | 1997 | 4617 x 1770 x 1476 | 202 | 27.000 |
| C5 2.0 Hpi Excl. Lim. 5-Tür. 5-G-mech. | DC RLZ B | RLZ / Hpi / 4 | 140 / 6000 | 85 x 88 | 1997 | 4617 x 1770 x 1476 | 210 | 26.900 |
| C5 3.0 V6 Excl. Lim. 5-Tür. 5-G-mech. | DC XFX C | XFX / V / 6 | 207 / 6000 | 83 x 83 | 3750 | 4617 x 1770 x 1476 | 240 | 30.150 |
| C5 3.0 V6 Excl. Lim. 5-Tür. 4-G-Autom. | DC XFX F | XFX / V / 6 | 207 / 6000 | 83 x 83 | 3750 | 4617 x 1770 x 1476 | 240 | 31.450 |
| C5 2.0 HDi x Lim. 5-Türen 5-G-mech. | DC RHZ B | RHZ / Diesel HDi / 4 | 107 / 4000 | 85 x 88 | 1997 | 4617 x 1770 x 1476 | 191 | 22.150 |
| C5 2.0 HDi SX Lim. 5-Türen 5-G-mech. | DC RHZ B | RHZ / Diesel HDi / 4 | 107 / 4000 | 85 x 88 | 1997 | 4617 x 1770 x 1476 | 191 | 24.450 |
| C5 2.2 HDi SX Lim. 5-Türen 5-G-mech. | DC 4HX B | RHZ / Diesel HDi / 4 | 133 / 4000 | 85 x 96 | 2179 | 4617 x 1770 x 1476 | 205 | 26.900 |
| C5 2.2 HDi SX Lim. 5-Türen 4-G-Autom. | DC 4HX E | RHZ / Diesel HDi / 4 | 133 / 4000 | 85 x 96 | 2179 | 4617 x 1770 x 1476 | 202 | 28.200 |
| C5 2.2 HDi Excl. Lim. 5-Türen 5-G-mech. | DC 4HX B | RHZ / Diesel HDi / 4 | 133 / 4000 | 85 x 96 | 2179 | 4617 x 1770 x 1476 | 205 | 29.250 |
| C5 2.2 HDi Excl. Lim. 5-Türen 4-G-Autom. | DC 4HX E | RHZ / Diesel HDi / 4 | 133 / 4000 | 85 x 96 | 2179 | 4617 x 1770 x 1476 | 202 | 30.550 |
| C5 1,8 16V x Kombi 5-Türen 5-G-mech. | DC 6FZ C | 6FZ / Reihe / 4 | 116 / 5500 | 82,7 x 81,4 | 1749 | 4756 x 1770 x 1516 | 193 | 20.850 |
| C5 1,8 16V SX Kombi 5-Türen 5-G-mech. | DC 6FZ C | 6FZ / Reihe / 4 | 116 / 5500 | 82,7 x 81,4 | 1749 | 4756 x 1770 x 1516 | 193 | 22.600 |
| C5 2.0 16V SX Kombi 5-Türen 5-G-mech. | DC RFNF C | RFN / Reihe / 4 | 136 / 6000 | 85 x 88 | 1997 | 4756 x 1770 x 1516 | 203 | 24.100 |
| C5 2.0 16V SX Kombi 5-Tü. 4-G-Autom. | DC RFN F | RFN / Reihe / 4 | 136 / 6000 | 85 x 88 | 1997 | 4756 x 1770 x 1516 | 194 | 25.400 |
| C5 2.0 16V Excl. Kombi 5-Tür. 4-G-Aut. | DC RFN F | RFN / Reihe / 4 | 136 / 6000 | 85 x 88 | 1997 | 4756 x 1770 x 1516 | 194 | 27.900 |
| C5 2.0 Hpi Excl. Kombi 5-Tür. 5-G-mech. | DC RLZ B | RLZ / Hpi / 4 | 140 / 6000 | 85 x 88 | 1997 | 4756 x 1770 x 1516 | 204 | 27.800 |
| C5 3.0 V6 Excl. Kombi 5-Tür. 5-G-mech. | DC XFX C | XFX / V / 6 | 207 / 6000 | 83 x 83 | 3750 | 4756 x 1770 x 1516 | 234 | 31.050 |
| C5 3.0 V6 Excl. Kombi 5-Tür. 4-G-Autom. | DC XFX F | XFX / V / 6 | 207 / 6000 | 83 x 83 | 3750 | 4756 x 1770 x 1516 | 226 | 32.350 |
| C5 2.0 HDi x Kombi 5-Türen 5-G-mech. | DC RHZ B | RHZ / Diesel HDi / 4 | 107 / 4000 | 85 x 88 | 1997 | 4756 x 1770 x 1516 | 186 | 23.050 |
| C5 2.0 HDi SX Kombi 5-Türen 5-G-mech. | DC RHZ B | RHZ / Diesel HDi / 4 | 107 / 4000 | 85 x 88 | 1997 | 4756 x 1770 x 1516 | 186 | 25.350 |
| C5 2.2 HDi SX Kombi 5-Türen 5-G-mech. | DC 4HX B | 4HX / Diesel HDi / 4 | 133 / 4000 | 85 x 96 | 2179 | 4756 x 1770 x 1516 | 201 | 27.800 |
| C5 2.2 HDi SX Kombi 5-Türen 4-G-Autom. | DC 4HX E | 4HX / Diesel HDi / 4 | 133 / 4000 | 85 x 96 | 2179 | 4756 x 1770 x 1516 | 198 | 29.100 |
| C5 2.2 HDi Excl. Kombi 5-Tür. 5-G-mech. | DC 4HX B | 4HX / Diesel HDi / 4 | 133 / 4000 | 85 x 96 | 2179 | 4617 x 1770 x 1476 | 201 | 30.150 |
| C5 2.2 HDi Excl. Kombi 5-Türen 4-G-Aut. | DC 4HX E | 4HX / Diesel HDi / 4 | 133 / 4000 | 85 x 96 | 2179 | 4756 x 1770 x 1516 | 198 | 31.450 |

in D verk. Berlingo: 15.030
in D verk. Saxo: 10.489
in D verk. Xsara: 8.576
in D verk. Xsara Picasso: 11.301
in D verk. Xantia: 1.343
in D verk. C5: 7.838
in D. verk. Evasion: 2.327
in D verk XM: 9
in D G-Zul. Pkw & Lkw: 65.158 (1,84 %)

# 2002

# Ein Schritt

PROTOTYP C6 LIGNAGE

Das Jahr 2002 beginnt mit einer gemischten Modellpalette. Der Saxo hört nicht auf zu altern und wird mit stark limitierten Sonderserien am Leben gehalten. Der auf der IAA in Frankfurt gezeigte C3 geht nun in Produktion, während der Xsara noch auf seinen Nachfolger wartet. Der C5 steht offensichtlich vor einer beachtlichen Karriere, auch wenn das Design nicht alle befriedigt. Vor allem der elegantere Kombi steht wohl vor einer erfolgreichen Laufbahn. Am oberen Ende der Modellpalette geht das Warten weiter. Dort ist Citroën leider noch immer nicht vertreten. Auf dem Genfer Salon stellt das Unternehmen den Evasion-Nachfolger namentlich C8 vor, doch der neue Van ist leider eine wenig beeindruckende Modernisierung des Vorgängers mit einer Linie, die man so ähnlich bereits beim Chrysler Voyager und Pontiac Trans Sport gesehen hat.

| **Typ - Modelljahr: 2002**<br>1. Januar 2002 bis Dezember 2002<br>*Produktion, insgesamt: 1.312.000<br>Nun folgend ausschließlich deutsche Pkw-Modelle: | Fgst-Serie | Mot.-Typcode / Bauart / Zylinder | PS / min | Bohr. x Hub in mm | Hubraum $cm^3$ | Dimensionen L x B x H in mm | Vmax km/h DIN | Preise ab Köln inkl. MwSt in € |
|---|---|---|---|---|---|---|---|---|
| Berlingo 1,1i Kastenwagen-zu 600 5-G | MF KFX F | HDZ / Reihe / 4 | 60 / 6200 | 72 x 69 | 1124 | 4108 x 1719 x 1802 | 140 | 10.973,60 |
| Berlingo 1,4i Kastenwagen-zu 600 5-G | MF KFX F | KFX / Reihe / 4 | 75 / 5000 | 75 x 77 | 1361 | 4108 x 1719 x 1802 | 150 | 12.040,80 |
| Berlingo 1,4i Kastenwagen-zu 800 5-G | MF KFX F | KFX / Reihe / 4 | 75 / 5000 | 75 x 77 | 1361 | 4108 x 1719 x 1802 | 150 | 12.278,60 |
| Berlingo 1,9 D K.-wagen 600-N-A 5-Gang | MW WJZ F | WJZ / Diesel Reihe 4 | 70 / 4600 | 82,2 x 88 | 1868 | 4108 x 1719 x 1802 | 142 | 11.832 |
| Berlingo 1,9 D Kastenwagen 600 5-Gang | MW WJZ F | WJZ / Diesel / 4 | 70 / 4600 | 82,2 x 88 | 1868 | 4108 x 1719 x 1802 | 142 | 12.574,40 |
| Berlingo 1,9 D K.-wagen 800-N-A 5-Gang | MW WJZ F | WJZ / Diesel Reihe 4 | 70 / 4600 | 82,2 x 88 | 1868 | 4108 x 1719 x 1802 | 142 | 12.812,20 |
| Berlingo HDi Kastenwagen 600 5-Gang | MW RHY B | RHY / Diesel / 4 | 90 / 4600 | 85 x 88 | 1997 | 4108 x 1719 x 1802 | 159 | 13.954,80 |
| Berlingo HDi Kastenwagen 600 5-Gang | MW RHY B | RHY / Diesel / 4 | 90 / 4600 | 85 x 88 | 1997 | 4108 x 1719 x 1802 | 159 | 14.192,60 |
| Berlingo x 1,4i 5-Gang | MF KFX F | KFX / Reihe / 4 | 75 / 5000 | 75 x 77 | 1361 | 4108 x 1719 x 1802 | 150 | 12.800 |
| Berlingo Multispace 1,4i 5-Gang | MF KFX F | KFX / Reihe / 4 | 75 / 5000 | 75 x 77 | 1361 | 4108 x 1719 x 1802 | 150 | 14.740 |
| Berlingo Multispace 1,6 16V 5-Gang | MF NFU F | NFU / Reihe / 4 | 109 / 5800 | 78,5 x 82 | 1587 | 4108 x 1719 x 1802 | 172 | 15.640 |
| Berlingo Multispace 1,9 D 5-Gang | MW WJZ F | WJZ / Diesel / 4 | 70 / 4600 | 83 x 88 | 1905 | 4108 x 1719 x 1802 | 142 | 15.180 |
| Berlingo Multispace 2.0 HDi 5-Gang | MW RHY B | RHY / Diesel / 4 | 90 / 4600 | 85 x 88 | 1997 | 4108 x 1719 x 1802 | 159 | 16.380 |
| Berlingo Spacelight 1,4i 5-G m. 2-S-Tür | MF KFX F | KFX / Reihe / 4 | 75 / 5000 | 75 x 77 | 1361 | 4108 x 1719 x 1802 | 150 | 14.490 |
| Berlingo Spacelight 1,6 16V 5-G 2-S-Tür | MF NFU F | NFU / Reihe / 4 | 109 / 5800 | 78,5 x 82 | 1587 | 4108 x 1719 x 1802 | 172 | 15.390 |
| Berlingo Spacelight HDi 5-G 2-S-Tür | MW RHY B | RHY / Diesel / 4 | 90 / 4600 | 85 x 88 | 1997 | 4108 x 1719 x 1802 | 159 | 16.130 |
| C3 1,1 x 5-Türer 5-Gang-mech. | FC HFX B | HFX / Reihe / 4 | 60 / 5500 | 72 x 69 | 1124 | 3850 x 1667 x 1529 | 153 | 11.529 |
| C3 1,1 SX 5-Türer 5-Gang-mech. | FC HFX B | HFX / Reihe / 4 | 60 / 5500 | 72 x 69 | 1124 | 3850 x 1667 x 1529 | 153 | 12.070 |
| C3 1,4 VSX 5-Türer 5-Gang-mech. | FN KFV B | KFV / Reihe / 4 | 73 / 5400 | 75 x 77 | 1360 | 3850 x 1667 x 1529 | 167 | 14.070 |
| C3 1,4 SX 5-Türer 5-Gang-mech. | FN KFV B | KFV / Reihe / 4 | 73 / 5400 | 75 x 77 | 1360 | 3850 x 1667 x 1529 | 167 | 12.770 |
| C3 1,4 SX 5-Türer 4-Gang-Autom. | FN KFV E | KFV / Reihe / 4 | 73 / 5400 | 75 x 77 | 1360 | 3850 x 1667 x 1529 | 162 | 15.270 |
| C3 1,4 SX 5-Türer 5-Gang-mech. | FN KFV B | KFV / Reihe / 4 | 73 / 5400 | 75 x 77 | 1360 | 3850 x 1667 x 1529 | 167 | 14.970 |
| C3 1,4 HDi x 5-Türer 5-Gang-mech. | FC HBX B | HBX / Diesel / 4 | 68 / 4000 | 73 x 82 | 1398 | 3850 x 1667 x 1529 | 165 | 13.120 |
| C3 1,4 HDi SX 5-Türer 5-Gang-mech. | FC HBX B | HBX / Diesel / 4 | 68 / 4000 | 73 x 82 | 1398 | 3850 x 1667 x 1529 | 165 | 13.670 |
| C3 1,4 HDi VSX 5-Türer 5-Gang-mech. | FC HBX B | HBX / Diesel / 4 | 68 / 4000 | 73 x 82 | 1398 | 3850 x 1667 x 1529 | 165 | 14.970 |
| C3 1,4 HDi 16V VSX 5-Tür. 5-Gang-mech. | FC HBX B | HBX / Diesel / 4 | 90 / 4000 | 73 x 82 | 1398 | 3850 x 1667 x 1529 | 177 | 15.870 |
| C3 1,4 HDi Exclusiv 5-Türer 5-G.-mech. | FC HBX B | HBX / Diesel / 4 | 68 / 4000 | 73 x 82 | 1398 | 3850 x 1667 x 1529 | 165 | 15.870 |
| C3 1,4 HDi 16V Exclusiv 5-T. 5-G.-mech. | FC HBX B | HBX / Diesel / 4 | 90 / 4000 | 73 x 82 | 1398 | 3850 x 1667 x 1529 | 177 | 16.770 |
| Saxo 1.1 x 5-Gang 3-Türen | S1 HDZ F | HDY / Reihe / 4 | 60 / 6200 | 72 x 69 | 1124 | 3718 x 1595 x 1368 | 162 | 9.775 |
| Saxo 1.1 SX 5-Gang 3-Türen | S1 HDZ F | HDY / Reihe / 4 | 60 / 6200 | 72 x 69 | 1124 | 3718 x 1595 x 1368 | 162 | 12.075 |
| Saxo 1,5 D x 5-Gang 3-Türen | S0 VJZ F | VJZ / Diesel / 4 | 54 / 5000 | 77 x 82 | 1527 | 3718 x 1595 x 1368 | 158 | 11.765 |
| Saxo 1,5 D SX 5-Gang 3-Türen | S0 VJZ F | VJZ / Diesel / 4 | 54 / 5000 | 77 x 82 | 1527 | 3718 x 1595 x 1368 | 158 | 13.605 |
| Saxo 1.4 VTS 5-Gang 3-Türer | S0 KFX F | KFX / Reihe / 4 | 75 / 5000 | 75 x 77 | 1361 | 3718 x 1595 x 1368 | 175 | 14.415 |
| Saxo 1.6 16V VTS 5-Gang 3-Türer | S6 NFX F | NFX / Reihe / 4 | 118 / 6600 | 78,5 x 82 | 1588 | 3718 x 1595 x 1368 | 205 | 17.725 |
| Xsara 1,4i x Coupé 5-Gang 3-Türer | N0 KFX F | KFX / Reihe / 4 | 75 / 5000 | 75 x 77 | 1361 | 4188 x 1705 x 1405 | 175 | 14.425 |
| Xsara 1,4i SX Limousine 5-Türer 5-Gang | N1 KFX F | KFX / Reihe / 4 | 75 / 5000 | 75 x 77 | 1361 | 4188 x 1705 x 1405 | 175 | 15.425 |
| Xsara 1,4i SX Kombi 5-Gang | N2 KFX F | KFX / Reihe / 4 | 75 / 5000 | 75 x 77 | 1361 | 4369 x 1705 x 1420 | 175 | 15.975 |
| Xsara 1,4i VTR Coupé 3-Türer 5-Gang | N0 KFX F | KFX / Reihe / 4 | 75 / 5000 | 75 x 77 | 1361 | 4188 x 1705 x 1405 | 175 | 14.825 |
| Xsara 1,6 16V VTR Coupé 5-G-mech. | N0 NFU B | NFU / Reihe / 4 | 109 / 5800 | 78,5 x 82 | 1587 | 4188 x 1705 x 1405 | 197 | 16.225 |
| Xsara 1,6 16V VTS Coupé 5-G-mech. | N0 NFU B | NFU / Reihe / 4 | 109 / 5800 | 78,5 x 82 | 1587 | 4188 x 1705 x 1405 | 197 | 19.025 |

# in die Zukunft

nehmen, dass seit 15 Jahren allein von seinem historischen Potenzial lebt.

Der Geist des Fortschritts ist ein wertvolles Gut, das den Ruf einer Marke eine Zeit lang aufrecht halten kann. Doch ist es auch zerbrechlich und kann in den falschen Händen ernsthaften Schaden nehmen. Es bleibt zu hoffen, dass sich alle Verantwortlichen im PSA-Konzern darüber im Klaren sind.

CITROËNS

VERWANDLUNGSKÜNSTLER PLURIEL

SIEHT SO DIE ZUKUNFT AUS?

| | | | | | | | | |
|---|---|---|---|---|---|---|---|---|
| Saxo 1.4 VTS 5-Gang 3-Türer | S0 KFX F | KFX / Reihe / 4 | 75 / 5000 | 75 x 77 | 1361 | 3718 x 1595 x 1368 | 175 | 14.765 |
| Saxo 1.6 16V VTS 5-Gang 3-Türer | S6 NFX F | NFX / Reihe / 4 | 118 / 6600 | 78,5 x 82 | 1588 | 3718 x 1595 x 1368 | 205 | 18.075 |
| Xsara 1,4i x Coupé 5-Gang 3-Türer | N0 KFX F | KFX / Reihe / 4 | 75 / 5000 | 75 x 77 | 1361 | 4188 x 1705 x 1405 | 175 | 14.445 |
| Xsara 1,4i SX Limousine 5-Türer 5-Gang | N1 KFX F | KFX / Reihe / 4 | 75 / 5000 | 75 x 77 | 1361 | 4188 x 1705 x 1405 | 175 | 15.525 |
| Xsara 1,4i SX Kombi 5-Gang | N2 KFX F | KFX / Reihe / 4 | 75 / 5000 | 75 x 77 | 1361 | 4369 x 1705 x 1420 | 175 | 16.075 |
| Xsara 1,4 HDi SX Kombi 5-G-mech. | N0 8HZ B | 8HZ /Diesel-HDi / 4 | 68 / 4000 | 73,7 x 82 | 1398 | 4369 x 1705 x 1420 | 164 | 17.225 |
| Xsara 1,4i VTR Coupé 3-Türer 5-Gang | N0 KFX F | KFX / Reihe / 4 | 75 / 5000 | 75 x 77 | 1361 | 4188 x 1705 x 1405 | 175 | 14.925 |
| Xsara 1,4 HDi SX Lim. 5-Türer 5-G-mech. | N0 8HZ B | 8HZ /Diesel-HDi / 4 | 68 / 4000 | 73,7 x 82 | 1398 | 4188 x 1705 x 1405 | 164 | 16.675 |
| Xsara 1,6 16V VTR Coupé 5-G-mech. | N0 NFU B | NFU / Reihe / 4 | 109 / 5800 | 78,5 x 82 | 1587 | 4188 x 1705 x 1405 | 197 | 16.325 |
| Xsara 1,6 16V VTS Coupé 5-G-mech. | N0 NFU B | NFU / Reihe / 4 | 109 / 5800 | 78,5 x 82 | 1587 | 4188 x 1705 x 1405 | 197 | 19.045 |
| Xsara 1,6 16V SX Lim. 5-G-mech. | N1 NFU G | NFU / Reihe / 4 | 109 / 5800 | 78,5 x 82 | 1587 | 4188 x 1705 x 1405 | 197 | 16.925 |
| Xsara 1,6 16V Excl. Lim. 5-G-mech. | N1 NFU B | NFU / Reihe / 4 | 109 / 5800 | 78,5 x 82 | 1587 | 4188 x 1705 x 1405 | 197 | 19.575 |
| Xsara 1,6 16V Excl. Lim. 4-G-Autom. | N1 NFU N | NFU / Reihe / 4 | 109 / 5800 | 78,5 x 82 | 1587 | 4188 x 1705 x 1405 | 193 | 20.775 |
| Xsara 1,6 16V SX Kombi 5-G-mech. | N2 NFU N | NFU / Reihe / 4 | 109 / 5800 | 78,5 x 82 | 1587 | 4369 x 1698 x 1420 | 196 | 17.475 |
| Xsara 1,6 16V Exclusive Kombi 5-G-mech | N2 NFU N | NFU / Reihe / 4 | 109 / 5800 | 78,5 x 82 | 1587 | 4369 x 1698 x 1420 | 196 | 20.125 |
| Xsara 1,6 16V Autom. Exclusive Kombi | N2 NFU N | NFU / Reihe / 4 | 109 / 5800 | 78,5 x 82 | 1587 | 4369 x 1698 x 1420 | 193 | 21.325 |
| Xsara 2.0 HDi 90 SX Coupé 5-G-mech. | N1 RHY B | RHY / Diesel / 4 | 90 / 4000 | 85 x 88 | 1997 | 4188 x 1705 x 1405 | 181 | 17.575 |
| Xsara 2.0 HDi 90 SX Limous. 5-G-mech. | N1 RHY B | RHY / Diesel / 4 | 90 / 4000 | 85 x 88 | 1997 | 4188 x 1705 x 1405 | 181 | 18.175 |
| Xsara 2.0 HDi 90 SX Kombi 5-Gang | N2 RHY F | RHY / Diesel / 4 | 90 / 4000 | 85 x 88 | 1997 | 4369 x 1698 x 1420 | 181 | 18.725 |
| Xsara 2.0 Hdi 109 Excl. Limo. 4-G-Autom. | N1 RHZ N | RHZ / Diesel / 4 | 109 / 4000 | 85 x 86 | 1997 | 4188 x 1705 x 1405 | 190 | 22.875 |
| Xsara 2.0 Hdi 109 Excl. Limo. 5-G-mech. | N1 RHZ B | RHZ / Diesel / 4 | 109 / 4000 | 85 x 86 | 1997 | 4188 x 1705 x 1405 | 195 | 21.675 |
| Xsara 2.0 Hdi 109 VTS Coupé 5-G-mech. | N0 RHZ B | RHZ / Diesel / 4 | 109 / 4000 | 85 x 86 | 1997 | 4188 x 1705 x 1405 | 195 | 21.145 |
| Xsara 2.0 Hdi 109 Excl. Kombi 5-G-mech. | N2 RHZ F | RHZ / Diesel / 4 | 109 / 4000 | 85 x 86 | 1997 | 4188 x 1705 x 1405 | 194 | 22.225 |
| Xsara 2.0 Hdi 109 Excl. Kombi 4-G-Auto. | N2 RHZ N | RHZ / Diesel / 4 | 109 / 4000 | 85 x 86 | 1997 | 4188 x 1705 x 1405 | 191 | 23.425 |
| Xsara 2,0i 16V VTS Coupé 5-Gang | N0 RFN 1 | RFS / Reihe / 4 | 136 / 6000 | 85 x 88 | 1998 | 4167 x 1698 x 1364 | 220 | 20.245 |
| Xsara 2,0i 16V Excl. Lim. 5-G-mech. | N1 RFN 1 | NFU / Reihe / 4 | 136 / 6000 | 85 x 88 | 1998 | 4167 x 1698 x 1364 | 220 | 20.775 |
| Xsara 2,0i 16V Excl. Kombi 5-G-mech. | N2 RFN 1 | RFN / Reihe / 4 | 136 / 6000 | 85 x 88 | 1997 | 4369 x 1698 x 1420 | 210 | 21.325 |
| Xsara Picasso 1,6 SX 5-Gang | CH NFZ B | NFZ / Reihe / 4 | 95 / 5700 | 78,5 x 82 | 1587 | 4276 x 1452 x 1637 | 171 | 17.800 |
| Xsara Picasso 1,8 16 SX 5-Gang | CH 6FZ B | 6FZ / Reihe / 4 | 116 / 5500 | 82,7 x 81,4 | 1749 | 4276 x 1452 x 1637 | 190 | 19.000 |
| Xsara Picasso 1,8 16 Exclusive 5-Gang | CH 6FZ B | 6FZ / Reihe / 4 | 116 / 5500 | 82,7 x 81,4 | 1749 | 4276 x 1452 x 1637 | 190 | 21.450 |
| Xsara Picasso 2.0 16V 4-G-Automatik | CH RFN F | RFN / Reihe / 4 | 136 / 6000 | 85 x 88 | 1997 | 4276 x 1452 x 1637 | 192 | 23.400 |
| Xsara Picasso 2.0 HDi SX 5-Gang | CH RHY B | RHY / Diesel / 4 | 90 / 4000 | 85 x 88 | 1997 | 4276 x 1452 x 1637 | 175 | 20.110 |
| Xsara Picasso 2.0 HDi Exclusive 5-Gang | CH RHY B | RHY / Diesel / 4 | 90 / 4000 | 85 x 88 | 1997 | 4276 x 1452 x 1637 | 175 | 22.560 |
| C5 1,8 16V x Lim. 5-Türen 5-G-mech. | DC 6FZ C | 6FZ / Reihe / 4 | 116 / 5500 | 82,7 x 81,4 | 1749 | 4617 x 1770 x 1476 | 196 | 20.430 |
| C5 1,8 16V SX Lim. 5-Türen 5-G-mech. | DC 6FZ C | 6FZ / Reihe / 4 | 116 / 5500 | 82,7 x 81,4 | 1749 | 4617 x 1770 x 1476 | 196 | 22.330 |
| C5 1,8 16V SX Lim. 5-Türen 4-G-Autom. | DC 6FE E | 6FZ / Reihe / 4 | 116 / 5500 | 82,7 x 81,4 | 1749 | 4617 x 1770 x 1476 | 193 | 23.130 |
| C5 1,8 16V VSX Lim. 5-Türen 5-G-mech. | DC 6FZ C | 6FZ / Reihe / 4 | 116 / 5500 | 82,7 x 81,4 | 1749 | 4617 x 1770 x 1476 | 196 | 23.900 |
| C5 2.0 16V SX Lim. 5-Türen 5-G-mech. | DC RFNF C | RFN / Reihe / 4 | 136 / 6000 | 85 x 88 | 1997 | 4617 x 1770 x 1476 | 208 | 23.830 |
| C5 2.0 16V SX Lim. 5-Türen 4-G-Autom. | DC RFN F | RFN / Reihe / 4 | 136 / 6000 | 85 x 88 | 1997 | 4617 x 1770 x 1476 | 202 | 25.130 |
| C5 2.0 16V VSX Lim. 5-Türen 5-G-mech. | DC RFNF C | RFN / Reihe / 4 | 136 / 6000 | 85 x 88 | 1997 | 4617 x 1770 x 1476 | 208 | 25.400 |
| C5 2.0 16V Excl. Lim. 5-Tür. 4-G-Autom. | DC RFN F | RFN / Reihe / 4 | 136 / 6000 | 85 x 88 | 1997 | 4617 x 1770 x 1476 | 202 | 27.630 |
| C5 2.0 Hpi Excl. Lim. 5-Tür. 5-G-mech. | DC RLZ B | RLZ / Hpi / 4 | 140 / 6000 | 85 x 88 | 1997 | 4617 x 1770 x 1476 | 210 | 27.030 |
| C5 3.0 V6 Excl. Lim. 5-Tür. 5-G-mech. | DC XFX C | XFX / V / 6 | 207 / 6000 | 83 x 83 | 3750 | 4617 x 1770 x 1476 | 240 | 30.280 |
| C5 3.0 V6 Excl. Lim. 5-Tür. 4-G-Autom. | DC XFX F | XFX / V / 6 | 207 / 6000 | 83 x 83 | 3750 | 4617 x 1770 x 1476 | 232 | 31.580 |
| C5 2.0 HDi x Lim. 5-Türen 5-G-mech. | DC RHZ B | RHZ / Diesel HDi / 4 | 107 / 4000 | 85 x 88 | 1997 | 4617 x 1770 x 1476 | 191 | 21.780 |
| C5 2.0 HDi SX Lim. 5-Türen 5-G-mech. | DC RHZ B | RHZ / Diesel HDi / 4 | 107 / 4000 | 85 x 88 | 1997 | 4617 x 1770 x 1476 | 191 | 24.080 |
| C5 2.0 HDi VSX Lim. 5-Türen 5-G-mech. | DC RHZ B | RHZ / Diesel HDi / 4 | 107 / 4000 | 85 x 88 | 1997 | 4617 x 1770 x 1476 | 191 | 25.650 |
| C5 2.2 HDi SX Lim. 5-Türen 5-G-mech. | DC 4HX B | 4HX / Diesel HDi / 4 | 133 / 4000 | 85 x 96 | 2179 | 4617 x 1770 x 1476 | 205 | 26.130 |
| C5 2.2 HDi SX Lim. 5-Türen 4-G-Autom. | DC 4HX E | 4HX / Diesel HDi / 4 | 133 / 4000 | 85 x 96 | 2179 | 4617 x 1770 x 1476 | 202 | 27.430 |
| C5 2.2 HDi Excl. Lim. 5-Türen 5-G-mech. | DC 4HX B | 4HX / Diesel HDi / 4 | 133 / 4000 | 85 x 96 | 2179 | 4617 x 1770 x 1476 | 205 | 28.480 |
| C5 2.2 HDi Excl. Lim. 5-Türen 4-G-Autom. | DC 4HX E | 4HX / Diesel HDi / 4 | 133 / 4000 | 85 x 96 | 2179 | 4617 x 1770 x 1476 | 202 | 29.780 |
| C5 1,8 16V x Kombi 5-Türen 5-G-mech. | DC 6FZ C | 6FZ / Reihe / 4 | 116 / 5500 | 82,7 x 81,4 | 1749 | 4756 x 1770 x 1516 | 193 | 21.330 |
| C5 1,8 16V SX Kombi 5-Türen 5-G-mech. | DC 6FZ C | 6FZ / Reihe / 4 | 116 / 5500 | 82,7 x 81,4 | 1749 | 4756 x 1770 x 1516 | 193 | 23.230 |
| C5 1,8 16V VSX Kombi 5-Tür. 5-G-mech. | DC 6FZ C | 6FZ / Reihe / 4 | 116 / 5500 | 82,7 x 81,4 | 1749 | 4756 x 1770 x 1516 | 193 | 24.800 |
| C5 2.0 16V SX Kombi 5-Türen 5-G-mech. | DC RFNF C | RFN / Reihe / 4 | 136 / 6000 | 85 x 88 | 1997 | 4756 x 1770 x 1516 | 203 | 24.730 |
| C5 2.0 16V SX Kombi 5-Tü. 4-G-Autom. | DC RFN F | RFN / Reihe / 4 | 136 / 6000 | 85 x 88 | 1997 | 4756 x 1770 x 1516 | 194 | 26.030 |
| C5 2.0 16V VSX Kombi 5-Tü. 4-G-Autom | DC RFN F | RFN / Reihe / 4 | 136 / 6000 | 85 x 88 | 1997 | 4756 x 1770 x 1516 | 194 | 26.300 |
| C5 2.0 16V Excl. Kombi 5-Tür. 4-G-Aut. | DC RFN F | RFN / Reihe / 4 | 136 / 6000 | 85 x 88 | 1997 | 4756 x 1770 x 1516 | 194 | 28.530 |
| C5 2.0 Hpi Excl. Kombi 5-Tür. 5-G-mech. | DC RLZ B | RLZ / Otto Hpi / 4 | 140 / 6000 | 85 x 88 | 1997 | 4756 x 1770 x 1516 | 204 | 27.930 |
| C5 3.0 V6 Excl. Kombi 5-Tür. 5-G-mech. | DC XFX C | XFX / V / 6 | 207 / 6000 | 83 x 83 | 3750 | 4756 x 1770 x 1516 | 234 | 31.180 |
| C5 3.0 V6 Excl. Kombi 5-Tür. 4-G-Autom. | DC XFX F | XFX / V / 6 | 207 / 6000 | 83 x 83 | 3750 | 4756 x 1770 x 1516 | 226 | 32.480 |
| C5 2.0 HDi x Kombi 5-Türen 5-G-mech. | DC RHZ B | RHZ / Diesel HDi / 4 | 107 / 4000 | 85 x 88 | 1997 | 4756 x 1770 x 1516 | 186 | 22.680 |
| C5 2.0 HDi SX Kombi 5-Türen 5-G-mech. | DC RHZ B | RHZ / Diesel HDi / 4 | 107 / 4000 | 85 x 88 | 1997 | 4756 x 1770 x 1516 | 186 | 24.980 |
| C5 2.2 HDi SX Kombi 5-Türen 5-G-mech. | DC 4HX B | 4HX / Diesel HDi / 4 | 133 / 4000 | 85 x 96 | 2179 | 4756 x 1770 x 1516 | 201 | 27.030 |
| C5 2.0 HDi VSX Kombi 5-Tür. 5-G-mech. | DC RHZ B | RHZ / Diesel HDi / 4 | 107 / 4000 | 85 x 88 | 1997 | 4756 x 1770 x 1516 | 186 | 26.550 |
| C5 2.2 HDi SX Kombi 5-Türen 4-G-Autom. | DC 4HX E | 4HX / Diesel HDi / 4 | 133 / 4000 | 85 x 96 | 2179 | 4756 x 1770 x 1516 | 198 | 28.330 |
| C5 2.2 HDi Excl. Kombi 5-Tür. 5-G-mech. | DC 4HX B | 4HX / Diesel HDi / 4 | 133 / 4000 | 85 x 96 | 2179 | 4617 x 1770 x 1476 | 201 | 29.380 |
| C5 2.2 HDi Excl. Kombi 5-Türen 4-G-Aut. | DC 4HX E | 4HX / Diesel HDi / 4 | 133 / 4000 | 85 x 96 | 2179 | 4756 x 1770 x 1516 | 198 | 30.680 |
| C8 2.0 16V x 5-Türer 5-G-mech. | EA RFN C | RFN / Reihe / 4 | 136 / 6000 | 85 x 88 | 1997 | 4276 x 2194 x 1856 | 185 | 25.260 |
| C8 2.0 16V SX 5-Türer 5-G-mech. | EA RFN C | RFN / Reihe / 4 | 136 / 6000 | 85 x 88 | 1997 | 4276 x 2194 x 1856 | 185 | 26.600 |
| C8 2.0 16V SX 5-Türer 4-G-Automatik | EA RFN C | RFN / Reihe / 4 | 136 / 6000 | 85 x 88 | 1997 | 4276 x 2194 x 1856 | 178 | 28.600 |
| C8 2,2 16V SX 5-türer 5-G-mech. | EA 3FZ C | 3FZ / Reihe / 4 | 158 / 5650 | 88 x 96 | 2230 | 4276 x 2194 x 1856 | 196 | 27.650 |
| C8 2,2 16V Exclusiv 5-türer 5-G-mech. | EA 3FZ C | 3FZ / Reihe / 4 | 158 / 5650 | 88 x 96 | 2230 | 4276 x 2194 x 1856 | 196 | 31.990 |
| C8 2,2 16V Excl. Cap. Chairs 5-G-mech | EA 3FZ C | 3FZ / Reihe / 4 | 158 / 5650 | 88 x 96 | 2230 | 4276 x 2194 x 1856 | 196 | 32.590 |
| C8 3,0 V6 16V Exclusiv 4-G-Automatik | EA XFX F | XFX / V / 6 | 204 / 5650 | 87 x 82,6 | 2946 | 4276 x 2194 x 1856 | 205 | 36.490 |
| C8 3,0 V6 16V Excl. Cap. Chairs 4-G-A | EB XFX F | XFX / V / 6 | 204 / 5650 | 87 x 82,6 | 2946 | 4276 x 2194 x 1856 | 205 | 37.090 |
| C8 2,0 HDi 16V x 5-Türer 5-G-mech. | EA RHT B | RHZ / Diesel HDi / 4 | 107 / 4000 | 85 x 88 | 1997 | 4276 x 2194 x 1856 | 174 | 27.160 |
| C8 2,0 HDi 16V SX 5-Türer 5-G-mech. | EA RHT B | RHZ / Diesel HDi / 4 | 107 / 4000 | 85 x 88 | 1997 | 4276 x 2194 x 1856 | 174 | 28.500 |
| C8 2,2 HDi 16V SX 5-Türer 5-G-mech. | EA 4HW B | 4HW / Diesel HDi / 4 | 128 / 4000 | 85 x 96 | 2179 | 4276 x 2194 x 1856 | 182 | 29.550 |
| C8 2,2 HDi 16V Excl. 5-Türer 5-G-mech. | EA 4HW B | 4HW / Diesel HDi / 4 | 128 / 4000 | 85 x 96 | 2179 | 4276 x 2194 x 1856 | 182 | 33.890 |
| C8 2,2 HDi 16V Excl. Cap. Chairs 5-T. | EA 4HW B | 4HW / Diesel HDi / 4 | 128 / 4000 | 85 x 96 | 2179 | 4276 x 2194 x 1856 | 182 | 34.490 |

PLURIEL

C5

PROTOTYP PLURIEL

| | | | | | | | | |
|---|---|---|---|---|---|---|---|---|
| Xsara 1,6 16V SX Lim. 5-G-mech. | N1 NFU G | NFU / Reihe / 4 | 109 / 5800 | 78,5 x 82 | 1587 | 4188 x 1705 x 1405 | 197 | 16.825 |
| Xsara 1,6 16V Excl. Lim. 5-G-mech. | N1 NFU B | NFU / Reihe / 4 | 109 / 5800 | 78,5 x 82 | 1587 | 4188 x 1705 x 1405 | 197 | 19.475 |
| Xsara 1,6 16V Excl. Lim. 4-G-Autom. | N1 NFU N | NFU / Reihe / 4 | 109 / 5800 | 78,5 x 82 | 1587 | 4188 x 1705 x 1405 | 193 | 20.675 |
| Xsara 1,6 16V SX Kombi 5-G-mech. | N2 NFU N | NFU / Reihe / 4 | 109 / 5800 | 78,5 x 82 | 1587 | 4369 x 1698 x 1420 | 196 | 17.375 |
| Xsara 1,6 16V Exclusive Kombi 5-G-mech | N2 NFU N | NFU / Reihe / 4 | 109 / 5800 | 78,5 x 82 | 1587 | 4369 x 1698 x 1420 | 196 | 20.025 |
| Xsara 1,6 16V Autom. Exclusive Kombi | N2 NFU N | NFU / Reihe / 4 | 109 / 5800 | 78,5 x 82 | 1587 | 4369 x 1698 x 1420 | 193 | 21.225 |
| Xsara 2.0 HDi 90 SX Coupé 5-G-mech. | N1 RHY B | RHY / Diesel / 4 | 90 / 4000 | 85 x 88 | 1997 | 4188 x 1705 x 1405 | 181 | 17.475 |
| Xsara 2.0 HDi 90 SX Limous. 5-G-mech. | N1 RHY B | RHY / Diesel / 4 | 90 / 4000 | 85 x 88 | 1997 | 4188 x 1705 x 1405 | 181 | 18.075 |
| Xsara 2.0 HDi 90 Excl. Lim. 5-T. 5-G. | N1 RHY B | RHY / Diesel / 4 | 90 / 4000 | 85 x 88 | 1997 | 4188 x 1705 x 1405 | 181 | 20.725 |
| Xsara 2.0 HDi 90 SX Kombi 5-Gang | N2 RHY F | RHY / Diesel / 4 | 90 / 4000 | 85 x 88 | 1997 | 4369 x 1698 x 1420 | 181 | 18.625 |
| Xsara 2.0 HDi 90 Exclusive Kombi 5-G. | N2 RHY F | RHY / Diesel / 4 | 90 / 4000 | 85 x 88 | 1997 | 4369 x 1698 x 1420 | 181 | 21.275 |
| Xsara 2.0 Hdi 109 Excl. Limo. 4-G-Autom. | N1 RHZ N | RHZ / Diesel / 4 | 109 / 4000 | 85 x 86 | 1997 | 4188 x 1705 x 1405 | 190 | 22.775 |
| Xsara 2.0 Hdi 109 Excl. Limo. 5-G-mech. | N1 RHZ B | RHZ / Diesel / 4 | 109 / 4000 | 85 x 86 | 1997 | 4188 x 1705 x 1405 | 195 | 21.575 |
| Xsara 2.0 Hdi 109 VTS Coupé 5-G-mech. | N0 RHZ B | RHZ / Diesel / 4 | 109 / 4000 | 85 x 86 | 1997 | 4188 x 1705 x 1405 | 195 | 21.125 |
| Xsara 2.0 Hdi 109 Excl. Kombi 5-G-mech. | N2 RHZ F | RHZ / Diesel / 4 | 109 / 4000 | 85 x 86 | 1997 | 4188 x 1705 x 1405 | 194 | 22.125 |
| Xsara 2.0 Hdi 109 Excl. Kombi 4-G-Auto. | N2 RHZ N | RHZ / Diesel / 4 | 109 / 4000 | 85 x 86 | 1997 | 4188 x 1705 x 1405 | 191 | 23.325 |
| Xsara 2,0i 16V VTS Coupé 5-Gang | N0 RFN 1 | RFS / Reihe / 4 | 136 / 6000 | 85 x 88 | 1998 | 4167 x 1698 x 1364 | 220 | 20.225 |
| Xsara 2,0i 16V Excl. Lim. 5-G-mech. | N1 RFN 1 | NFU / Reihe / 4 | 136 / 6000 | 85 x 88 | 1998 | 4167 x 1698 x 1364 | 220 | 20.675 |
| Xsara 2,0i 16V Excl. Kombi 5-G-mech. | N2 RFN 1 | RFN / Reihe / 4 | 136 / 6000 | 85 x 88 | 1997 | 4369 x 1698 x 1420 | 210 | 21.225 |
| Xsara Picasso 1,6 SX 5-Gang | CH NFZ | NFZ / Reihe / 4 | 95 / 5700 | 78,5 x 82 | 1587 | 4276 x 1452 x 1637 | 171 | 17.380 |
| Xsara Picasso 1,8 16 SX 5-Gang | CH 6FZ | 6FZ / Reihe / 4 | 116 / 5500 | 82,7 x 81,4 | 1749 | 4276 x 1452 x 1637 | 190 | 18.230 |
| Xsara Picasso 1,8 16 Exclusive 5-Gang | CH 6FZ | 6FZ / Reihe / 4 | 116 / 5500 | 82,7 x 81,4 | 1749 | 4276 x 1452 x 1637 | 190 | 20.530 |
| Xsara Picasso 2.0 HDi SX 5-Gang | CH RHY | RHY / Diesel / 4 | 90 / 4000 | 85 x 88 | 1997 | 4276 x 1452 x 1637 | 175 | 19.990 |
| Xsara Picasso 2.0 HDi Exclusive 5-Gang | CH RHY | RHY / Diesel / 4 | 90 / 4000 | 85 x 88 | 1997 | 4276 x 1452 x 1637 | 175 | 22.290 |
| C5 1,8 16V x Lim. 5-Türen 5-G-mech. | DC 6FZ C | 6FZ / Reihe / 4 | 116 / 5500 | 82,7 x 81,4 | 1749 | 4617 x 1770 x 1476 | 196 | 20.530 |
| C5 1,8 16V SX Lim. 5-Türen 5-G-mech. | DC 6FZ C | 6FZ / Reihe / 4 | 116 / 5500 | 82,7 x 81,4 | 1749 | 4617 x 1770 x 1476 | 196 | 22.280 |
| C5 1,8 16V SX Lim. 5-Türen 4-G-Autom. | DC 6FE E | 6FZ / Reihe / 4 | 116 / 5500 | 82,7 x 81,4 | 1749 | 4617 x 1770 x 1476 | 193 | 23.580 |
| C5 2.0 16V SX Lim. 5-Türen 5-G-mech. | DC RFNF C | RFN / Reihe / 4 | 136 / 6000 | 85 x 88 | 1997 | 4617 x 1770 x 1476 | 208 | 23.780 |
| C5 2.0 16V SX Lim. 5-Türen 4-G-Autom. | DC RFN F | RFN / Reihe / 4 | 136 / 6000 | 85 x 88 | 1997 | 4617 x 1770 x 1476 | 202 | 25.080 |
| C5 2.0 16V Excl. Lim. 5-Tür. 4-G-Autom. | DC RFN F | RFN / Reihe / 4 | 136 / 6000 | 85 x 88 | 1997 | 4617 x 1770 x 1476 | 202 | 27.580 |
| C5 2.0 Hpi Excl. Lim. 5-Tür. 5-G-mech. | DC RLZ B | RLZ / Otto Hpi / R. 4 | 140 / 6000 | 85 x 88 | 1997 | 4617 x 1770 x 1476 | 210 | 27.480 |
| C5 3.0 V6 Excl. Lim. 5-Tür. 5-G-mech. | DC XFX C | XFX / Otto / V 6 | 207 / 6000 | 83 x 83 | 3750 | 4617 x 1770 x 1476 | 240 | 30.730 |
| C5 3.0 V6 Excl. Lim. 5-Tür. 4-G-Autom. | DC XFX F | XFX / Otto / V 6 | 207 / 6000 | 83 x 83 | 3750 | 4617 x 1770 x 1476 | 232 | 32.030 |
| C5 2.0 HDi x Lim. 5-Türen 5-G-mech. | DC RHZ B | RHZ / Diesel HDi / R 4 | 107 / 4000 | 85 x 88 | 1997 | 4617 x 1770 x 1476 | 191 | 22.730 |
| C5 2.0 HDi SX Lim. 5-Türen 5-G-mech. | DC RHZ B | RHZ / Diesel HDi / R 4 | 107 / 4000 | 85 x 88 | 1997 | 4617 x 1770 x 1476 | 191 | 25.030 |
| C5 2.2 HDi x Lim. 5-Türen 5-G-mech. | DC 4HX B | 4HX / Diesel HDi / R 4 | 133 / 4000 | 85 x 96 | 2179 | 4617 x 1770 x 1476 | 205 | 27.480 |
| C5 2.2 HDi SX Lim. 5-Türen 4-G-Autom. | DC 4HX E | 4HX / Diesel HDi / R 4 | 133 / 4000 | 85 x 96 | 2179 | 4617 x 1770 x 1476 | 202 | 28.780 |
| C5 2.2 HDi Excl. Lim. 5-Türen 5-G-mech. | DC 4HX B | 4HX / Diesel HDi / R 4 | 133 / 4000 | 85 x 96 | 2179 | 4617 x 1770 x 1476 | 205 | 29.830 |
| C5 2.2 HDi Excl. Lim. 5-Türen 4-G-Autom. | DC 4HX E | 4HX / Diesel HDi / R 4 | 133 / 4000 | 85 x 96 | 2179 | 4617 x 1770 x 1476 | 202 | 31.130 |
| C5 1,8 16V x Kombi 5-Türen 5-G-mech. | DC 6FZ C | 6FZ / Reihe / 4 | 116 / 5500 | 82,7 x 81,4 | 1749 | 4756 x 1770 x 1516 | 193 | 21.130 |
| C5 1,8 16V SX Kombi 5-Türen 5-G-mech. | DC 6FZ C | 6FZ / Reihe / 4 | 116 / 5500 | 82,7 x 81,4 | 1749 | 4756 x 1770 x 1516 | 193 | 22.880 |
| C5 2.0 16V SX Kombi 5-Türen 5-G-mech. | DC RFNF C | RFN / Reihe / 4 | 136 / 6000 | 85 x 88 | 1997 | 4756 x 1770 x 1516 | 203 | 24.380 |
| C5 2.0 16V SX Kombi 5-Tü. 4-G-Autom. | DC RFN F | RFN / Reihe / 4 | 136 / 6000 | 85 x 88 | 1997 | 4756 x 1770 x 1516 | 194 | 25.680 |
| C5 2.0 16V Excl. Kombi 5-Tür. 4-G-Aut. | DC RFN F | RFN / Reihe / 4 | 136 / 6000 | 85 x 88 | 1997 | 4756 x 1770 x 1516 | 194 | 28.180 |
| C5 2.0 Hpi Excl. Kombi 5-Tür. 5-G-mech. | DC RLZ B | RLZ / Otto Hpi / R 4 | 140 / 6000 | 85 x 88 | 1997 | 4756 x 1770 x 1516 | 204 | 28.080 |
| C5 3.0 V6 Excl. Kombi 5-Tür. 5-G-mech. | DC XFX C | XFX / Otto / V 6 | 207 / 6000 | 83 x 83 | 3750 | 4756 x 1770 x 1516 | 234 | 31.330 |
| C5 3.0 V6 Excl. Kombi 5-Tür. 4-G-Autom. | DC XFX F | XFX / Otto / V 6 | 207 / 6000 | 83 x 83 | 3750 | 4756 x 1770 x 1516 | 226 | 32.630 |
| C5 2.0 HDi x Kombi 5-Türen 5-G-mech. | DC RHZ B | RHZ / Diesel HDi / R 4 | 107 / 4000 | 85 x 88 | 1997 | 4756 x 1770 x 1516 | 186 | 23.330 |
| C5 2.0 HDi SX Kombi 5-Türen 5-G-mech. | DC RHZ B | RHZ / Diesel HDi / R 4 | 107 / 4000 | 85 x 88 | 1997 | 4756 x 1770 x 1516 | 186 | 25.630 |
| C5 2.2 HDi SX Kombi 5-Türen 5-G-mech. | DC 4HX B | 4HX / Diesel HDi / R 4 | 133 / 4000 | 85 x 96 | 2179 | 4756 x 1770 x 1516 | 201 | 28.080 |
| C5 2.2 HDi SX Kombi 5-Türen 4-G-Autom. | DC 4HX E | 4HX / Diesel HDi / R 4 | 133 / 4000 | 85 x 96 | 2179 | 4756 x 1770 x 1516 | 198 | 29.380 |
| C5 2.2 HDi Excl. Kombi 5-Tür. 5-G-mech. | DC 4HX B | 4HX / Diesel HDi / R 4 | 133 / 4000 | 85 x 96 | 2179 | 4617 x 1770 x 1476 | 201 | 30.430 |
| C5 2.2 HDi Excl. Kombi 5-Türen 4-G-Aut. | DC 4HX E | 4HX / Diesel HDi / R 4 | 133 / 4000 | 85 x 96 | 2179 | 4756 x 1770 x 1516 | 198 | 31.730 |
| C8 2.0 16V x 5-Türer 5-G-mech. | EA RFN C | RFN / Reihe / 4 | 136 / 6000 | 85 x 88 | 1997 | 4276 x 2194 x 1856 | 185 | 25.260 |
| C8 2.0 16V SX 5-Türer 5-G-mech. | EA RFN C | RFN / Reihe / 4 | 136 / 6000 | 85 x 88 | 1997 | 4276 x 2194 x 1856 | 185 | 26.600 |
| C8 2.0 16V SX 5-Türer 4-G-Automatik | EA RFN C | RFN / Reihe / 4 | 136 / 6000 | 85 x 88 | 1997 | 4276 x 2194 x 1856 | 178 | 28.000 |
| C8 2,2 16V SX 5-türer 5-G-mech. | EA 3FZ C | 3FZ / Reihe / 4 | 158 / 5650 | 88 x 96 | 2230 | 4276 x 2194 x 1856 | 196 | 27.650 |
| C8 2,2 16V Exclusiv 5-türer 5-G-mech. | EA 3FZ C | 3FZ / Reihe / 4 | 158 / 5650 | 88 x 96 | 2230 | 4276 x 2194 x 1856 | 196 | 31.990 |
| C8 2,2 16V Excl. Cap. Chairs 5-G-mech | EA 3FZ C | 3FZ / Reihe / 4 | 158 / 5650 | 88 x 96 | 2230 | 4276 x 2194 x 1856 | 196 | 32.590 |
| C8 3,0 V6 16V Exclusiv 4-G-Automatik | EA XFX F | XFX / Otto / V 6 | 204 / 5650 | 87 x 82,6 | 2946 | 4276 x 2194 x 1856 | 205 | 36.490 |
| C8 3,0 V6 16V Excl. Cap. Chairs 4-G-A | EB XFX F | XFX / Otto / V 6 | 204 / 5650 | 87 x 82,6 | 2946 | 4276 x 2194 x 1856 | 205 | 37.090 |
| C8 2,0 HDi 16V x 5-Türer 5-G-mech. | EA RHT B | RHZ / Diesel HDi / R 4 | 107 / 4000 | 85 x 88 | 1997 | 4276 x 2194 x 1856 | 174 | 27.160 |
| C8 2,0 HDi 16V SX 5-Türer 5-G-mech. | EA RHT B | RHZ / Diesel HDi / R 4 | 107 / 4000 | 85 x 88 | 1997 | 4276 x 2194 x 1856 | 174 | 28.500 |
| C8 2,2 HDi 16V SX 5-Türer 5-G-mech. | EA 4HW B | 4HW / Diesel HDi / R4 | 128 / 4000 | 85 x 96 | 2179 | 4276 x 2194 x 1856 | 182 | 29.550 |
| C8 2,2 HDi 16V Excl. 5-Türer 5-G-mech. | EA 4HW B | 4HW / Diesel HDi / R4 | 128 / 4000 | 85 x 96 | 2179 | 4276 x 2194 x 1856 | 182 | 33.890 |
| C8 2,2 HDi 16V Excl. Cap. Chairs 5-T. | EA 4HW B | 4HW / Diesel HDi / R4 | 128 / 4000 | 85 x 96 | 2179 | 4276 x 2194 x 1856 | 182 | 34.490 |

in D verk. C 8: 982
in D verk. Berlingo: 15.792
in D verk. C3: 6.646
in D verk. Saxo: 8.713
in D verk. Xsara: 7.612
in D verk. Xsara Picasso: 13.398
in D verk. Xantia: 24
in D verk. C5: 11.803
in D. verk. Evasion: 2.531
in D verk: XM: 9
in D G-Zul. Pkw & Lkw: 73.151 ( 2,12 %)

# 2003

# Blick

PLURIEL – DER NEUE STAR IM PROGRAMM

Im Laufe des Jahres 2003 wird der kleine Pluriel, der vom C3 abgeleitet ist, einen Hauch von Freiheit in die sehr konventionell geratene Modellpalette bringen. Und dann kommt auch noch anlässlich der IAA in Frankfurt der kleine C2, der den Saxo ablösen wird. 2004 schließlich wird der C4 auf den Markt kommen. Während der Viertürer ein traditionelles Design besitzen wird, soll der Dreitürer mit seiner Heckscheibengestaltung an den Ami 6 der sechziger Jahre erinnern. Eine Kombiversion wird zweifellos folgen.

Frühestens Ende 2004 oder Anfang 2005 wird der C6 als Topmodell auf den Markt gerollt werden. Zwar verspricht man eine neue DS, doch weil man bei Citroën auf alles gefasst sein muss, sollte man geduldig warten.

Für die Zukunft versprechen die Verantwortlichen der Marke Revolutionäres. In der Tat versucht das Unternehmen seit Jahren den Ruf, Automobile für eine ältere Kundschaft herzustellen, hinter sich zu lassen. In einer internen Anweisung hat Generaldirektor M. Satinet die Sprachregelung herausgegeben, den C3 nicht als Nachfolger des 2 CV zu positionieren. Und das bei einem Unter-

| Typ - Modelljahr: 2003<br>1. Januar 2003 bis Dezember 2003<br>*Produktion, insgesamt: ohne Angabe | Fgst-Serie | Mot.-Typcode / Bauart / Zylinder | PS / min | Bohr. x Hub in mm | Hubraum cm³ | Dimensionen L x B x H in mm | Vmax km/h DIN | Preise ab Köln inkl. MwSt in € |
|---|---|---|---|---|---|---|---|---|
| Nun folgend ausschließlich deutsche Pkw-Modelle: | | | | | | | | |
| Berlingo x 1,4i 5-Gang | MF KFX F | KFX / Reihe / 4 | 75 / 5000 | 75 x 77 | 1361 | 4108 x 1719 x 1802 | 150 | 12.950 |
| Berlingo Multispace 1,4i 5-Gang | MF KFX F | KFX / Reihe / 4 | 75 / 5000 | 75 x 77 | 1361 | 4108 x 1719 x 1802 | 150 | 15.050 |
| Berlingo Multispace 1,6 16V 5-Gang | MF NFU F | NFU / Reihe / 4 | 109 / 5800 | 78,5 x 82 | 1587 | 4108 x 1719 x 1802 | 172 | 15.950 |
| Berlingo Multispace 1,9 D 5-Gang | MW WJZ F | WJZ / Diesel / 4 | 70 / 4600 | 83 x 88 | 1905 | 4108 x 1719 x 1802 | 142 | 15.500 |
| Berlingo Multispace 2.0 HDi 5-Gang | MW RHY B | RHY / Diesel / 4 | 90 / 4600 | 85 x 88 | 1997 | 4108 x 1719 x 1802 | 159 | 16.700 |
| C2 1,1i 2-Türer 5-G-mech. | HFX | HFX / Reihe / 4 | 60 / 5500 | 72 x 69 | 1124 | 3660 x 1660 x 1460 | o. A. | o. A. |
| C2 1,4i 2-Türer 5-G-mech. | KFV | KFV / Reihe / 4 | 73 / 5400 | 75 x 77 | 1360 | 3660 x 1660 x 1460 | o. A. | o. A. |
| C2 1,4i SensoDrive 2-Türer 5-G-autm. | KFV | KFV / Reihe / 4 | 73 / 5400 | 75 x 77 | 1360 | 3660 x 1660 x 1460 | o. A. | o. A. |
| C2 1,6 16V 2-Türer 5-G-mech. | NFU | NFU / Reihe / 4 | 109 / 5750 | 78,5 x 82 | 1587 | 3660 x 1660 x 1460 | o. A. | o. A. |
| C2 1,6 16V SensoDrive 2-Tür. 5-G-autom. | NFU | NFU / Reihe / 4 | 109 / 5750 | 78,5 x 82 | 1587 | 3660 x 1660 x 1460 | o. A. | o. A. |
| C2 1,4 HDi 2-Türer 5-G-mech | HBX | HBX / Diesel / 4 | 68 / 4000 | 73 x 82 | 1398 | 3660 x 1660 x 1460 | o. A. | o. A. |
| C3 1,1 x 5-Türer 5-Gang-mech. | FC HFX B | HFX / Reihe / 4 | 60 / 5500 | 72 x 69 | 1124 | 3850 x 1667 x 1529 | 153 | 11.590 |
| C3 1,1 SX 5-Türer 5-Gang-mech. | FC HFX B | HFX / Reihe / 4 | 60 / 5500 | 72 x 69 | 1124 | 3850 x 1667 x 1529 | 153 | 12.140 |
| C3 1,4 VSX 5-Türer 5-Gang-mech. | FN KFV B | KFV / Reihe / 4 | 73 / 5400 | 75 x 77 | 1360 | 3850 x 1667 x 1529 | 167 | 14.140 |
| C3 1,4 SX 5-Türer 5-Gang-mech. | FN KFV B | KFV / Reihe / 4 | 73 / 5400 | 75 x 77 | 1360 | 3850 x 1667 x 1529 | 167 | 12.840 |
| C3 1,4 SX 5-Türer 4-Gang-Autom. | FN KFV E | KFV / Reihe / 4 | 73 / 5400 | 75 x 77 | 1360 | 3850 x 1667 x 1529 | 162 | 15.340 |
| C3 1,4 Exclusive 5-Türer 5-Gang-mech. | FN KFV B | KFV / Reihe / 4 | 73 / 5400 | 75 x 77 | 1360 | 3850 x 1667 x 1529 | 167 | 14.990 |
| C3 1,6 16V Excl. SensoDrive 5-T. 5-G. | FN NFU B | NFU / Reihe / 4 | 109 / 5750 | 78,5 x 82 | 1587 | 3850 x 1667 x 1529 | 192 | 16.490 |
| C3 1,4 HDi x 5-Türer 5-Gang-mech. | FC HBX B | HBX / Diesel / 4 | 68 / 4000 | 73 x 82 | 1398 | 3850 x 1667 x 1529 | 165 | 13.190 |
| C3 1,4 HDi SX 5-Türer 5-Gang-mech. | FC HBX B | HBX / Diesel / 4 | 68 / 4000 | 73 x 82 | 1398 | 3850 x 1667 x 1529 | 165 | 13.740 |
| C3 1,4 HDi VSX 5-Türer 5-Gang-mech. | FC HBX B | HBX / Diesel / 4 | 68 / 4000 | 73 x 82 | 1398 | 3850 x 1667 x 1529 | 165 | 15.040 |
| C3 1,4 HDi 16V VSX 5-Tür. 5-Gang-mech. | FC HBX B | HBX / Diesel / 4 | 90 / 4000 | 73 x 82 | 1398 | 3850 x 1667 x 1529 | 177 | 15.940 |
| C3 1,4 HDi Exclusiv 5-Türer 5-G.-mech. | FC HBX B | HBX / Diesel / 4 | 68 / 4000 | 73 x 82 | 1398 | 3850 x 1667 x 1529 | 165 | 15.890 |
| C3 1,4 HDi 16V Exclusiv 5-T. 5-G.-mech. | FC HBX B | HBX / Diesel / 4 | 90 / 4000 | 73 x 82 | 1398 | 3850 x 1667 x 1529 | 177 | 16.790 |
| C3 Pluriel 1,4 2-Türer 5-G-mech. | HB KFV C | KFV / Reihe / 4 | 73 / 5400 | 75 x 77 | 1360 | 3934 x 1431 x 1563 | 164 | 15.850 |
| C3 Pluriel 1,6 SensoDrive 2-T. 5-G-autom | HB NFU C | NFU / Reihe / 4 | 109 / 5800 | 78,5 x 82 | 1587 | 3934 x 1431 x 1563 | 188 | 17.350 |
| Saxo 1.1 x 5-Gang 3-Türen | S1 HDZ F | HDY / Reihe / 4 | 60 / 6200 | 72 x 69 | 1124 | 3718 x 1595 x 1368 | 162 | 10.125 |
| Saxo 1,5 D x 5-Gang 3-Türen | S0 VJZ F | VJZ / Diesel / 4 | 54 / 5000 | 77 x 82 | 1527 | 3718 x 1595 x 1368 | 158 | 12.115 |